JN443001

살아있는 행성 지구

한국과학기술한림원

- 과학기술에 전문적 경륜과 식견을 가진 석학들을 회원으로 엄선, 각 부문별 전문성을 효율적으로 활용함으로써 국가 과학기술의 진흥과 창달에 기여하기 위해 1994년 사단법인으로 창립하였습니다.
- 2005년 기초과학연구진흥법 제11조(한국과학기술한림원의 설립 등) 개정에 의해 법정기구화되었습니다.
- 독립성, 자율성 및 전문성을 바탕으로 하는 순수 민간 과학아카데미로, 편견 없는 대정부 정책자문을 통해 올바른 과학기술정책의 수립을 유도하고 있습니다.
- 범부처적 국가 과학기술정책에 대한 자문과 건의를 통한 과학기술 발전의 장기적 비전을 제시하고 있습니다.

살아있는 행성 지구

46억 년 전부터 오늘날까지 변화하고 있는 지구

저　　자 문희수
발 행 인 주정희
발 행 처 자유아카데미
디 자 인 피앤피디자인(www.ibook4u.co.kr)

주　　소 경기도 파주시 교하읍 문발리 527-2
파주출판문화정보산업단지
전　　화 031-955-1321
팩　　스 031-955-1322
홈페이지 www.freeaca.com
전자우편 main@freeaca.com(대표)
editor@freeaca.com(편집)

등　　록 제406-2003-017호, 1980. 7. 12
제1판1쇄 2008년 10월 30일 발행
정　　가 28,000원

ISBN 978-89-7338-737-3 03450

한국과학기술한림원
『석학, 과학기술을 말하다』 시리즈 ⑦

46억 년 전부터 오늘날까지 변화하고 있는 지구

살아있는 행성 지구

문 희 수 지음

자유아카데미

시작하며

우리가 살고 있는 지구는 정태적인 대상이 아니라 실제로 살아 움직이는 생물체처럼 오랜 지구의 역사를 통하여 끊임없이 변신을 해왔다. 그러나 지구가 변화되는 속도는 우리가 인식하기에는 너무 느려 마치 죽어 있는 무생물체처럼 여겨지기가 십상이다. 그러나 지구가 만들어진 46억 년 전부터 오늘날에 이르기까지 그 오랜 기간 겪어온 변신과정은 실로 대단한 것이었다. 그런 생각을 할 때마다 지구가 살아있는 실체라는 생각이 자주 들었다. 지구에서 일어나는 그런 모든 변신과정은 이해할 수도 없으려니와 그 내용은 너무 방대해서 한 사람이 다룰 수 있는 성질의 일도 아니다. 그래서 우리가 주변에서 흔히 접하는 자연 현상이나 관심을 갖고 있는 대상을 통하여 그중의 일부라도 소개하고자 하는 의도에서 이 책을 준비하게 되었다.

우리가 일상생활을 통하여 늘 접촉하는 지질학적 대상은 헤아릴 수도 없이 많다. 그들 중 무엇을 선택해야 하는지는 이 책을 준비하는 과정에서 가장 고민스러운 점이었다. 오랜 망설임 끝에 우리에게 가장 친숙한 대상과 흥미로운 현상을 고르기로 했다. 그래서 선정된 것이 다이아몬드, 금, 물, 바람, 기후, 석탄과 석유, 운석 등이다. 물과 바람만 해도 그렇다. 우리가 처한 제한된 환경 내에서 바라보는 시각이 전부인 경우가 대부분이다. 그러나 정작 우리는 그들의 실체에 대한 이해도 낮고 그들이 모든 생명체의 시작이며 지구를 변화시키는 원동력이라는 사실조차도 간과해버리기 쉽다. 우리의 문명을 유지하게 해주는 주요한 원동력 중의 하나인 화석연료자원도 예외는 아니다. 그 필요성은 모두가 인정하지만 이들이 만들어지는 과정과 그들의 운명은 관심의 대상이 되기 어려운 것이 현실이다. 자연계에서 일어나는 여러 가지 자연 현상 중 몇 가지 기본적이고도 중요한 지구 진화에 관련된 과정들을 이해하기 위한 방편으로 이런 지질학적 대상을 선정하였다. 그러나 저자의 능력과 이런 한정된 대상만으로는 지구에서 일어나는 여러 가지 지질학적 과정을 적절하게 연관시켜 설명하기 어려웠다는 점을 밝혀둔다. 한 가지 다행스러운 점은 이 책이 교과서가 아니라는 점이다. 그래서 일관된 지식체계에 따라 모든 지질현상들을 차례로 기술한 것이 아니므로 반드시 독자가 처음부터 시작해서 읽어야 할 필요는 없으며 관심 있는 꼭지만 읽어도 된다는 점이 이 책의 장점이라 할 수 있다.

인류 생존이 가능한 유일한 행성인 지구에서 일어나는 변화는 계속될 것이다. 지질학의 근본적인 원리 중의 하나인 동일과정의 법칙대로 과거에 일어났던 지질학적 작용들이 오늘날에도 일어나고 있으며, 먼 장래에도 계속되리라는 점이다. 그런 변화는 인류의 힘으로는 저지할 수 없는 것이며 다만 살아있는 지구의 실체를 확인해주는 과정이 될 것이다.

끝으로 이 책의 출간을 가능하게 해준 한국과학기술한림원과 관계자 여러분께 깊은 감사의 마음을 전한다.

2008년 10월

저자 문희수

목차

3. 인류의 고향, 아프리카 열곡대

4. 엘도라도는 어디에

21세기의 연금술사

1

21세기의 연금술사

사람들은 오래전부터 우리 주위에서 비교적 손쉽게 얻을 수 있는 값싼 물질을 이용하여 귀금속으로 전환시키려는 헛된 노력을 기울여 왔다. 인도의 아리아인들이 기원전 1,500년경에 만든 베다 경전에는 청동을 금으로 변환시킬 수 있는 액체에 대해 언급하고 있다. 다른 오래된 문헌 속에서도 금속을 변환시킬 수 있는 방법을 기술한 내용들이 발견된다. 중국에서도 오래전부터 연금술이 시행되었다는 전설이 이어져 내려왔다. 이미 수천 년 전부터 나일강과 유프라테스강에서 일어난 문명권은 물론이고 에게해의 문명권에서도 연금술은 시작되었다. 이 시대 이집트에서 금을 다루던 일이 아무나 할 수 있던 일은 아니었고 파라오의 권한 아래 사원의 성직자들이나 다룰 수 있는 신비한 일이었으며, 비밀이 보장되는 그런 일이었다. 당시 금을 다루는 야금술은 더할 나위 없는 신성한 의식이었으며, 어떤 기술적인 비밀들은 마술적인 것과 결합된 것처럼 왜곡되는 경우도 발생하였다. 점차 이를 다루는 사제들은 불가사의한 것을 탐색하기에 이르렀다. 이렇게 시작된 연금술은 차츰 비밀스러운 믿음의 대상, 비교(秘教)로까지 발전했다.[1]

그런 노력은 중세에 이르러 극에 달했으며 과학이 발전하면서 단순한 흥미 위주가 아닌 철학적이고 종교적인 경지에 이른 시도로 나타나기도 했다. 연금술의 근본을 이루는 철학체계는 어찌 보면 아주 단순한 것으로 각각의 자연현상과 존재하는 모든 것들, 이를테면 동물과 식물 그리고 광물 등, 그 뒤에는 근본적으로 단 하나의 원인만 있다는 것이다. 광물을 포함해 존재하는 모든 것들은 고유한 생명을 부여받았으며 이 생명은 유일신에 기인한다고 보았다. 그러니 초기 연금술과 관련된 저서들은 금속의 변환이 주제가 아니라 바로 정신을 다루는 철학적인 것이었다.[1] 그러나 시대가 지나면서 금속의 변환이 그들의 주된 관심사가 되었다. 그러한 예로서 납을 금으로 전환시키는 것은 과학이 최고로 발달한 오늘날에도 불가능한 시도였으나 그런 노력들이 당대의 비중 있는 과학자들 사이에서도 시도되었다.

이러한 황당한 노력들 중에서 다이아몬드도 예외는 아니었다. 오늘날의 지식체계로 보면 엉성하기는 하였지만 일찍이 광물을 기록으로 처음 남겼던 로마시대의 대 플리니우스(Gaius Plinius Secundus, 23~79)가 쓴 《박물지(Naturalia Historia)》에서 다이아몬드를 "인간이 소유한 가장 가치 있는 소유물은 오랜 기간 동안 왕들만 알고 있던 다이아몬드이다."라고 기록을 남길 정도로 고대로부터 소중한 보석이었다. 플리니우스는 서기 79년 폼페이를 한순간에 뒤덮어버린 베수비우스화산이 폭발할 당시 그 지역 해군 사령관으로 근무하고 있었다. 그때 그는 폼페이 시민들을 대피시키는 과정에서 화산이 뿜어낸 독기로 생을 마감한다. 왕들만 알고 있는 다이아몬드는 그 시대의 사람들에게는 보기도 어려운 대상이었고 다이아몬드의 실체를 알고 있는 이 또한 아무도 없었다.

그 시절에는 다이아몬드가 무엇이며, 어떻게 만들어지는지 따위는 전설에 속해 있었다. 어떤 사람은 하늘에서 떨어진 별의 작은 조각이라고 생각을 하였으며, 또 다른 이들은 심해의 깊은 바닥에서 성장한 것이라는 엉뚱한 생각을 사실처럼 믿었다. 어떤 이들은 번개가 치는 경로에서 만들어지는 것이라고 믿기도 하였다. 이런 소문들은 사실 그들이 다이아몬드를 전혀 모르고 있다는 것을 보여주는 반증이기도 하다. 다이아몬드가 어떤 물질이며, 어떻게 만들어졌는지를 알아내는 데는 지질학이 오늘날의 수준으로 발전하기까지 기다려야 했으며, 금세기 들어서야 해결이 된 어려운 문제 중의 하나였다.

다이아몬드란?

다이아몬드는 한 가지 원소, 그것도 값이 그렇게 비싼 편이 아닌 탄소로만 구성되어 있는 광물이다. 탄소로 구성되어 있는 광물은 다이아몬드 말고도 흑연이 있다. 다이아몬드는 지금까지 알려진 광물 중 가장 단단한 광물이다. 지질학자들이 광물의 겉보기 굳기를 비교하는 기준으로 사용하는 모스의 경도기준이 있다. 이는 광물의 굳기에 따라 1에서 10까지 구분하는데 숫자가 커질수록 굳기(경도, 硬度)가 더 단단한 것을 나타내는 상대적인 값이다. 이런 굳기의 기준은 독일의 광물학자인 모스(Friedrich Mohs, 1773~1839)가 1812년 제안한 것이다. 당시 광물을 식별할 때 화학적인 성질보다는 물리적인 성질이 중요한 수단으로 사용되던 시절이었으므로 이런 굳기 기준은 매우 유용한 수단이었다. 모스의 경도 기준 1에 해당하는 광물로는 활석이 있다. 이런 기준으로 손톱은 약 2.5, 칼날은 약 5.5에 해당하여 상대적인 경도를 비교할 때 흔히 사용된다. 그리고 경도기준이 1 증가한다고 해서 굳기가 반드시 2배 증가하는 것은 아니다. 예로써 강옥(루비나 사파이어의 원석)은 경도기준이 9인데 경도기준이 10인 다이아몬드는 굳기가 강옥의 4배 정도 더 강한 광물이다. 다이아몬드는 바로 모스의 경도기준이 가장 높은 값인 10에 해당하는 최고로 단단한 광물이다.

다이아몬드는 그 굳기가 아주 단단하여 유리를 절단하는 유리칼의 끝에도, 단단한 물건을 절단하는 톱날의 끝에도 붙여서 사용한다. 물론 이런 공업적인 용도로 사용하는 다이아몬드는 보석용으로 사용하기에는 부적합한 자연산 다이아몬드 혹은 아예 그런 목적으로 만들어지는 합성 다이아몬드를 사용한다. 다이아몬드와 흑연에서 이런 굳기의 차이를 결정하는 것은 결정 구조 내에 탄소원자들이 어떤 식으로 결합되는지에 따라 달라진다.

다이아몬드 원석은 실상 겉보기에 그리 매력적인 돌은 아니다. 그들의 결정 구조 때문에 조금은 특징적인 정상(결정형의 형태)을 보이기도 한다. 모서리가 둥그스레한 팔면체로 나타나는 결정들이 가장 전형적인 모습이긴 하지만 그렇다고 모든 다이아몬드가 그런 결정형으로 나타나는 것은 결코 아니다. 그리고 많은 경우 원석들이 무색으로 산출되나 대부분의 다이아몬드는 담황색으로 나타난다.

담황색을 띠는 다이아몬드는 보석으로서의 가치는 떨어진다. 그리고 드물게 적색, 오렌지색, 녹색, 청색 혹은 진한 황색으로 산출되기도 하는데 이러한 색들이 진하게 산출되는 경우 팬시 다이아몬드라고 해서 그 가치가 매우 높게 평가된다.

다이아몬드는 굴절률이 높기 때문에 다른 어떤 보석들보다도 빛을 잘 분산시켜 찬란한 광휘를 뽐낸다. 다이아몬드가 굴절률이 높기는 하지만 원석 자체가 그런 광휘를 갖고 있는 것은 아니며, 숙련된 장인의 손길을 거치면서 뛰어난 보석으로 자연스럽게 변화된다. 장인은 빛을 계산된 통로를 따라 진행하게 만들어 다이아몬드 표면으로 들어간 빛이 모두 표면으로 되돌아오게 만드는데, 이러한 과정을 통해 다이아몬드는 다른 아무것도 흉내 낼 수 없는 광휘를 만드는 것이다. 다이아몬드는 가장 강력한 산이나 다른 강력한 부식성 용액에서도 안전하게 살아남는 능력이 있다. 또한 이들은 전기적 절연체이고, 다른 물질과 비교해서 열의 효과적인 전도체이기도 하다. 그리고 물리적으로도 지구 구성 물질 중 다른 일반적인 조암 광물보다 수백 배 또는 그 이상 단단하여 거의 파괴하기 힘든 속성을 가지고 있다. 그래서 다이아몬드란 이름은 고대 그리스어 amadas로부터 기원되었는데, 이는 "파괴하기 힘들다"라는 의미를 갖는 단어로서 이러한 이름을 갖기에 하나도 어색하지 않은 광물이다.

가공되기 이전의 다이아몬드 원석. 팔면체 결정의 외형을 보이며, 그 자체만으로는 보석 중의 보석으로 여겨지지 않는다.

자연계에서 산출되는 다이아몬드의 탄소 함유량은 거의 100%에 가까운 순도를 가지고 있다. 그렇다고 해서 다이아몬드의 가치가 탄소의 함유량에 따라 결정되는 것은 아니며 그들이 갖는 독특한 물리적 성질이 결정적인 요인이다. 거기에 더하여 다이아몬드는 자연계에서 매우 희귀하게 산출되어 처음부터 누구나 다 가질 수 있는 돌은 아니었다. 이는 고대로부터 왕이나 접할 수 있을 정도로 산출이 희귀한 고귀한 보석이었으며, 극히 신분이 높은 제한된 사람들만이 소유할 수 있는 보석 중의 보석이었다. 이러한 다이아몬드의 높은 가치는 많은 역사와 전설을 만들어내는 장본인이기도 했다. 그렇다고 해서 다이아몬드가 동서양의 모든 시대를 통하여 최고의 보석으로 대접받은 것만은 아니다. 일례로 중세시대 피렌체의 조각가인 첼리니의 기록에 의하면 당시 루비 1캐럿의 가치는 같은 크기 에메랄드의 2배였으며, 다이아몬드 가치의 무려 8배에 이르렀다고 한다. 중국은 고대로부터 전통적으로 다른 어떤 보석보다도 옥을 선호했으며, 현대에 와서도 녹색의 투명한 임페리얼 제이드는 아직도 중국인들이 최고로 선호하는 보석 중의 하나이다. 그렇다. 보석의 가치는 시대의 흐름에 따라 달라지는 것이다. 그렇기는 하지만 이미 로마시대의 플리니우스는 다이아몬드를 지상의 모든 재산 중에서 가장 가치 있는 것으로 여겼다.[2,3]

빛의 산, 코이누르

우리에게 가장 잘 알려진 다이아몬드에 얽힌 사연을 한두 가지만 살펴보기로 하자. '코이누르(Koh-I-Noor)' 라고 불리는 다이아몬드가 있다. 지금은 영국의 왕관 한가운데를 장식하고 있는 다이아몬드로 크기부터가 범상치 않다. 이 다이아몬드의 소유과정에는 바로 여러 왕조의 흥망과 연결되는 피묻은 역사가 그 뒤에 숨겨져 있다.

인도의 골콘다 지방의 자갈더미에서 발견되었을 것으로 추정되는 이 다이아몬드가 서방세계에 알려진 것은 프랑스의 상인 따베르니에(Jean Baptiste Tavernier, 1605~1689)에 의해서다. 그 보석은 무굴제국 왕의 소유로 세상에 처음 알려졌다. 이 보석은 발견되는 사실 자체부터가 전설로 시작되는 보석이다. 인도의 설화인 태양신의 아들인 카르나의 이마에 박힌 채 발견되었다는 이 보석은 시바신의 제3의 눈으로 부쳐진다. 무굴제국의 시조인 바부르(Babur, 1483~1530)의 보물로 바뀌면서 피묻은 전설이 계승된다. 고귀한 가치를 지닌 이 보석은 무굴제국에서 페르시아로, 페르시아에서 다시 인도로 제국의 흥망과 더불어 소유가 바뀐다. 절대 권력을 잡은 이들은 한결같이 그 보석을 탐하였다.[3,4]

이 다이아몬드가 코이누르란 이름을 갖게 된 것은 무굴제국의 샤로부터 이를 빼

인도의 무굴제국에서 왕의 보석으로 시작된 이 다이아몬드(코이누르)는 영국의 왕관을 장식하는 보석으로 자리하게 되었다.

앗은 페르시아의 나디르가 그 돌을 본 순간 내뱉은 첫 마디 말 "코이누르(Koh-I-Noor)"에서 기원한다. 코이누르란 바로 빛의 산이라는 뜻이다. 당시만 해도 다이아몬드의 세공 기술이 발달하지 않아 지금의 코이누르처럼 광휘가 없었음에도 불구하고 그는 그 다이아몬드가 발하는 광휘에 압도당했던 듯하다. 두 번째로 페르시아에 간 코이누르는 아프가니스탄의 통치자인 아메드의 손을 거쳐 티무르왕가로 계승된다. 그 후 이 돌은 푼잡의 사자로 알려진 란지트 싱의 소유가 되었다. 그 돌은 인도를 점령한 영국 관리들에 의해 우여곡절 끝에 영국의 왕실로 보내지게 된다. 형식은 시크제국의 마지막 지배자였던 듈립 싱(Duleep Singh)이 빅토리아 여왕에게 선물하는 것으로 포장되었으나 실상은 힘 있는 자의 강탈이었다. 그 돌은 1851년 만국박람회 때 크리스털 궁전에서 전시를 하였지만 인도의 무딘 세공으로 광휘를 제대로 발하지 못한 코이누르는 영국의 대중들에게 대단한 호응을 얻지는 못하였다. 이를 본 왕 역시 적잖게 실망하여 다시 가공하기로 결정한다. 이 돌은 빅토리아 여왕의 남편인 앨버트 공의 감독 아래 암스테르담에서 당대 최고의 보석세공사로 인정받은 부르상저에게 다시 세공하도록 해서 오늘날의 코이누르로 자리를 잡은 것이다. 그때 이 돌은 광휘를 내기 위하여 자신의 40%를 잘라내야 했다. 비록 그 크기가 186캐럿에서 105캐럿으로 줄어들기는 했지만 코이누르의 명성은 되살아났으며 후일 이 보석은 조지 6세의 부인인 엘리자베스의 왕관을 장식하게 되었다. 지금까지 세계적인 명성을 자랑하는 거대한 다이아몬드는 어느 시대든지 당시의 왕조와 연관을 맺지 않은 것이 거의 없다. 다이아몬드는 당시 절대 권력을 쥐고 있던 이와 질긴 인연을 가지고 있는 것이다. 그래서 세간에서는 코이누르를 가지고 있는 이가 세계를 지배한다는 말이 나왔을 정도이다.[3,4]

가장 큰 다이아몬드, 컬리넌

다이아몬드는 시대를 거치면서 새로운 전승과 호기심 어린 미신적인 전설을 더해 갔다. 그런 예로 이를 소지한 이들에게는 전장에서 불사신과 같은 불패의 강인함을 주는 것으로 믿기도 하였으며, 악으로부터 자신을 보호하고, 독성을 해독시키며, 여성에게는 출생을 돕는다고 여기기까지 했다. 이러한 사실은 모두 다이아몬드가 갖는 강인한 성질로부터 만들어진 전승(傳承)일 것이다.

사실 고대에는 다이아몬드 채취라는 것이 하천가나 혹은 과거 하천이 있었던 자리에 아무렇게나 쌓여 있는 모래와 자갈들 사이에서 발견하는 정도가 전부였다. 초기 이러한 채광 활동은 주로 인도에서 이루어졌으며, 당연한 결과로 많은 다이아몬드가 인도산이었다. 채광을 한다고 해도 그것은 자갈과 모래가 들어 있는 흙무더기를 차례로 치우면서 물속에서 함지로 다이아몬드를 찾아내는 과정이 전부였다. 그런 광산에서 다이아몬드의 생산량이 그렇게 많은 것은 아니었다. 이런 식으로 채광을 하는 광산을 사광상이라고 하는데 드비어스사의 발표에 의하면 통계적으로 약 250톤의 흙더미를 치워야 겨우 1캐럿의 보석용 다이아몬드를 찾아내는 수준이라고 한다. 남아프리카에서 다이아몬드 광산을 시작하던 초기에도 사정은 이와 별로 다를게 없었다.[2]

세계에서 보석용 품질을 갖는 가장 큰 다이아몬드로 알려진 컬리넌(Cullinan)의 원석은 3,106.75캐럿(621.2g)이나 되어 보석이라고 부르기에는 너무 큰 돌이었다. 보석용이 아닌 것으로는 브라질에서 발견된 카보나도(carbonado)가 있는데 이들 중 가장 큰 것은 3,600캐럿(720g)이었다. 카보나도가 다이아몬드인 것은 분명하지만 보석용과는 거리가 먼 것이다. 이 녀석은 미세한 마이크론 크기의 다이아몬드 결정의 집합체로 다공성 집합체를 이루고 있기 때문에 다이아

지금까지 발견된 다이아몬드 중 가장 큰 3,106캐럿의 다이아몬드를 발견한 후 촬영한 사진. 사진의 왼쪽에 서 있는 이가 이 돌을 발견한 프레데릭 웰스이고, 맨 오른쪽이 광산의 소유자인 토마스 컬리넌이다. 이 돌은 광산 소유자의 이름을 따서 컬리넌 다이아몬드(Cullinan diamond)로 명명되었다.

몬드가 만드는 치밀한 광휘와는 전혀 관계가 없기 때문이다. 아직 카보나도의 성인은 태양계 형성 이전 우주에서 만들어졌다는 이론, 운석 충돌에 의해서 만들어졌다는 가설, 다른 다이아몬드와 같은 조건에서 만들어졌다는 이론이 있으나 아직 명확하게 규명된 것은 아니다.

컬리넌의 발견은 당시 다이아몬드 광산 개발의 정황을 말해준다. 1905년 1월 25일 늦은 오후 남아프리카의 프리미어 광산(Premier mine)에서 감독자로 일하던 프레데릭 웰스(Frederick Wells)는 일상적인 업무로 광산을 돌아보고 있던 중 석양빛에 무언가 반짝이는 물체를 발견하였다. 웰스는 그 반짝이는 물체를 끄집어냈는데 덩어리가 너무 커서 처음에는 흙 속에 파묻힌 유리에 속은 것으로 착각하였다고 한다. 그러나 이 유리 덩어리로 보이던 것이 지금까지 지구상에서 발견된 적이 없는 가장 큰 우수한 보석용 다이아몬드임이 밝혀졌다.

이 다이아몬드는 이 광산의 설립자이며 사장이던 토마스 컬리넌(Thomas Cullinan)의 이름을 따 컬리넌이라고 명명되었다. 이 다이아몬드는 당시에도 고가인 80만 달러로 트랜스발 정부에 팔렸으며, 영국의 식민정부였던 트랜스발은 이것을 영국의 에드워드 7세의 생일인 1907년 11월 9일에 맞춰서 선물로 보냈다. 영국으로 보내질 때 125만 달러의 보험에 가입하였다고 한다. 이를 받은 에드워드 7세는 제일 큰 다이아몬드를 가공하여 당시 보석업계에서 높은 명성을 가지고 있던 암스테르담의 아셔다이아몬드사에 커팅을 의뢰하여 9개의 큰 조각과 96개의 작은 조각으로 분리하였다. 물론 그 돌을 쪼개기 전 오랜 기간 면밀히 관찰한 후, 세심하게 계획을 세워 실행한 결과이다.

영국제국 왕관 아래에 장식된 317.40캐럿의 컬리넌 II. 왕관의 중앙에 장식된 적색의 보석은 흑태자의 루비로 알려진 첨정석이다.

그것들 중 가장 큰 조각은 컬리넌 I로 명명되었고, 530.20캐럿의 크기로 배 모양의 페어커트로 세공되어 왕의 홀(royal scepter)에 장식되었으며, 아프리카의 별(The star of Africa)이란 애칭을 가지고 있다. 두 번째 크기의 조각은 317.40캐럿으로 쿠션커트를 하였으며, 컬리넌 II로 명명되어 대영제국 왕관에 사용하였다.[4] 영국은 왕관을 장식하는데 컬리넌 II로는 부족하여 "흑태자의 루비"로 알려진 적색의 첨정석과 수많은 작은 다이아몬드와 사파이어 그리고 진주로 치장하기도 했다. 세기의 다이아몬드 컬리넌은 피묻은 제국의 흥망에는 관련하지 않았지만 역시 최상의 보석은 군주에게 헌상되는 과정을 거쳐 세상에 모습을 드러냈다. 이 둘은 현재 런던탑에 왕실 보석으로 전시되어 있다.

호프 다이아몬드는 불행을 가져오는가?

다이아몬드 자체가 자연계에서 만들어지는 광물들 중 좀 유별나고 특별한 과정에 의해 생성되는 녀석이기도 하지만 만들어진 다이아몬드는 무색의 광휘만을 갖는 것은 아니다. 무색투명한 것에서부터 노랑, 초록, 파랑 및 분홍에 이르기까지 그 색깔 또한 변화무쌍하다. 각 다이아몬드는 모두 독특한 개성이 있으며 그들 중 몇몇은 다이아몬드에 얽힌 사연 때문에 세계적인 유명세를 타기도 하는데 그중 하나가 청색의 호프 다이아몬드이다.

호프 다이아몬드(Hope diamond)는 44.50캐럿으로 그 크기가 장대한 규모는 아니지만 진한 청색을 띠는 매우 희귀한 색으로 휘광성이 뛰어나 신비할 정도의 아름다움을 지닌 다이아몬드이다. 그러나 이 돌은 한때 불행을 부르는 보석으로 알려질 정도의 여러 가지 전설과 관련되어 있는 보석이기도 하다. 아마도 컬리넌 및 코이누르와 함께 세계에서 가장 유명한 다이아몬드 중 하나일 것이다.

따베르니에라는 프랑스 보석상이 1669년 인도 여행에서 돌아올 때 그의 짐 속에는 아름다운 인도산 푸른 다이아몬드가 들어 있었다. 그는 인도 여행에서 돌아온 후 쓴 여행기를 통해 코이누르를 비롯한 여러 가지 보석을 유럽에 소개한 장본인이다. 이 청색의 다이아몬드는 힌두교도인 그들이 숭배하는 시바 여신상의 눈으로 장식되었던 것으로 전해진다. 하여튼 이 돌은 후에 무굴제국의 왕이 소유하게 되었으며 이를 따베르니에가 구입하여 프랑스로 가져와 112캐럿의 다이아몬드를 태양왕으로 불리던 루이 14세(재위기간 1643~1715)에게 팔았다. 루이 14세는 이 보석을 삼각형의 배 모양으로 67.50캐럿의 크기로 세공하였으며, 그 후 프랑스 왕실이 보물로 소유하면서 "프렌치 블루 다이아몬드"로 알려진다. 루이 14세는 이 보석을 매우 귀하에 여겨 단 한 번만 자신의 몸에 지녔다고 한다. 루이 14세는 절대적인 왕권을 회복시키는 데는 성공하였으나, 말년에 국가 예산의 대부분을 베르사이유 궁전의 유지비와 전쟁 경비로 사용할 정도로 재정상태를 악화시켜 혁명의 단초를 제공하였다. 그리하여 그는 비극적인 종말을 맞이하게 된다. 이와 관련된 전승은 이미 많은 책자들로 소개되었다.[4,5]

이 보석의 비극적인 전설은 거기서부터 시작된다. 루이 14세의 세상이 끝나자 그 보석은 저절로 루이 15세로 승계되었다. 그는 이 보석을 자신이 소지하는 것을 삼가고, 그의 애인인 듀발리 자작부인에게 빌려주었는데 이 부인은 프랑스혁명이 한창일 때 참수되어 일생을 마치게 된다. 이로써 프렌치 블루의 비운은 계속 이어진 것이다. 그 후 루이 16세는 이를 의식용 골든플리스(Golden fleece)에 장식하기 이전까지 마리 앙투아네트가 이를 지니도록 하였다. 이를 소유하고 있던 앙투아네트 역시 단두대에서 불행한 최후를 맞이하게 된다. 이 고귀한 푸른 다이아몬드는 1792년 9월 7일 왕실 보석관에서 다른 많은 보석들과 함께 도난을 당하여 사라지게 된다. 잃어버린 보석들의 대부분은 보석관의 어느 나무 아래에서 발견되어 대부분 회수되었고, 국외로 팔려나간 보석도 일부 회수되었지만 이 푸른 신비의 다이아몬드는 끝내 나타나지 않았다.[6]

한때 불행을 가져오는 것으로 알려졌던 가장 유명한 다이아몬드 중의 하나인 45.52캐럿의 청색의 호프 다이아몬드(스미소니안박물관 소장, 사진제공 : Dane Penland).

그로부터 38년이 지난 1830년 경매장에 나타난 푸른 다이아몬드는 당시 유명한 보석상인 영국인 엘리아손이라는 사람이 소유하고 있었으며, 이 푸른 다이아몬드는 런던의 은행가 헨리 필립 호프(Henry Philip Hope)가 당시 9만 달러에 구입하였다. 호프에게 이 다이아몬드를 팔아넘긴 엘리아손은 그 후 낙마사고로 횡사를 하게 되어 또 다른 전설의 주인공이 된다. 호프가 구입한 푸른 다이아몬드는 더 이상 112캐럿이 아닌 44.5캐럿으로 줄어들었을 뿐만 아니라 모양도 달라져 있었다. 크기가 작아지기는 했지만 호프가 구입한 다이아몬드가 프랑스 왕실에서 사라진 청색의 다이아몬드로부터 다시 가공되었다는 사실은 이제 누구나 다 인정을 한다.

1839년 헨리 필립 호프가 죽은 후, 이 다이아몬드는 그의 조카인 헨리 토마스 호프의 소유가 되었다. 이때부터 이 다이아몬드는 가문의 이름을 따 호프 다이아몬드라고 불리기 시작하여 오늘에 이르게 된다. 헨리 토마스의 부인이 1887년 사망한 후, 그녀의 후손에게 상속되었다. 그녀의 손자인 클린턴 호프 경은 1894년 미국의 여배우와 결혼을 하였으나, 그녀는 다른 남자와 도주를 한다. 설상가상으로 1906년 거의 파산하게 된 그는 빚을 청산하기 위하여 보석을 팔게 되는데 이는 또 다른 비극이었다.

몇 차례 보석상들의 손을 거쳐 이 보석은 터키의 황제인 압둘 하미드 2세에게 45만 달러에 팔려 소유주가 바뀐다. 그는 호프 다이아몬드를 4명의 부인 중 한 명인 수바야(Subaya)에게 주었으나, 혁명의 기운에 놀란 그는 1911년 다시 이 보석을 삐에르 까르띠에에게 팔았다. 이 다이아몬드에 얽힌 이런 전승은 세간에 화제가 되기에 훌륭한 먹잇감이었으며 그럴수록 이 돌에 대한 관심이 커진 것도 사실이다. 까르띠에는 이 다이아몬드를 산 즉시 워싱턴포스트의 소유자인 에드워드 B. 맥린에게 판다. 맥린은 이를 그의 부인에게 선물로 주었다. 맥린 부인은 이를 불행의 상징으로는 결코 생각하지 않았으며 그녀가 생을 마감할 때까지 그 보석을 소유하였다. 1947년 맥린 부인이 사망한 후, 뉴욕의 보석상인 해리 윈스톤은 1949년 이를 구입하여 자신이 잠시 소유하고 있다가, 1958년 9월 스미소니안박물관에 기증하여 현재는 이 박물관에서 중심이 되는 보석 진열품이 되었다. 이제는 모든 사람들이 이 고귀하고 진귀한 돌을 감상할 수 있게 되었다. 스미소니안박물관에서는 1975년 이 보석의 세팅을 해체한 후 원석을 측정한 결과 44.50캐럿이 아니라 45.52캐럿이라는 것을 밝혀냈다. 이는 청색 다이아몬드 중 가장 큰 것이 아닌 네 번째 크기였으나 가장 유명한 다이아몬드 중의 하나가 되었다.[6]

이 아름다운 보석은 많은 소유자들의 급작스런 죽음과 두 왕실을 황폐화시킨 전설을 가지고 있다. 따라서 이런 사실을 아는 많은 사람들은 한때 호프 다이아몬드가 불행을 가져온다고 수군거리기도 하였다. 이 보석이 갖는 이러한 과거의 역사에도 불구하고 맥린 부인은 이 다이아몬드가 불행을 가져온다고 생각하지 않았다. 이를 구입하여 박물관에 기증한 미국의 유명한 보석상 윈스톤 또한 이 보석의 소유가 불행을 가져온다고 믿지 않았다. 그렇다. 아름다운 보석은 다만 전설을 만들 뿐이다. 이런 전설을 만드는 다이아몬드는 어디서, 어떻게 만들어지는지 궁금해진다.

새로운 킴벌라이트의 탐사

다이아몬드는 제멋대로 여기저기서 산출되는 그런 광물은 아니다. 이제 다이아몬드가 킴벌라이트(Kimberlite)라는 암석에서 산출된다는 것은 지질학자가 아니더라도 웬만한 사람은 다 알고 있는 사실이 되었다. 그런 사실이 알려진 초기에는 킴벌라이트의 지질학적인 정체도 파악하지도 못한 채 일확천금을 노리는 보석 사냥꾼들이 킴벌라이트 탐사에 매달렸다. 비록 200개의 킴벌라이트 암체를 발견한다고 해도 그중 겨우 몇 개의 암체만이 다이아몬드를 산출하지만 그래도 우선 킴벌라이트를 찾는 일이 매우 중요했다.

킴벌라이트란 사실 지구의 매우 깊은 곳 맨틀에서 올라온 초염기성 화성암의 일종이다. 암석은 산성, 중성, 염기성 또는 초염기성으로 구분되는데, 이는 화학에서 말하는 pH와는 다른 개념으로 암석 내의 규산(SiO_2)의 함량으로 구분되는 용어이다. 염기성으로 갈수록 규산의 함량은 감소한다. 남아프리카의 킴벌리란 마을에서 발견된 초염기성 암체가 그리 덩치가 크지는 않았지만 1871년 다이아몬드의 산출이 알려지면서 일약 유명해지게 되었다. 킴벌라이트는 적어도 지하 150km 내지는 450km 깊이의 맨틀에서 만들어진 암석이므로 지각을 구성하는 암석과는 광물조성도 판이하게 다르다. 이 화성암체의 이름 킴벌라이트는 바로 산출지의 동네 이름을 따서 지은 것이다. 이제는 다이아몬드를 발견하려면 킴벌라이트를 찾아야 한다는 것은 상식이 되었다.

현대 과학기술의 진보로 과거에는 예상하지 않았던 지역에서도 킴벌라이트가 속속 발견되었다. 새로운 킴벌라이트의 발견은 새로운 다이아몬드 광산의 발견으로 연결되었으며, 날이 갈수록 채광은 대규모로 이루어지게 되었다. 지질학의 발전과 더불어 다이아몬드 광산은 더 이상 우연히 발견되는 게 아니라 계획적인 탐사의 결과로 얻어지는 수확이 되었다. 개발이 현대화되면서 다이아몬드의 채광은 거의 자동화되어 있으며, 단지 최종 선별과정에서만 인간의 손길이 필요한 단계로 발전하였다. 이렇게 되자 생산량이 급증하여 일반인에게도 다이아몬드 소유의 길이 열릴 정도로 공급은 증가되었음에도 경제원칙과는 사뭇 다르게 그 가치는 결코 내려가지 않았다.

고대의 공급원이었던 인도에서 다이아몬드가 고갈되자, 남아프리카에서 생산하기 시작하였다. 그러나 이마저 생산이 줄어들기 시작하자 신기술로 무장한 지질학자들은 아프리카의 북쪽으로 올라가 새로운 광산을 발견하였다. 새로운 광산의 탐사는 아프리카에만 한정되는 것은 아니었다. 북반구의 거의 극지방이나 다름없는 러시아의 시베리아나 캐나다에서도 다이아몬드를 가지고 있는 새로운 킴벌라이트가 속속 발견되어 다이아몬드 생산국의 랭킹이 변화하였다. 특히 동토지대나 다름없는 시베리아나 캐나다 북부에서의 탐광은 매우 어려운 과정을 거쳤다. 1946년 캐나다 동부에서 킴벌라이트가 최초로 발견되자, 이의 탐사는 북서부로 확대되어 1990년대까지 약 100여 개의 킴벌라이트 파이프를 발견하였다. 어렵게 발견한 킴벌라이트의 대부분은 다이아몬드를 함유하고 있지 않았으며, 비록 다이아몬드를 함유하고 있다고 해도 경제성이 없는 것들이었다. 초기에 이런 탐사는 큰 회사가 주도했으나 실망스러운 결과에 1980년대 말에는 거의 모든 회사들이 탐사를 포기하고 철수하였다.

그러나 작은 탐사회사를 운영하던 찰스 핍케(Charls E. Fipke)라는 사람은 그 가능성을 믿고 탐사를 계속하여 노스웨스트 테리토리의 주도인 옐로우나이프 근처 지역에서 1990년 4월 다이아몬드를 배태하고 있는 킴벌라이트를 발견하였다. 그 발견은 새로운 킴벌라이트 탐사 열풍의 또 다른 계기가 되었으며, 이후 이 지역에서 약 77개의 새로운 킴벌라이트를 발견하였다. 그 중 약 42개가 다이아몬드를 함유하고 있는 것으로 확인되었다. 이는 전 세계 평균을 훨씬 웃도는 확률이었다. 남아프리카에서 다이아몬드를 생산하던 초기의 광산들은 우연히 발견된 경우도 있었지만 캐나다에서의 발견은 지질학적 지식을 바탕으로 한 전문가들의 집요하고 체계적인 탐사의 결과로 얻어진 것이었다.

이 지역 최초의 킴벌라이트 발견은 더 극적인 것으로 포인트레이크라는 호수의 수심 50m 바닥에 있는 것이었다. 이러한 발견은 캐나다를 세계 제6위의 다이아몬드 생산국으로 만들었다. 남반구인 호주대륙도 예외는 아니어서 그곳에서도 다이아몬드가 발견됨에 따라 현대에는 다이아몬드 생산국으로서 남아프리카의 명성이 점점 퇴색되어 가고 있다.

캐나다의 노스웨스트 테리토리의 포인트레이크의 킴벌라이트를 살펴보기로 하자. 초염기성 암석인 킴벌라이트는 풍화작용에 약해 낮은 저지대를 형성하는데 이 저지대에 물이 차 호수가 되었다. 킴벌라이트는 지각 아래 깊숙한 곳에 자리하고 있던 마그마가 지각의 균열대나 약한 곳을 따라 빠르게 상승하면서 지표 근처에서 마치 잘생긴 당근 모양으로 만들어진 암체이다. 마그마가 지표에 이르는 순간은 예외없이 격렬한 폭발이 수반된다. 언제나 지표에서 확인되는 킴벌라이트는 으레 길쭉한 원형추로 산출된다. 바로 포인트레이크의 킴벌라이트는 오랜 지질시대 동안 풍화작용의 결과로 침식되어 호수가 만들어 진 경우이다. 호수 바닥에 모습을 감추고 있는 킴벌라이트를 찾는 일이란 말처럼 쉬운 일은 아니었다. 또 어떤 경우는 침식된 저지대가 다시 빙하 퇴적물로 채워져서 아예 지표에 노출되어 있지도 않았다. 그런 킴벌라이트를 찾는 것은 예술의 경지에 이른 지질학자들의 집요한 노력과 일확천금의 꿈이 어우러진 합작품이었다.

그런 노력은 시베리아라고 해서 다를 바 없다. 구 소련 정부는 시베리아 동부 동토지대에서 대대적인 자원탐사를 벌였다. 여러 가지 금속광물자원도 관심이 있었지만 특히 다이아몬드가 주된 관심사였다. 소련의 학술원 회원이기도 했던 지질학자 블라디미르 소볼레프(Vladimir S. Sobolev, 1908~1982)는 일찍이 1930년대에 아프리카의 보츠와나와 시베리아의 고기 기반암이 매우 유사하다는 점을 인식하였다. 그래서 그는 시베리아에 다이아몬드가 산출될만한 암체가 있으리라는 확신을 가졌다. 그는 1947년부터 시베리아의 하천에서 다이아몬드를 산출하는 암석에서 나오는 지시광물의 존재를 찾기 시작하였다. 극지방의 혹독한 환경에서 10여 년의 노력 끝에 1954년 야쿠트 지역에서 처음으로 킴벌라이트 파이프를 발견하였다. 하나가 발견되자, 마치 줄기를 들어 올리니 뿌리에 주렁주렁 매달려 차례로 올라오는 고구마처럼 차례로 새로운 킴벌라이트가 모습을 드러냈다. 마치 지질학자들이 들추어내기를 기다렸다는 듯 계속 발견되었다. 1955년에는 매우 생산적인 미르(Mir, 평화라는 의미)와 함께 불과 10일 사이에 우다치나야(Udachnaya)도 발견되었다. 그 다음 해 1956년에는 이미 500여 개의 킴벌라이트가 발견되었다.[7]

이런 킴벌라이트 중 1955년 6월 13일에 발견된 미르(Mir)광산은 2004년 4월 30일 광산을 닫을 때까지 연간 200만 캐럿의 다이아몬드를 생산하였다. 그런 생산규모는 그 광산을 발견한 지질학자들조차 처음에는 예상하지 못했던 일이었다. 50년 동안 파낸 구덩이는 1,200m의 직경에 깊이는 무려 525m로서 소련이 만든 최대의 구덩이가 되었다. 이런 크기의 구덩이는 아예 메울 엄두조차 나지 않는 규모이다. 킴벌라이트 암체가 깔때기 모양이므로 그런 모양의 암체에 점점이 박혀 있는 다이아몬드를 찾기 위해서는 그 모양대로 파 내려가야 한다. 드러난 구덩이는 바로 그 모습이었다. 광산 개발과 함께 황량한 이 지역에는 미르니라는 작은 도시가 탄생했다. 그런 모습은 시베리아에서만 볼 수 있는 것은 아니며 세계 다른 곳의 다이아몬드 광산에서도 역시 그런 모습을 볼 수 있다. 미르광산이 한창일 때 다이아몬드를 회수하기 위해 바닥에서 캐낸 킴벌라이트를 트럭으로 선광장까지 운반하는데 꼬박 2시간 정도가 걸렸다. 러시아 모스크바대학의 지질대학에서는 별도로 다이아몬드학과를 만들어 전문가를 양성할 정도로 생산량이 급증하였으며 최근에는 1천만 캐럿 이상을 생산, 세계 4위의 다이아몬드 생산국이 되었다. 필자는 1990년대 후반 모스크바대학을 방문했을 때 만난 다이아몬드학과의 한 교수가 선물로 준 관련 교재를 읽을 수는 없으나 지금도 보관하고 있다. 서방세계에는 없는 학과를 운영하고

러시아 시베리아의 야쿠트 지역에 있는 미르다이아몬드 광산. 50년간 가행한 후 2004년 5월에 폐광시 만들어진 직경 1,200m, 깊이 525m의 채굴적의 모습으로 소련에서 인공적으로 만들어진 최대의 구덩이다. 킴벌라이트 암체의 모양을 따라 파 내려간 흔적.

있는 점에 자부심이 넘친다는 인상은 지금도 기억에 남는다.

미르광산이 거대한 규모이기는 하지만 세계 최대라는 타이틀은 보츠와나에 있는 오라파광산(Orapa mine)에 넘겨줘야 했다. 1971년 7월에 시작한 이 광산은 다이아몬드 시장을 지배하고 있는 드비어스사와 보츠와나 정부가 공동으로 운영하는 광산이다. 이 광산은 아프리카대륙 내부 분지에 있는 오카방고 습지에 붙어 있다. 오라파란 현지어로 "사자들의 서식처"란 의미이므로 이 지역이 어떤 지역인지는 독자들도 상상이 갈 것이다. 이 광산의 킴벌라이트 파이프는 직경이 2km 정도이므로 규모가 미르보다 크다는 것을 알 수 있다. 현재는 원석 1톤을 처리하면 0.87캐럿(174mg)의 다이아몬드를 생산한다. 오라파광산은 2003년도에 1,600만 캐럿의 다이아몬드를 생산했다. 그렇다면 처리되는 버럭의 양을 계산할 수 있을 것이다. 이 광산에서 연간 파내는 광석의 양은 약 2천만 톤이며, 동시에 약 4천만 톤의 폐석을 발생시킨다. 해마다 깊어지는 구덩이는 이미 지구의 큰 구멍으로 자리매김한 상태이다.

다이아몬드의 상징성

생산국의 지위는 끊임없이 변했지만 다이아몬드의 가치는 변하지 않았다. 어찌 보면 현대 다이아몬드 시장을 석권하고 있는 거대 기업의 상술이 다이아몬드의 가치를 유지하는 데 결정적인 기여를 한 것도 부정할 수는 없다. 보석상들은 다이아몬드를 "변하지 않는 사랑" 또는 "영원한 사랑"의 상징물로 만들면서 언제부터인가 문명사회에서는 다이아몬드가 약혼반지로 혹은 결혼반지로 자리매김하였다. 결혼과 약혼반지는 계약과 구속을 상징하는 사랑의 징표이기도 하다. 이는 성경의 "하나님이 짝지어 주신 것을 사람이 나누지 못할지니라."는 기록에 근거한 하나님의 의지에 따른 계약의 의미로서 반지를 교환한 것이므로 이 계약이 엄격함은 더할 나위가 없을 것이다. 결혼반지의 역사 또한 로마시대로 거슬러 올라간다. 로마시대에는 약혼식에서만 반지를 교환했다고 한다.

그 이후에도 약혼반지의 교환에 대한 기록은 여기저기에서 발견된다. 그러나 반지가 결혼의 증거가 되었다는 것은 9세기 로마 교황 니콜라우스 1세(재위기간 858~867)때 나오며, 신랑 신부 사이에서 결혼반지의 교환은 1027년에 시작되었다고 하는데 신랑은 신부에게 금반지를, 신부는 신랑에게 철반지를 주었다고 한다. 13세기에 이르러 유럽 사회에서는 이러한 관행이 일반화되었다고 한다. 기록으로 남겨진 자료에 의하면, 다이아몬드를 처음 약혼반지로 사용한 사람은 오스트리아의 막스밀리안(이 사람은 나중에 프레데릭 3세의 후계자로 독일의 왕이자 신성로마제국의 막스밀리안 1세가 됨)이 1477년 그녀의 약혼자 부루고뉴가의 마리에게 해준 것이라고 한다. 최근에 약혼 혹은 결혼반지로 다이아몬드가 정착되는 데는 드비어스사의 끈질긴 광고 덕분이라

부르고뉴 공의 딸 마리(1457~1482)와 합스부르그의 왕 막스밀리안(1459~1519)은 1477년 결혼할 때 약혼반지로 다이아몬드 반지를 주었다고 하는데, 이는 기록으로 나타난 최초의 다이아몬드 약혼반지의 교환이다. 이들의 결혼은 정략적으로 이루어진 것이지만 이 둘의 관계는 아주 좋았다고 한다. 결혼 당시에는 왕의 신분이 아니었으며, 후에 아버지를 승계하였으며 신성로마제국의 황제 막스밀리안 1세로 등극한다(비엔나 역사박물관 소장).

고 보는 사람들이 많다. 그래서 다이아몬드의 새로운 소비형태가 우리에게도 이르게 되었다.

다이아몬드가 누리는 최고의 가치는 오늘날에도 변함이 없으며 여전히 보석 중의 보석 자리를 차지하고 있다. 큰 다이아몬드의 가치는 날이 지나면서 더 커지고 있다. 드비어스사가 소유하고 있는 밀레니엄이란 118캐럿의 다이아몬드는 실제로 거래된 적은 없지만 보험가만 2억 불이라고 하니 우리가 상상하기 어려울 정도이다. 실제로 이런 재화로서의 높은 가치 때문에 탐욕의 대상으로 변질되어 다이아몬드는 21세기에도 곳곳에서 비극을 만드는 원인이 되었다.

거부할 수 없는 유혹의 시작

다이아몬드가 갖는 높은 가치는 중세 이후의 과학자들에게도 유혹의 대상이었다. 다이아몬드를 만들 수 있다면 굉장한 부를 축적하게 되리라는 생각은 현대 과학이 태동하면서도 거부할 수 없는 유혹으로 확실하게 자리 잡았다. 이런 유혹은 근대판 연금술사를 태어나게 했다. 황당하게도 다이아몬드가 탄소로 만들어졌다는 사실을 알기도 전에 돌을 만들려는 시도가 추진되었다. 이런 사실을 더듬어 올라가는 것은 우리 선조들의 바보스러움을 확인하는 과정이 아니라 우리 지식체계의 발전과정을 보여주는 아주 흥미 있는 대목이다.

1828년 처음으로 다이아몬드를 용액으로부터 성장시켰다는 프랑스의 드라뚜르(C. Cagniard de la Tour, 1777~1859)가 나타났다. 그러나 그것은 산화알루미늄과 산화마그네슘으로 다이아몬드 만들기를 시도한 허황된 꿈이라는 게 곧 밝혀졌다. 같은 해 가날(J.N.Gannal, 1791~1852)도 비슷한 주장을 했지만 누구도 그의 실험을 재현할 수 없다는 것을 확인하는 데 그쳤다. 그 후로도 많은 과학자 혹은 호기심으로 가득 찬 아마추어 과학자들에 의해 다이아몬드를 합성했다는 주장이 수십 번 제기되었지만 하나도 성공을 확인할 수 없는 허황된 주장들이었다.[2]

이러한 시행착오 중 스코틀랜드의 화학자 한네이(James Ballantyne Hannay, 1855~1931)의 이야기는 두고두고 전해지는 전설이 되었다. 그는 다이아몬드 합성 실험을 과학적인 방법으로 시도한 최초의 과학자이다.[8] 그가 다이아몬드 합성을 처음 시도했던 때까지도 다이아몬드를 함유하고 있는 킴벌라이트란 암석의 성인조차 알려진 바가 전혀 없었으므로 다이아몬드의 성인은 아무도 모르고 있는 상태였다. 그러나 그는 탄소를 함유하고 있는 용매에 여러 가지 물질을 첨가하여 다이아몬드 결정 성장을 시도하였다. 여러 가지 시도를 해보았지만 정상적인 압력에서는 단지 흑연만 만들어졌다. 그래서 그는 다른 방법을 사용해 보기로 하였다. 튼튼하게 만들어진 쇠로 만든 튜브 안에 탄소가 용해된 용매에 리튬을 넣은 후 튜브의 양쪽 끝을 막고 고온으로 가열을 하였다. 그는 내부 압력이 증가하여 쇠 튜브가 폭발할 때까지 가열시켰다. 사실 고압에서의 실험은 이 당시만 해도 전혀 새로운 세계였다.

그는 여러 가지 기술적인 문제에 직면하였으나 역시 가장 큰 문제는 어떻게 고압에 견딜 수 있는 용기를 만드느냐 하는 것이었다. 그는 1인치 쇳덩어리에 0.5인치로 판 튜브를 이용하여 실험을 하였으나 실험 결과 다이아몬드는 발견되지 않았다. 그의 튜브는 점점 더 두꺼워졌다. 튜브의 두께를 증가시키면서 실험은 계속되었으며, 4인치까지 두껍게 만들었으나 튜브의 두께가 두꺼워질수록 더 큰 폭발과 함께 터져 버렸다. 당연히 실험의 위험성은 커져만 갔다. 이런 폭발은 튜브를 가열하기 위한 노(爐)는 물론이고 실험실을 파괴할 정도로 강력한 것이었다. 그가 행한 80번의 실험 중 77번이 폭발로 인하여 실패로 끝이 났다. 그러나 몇 번 폭발되지 않은 실험조차도 단지 흑연만 발견되었을 뿐이었다. 그런 실험을 계속하던 한네이는 1880년 드디어 아주 작고 맑은 결정을 튜브에서 발견하였다. 그 결정은 맑고 투명하였으며, 산에도 전혀 반응을 하지 않았고, 막자사발에서 가루를 낼 수도 없었다. 그는 그 결정을 전문가에게 보내 감정을 의뢰하였는데 결과는 다른 불순물과 함께 확실히 다이아몬드가 들어 있다는 의견을 들었다. 그는 다이아몬드를 합성한 실험 결과를 왕립학회의 학술지에 자세하게 발표하였다.

이제 모든 사람은 쇠 통에 탄소를 넣고 가열만 하면 금방 다이아몬드가 만들어질 것처럼 흥분하였다. 그리고 다이아몬드 합성 문제는 해결된 것으로 간주하였으며, 19세기 화학이 이루어낸 획기적인 발전의 결과로 공을 돌리는 데 주저하지 않았다.

제2차 세계대전 이전에 합성 다이아몬드라고 주장하던 것들 중 유일하게 영국박물관에 보존되어 있던 그 돌은 현대의 과학적인 방법으로 검증할 기회가 왔다. 그 결과는 안타깝게도 다이아몬드는 분명하나 합성이 아닌 자연산으로 밝혀졌다.[9] 이 작은 돌에서 현대 과학이 밝힌 것은 자연산 다이아몬드 결정구조 안에서 질소원자들이 작은 판상으로 농집되어 만들어진 불순물을 찾아낸 것이다. 이런 불순물은 빠르게 성장하는 합성 결정에서는 발견되면 안 되는 물질이다. 이제 이 작은 다이아몬드는 자연산이라는 데 아무도 의심을 하지 않고 있다. 그 결과 한네이의 실험을 두고 여러 가지 해석을 하고 있다. 한네이가 속임수를 썼다고 믿는 사람들과 그 실험실에서 종사하던 누군가가 자신들의 안전을 위해 한네이의 위험한 실험을 끝마치기 위해 실험을 시작하기 전 튜브 속에 자연산 다이아몬드 가루를 뿌려 넣었다고 믿는 사람들이다. 그러나 그런 사실을 명확하게 밝혀줄 수 있는 어떤 직접적인 증거는 없었다. 많은 사람들은 그의 과학자적인 태도로 보아 후자를 믿고 싶어한다.

모아상의 새로운 시도

한네이의 뒤를 잇는 이야기는 경제적 능력이 없어 대학 교육을 받지도 못했지만 독학으로 공부하여 학위시험에 합격한 후 대학 교수가 되었던 비상한 과학자 모아상(Ferdinand Frédéick Henry Moissan, 1852~1907)으로 이어진다. 그는 불소를 분리시키는 데 성공하여 그 공로로 1902년에 노벨화학상을 받은 학자이다. 모아상은 불소를 유리(遊離)시키는 데 절대로 물이 있어서는 안 된다고 생각하고, 수용액을 사용하는 대신 불화수소액에 불화칼륨을 녹인 것을 사용하여 이를 전기분해하는 데 성공한 것이 1886년 6월 26일이었다. 사실 독성이 강한 불소의 연구로 그는 생애를 일찍 마감해야 했다.

그는 불소 연구 외에도 1892년 전기로를 발견하여 학계에 보고하였다. 그는 그 전기로를 이용하여 탄소가 고압에서 결정화될 때 다이아몬드가 만들어진다는 것을 발견하여 더 유명해졌다. 그에 얽힌 이야기는 여러 가지가 전해진다. 그가 발견한 전기로에서 고온으로 가열시킨 철에 탄소를 많이 넣어 용융시킨 것을 빠르게 냉각시키면, 이때 발생되는 철의 수축 압력으로 탄소는 다이아몬드가 될 것이며, 그 후 철을 산으로 녹이면 다이아몬드를 얻을 수 있다고 생각했다. 그는 모든 것을 잊고 다이아몬드 합성 실험에만 매달렸다. 그러나 결과는 항상 실패였다. 이를 보고 안타깝게 여기던 그의 부인이 용단을 내렸다. 모아상의 부인은 실험 조교에게 자신의 다이아몬드를 주면서 그것을 깨트려 모아상 몰래 실험 장비에 미리 넣어 달라고 부탁하였다. 그리하여 모아상이 실험에서 얻은 철을 녹이자 다이아몬드가 나왔다. 모아상은 자기의 눈으로 확인한 그 다이아몬드를 보고 자신의 실험이 성공했다는 사실을 추호도 의심하지 않았다. 그런 소문은 으레 빠르게 퍼져나가기 마련이다. 다이아몬드 시장에 대혼란이 일어났다. 이런 방법으로 다이아몬드를 만들 수 있다면 다이아몬드가 그렇게 비쌀 이유가 없었기 때문이다.[8]

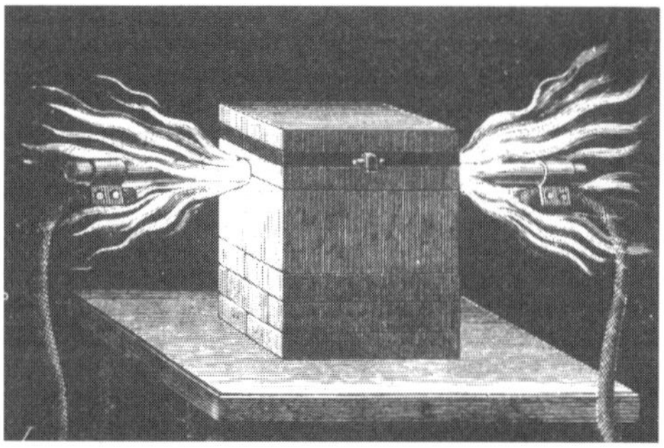

모아상이 개발한 전기로. 그가 1904년 간행한 단행본 《전기로》에 수록되어 있는 그림. 이 로(爐)로부터 3,000 ℃까지 올릴 수 있으며, 그는 이 장치로부터 다이아몬드 합성에 성공한 것으로 믿었다(Henry Moissan, 1904, The Electric Furnace. London : Edward Arnold에 수록).

다른 과학자들도 모아상의 방법으로 다이아몬드를 만드는 시도를 하였다. 그러나 아무도 그 방법으로 다이아몬드를 만드는 데 성공을 거두지 못했다. 이를 헤이젠(Hazen, R.M.)은 그들이 모아상의 부인과 같은 내조자가 없었기 때문이라고 익살스럽게 비유하였다. 사실 그런 실험조건에서 적용된 압력은 탄소가 다이아몬드로 결정화되기에는 불충분하였다. 모아상이 죽은 후 그의 다이아몬드 합성이 너무 유명해지자 모아상 부인은 사실을 밝혀 그의 다이아몬드 합성 이야기는 사라지게 되었다. 모아상 부인의 처신은 올바른 것이었다. 과학의 발전은 비록 그 부인이 사실을 밝히지 않았다고 해도 그 진상을 곧 알아내는 단계로 진입하고 있었다. 그렇다고 모아상의 다른 과학적인 업적이 퇴색된 것은 결코 아니며 불소의 유리는 오늘날에도 모아상이 행한 방식대로 이어지고 있다.[8,12]

압력의 인식

이렇게 되자 다이아몬드 합성의 꿈은 다시 안개 속으로 사라지게 되었다. 그렇다고 모든 과학자들이 다이아몬드 합성의 꿈을 버린 것은 아니었다. 탈륨을 발견하고 방사능을 발견한 크룩스 경(Sir William Crookes, 1832~1919)이 이에 관심을 가졌다. 그가 64세 되던 해인 1896년, 그는 남아프리카 킴벌리에서 지질과 광물을 연구하기 위하여 한 달간 머물렀다. 그는 다이아몬드 광산을 보고 보석이 만들어지기 위한 자연계에서의 근원을 생각하였으며, 당시 그는 이 돌이 만들어질 때 압력이 주된 역할을 하고 있다는 사실을 알아차렸다. 그러나 그의 다재다능함은 그를 다른 연구에 몰두하게 만들었다. 특히 방사능에 관한 연구를 시작하면서 다이아몬드에 관한 연구를 잠시 접어두었다. 그러나 1904년 모아상의 단행본이 영역되어 출간되자 그는 다시 1905년에 남아프리카를 방문하기로 한다. 목적은 다름 아닌 다이아몬드 광산을 다시 가보려는 것이었다. 그는 자연으로부터 무엇인가 다이아몬드 합성에 관한 영감을 구하고자 했다.

크룩스 경은 다이아몬드 합성이 성공한다면 이로부터 발생될 상업적인 가치가 무한다는 것을 알고 있었다. 새로운 시도를 해보기로 결정한 그는 한네이가 실험한 밀봉 튜브 방법을 써보기로 하였다. 폭약의 폭발 효과를 연구하던 노블 경(Sir Andrew Noble, 1832~1915)에 의해 이 당시 얻을 수 있는 최고의 온도와 압력에 대한 지식을 전수받았다. 쇠로 만든 튜브 안에 폭약을 장전한 후 이를 밀봉시키고 폭발할 때까지 가열한다. 이 튜브가 폭발할 때 순간적으로 얻어지는 온도와 압력은 각각 5,000℃와 8,000대기압이 된다는 사실을 알고 있었다. 크룩스 경은 이러한 온도와 압력을 경험한 폭발된 튜브로부터 비정질 탄소, 흑연 그리고 규산과 같은 불순물을 제거하였다. 그러고 나서 열처리 및 질산과 황산으로 처리하자 아주 작고 투명한 결정을 발견할 수 있었다. 그는 이런 가혹한 시련을 이겨 낼 수 있는 것은 오직 다이아몬드밖에 없을 것이라고 생각하였으며, 실제로 그는 당시의 결정학자들이 이를 확인해 주었다고 쓰고 있다. 그러나 유감스럽게도 그가 만들었다는 다이아몬드는 보전된 것이 없어 사실 여부를 확인할 수 없게 되었다. 비록 그가 다이아몬드를 합성하기 위해서 압력의 중요성을 인식하기는 했지만 오늘날 우리가 알고 있는 지식은 그때 만들어진 온도와 압력이 다이아몬드를 생성시키는 데 충분하지 않았다는 것이다. 만들어진 결정은 다이아몬드가 아니라 아마도 탄화규소 결정이거나 다른 아류일지도 모른다는 것이다. 그러나 압력이 결정적인 인자라는 사실은 확인한 셈이었다.[8,12]

그렇다고 다이아몬드를 만들려는 시도가 거기서 멈춘 것은 아니었다. 다이아몬드 합성 시도를 그의 일생의 집념으로 생각하고 가능한 모든 것을 시도한 이가 바로 파슨스 경(Sir Charles Algernon Parsons, 1854~1931)이다. 그가 누구인가, 바로 현대적인 증기터빈을 개발하여 고속의 추진력을 갖는 선박의 운항이 가능하게 만들어준 공학자로서 그가 개발한 엔진은 당시 영국 해군의 선박에 장착하는 표준이 되었다. 처녀 항해에서 비운을 맞이한 타이타닉호에도 그가 만든 엔진이 장착되어 있었다. 그는 그의 전기장치로부터 얻을 수 있는 높은 온도와 압력을 이용하여 다이아몬드 합성을 위해 집요하게 노력하였다. 그는 거의 30여 년간 치밀하게 계획한 그의 실험을 계속하였다. 그의 실험으로부터 어렵사리 얻은 작은 파편들, 그가 다이아몬드라고 믿었던 시료들은 분석을 해보면 단순한 다른 알루미늄산화물이거나 다른 물질들이었다. 오랜 실험 끝에 그가 자신의 동료들에게 밝혀야 했던 일은 유감스럽게도 다이아몬드 합성에 실패하였다는 것을 알리는 일이었다.

다이아몬드 합성을 위한 실험을 수십 년간 일생의 과업으로 수행하였던 파슨스 경. 그는 증기터빈을 개량하여 큰 업적을 남긴 공학자이기도 하다.

다이아몬드의 구조

비록 지금까지 밝힌 모아상, 크룩스, 파슨스와 같은 이들의 노력은 모두 실패로 끝이 난 실험이었지만 전적으로 쓸모없는 일은 아니었다. 그들이 실패한 이유는 그들이 도달할 수 없는 압력을 상대로 노력하였다는 점이다. 그리고 그들은 만들려고 노력하였던 돌의 내부구조도 모르고 시작하였다. 이런 사정을 알려면 과학기술이 발전되기를 기다려야만 했다. 1895년 뢴트겐(William Conrad Röntgen, 1845~1923)에 의하여 X-선이 발견된 것이 결정의 내부구조를 이해하게 된 시초였다. 그렇다고 단번에 모든 물질의 내부를 손금 보듯이 들여다보게 된 것은 아니었으며, 1912년 독일의 라우에(Max von Laue, 1879~1960)와 한 해 뒤인 1913년 영국의 브라그 부자(父子)(William Henry Bragg, 1862~1942 ; William Lawrence Bragg, 1890~1971)에 의해 무기물질에서의 X-선 회절현상을 설명해줄 수 있는 이론이 밝혀졌다. 이 이론의 뒷받침으로 시작된 X-선 결정학이 발전되면서 결정의 내부구조를 우리에게 알려주는 계기가 되었다.

탄소로만 구성되어 있는 다이아몬드와 흑연은 그들 결정 내에서 원자가 배열되는 방식이 완전히 달랐다. 다이아몬드는 탄소 네 개가 결합되는 기본구조를 이루고 있다. 탄소 한 개는 결합을 하기 위해 네 개의 팔을 가지고 있는데, 이들 네 개의 팔이 인접하는 네 개의 원소들과 결합을 하고 있다. 그렇기 때문에 이들은 매우 치밀하고 단단하게 결합되어 있다는(공유결합) 사실이 밝혀졌다. 그러나 흑연은 탄소들이 세 모서리에서만 결합을 하고 나머지 한 방향은 그저 느슨한 결합을 하고 있음이 밝혀졌다. 이 느슨한 결합은 반데르바알스 결합으로, 약한 힘으로도 그 결합을 깰 수 있다. 흑연은 흔히 연필심으로도 사용된다. 연필을 가지고 우리가 원하는 대로 검은 흔적을 남길 수 있는 원리는 바로 우리가 손가락 끝에 가한 약한 힘으로도 흑연의 약한 결합이 깨지면서 결정의 일부가 자국을 남기는 데에 있다. 이들의 결정구조가 밝혀지면서 흑연보다 다이아몬드가 단단한 물질인 것을 이해하게 되었다. 다이아몬드가 왜 단단한 결정인지를 알아낸 것보다 이러한 원소들의 배열을 결정하는 원인이 무엇인지를 알아내는 것이 이 돌을 만들 수 있는 지름길을 안내해 준다. 바로 이 돌의 안정영역, 즉 어떤 온도와 압력에서 생성되는지를 이해하는

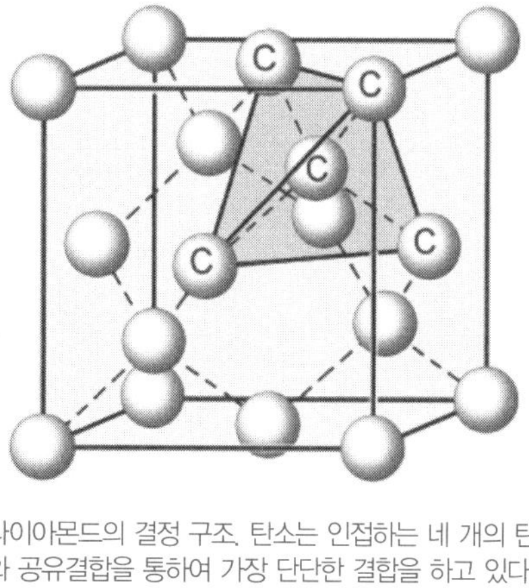

다이아몬드의 결정 구조. 탄소는 인접하는 네 개의 탄소와 공유결합을 통하여 가장 단단한 결합을 하고 있다.

것이 더욱 중요하다. 일반적으로 자연계 구성물질들은 높은 압력에서 원자들이 더욱 치밀하게 배열을 하려는 경향성을 갖는다. X-선 결정구조 연구를 통하여 다이아몬드가 흑연보다 치밀한 구조를 가지고 있다는 것을 알게 되었으며, 이는 다이아몬드가 더 높은 압력에서 만들어졌음을 의미한다.

탄생의 비밀

현대 과학의 발전은 광물들의 안정한 온도 및 압력 조건을 이론적으로 계산할 수 있게 만들었다. 여기서 안정이라는 용어는 어떤 구간에서 온도와 압력이 변하더라도 물질(상)이 변화하지 않고 남아있는 능력을 말한다. 우리 주위에서 쉽게 볼 수 있는 물을 예로 들어보기로 하자. 물은 세 가지 상태, 즉 액체(물), 기체(증기) 및 고체(얼음)의 상태로 자연계에 존재한다. 이들이 존재하는 구간은 온도와 압력의 변화로 나타낼 수 있다. 온도가 낮으면 얼음으로, 온도가 높으면 증기로, 그 사이의 온도 구간에서는 액체로 존재한다. 그러나 물이 어는 온도는 대기압 조건에서보다는 압력이 조금 더 낮을 때 약간 낮은 온도에서 얼기 시작한다. 증기가 되는 온도는 압력이 감소할수록 낮아진다. 압력이 낮아지면 물이 끓는 온도도 낮아진다. 고산지대에 가면 물이 낮은 온도에서 끓는 원리를 생각하면 된다.

이러한 물의 상안정관계를 이용하여 실용적인 목적으로 많이 사용되는 것이 있는데 우리가 좋아하는 황태를 만드는 과정이 바로 그러하다. 동해안에서 잡은 명태는 곧장 대관령이나 진부령 부근의 덕장으로 옮겨진다. 매서운 겨울바람은 생태를 곧장 동태로 만들어버린다. 그곳에 걸어두기만 하면 동태는 먹음직스러운 누런빛을 띠는 황태로 건조된다. 대관령 부근의 높은 곳으로 가져간 것은 추위에 얼려서 저지대보다 상대적으로 낮은 기압 조건을 유지시켜 얼음을 바로 기화시켜 건조시키는 원리를 이용한 것이다. 이런 건조방법을 동결건조라고 한다. 동결건조는 생체의 조직에 손상을 덜 입혀 맛과 향을 더 잘 유지하는 것이다. 이는 온도와 압력이 물질의 안정한 영역을 결정하는 원리를 응용한 간단한 실제 예이다. 이곳의 어부들이 이런 원리를 이해해서 덕장을 시작한 것은 아닐 것이며 이는 바로 경험으로부터 얻은 생활의 지혜일 것이다. 화학시간에 배웠던 열역학의 기본원리가 우리 생활 속으로 들어오는 순간이다.

흑연과 다이아몬드도 예외는 아니다. 이들 역시 각기 안정한 영역, 즉 온도와 압력 구간을 가지고 있다. 우리가 이들의 밀도, 원자 구조 그리고 이들이 결합되는 에너지를 알고 있다면 이들이 안전하게 상태를 유지시킬 수 있는 온도 압력 구간이 어디인지 계산할 수 있다. 그런 열역학적 지식을 이용하여 계산해본 결과 다이아몬드가 만들어지는 조건은 매우 높은 온도와 압력이라는 것을 알게 되었다. 상온에서는 대기압의 1만 배가 되어도 흑연은 흑연으로 남아있다는 사실도 이때쯤에서야 알려진 사실이다. 1930년대에 이르러 이들 두 상의 안정영역이 처음으로 밝혀지기 시작하였다. 이제는 다이아몬드 합성의 성공은 시간문제처럼 여겨졌다. 그러나 필요한 고압을 얻는 장치를 만드는 것은 황태를 말리는 것과는 전적으로 차원이 다른 일이었다.

압력장치를 개발한 브리지맨

사실 과거 다이아몬드 합성에 많은 노력을 기울여온 과학자들이 비록 성공하지는 못했지만 그들이 당면한 문제가 압력이라는 사실은 이미 알고 있었다. 그러나 그들은 정확하게 필요한 압력이 얼마인지는 모르고 있었다. 필요한 압력이 알려진 시점에서 도전하는 과제는 보다 명확해졌다. 하버드대학을 나와 하버드대학 교수가 되어 하버드를 떠나본 적이 없는 브리지맨(Percy William Bridgman, 1882~1961)은 고압실험의 새로운 장을 열었다. 그는 자신의 박사학위 논문을 준비하는 과정에서 새로운 압력장치를 고안해냈다. 그 덕분에 그는 원래 자신이 연구하려고 했던 주제를 바꿔 그의 연구과제가 된 고압실험에 뛰어들었으며, 고압물리학을 개척한 공로로 1946년 노벨물리학상을 받았다. 그는 실험하면서 압력을 직접 측정하는 장치를 개발하기도 하였다.

실제로 19세기 유럽에서는 수은을 채운 관을 설치하여 압력을 측정하였다. 1대기압에 약 76cm 길이의 칼럼이 필요하므로 200기압의 실험을 위해서는 152m 길이의 칼럼이 필요하였다. 어떤 과학자들은 고압을 측정하기 위해 칼럼을 에펠탑에 설치하기도 하였으며, 압력을 측정하기 위한 장치를 광산의 수직항에 설치하기도 하였다. 만약에 브리지맨이 초기에 행한 고압실험을 측정하기 위하여 이러한 칼럼을 설치하려면 수 킬로미터를 설치해야만 했을 것이다. 실제로 그런 수은관을 설치해서 압력을 측정하는 일은 불가능하다. 무엇인가 다른 방법이 필요했다. 그는 단위면적에 작용하는 힘을 측정하여 압력으로 환산하는 방법을 채택하였다. 그것은 올바른 선택이었다. 다만 정교한 측정장비가 필요할 뿐이었다. 그는 나중에는 압력이 증가하면서 변화되는 수은의 전기저항도를 이용하여 압력을 측정하는 방법을 고안해 사용하였다.[10]

브리지맨의 실험실은 세계 압력기록을 계속 갱신하였다. 1910년에 대기압의 2만 배까지 올릴 수 있는 실험에 성공하였다. 그런 압력은 당시의 과학계에서도 너무 높은 압력이었기 때문에 변명과 같은 설명을 덧붙여야만 했다. 그가 이룩해낸 고압으로 행한 그의 모든 실험은 모두 처음으로 행하는 새로운 것들로서 그 결과는 지금까지 우리가 경험하지 못한 새로운 고압의 세계를 보여주었다. 그는 그의 실험장치를 계속 개선시켜 강화된 철을 이용하여 두 개의 모루에 압력을 가하는 장치를 고안하여 5만 기압까지 압력을 올린다. 지금도 이러한 실험장치는 고압실험실에서 볼 수 있는 장비 중의 하나이다. 그는 1930년대에 제너럴 일렉트릭에서 탄화텅스텐이란 새로운 금속을 내놓고 그것을 이용하여 7만 기압까지 압력을 올렸다. 그의 왕성한 실험결과들은 시간이 지날수록 목록이 증가되어 갔다. 고압실험을 하던 브리지맨이 초기에 다이아몬드 합성에 관심을 가지지 않았던 것은 오히려 이상할 정도였다. 그러한 궁금증은 1955년 〈사이언티픽 어메리칸(Scientific American)〉에 수록된 그의 회상으로 풀렸다.[11]

고압실험의 새로운 장을 개척한 브리지맨 교수. 그의 고압실험장치는 다이아몬드 합성의 길을 열었다.

그가 두려워한 것은 실험의 실패가 아니라 오히려 성공했을 때 다이아몬드 신디케이트로부터 가해올지도 모를 신변의 위험을 염려했다는 것이다. 그 자신이 매년 외부로부터 다이아몬드 합성을 제의받았다고 밝히기도 했다. 그런 회고를 했지만 그의 제자가 밝힌 바에 의하면 브리지맨 역시 다이아몬드 합성의 유혹으로부터 완전히 자유로운 것은 아니었던 듯하다. 이는 그가 압력을 높여 새로운 실험을 할 때마다 처음으로 압력장치인 모루 사이에 투입한 시료가 탄소였다는 것을 통해서도 알 수 있다. 그가 행한 최고의 압력 425,000기압에서도 압력을 제거한 후 발견한 것은 흑연이었다고 기록을 남기고 있다. 그 역시 다이아몬드 합성을 시도했지만 번번이 실패하였고, 결국 브리지맨은 그 후 다이아몬드 합성을 포기하였다.[12] 그러나 다이아몬드 게임은 거기서 끝나지 않았다. 다이아몬드를 절단할 수 있는 탄소화합물을 공급하던 제너럴 일렉트릭은 공업용 다이아몬드의 최대 소비처인 노톤앤드카보런덤사와 합동으로 브리지맨을 설득하였다. 두 회사는 그의 실험실에 새로운 가압장치를 설치해 주었다.

새로운 연금술사의 등장

당시에는 대기압 조건에서 1,500℃ 이상의 고온의 산소가 없는 환경에서는 다이아몬드가 흑연으로 돌아간다는 사실이 알려져 있었다. 그들은 만약 압력이 높다면 그 정도의 온도에서 흑연이 다이아몬드가 될 수 있다는 생각을 가지고 있었다. 그러나 문제는 그런 고온에서는 철과 카바이드로 만든 모루 압력장치가 부드러워져 그런 고압을 유지하기가 어렵다는 점이 문제점으로 등장하였다. 이에 브리지맨이 나섰다. 이번에는 종자결정으로 다이아몬드 분말에 흑연을 넣고 약 700℃ 정도의 온도에서 75,000기압으로 압력을 높였다. 그러나 기대했던 변화는 일어나지 않았다. 두 번째 실험에서는 작전을 바꾸었다. 먼저 흑연을 2,800℃로 가열한 후 압력장치로 이동시켜 압력을 가했다. 그러나 이동과정이 너무 느려 가열되었던 흑연은 이미 식어버렸다. 종자결정으로 넣었던 다이아몬드마저 자취를 감춰버렸다. 이 실험을 같이 수행한 독일인 군테르(P. L. Gunther)와 함께 그들은 새로운 시도를 하였다. 흑연과 분말상 다이아몬드를 섞어 만든 원판 위에 고온으로 연소되는 테르밋을 덧씌워 시료를 만들었다. 가압장치에 시료를 넣은 후 불을 붙여 3만 기압을 유지하였다. 이때 테르밋이 연소되면서 유지한 온도는 약 3,000℃였다. 그 실험결과에서도 다이아몬드는 만들어지지 않았다. 그러나 종자결정으로 넣은 다이아몬드는 흑연으로 되돌아가지 않고 살아남아 있었다. 그들은 실험이 올바른 코스로 진입했음을 알아차렸다. 그러나 브리지맨은 더 이상 다이아몬드 합성 실험을 계속할 수 없었다. 2차 세계대전이 발발하여 맨해튼 프로젝트에 참여를 해야만 했기 때문이다. 2년에 걸친 그의 다이아몬드 합성 실험은 21세기의 연금술이 가능하다는 푸른 신호등을 올린 것으로 만족해야만 했다.[12]

다이아몬드의 상업적인 용도가 활발한 세기에 접어들자 거대 기업들의 합성에 대한 관심은 더 커져만 갔다. 공교롭게도 대서양을 사이에 두고 스웨덴과 미국의 전기회사가 관심을 가지고 이 일을 추진하였다. 미국의 회사는 제너럴 일렉트릭이었으며 스웨덴의 회사는 ASEA(Allmänna Svenska Electriska Aktiebolaget)였다.

칭송받지 못한 성공

스웨덴 ASEA의 다이아몬드 합성은 폰 플라텐(Baltzar von Platen, 1898~1984)에 의하여 시작되었다. 헤이젠은 그가 오락영화에 등장하는 반쯤은 미친듯이 보이는 정형화된 발명가의 상과 일치한다고 쓰고 있다.[8] 폰 플라텐은 암모니아가스를 연소시키는 장치로 냉장고를 발명한 장본인이기도 하다. 그 냉장고 판매에 대한 로열티 수익금으로 그는 스톡홀름에 연구실을 차렸다. 그는 1930년대 말 다이아몬드 합성 실험실을 그곳에 만들었다. 그러나 다이아몬드 합성은 재정적으로나 물리적으로도 그의 힘으로 감당하기에는 너무 큰 프로젝트였다. 그래서 그는 1941년 ASEA에 재정적인 협조를 요청하였다. 그가 회사에 제시한 매력적인 계획은 바로 수 센티미터 크기의 보석용 품질을 갖는 다이아몬드를 만들 수 있다는 것이었다. 그 실험을 성공으로 이끈 룬드블라드(Erik Lundblad)의 회고에 의하면 폰 플라텐의 계획은 코이누르(역사적인 다이아몬드 중의 하나. 현재는 영국의 왕관을 장식하는 보석이 되었다)를 공장에서 만들자는 것이었다고 한다. 그의 계획은 조금은 유별난 것이었으나 그가 이미 발명가로서 거둔 커다란 성공이 ASEA와의 계약을 맺게 만들었으며, 그의 청사진대로 실험장비가 마련되었다. 그러나 그의 주된 관심이 다른 프로젝트로 옮겨 가면서 이들 실험장비는 이제 순전히 ASEA의 관리하에 들어가게 된다.

1945년 이 회사의 실험을 책임지고 있던 이는 이 장비들을 회사의 연구소로 이동시켰다. 이러한 고압장치들은 폰 플라텐이 개발한 것으로 한 곳에서만 압력을 가하는 것이 아니라 여섯 개의 피라미드형의 모루에 동시에 압력을 가하는 그런 장치였다. 원래 그는 그 장치를 통하여 자연계에서 다이아몬드가 형성될 때 받는 압력을 만들려고 하였다. 압력 장치의 가운데에는 구슬 크기의 탄소가 풍부한 물질을 테르밋으로 둘러싼 후 그 위로 활석으로 덧씌웠다. 그렇게 준비된 시료는 철이나 구리를 이용하여 정육면체의 용기에 담았으며, 그 크기는 대체로 약 3인치 정도이고 무게는 수 파운드에 달했다. 실험을 위한 준비는 거기서 끝나지 않았으며 실험할 때 발생하는 압력을 이겨내기 위한 여러 가지 복잡하고도 다양한 보완책들이 겹겹으로 첨가되었다. 사실 그가 계획한 실험과정은 너무 복잡할 정도였다. 실험장비의 준비가 완료되자 회사 측은 그 복잡한 장비에서 일어나고 있는 온도와 압력에 대한 정보를 알아내기를 원했다. 그러나 실제로 그 장비에서 온도와 압력을 측정하기란 거의 불가능하였으며, 실측치를 얻을 수 없었다. 몇 번의 실험을 하였으나 부서져버린 모루와 구리로 만든 시료용기의 파편을 보는 것이 전부였으며 기대했던 다이아몬드는 결코 만들어지지 않았다. 회사는 다이아몬드 합성 계획을 포기할 것을 고려하고 있었다.

다이아몬드 합성에 최초로 성공한 룬드블라드. 이 연구팀은 그 결과를 발표를 하지 않아 최초의 합성에 성공했다는 공식적인 인정을 받지는 못했다.

ASEA는 1949년 계획을 바꿔 다이아몬드 합성을 다시 시작하기로 결정하고 더 많은 재원과 새로운 인력을 투입하였다. 장비는 다시 폰 플라텐의 연구소가 있는 장소로 옮겨진다. 폰 플라텐이 직접 그 실험에 간여하는 것은 아니었지만 그 장비를 만든 그의 자문을 규칙적으로 받을 수 있는 곳이었기 때문이었다. 이제 실험은 ASEA의 룬드블라드(Erik Lundblad)의 손에 의존하게 되었다.

그들은 이 계획을 암호명으로 "퀸터스(QUINTUS)"라고 은밀하게 부르기로 하였으며, 비밀리에 추진하였다. 이때 폰 플라텐은 이 장비에 대한 모든 권리를 ASEA에 양도하였다. 실험은 새롭게 재개되었지만 한 세기 전의 과학자들이 풀지 못한 숙제는 좀처럼 해결되지 못하고 거듭되는 실패의 연속이었다. 그러나 그들의 노력은 계속되었다.

1953년 2월 16일 그들은 새로운 실험을 하였다. 이번에는 다이아몬드의 종자 결정을 섞은 후에 하기로 하였다. 대체로 83,000대기압의 압력을 한 시간가량 유지시킨 후 압력장치의 중앙부에 있던 포일을 조심스럽게 풀기 시작하였다. 종자결정으로 넣은 다이아몬드와 검은 물질이 함께 나왔다. 산으로 조심스럽게 세척을 한 후 검사한 결과 그것은 그렇게 바라던 다이아몬드임이 확인되었다.[12] 크기는 모래알 정도였다. 과학자들의 오랜 꿈이 실현된 순간이다. 당대의 과학자인 한네이, 크룩스 경과 브리지맨조차도 실패한 일을 그들이 해낸 것이다. 그러나 룬드블라드가 이끈 다섯 명의 기술자는 합성의 성공에 엄청난 성취감과 희열을 느꼈지만 이를 드러내놓고 기뻐할 처지는 아니었다. 룬드블라드 연구팀은 그해에 종자결정을 넣지 않고 두 번이나 다이아몬드 합성에 성공하였다. 그러나 회사가 그 사실을 일급비밀로 하기로 결정하였기 때문에 이들의 성취는 과학계에서 찬사받을 기회를 잃어버렸다. 합성 사실이 비밀에 붙여진 것은 아직도 이를 성취하지 못했다고 생각한 과학자들에게는 도전의 기회를 준 것이나 다름없었다.

고압실험의 진보

다이아몬드 최초 합성의 공식적인 영예는 그로부터 두 해 뒤 다른 팀에게 넘어갔다. 브리지맨과의 실험을 중단하였던 미국팀이 일을 시작한 것이다. 1940년대 말에 이르면서 미국은 다이아몬드의 필요성이 더 절실해졌다. 노튼컴퍼니(Norton Company)는 그들 스스로 다이아몬드 합성을 추진하기로 결정하였다. 그들은 실험장비를 그들의 연구실로 옮기고 새롭게 일을 시작하였다. 그들은 1945년에서 1955년 사이에 여러 가지 고압실험을 하면서, 그들이 압력에만 너무 의존하였고 온도에 소홀하였음을 인식하였다. 그런 사실은 실험을 맡은 화학자 코스 2세(Loring Coes, Jr)에 의해 제기되었으며, 압력과 더불어 온도를 높이기로 했다. 코스는 사교적인 사람은 아니었지만 비상한 기억력을 가진 성실한 과학자였다. 코스와 함께 연구팀을 이룬 키스틀러(Samuel Kistler)는 연구소의 부소장이었으며, 고압연구 책임자로 코스를 임명한 장본인이기도 하다. 여기에 기계공학자인 윌든(Max Wieldon)이 추가되었다. 이들은 다이아몬드 합성 실험을 하기 전에 자연계에서의 다이아몬드 형성 조건, 즉 온도 및 압력에 대한 조건을 결정하기 위한 작업을 시작하기로 계획을 세웠다. 그것은 회사가 찾고 있는 새롭고 강력한 연마제를 찾는 일과도 연관되는 일이었다.

그들은 가압장치를 개선시켜야만 하는 숙제를 가지고 있었다. 사실 한쪽 방향으로 가한 압력은 그 옆 방향으로 손실이 일어나 전체에 그 압력이 균질하게 작용하는 것은 아니었다. ASEA의 폰 플라텐의 모루 여섯 개를 이용한 가압장치는 알려지지 않은 비밀이었으므로 그들은 그들만의 방법을 찾아야만 했다. 코스팀은 압력을 유지하면서 가열시킬 수 있는 장치를 개발하였다. 원통형의 용기는 산화알루미늄을 사용하고 위아래를 지지하는 피스톤은 좋은 전기도체인 텅스텐 카바이드를 사용하여 온도를 조절할 수 있도록 만들었다. 그들이 만든 고압장치에 그들이 조제한 물질을 넣어 원하는 아름다운 결정을 만들기 시작하였다. 결정이라고는 하지만 지하 깊은 곳에서 아주 높은 압력에서나 만들어지는 석류석과 같은 광물들이었다. 비록 만들어지는 결정의 크기는 작았지만 아름다운 기하학적 대칭을 갖는 훌륭한 합성광물들이었다.

그들의 접근 방식은 올바른 경로로 가고 있었다. 코스는 지구의 수십 킬로미터 아래에서나 만들어지는 에클로자이트란 암석을 만드는 광물들에 초점을 두었다. 에클로자이트는 흔히 다이아몬드를 수반하는 암석 중의 하나이기도 하다. 에클로자이트를 구성하는 광물들이 바로 휘석이나 석류석과 같은 광물이었다. 또한 매우 높은 압력이나 온도에서 변성을 받아 형성되는 변성암의 주된 광물들도 합성으로 만들었다. 이러한 합성은 사실 지질학 발전에 상당한 기여를 한 연구결과였다. 그런 온도와 압력에서 이러한 광물들을 합성한 과학자가 지금까지 아무도 없었기 때문이었다. 그래서 그런 실험결과들은 마치 지질학자들이 경험해보지 못한 수십 킬로미터 이하의 지하 심부 세계를 들여다보는 것과 같은 획기적인 실험들이었다.

이러한 실험 중에서는 석영에 관한 실험도 포함되어 있었다. 코스팀은 지표에서 흔하게 산출되는 석영을 그들의 가압장치에서 800℃, 35,000기압으로 요리를 하자, 석영이 지금까지 한 번도 보지 못한 새로운 결정으로 변화된 사실을 발견하였다. 이 사실은 회사의 승인을 받아 1953년 7월 〈사이언스(Science)〉지에 "새로운 치밀한 결정질 실리카"란 제목으로 발표하였다. 이 발표는 짧은 초록에 불과했지만 지질학계에 충격을 주기에 충분한 사건이 되었다. 이런 정도의 합성을 성공할 수 있다면 지구 내부에서 일어나고 있는 사실에 대한 상당한 정보를 얻을 수 있다는 것은 훌륭한 지질학자가 아니더라도 상상이 가는 일이었기 때문이다. 이 치밀하고 새로운 실리카는 후에 1960년 미국 지질조사소의 차오(Edward Chao)와 슈메이커(Eugene M. Shoemaker)에 의해 아리조나의 베링거 운석구에서 발견된 석영과 같다는 사실이 밝혀졌다.[13] 운석 충돌시 발생된 엄청난 충격(압력)으로 만들어진 실리카 물질이었다. 그는 이 광물의 이름을 보이다이트라고 명명하였으나 후일 학계에서는 공식적인 이름으로 코에사이트(coesite)라고 부르기로 결정하였다.

당시 지질학계는 고압에서의 광물 합성을 시도하고 있었으나 아무도 코스가 이룬 것의 절반 정도의 성과도 거둔 이가 없는 형편이었다. 코스가 이룬 성과는 찬탄과 동시에 의문의 대상이었다. 당시 카네기연구소에서 고압합성 실험을 주도하던 요더(Hatten S. Yoder, 1921~2003)는 코스를 워싱턴으로 초대하여 그의 실험에 대한 이야기를 들었다. 그 회의에 참석한 이들은 직접 코스의 연구실을 방문해서 보기를 원하였다. 회사의 허락이 나자 노튼연구소를 방문하여 그들이 이룬 성과를 당대 최고의 학자들이 확인하자 그들의 놀라움은 더욱 커졌다. 이 방문은 고압실험의 새로운 장을 여는 계기가 되었다. 이러한 진보는 그들이 다이아몬드 합성에 아주 가깝게 접근하였음을 시사하는 대목이다.

공식적인 영예

코스의 그런 실험결과는 지질학적 진보에 엄청난 영향을 미쳤을 뿐만 아니라 다이아몬드 합성을 꿈꾸는 과학자들에게는 청신호를 켜준 것이나 마찬가지였다. 그렇게 높은 고압에서 형성되는 광물들을 합성할 수 있다면 다이아몬드라고 불가능할 이유가 없다고 생각했기 때문이다. 그러나 청신호만을 올렸던 코스가 이런저런 사정으로 1950년대 초반 이후에는 이렇다 할 연구성과를 올리지 못하였다. 그것은 그가 연구소의 부소장으로 올라가면서부터 시작되었다. 그는 회사 경영진이 원하는 실험을 거부하여 회복할 수 없는 길로 들어섰기 때문이다. 그가 고압실험을 그만둔 후 노튼컴퍼니는 제너럴 일렉트릭사(GE)에 공동연구를 제의하였으나 GE는 공동연구를 하는 대신 자체적으로 다이아몬드 합성을 추진하기로 결정을 하였다.

당시 미국의 분위기는 그들이 원하는 것이면 무엇이든지 만들 수 있다는 자신감으로 가득 찬 시기이기도 했다. 2차 대전을 승리로 이끈 원자폭탄의 개발은 기술력의 승리이기도 했다. 그런 미국의 사회적 분위기에서 GE는 특히 미국 사회에 엄청난 변화를 가져온 회사 중의 하나이다. 전기의 개발로 시작된 이 회사는 연구개발을 통하여 조명기구, 냉장고 및 냉방장비와 같은 생활가전으로부터 휴대용 라디오, 제트비행기의 추진체 개발에 이르기까지 이전보다 미국인들의 생활을 크게 향상시켰다. GE는 그들이 개발한 카바이드를 가공하는 데 많은 다이아몬드가 필요하였는데, 이들 자원은 전적으로 수입에 의존하고 있는 형편이었다. 필요는 창조의 어머니이다. 이미 GE는 브리지맨과의 실험에서 그 분야에서 주도적인 역할을 한 경험도 있었다.

GE는 뉴욕주에 있는 자체 연구소에 그 임무를 맡기기로 결정하였다. 그 계획을 운영할 수 있는 첫 번째 과학자로 네라드(Anthony J. Nerad)를 지명하였다. 그의 부모는 체코계 이민이지만 그는 미국에서 교육을 받은 공학자로 이미 GE에서는 새로운 제트엔진 연소 시스템을 개발하여 그의 명성은 이미 누구나 인정하고 있었다. 그는 즉시 연구팀을 구성하였다. 네라드가 부른 과학자는 번디(Francis Bundy)와 스트롱(Herbert Strong)이었다. 그들은 이전에 한네이 및 모아상 그리고 브리지맨 등의 과학자들이 한 일을 수집하였다. 1951년 그들이 회사에 낸 짧은 계획에서 다이아몬드 생성이 가능한 온도와 압력을 유지하는 장치의 개발이 중요하다는 점을 지적하였다. 그들의 실험은 브리지맨이 시도한 가압장치로부터 시작되었으며, 위험한 테르밋을 사용하는 대신 전기장치로 가열시키기로 하였다. 그러나 실험이 끝난 후 가압장치 사이에 놓여 있는 흑연은 변화되지 않은 채 그대로 발견되기만 하였다. 그들은 더 큰 가압장치를 요청해서 장비의 무게만 55톤이나 나가는 가압장치를 2층 건물의 높이로 만들었다. 이 무렵 몇 명의 인력도 보강하였는데, 그중에는 체니(Jim Cheney)와 홀(H. Tracy Hall), 그리고 이 연구팀에 마지막으로 합류한 웬토프 2세(Robert H. Wentorf, Jr.)이다.[12]

그들은 여러 가지 새로운 아이디어를 내놓았으나 실험은 실수의 연속이었다. 그러나 그들은 실수를 두려워하지는 않았다. 그들의 회고담에 의하면 그들이 만든 실수는 또 다른 실수를 막는 유일한 길이며, 두 번 다시 같은 실수는 되풀이하지 않았다고 했다. 그러나 그들이 사용하고 있는 모루장치는 35,000기압이 최대로서 다이아몬드를 만들기에는 아직도 부족한 압력이라는 사실을 알아내었다. 그 문제는 이 연구 팀에 늦게 참여했던 홀에 의해 이루어졌다. 실제로 홀은 이 공적으로 1972년 창조적인 발명에 대한 수상인 미국화학회의 금메달을 수상하였다. 비록 홀의 기여가 크긴 했지만 거기까지 가는 데 이 연구팀의 노력이 함께 기여했음은 의심의 여지가 없다. 그러나 홀의 "벨트(belt)"라고 불리는 고압을 유지시켜주는 새로운 모루의 개발이 이를 가능하게 만들었던 것은 사실이다. 그래서 홀은 다이아몬드 합성의 성공이 전적으로 자신의 아이디어와 노력으로 이루어진 것이라고 주장한다. 하여튼 GE의 다이아몬드 합성은 성공의 길로 접어들었다.

새로운 장치 개발을 위한 연구팀 내의 경쟁이 시작되었다. 그러면서 장비의 문제점들이 개선되었다. 드러나지 않은 갈등도 이들 사이에 생기기 시작하였다. 스트롱이 개선시킨 가압장치는 2,000℃와 40,000기압을 유지할 수 있는 지금까지 개발된 어떤 장비보다도 성능이 우수하였다. 그러나 홀은 이를 개선 시켜 온도와 압력을 원하는 시간만큼 유지시켜주는 모루장비를 개발하였다. 그의 장비는 70,000기압까지도 유지할 수 있었다. 온도 조절 역시 더욱 편해졌다. 이제는 재료만 넣으면 다이아몬드가 나오는 단계로 접근한 것을 느낄 수 있었다.

그렇기는 하였지만 그들의 가압장치에서는 좀처럼 다이아몬드 결정이 나타나지 않았다. 그들은 무엇인가 획기적인 결과를 내놓아야 하는 절박감에 휩싸이게 되었다. 이때 연구팀은 모아상과 파슨스가 사용한 철을 생각해냈다. 그들은 1954년 12월 8일 밤 151번째 실험을 시작하였다. 작은 다이아몬드 종자 결정 두 개를 탄소 분말로 싸고, 이를 얇은 철판으로 둘러싼 후 가압장치의 가운데에 놓았다. 압력을 50,000기압으로 올리고 온도는 1,250℃를 유지하였다. 스트롱은 지금까지의 실험이 몇 분 안에 끝나 상대적으로 빠르게 진행되었기 때문에 이보다는 더 오랜 기간을 유지하기로 하였다. 무려 16시간이나 그런 상태를 유지한 후 다음날 아침 시료를 실험장치로부터 분리하였다. 그가 발견한 것은 또 다른 실패를 확인하는 일이었다. 종자 결정으로 넣은 다이아몬드는 그대로 남아 있었으며, 얇은 철판은 녹아 시료 용기의 한쪽 구석에 붙어 있었다. 그러나 스트롱은 이들 물질 사이에 어떤 반응이 있었는지를 확인하기 위하여 녹아 붙은 쇳덩어리를 연마하여 표면을 관찰하기로 했다. 그리하여 그는 이 쇳덩어리를 연마하기 위해 금속연구부에 보냈다.

GE의 다이아몬드 합성 연구팀 중 번디, 스트롱과 체니가 사용하였던 2층 높이의 1,000톤 프레스. 그러나 정작 맨 처음 합성을 성공시킨 홀은 이 프레스 대신 사진의 왼쪽 뒤에 보이는 400톤의 오래된 수압 프레스를 사용하였다.

그로부터 일주일 후 12월 15일 스트롱은 전혀 예기치 못한 대답을 들어야 했다. 금속연구부에서 보내온 소식은 "미안합니다. 저는 당신의 시료를 연마할 수 없습니다. 당신이 보낸 시료가 우리의 연마용 휠을 오히려 파내고 있습니다."라는 내용이었다. 스트롱은 곧바로 금속연구부로 뛰어갔다. 그는 그의 시료의 한쪽에 튀어나온 팔면체의 한 꼭지를 확인할 수 있었다. 그 물질은 X-선 분석결과 분명한 다이아몬드였다. 이 두 개의 작은 다이아몬드는 그 이후 많은 논란을 일으켰다.

그런 사실이 알려진 그 다음날, 즉 12월 16일 홀은 비슷한 실험을 진행하였다. 그는 황화철에 두 개의 다이아몬드 종자 결정을 넣고 원통형 흑연로에 넣었다. 실험은 100,000기압에서 1,600℃의 온도로 38분간 계속되었다. 그는 실험 후 시료용기를 깨서 내용물을 확인한 순간을 다음과 같이 묘사하고 있다.

> "내 심장은 고동쳤다. 무릎에 힘이 빠져 더 이상 서 있을 수가 없었다. 형용할 수 없는 감정이 쳐 밀고 올라왔으며, 나는 어딘가 앉을 곳을 찾아야만 했다."

바로 그 순간 그는 십수 개의 삼각형의 면을 가진 팔면체의 결정으로부터 반사되는 빛을 보았기 때문이다. 그는 그 순간 드디어 인간이 다이아몬드를 만들었다는 것을 알아차렸다.

세계 최초로 트레이시 홀에 의해 실험실에서 만들어진 다이아몬드, 원료물질로 사용한 흑연과 섞여 있다(GE Research Laboratory, Schenectady, N.Y. 소장).

스트롱과 홀의 이 발견은 재현성을 검증받아야 했다. 과학계에서는 실험의 재현성으로 사실을 확인받을 수 있기 때문이다. 번디와 스트롱은 몇 번인가 스트롱의 실험을 다시 해보았으나 결국 그들은 새로운 다이아몬드를 발견할 수 없었다. 네라드는 다른 사람을 시켜 독립적으로 시도해 보았지만 역시 결과는 마찬가지였다. 반면에 홀과 웬토프는 홀의 방법으로 실험을 재현하였다. 그들은 실험을 할 때마다 2주간 20번의 실험을 재현하였지만 언제나 결과는 마찬가지로 다이아몬드가 만들어졌다. 다이아몬드 합성에 대한 경주는 거기서 끝이 났다. 과학자들의 오랜 염원이기도 했던 21세기의 연금술사가 드디어 태어난 것이다.

유감스럽게도 스트롱의 다이아몬드는 1992년 자연산 다이아몬드에서만 발견되는 특징적인 현상들이 확인되었다. 실제로 스트롱 자신을 포함한 연구자들은 1993년 "다이아몬드 합성의 실수"란 제목으로 자신들이 보고했던 인류 최초의 합성 다이아몬드는 그들이 종자 결정으로 넣은 다이아몬드의 일부가 깨지면서 쇳덩어리에 포함된 것으로 〈네이처(Nature)〉지에 발표하였다.[14] 오랫동안 혼미에 싸였던 최초의 다이아몬드 합성에 성공한 이가 누군지에 대한 의문은 이 논문으로 해결되었으며, 이제 승자는 완전히 밝혀졌다. 그가 바로 트레이시 홀이다. 비록 연구팀에서는 외톨이였지만 그가 개발한 압력장치는 탁월한 것이었으며 GE의 승리를 이끈 주역이 되었다. 1995년 2월 15일 GE는 다이아몬드 합성의 성공을 대중에게 자랑스럽고 화려하게 공식적으로 발표하였다. 이는 스웨덴의 ASEA의 룬드블라드가 거둔 성공으로부터 2년 뒤의 일이었으나 GE는 공식적으로는 최초로 성공한 회사로 기록을 남기게 되었다.

GE연구팀에서 최초로 다이아몬드 합성에 성공한 트레이시 홀

자연의 선택

이 정도의 이야기를 듣고 나면 다이아몬드는 우리가 상상하기 어려운 압력과 온도에서 만들어진다는 것을 어렴풋이 알 수 있다. 그렇다면 자연계에서 다이아몬드는 어떻게 만들어지는가 하는 궁금증이 들 것이다. 다이아몬드는 보석의 왕답게 만들어지는 과정 또한 예사롭지가 않고 다른 광물들과는 생성 환경이 사뭇 다르기 때문이다. 다행스럽게도 최근에 이르러 이들에 대한 과학적인 의문은 많이 해결되었다. 다이아몬드는 아주 젊다고 해도 약 10억 년 전에 만들어진 것이며 오래된 것은 대체로 33억 년의 나이를 가지고 있다. 오래된 돌은 지구 생성 연대의 거의 3분의 2에 해당한다. 한반도 어디에도 33억 년보다 더 오래된 암석은 없기 때문에 그 나이에 우선 한 번 더 놀라게 된다.

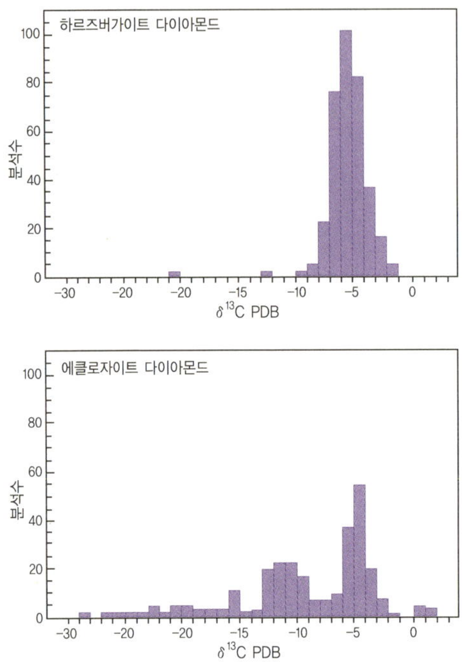

하르츠버가이트에 수반되는 다이아몬드와 에클로자이트에 수반되는 탄소의 안정동위원소 조성비. 에클로자이트에 수반되는 안정동위원소 조성비가 더 가벼운 값을 갖는데 이는 지표로부터 탄소의 유입에 의한 것임을 지시한다(Kirkley 등, 1991).

자연계에서 다이아몬드가 만들어지는 지질학적 환경을 간단하게 살펴보기로 하자. 다이아몬드를 구성하는 탄소는 지표에서는 흔하게 발견되는 원소이다. 특히 생물체에게는 필수적인 원소이기도 하지만 지층 중에 흔하게 분포되는 석회암을 만드는 주 구성원소이기도 하다. 그렇다면 지구 내부에서 탄소는 어디로부터 오는 것일까 하는 의문이 들 것이다. 탄소의 대부분은 맨틀에 포함되어 있던 원시탄소로부터 오는데, 일부는 지판의 경계부에서 해양지각과 함께 밑으로 밀려들어 갔던 탄소의 순환과정에 의한 것도 포함된다. 원시탄소란 지구 생성 초기에 운석이 집합될 때 운석에 포함되어 있는 탄소를 말한다. 외계로부터 지구로 유입되는 석질운석의 한 종류인 콘드라이트(chondrite)로부터 이들의 존재는 확인된다. 이런 원시탄소는 태양계의 시원을 밝혀주는 데도 귀중한 정보를 주고 있는 물질이기도 하다.

현대 과학은 탄소가 원시탄소인지 지각으로부터 유입된 탄소인지를 구분할 수 있는 단계로 진보하였다. 다이아몬드를 구성하는 탄소의 안정동위원소 조성은 이 둘이 명백하게 차이가 있어 이를 구별할 수 있기 때문이다. 다이아몬드를 구성하고 있는 탄소의 안정동위원소 연구결과는 탄소가 대부분 맨틀 기원임을 알려준다. 이를 조금 더 구체적으로 말하면 유기탄소의 $\delta^{13}C$(PDB)는 비교적 큰 음의 값을 가지며, 지구 평균값은 약간의 음의 값을 갖고, 지표에서 발견되는 조개껍데기의 값은 거의 0에 가까운 값을 갖는다. 여기서는 이것이 전적으로 동위원소의 평형반응과

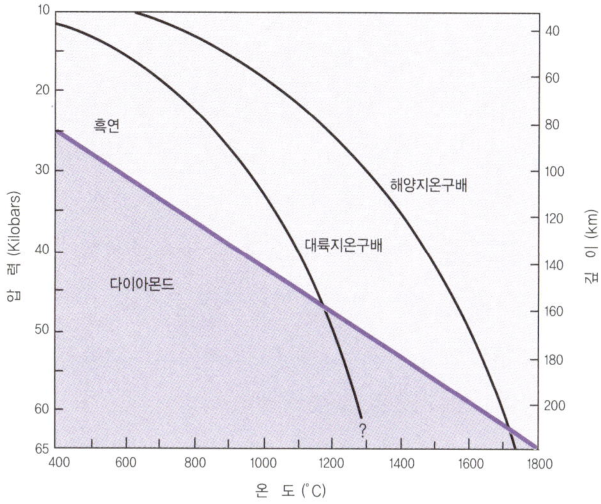

다이아몬드와 흑연의 상안정관계를 나타낸 그림. 경계선의 위쪽 영역이 흑연의 존재가 가능한 온도 · 압력구간이며, 그 아래쪽은 다이아몬드가 안정한 영역이 된다. 대륙지각과 해양지각의 지온증온율은 서로 다르므로 대륙지각 아래에서는 지하 약 150km에 이르러서야 다이아몬드의 형성의 가능해지고, 해양지각 아래에서는 약 200km 지점에 이르러야 다이아몬드의 생성이 가능해진다(M.B. Kirkley, 1998).[16]

관계되는 일이라는 정도로만 설명하기로 하자. 하르즈버가이트에 수반되는 다이아몬드와 비교하여 에클로자이트(또 다른 초염기성 암석의 이름)에서 산출되는 다이아몬드에서 탄소의 동위원소비($\delta^{13}C$)가 훨씬 더 큰 음의 값을 갖는 동위원소 조성을 보이기 때문에 유기기원의 탄소가 섞여 있다는 것을 지시해준다.[15] 이런 조성의 차이는 이들 암석들 중 일부는 어떤 식으로든지 지표로부터 들어온 암석들과 섞여 있거나 어떤 식으로 영향을 받았음을 보여주는 증거이다.

그러면 자연계에서 다이아몬드는 어디서 만들어지는 것일까? 하는 의문이 들 것이다. 사실 초기의 다이아몬드 합성이 거의 실패로 끝이 날 수밖에 없었던 것은 이들이 만들어지는 환경을 몰랐기 때문이다. 물론 환경을 알고 있다고 해도 당시의 기술로는 이런 압력을 유지시켜 줄 수 있는 장비의 개발도 불가능하였다. 다이아몬드가 갖는 높은 밀도는 매우 높은 압력 조건에서 만들어진 것을 간접적으로 말해준다. 현대 과학은 다이아몬드가 일반적으로 지하 150km보다 더 깊은 곳에서 만들어진다는 사실을 확인해주었다.[16] 이러한 깊이에 해당하는 지구 내부는 맨틀의 일부분에 해당된다. 그런 사실은 흑연과 다이아몬드(이 둘을 동질이상이라고 한다)의 상안정관계가 알려지면서 확인된 사실이다. 지구의 지각은 탄소의 동질이상으로 존재하는 흑연이 안정한 곳으로, 결코 다이아몬드가 만들어질 수 없는 곳이다. 다이아몬드와 흑연이 안정한 온도와 압력관계를 지구의 깊이와 함께 대륙지각 및 해양지각에서의 지온상승률(지하로 들어갈수록 온도가 증가되는 율)과 더불어 도시를 하면 이들이 어디서 만들어지는지 분명해진다. 이 그림을 보면 대륙지각에서 다이아몬드가 형성되려면 최소한 150km 깊이까지 내려가야 한다는 것을 알 수 있다. 해양지각의 경우에는 이보다 더 깊은 곳에서 비로소 다이아몬드의 형성이 가능해지는 압력과 온도에 이르게 된다. 그 정도 깊이에서의 압력은 40kb를 초과하는 것으로 우리가 쉽게 상상할 수 있는 그런 압력은 분명 아니다. 어떤 과학자는 그 정도의 압력이라면 에펠탑을 수십 센티미터로 찌그러트리기에 충분한 힘이라고 말했다.

이런 사실을 종합해보면 다이아몬드가 생성되는 곳이 그려진다. 가장 오래된 두꺼운 대륙지각 바닥은 배의 용골처럼 튀어나와 있다. 그 아래는 상대적으로 차가운 하르즈버가이트가 있는데, 바로 그 암체가 다이아몬드를 생성시키는 모체가 된다. 이런 대륙지각의 용골은 약 30억 년 전에 만들어졌다. 그래서 그런 환경에서 만들어진 다이아몬드는 대체로 30억 살이란 우리가 상상하기도 어려운 많은 나이를 가지고 있는 것이다. 다이아몬드는 비단 그때만 만들어진 것은 아니며 위의 단계가 지난 후 대륙이 소멸되는 섭입대에서 밀려들어간 해양지각은 대륙지각의 바닥 아래로 내려가게 되면 용융과 재결정작용을 통하여 에클로자이트라는 또 다른 초염기성암을 만든다. 에클로자이트가 만들어지는 환경은 다이아몬드가 만들어지기에 충분한 환경이므로 해양지각의 현무암 속에 들어 있던 탄소는 다이아몬드를 만든다. 지표로부터 유입되는 유체의 첨가가 있거나 다른 열원이 공급되면 이들 암석은 킴벌라이트 마그마를 만든다.[16] 이들 마그마가 상승할 수 있는 적당한 조건이 마련되면 최하 150km 아니 그보다 더 깊은 심도로부터 지표로 쏜살같이 달려 나온다. 지표로 분출되는 킴벌라이트는 이미 만들어져 대륙지각의 심연에 숨어 지내던 다이아몬드를 운반하는 매체가 된다.[17]

킴벌라이트와 같은 깊은 곳에서 만들어지는 마그마가 어떻게 지표로 올라오는지는 아직도 우리가 명쾌하게 설명하지 못하는 자연의 영력(營力)에 해당한다. 말이 올라오는 것이지 이러한 마그마가 지표에 올라와 이르는 곳은 격렬한 화산폭발이 일

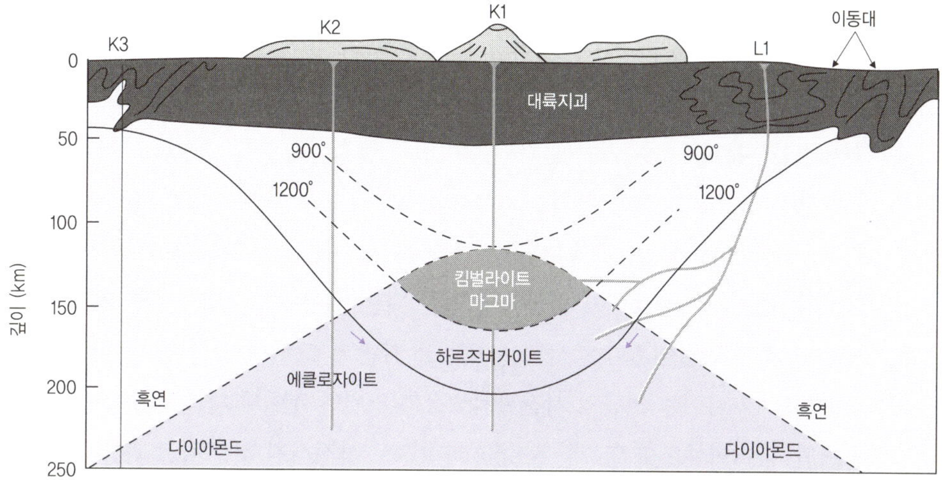

다이아몬드 생성을 보여주는 대륙지각 하부 단면도. 대륙지각 최하 150km 아래에서만 다이아몬드가 생성 가능한 조건을 충족한다. 지표의 K1 킴벌라이트는 하르즈버가이트에 배태된 다이아몬드를 나타내며, K2 킴벌라이트는 에클로자이트에 다이아몬드가 수반되며, K3 킴벌라이트는 다이아몬드를 수반하지 않는다. L1은 대륙의 유동이 일어나는 지역으로 관입한 램프로아이트에 다이아몬드가 수반된다(Melissa B. Kirkley, 1998).

어나는 곳이다. 사실 이런 마그마의 상승운동을 확실하게 설명할 수 있는 이론은 아직 정립되어 있지 않다. 지하 깊은 곳에 있던 마그마는 지구의 약한 부분을 따라 상승을 하다가 지표 근처에 도달하게 되면 마그마에 함유되어 있던 가스가 방출하면서 폭발이 일어나게 된다. 이러한 마그마들이 지표에서 고화되어 만들어진 암석이 킴벌라이트이다. 이러한 암석은 1870년 남아프리카 킴벌리라는 동네에서 최초로 보고되어 그런 이름을 갖게 되었다.[17]

그렇다면 다이아몬드는 언제 만들어진 것일까? 다이아몬드가 만들어진 시기는 지구 내부에서 그런 환경에 처한 시점과 관계되기 때문에 서로 다른 나이를 가지고 있다. 다이아몬드를 함유하고 있는 지표에 노출된 킴벌라이트, 에클로자이트나 램프로아이트(다이아몬드를 수반하는 다른 초염기성 암석 이름)의 절대연령을 측정한 결과 이들은 5천만 년~16억 년의 나이를 보여준다. 바로 그 시기에 이들 암석들이 지표로 올라왔다는 의미이다. 그러나 하르즈버가이트에 수반된 다이아몬드 자체는 약

33억 년의 나이를 보여준다. 그리고 에클로자이트에 수반되는 것들은 30억 년으로부터 10억 년 미만의 나이를 보여준다. 이런 나이 차이는 다이아몬드가 미리 생성되어 안정한 대륙하부에 자리 잡고 있다가 킴벌라이트에 의하여 지표로 운반되었다는 것을 지시한다. 다이아몬드에 들어 있는 포획물들의 연구결과도 이러한 사실을 뒷받침해준다.

거의 대부분의 사람들이 자신이 소지한 다이아몬드가 33억 년 전 혹은 적어도 10억 년 전에 만들어졌다는 사실은 모르고 지낸다. 그러나 젊은 나이인 10억 년이라고 해도 그 나이는 인간의 시간관념으로는 영원한 것이나 다름없다. 그런 의미에서 보면, 다이아몬드를 영원한 사랑의 약속으로 상징시킨 것은 결코 과장된 일인 것 같지는 않다. 다이아몬드는 역시 보석의 제왕답게 다른 보석광물과는 달리 아주 오래전에 극단적인 생성환경에서 특별하게 태어난 존재임이 분명하다. 그런 존재를 21세기의 연금술사들은 이를 현실세계에 재현시킨 것이다. 아마도 이러한 지질학적 생성환경을 다 이해한 다음에 이 돌의 합성이 시작되었다면 아마도 고난의 기간은 훨씬 단축되었을지도 모른다.

포세이돈과 보레아스의 심술

2

포세이돈과 보레아스의 심술

호주의 땅 덩어리는 7,741,220km^2로서 매우 크지만, 기실 사람들이 거주하기에 좋은 기후조건을 가진 지역은 남동부 해안가를 제외하면 그리 충분하지 않다. 내륙의 거의 대부분은 준사막이거나 사막과 같은 건조한 기후대에 놓여 있는 황량한 지역이기가 쉽다. 황량한 지역이기는 하지만 버려진 땅은 아니어서 이 지역에 분포되는 광물자원의 종류는 매우 다양하며, 매장량 역시 세계적인 규모를 갖는 여러 가지 종류의 금속 광상들이 많이 분포되어 있는 곳이기도 하다.

하이든의 파도바위

호주의 서쪽을 웨스턴 오스트레일리아라고 하는데 그곳의 남동부에 퍼스(Perth)라고 부르는 도시로부터 남동쪽으로 350km 내려가면 하이든(Hyden)이라는 마을에 모양이 참으로 이상한 거대한 바위가 자리 잡고 있어 많은 관광객들이 찾아드는 곳이 있다. 그 바위는 마치 엄청난 파도가 금방이라도 쏟아 내려올 것 같은 자세로 얼어붙은 형상을 하고 있어 파도바위(Wave rock)란 이름이 붙여진 곳이다.

하이든의 바위가 만든 파도의 높이는 14m이고 길이는 100m에 이른다. 그 밑에서 있으면 바로 파도가 덮칠 것 같은 위기감마저 들 정도이다. 장난기 있는 관광객들은 마치 자신이 파도타기라도 하는 양 재미난 포즈를 취하면서 사진을 찍는 곳이기도 하다.

파도바위로 명명된 이 암석은 바로 서울 북쪽의 북한산에도 있는 화강암과 같은 종류이다. 파도바위를 만든 이 화강암은 지구의 나이로 보아도 오래전인 약 27억 년 전 바로 시생대 말에 해당하는 지질시대에 만들어진 화강암체가 지표로 드러나 있는 일부이다. 오래전이라는 말보다는 태고적이라는 표현이 더 어울릴지도 모르는 그런 시기이다. 당시 화강암체가 만들어질 때부터 이런 모습을 가지고 있었던 것은 아니었다.

화강암체란 마그마가 지하 깊숙한 곳에서 식으면서 만들어지는 암석으로, 화강암으로 고화될 당시 이런 형태가 저절로 만들어진 것은 결코 아니었다. 지하 깊숙한 곳에서 만들어진 암석들이 지각의 변형작용에 의해 지표로 올라오면서 이런 형태가 만들어지기 시작하였다. 이들 하이든 화강암은 22억 년이란 거의 영원에 비견할 만한 시간 동안 땅속에서 잠을 자다 깨어나 지표로 올라온 시기는 대략 5억 년 전으로 거슬러 올라간다. 이 돌들이 지표에 나온 후 5억 년간 물과 바람에 의한 침식이 더해져 이런 파도의 모습으로 바뀌어진 것이다. 화강암은 이곳의 파도바위처럼 세로줄로 된 선이 저절로 만들어지지는 않는다. 화강암들이 물에 의해 풍화작용을 받아 절벽을 따라 내려오면서 그 물속에 녹아들어 있던 소량의 물질들 중 일부가 탄산염 광물이나 철수산화물로 줄줄이 만들어지면서 그런 회색, 황갈색의 띠를 만든 것이다. 거기에 그곳에 붙어 서식하던 조류(藻類)도 한몫을 했다. 그렇게 만들어진 띠가 이 암석들이 마치 파도처럼 보이게 만든 원인이 되었다. 우리가 일상생활에서는 인식하기 어려운 느린 속도로 진행되는 풍화작용이었지만 5억 년이란 긴 시간에 의해 이런 엄청난 변화가 생긴 것이다. 자연이 만든 일종의 거대한 회화인 셈이다.

왜 이런 형태로 침식되었는지를 설명하려면 조금은 복잡한 전문지식이 필요하다. 그러나 여기서는 그런 학술적인 얘기를 하려는 의도는 전혀 없으므로 다른 식으로 설명하기로 하자. 큰 덩어리의 암석이 있다고 생각해보자. 큰 덩치의 암석에서는 광물조성이나 화학조성이 그 암체의 어디서나 모두 균질하게 나오는 것은 아니다.

호주 웨스턴 오스트레일리아 하이든에 있는 암석의 노두. 그 형태가 마치 거대한 파도와 같다고 해서 파도바위(Wave rock)라고 불리며, 파도의 높이는 14m, 길이는 100m이다.

차이는 조성에 국한되는 것은 아니며, 암석을 구성하는 각개 광물들의 입자의 크기 또한 달라진다. 이러한 조성의 차이와 입자들의 분포 차이가 풍화를 받을 때 침식되는 속도가 달라지는 원인이 된다. 일반적으로 더 작은 입자들로 구성된 암석이 상대적으로 큰 입자들로 구성된 암석보다 풍화받기가 더 힘든 경향이 있다. 그래서 조립으로 된 부분이 먼저 침식을 받는데, 이러한 침식을 차별침식이라고 한다. 파도바위가 이런 형태를 가지게 된 이유는 바로 차별침식의 결과인 것이다. 물의 신 포세이돈이나 바람의 신 보레아스의 신기(神技)로만 만들어지는 것은 아니다.

바람과 물이 남긴 경이로운 흔적들

유럽을 여행하다 보면 오래된 많은 성들을 보게 된다. 중세에는 콘크리트가 없었으므로 거대한 성채는 모두 돌로 견고하게 축조되었다. 그런 성곽들에 사용되는 돌의 종류는 여러 가지가 있다. 석회암이나 대리석을 사용하기도 하였으며, 사암이나 화강암을 사용한 경우도 있으나 대부분의 경우 그 지역에서 흔히 구할 수 있는 여러 가지 다른 종류의 암석으로 건축된 경우도 많다. 그러나 지금까지 잘 보전된 역사적인 성채를 둘러보면, 사용된 석재는 석회암이나 사암인 경우가 많다. 그런 돌을 사용한 것은 그 지역에서 이용 가능한 돌이 그것뿐인 경우도 있지만 사실은 다루기 쉬워 그런 돌을 사용한 경우가 더 많다. 단단하게 굳어진 우리나라의 고생대 사암들은 다루기가 매우 어려울 정도의 높은 강도를 가지고 있지만, 유럽에서 고화가 덜된 사암은 석회암보다 다루기가 더 쉬운 경우가 많다. 런던을 방문하는 관광객은 빅벤이 붙어 있는 영국 의사당 건물을 보고 정교한 조각품 같은 건축물에 한번쯤은 감탄을 한다. 그러나 그 건물이 사실 석회암으로 지어졌다는 것에는 별로 관심을 두지 않는다.

잠시 영국 의사당인 웨스터민스터로 돌아가기로 하자. 당시 영국의 의회가 열리던 웨스터민스터 궁전이 한 빵가게에서 시작된 작은 불씨로 일어난 "1834년의 런던 대화재"로 거의 파괴되었다. 이때 의회는 새로운 역사적 건물을 짓기 위해 1838년 건물 신축을 위한 위원회를 구성하였다. 그 위원들 중에는 이 세상에서 처음으로 지질도를 만들어 지하의 세계를 지상으로 끌어올리는 데 절대적인 기여를 한 윌리엄 스미스(William Smith, 1769~1839)도 끼어 있었다. 스미스는 바로 지층에 층서개념을 도입한 장본인으로 그를 흔히 "층서학의 아버지"라고 부른다. 그는 당시만 해도 그저 돌덩어리로만 여기던 지층에 시간의 개념을 도입하였다. 그는 사실 정식으로 지질학 교육을 받아본 경험이 없었지만 그가 이룬 업적은 대단한 것이었다. 위원회는 새롭고 상징적이면서도 역사적인 건물을 건축하기 위한 석재를 선정하려고 그해 여름 내내 조사 여행을 다녔다. 그들이 조사했던 100여 종의 석재 중에서 최종적으로 선정된 석재는 페름기 지층의 암석인 사질 석회암이었다. 이 돌은 굳기가 약하여 작업하기에는 용이하였지만 좋은 선택은 아니었음이 곧 밝혀졌다.

이미 산업화된 런던이 배출하는 부식성 가스들이 만든 산과 매연에 의해 암석의 색이 빠르게 변하였을 뿐만 아니라 돌에 난 결을 따라 파편이 떨어져 나가기 시작했다. 암석의 풍화작용이 위원들의 예상보다 빠르게 진행되었다. 찰스 디킨스는 그런 부적절한 석재의 선택을 비판하는 선봉에 나서 위원회의 잘못된 석재 선정을 맹렬하게 공격하였다.[1] 디킨스의 비난이 아니더라도 위원회가 런던의 그런 환경을 고려하지 못했던 것은 명백한 실수였다. 이즈음 하원의 회의가 열리는 새로운 건물이 연속해서 지어졌는데, 이때 그들은 완전히 다른 석재를 선정하였다. 석회암이기는 했지만 울라이트석회암으로 이번에는 색도 벌꿀색으로 다른 것을 선택하였다. 이번의 것은 지난번과는 달랐다. 바로 지금 보는 빅벤이 달려 있는 영국 의회 건물이다. 그렇기는 하지만 이 역시 대도시의 매연과 공해들이 그대로 남겨 두지는 않았으며, 손상되고 더러워진 겉 부분은 오늘날에도 주기적으로 손질하고 있다.

런던의 빅벤 말고도 유럽의 고성을 찾아갔을 때 적당하게 풍화되어 군데군데 너

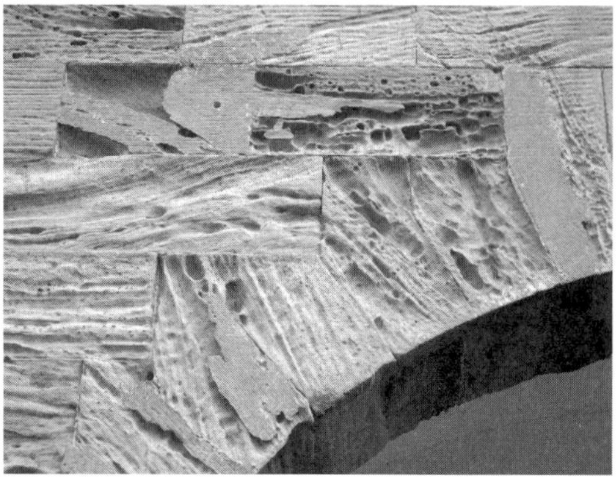

영국 스코틀랜드 쿨젠성의 성문을 받치고 있는 석재의 벌집모양의 풍화면

덜거리는 고성의 벽채는 때때로 보는 이에게 역사의 깊이를 더욱 진하게 전해 준다. 어찌 보면 그러한 풍화면은 세련된 장인에 의해 잘 다듬어진 정교한 조각쯤으로 인식되는 경우도 있다. 사실 그런 풍화 침식의 결과는 세련된 장인의 솜씨 이상이다. 그런 작품은 아무도 흉내 낼 수 없으며 자연만이 만들 수 있는 세상에는 둘도 없는 작품이기 때문이다. 그러나 아무리 정교한 자연의 손길이라 할지라도 그 정도가 지나치면 그 다음 이어지는 과정은 바로 훼손이다.

그런 예는 우리 주위에서도 쉽게 볼 수 있다. 아마도 가장 극적이며, 세계인들에게 가장 잘 알려진 것 중의 하나는 기자에 우뚝 자리 잡고 있는 고대세계 7가지 불가사의 하나로 꼽히는 피라미드와 스핑크스일지도 모른다. 그중 겉보기에 가장 높은 피라미드는 이집트 제4왕조의 파라오인 쿠푸(Khufu)의 무덤으로 20여 년이 넘는 공사기간을 거쳐 기원전 약 2,560년에 완공된 것으로 알려졌다. 피라미드는 1.5톤 정도 크기의 돌덩이 200만 개가 훨씬 넘게 쌓아 만든 것이다. 그러나 내부의 돌들은 이보다 더 큰 돌들로 채워져 있기도 하다. 피라미드 한 변의 길이는 230.4m이며 51°50′ 40″의 경사로 축조된 피라미드의 현재 높이는 138.8m이다. 원래 한 변의 길이는 거의 231m이었으며, 높이는 146.6m로 추정하고 있다. 이런 높이는 1311년 영국의 성모마리아성당(또는 Lincoln Cathedral)이 160m 높이로 지어지기 이전에는 4,000여 년간 세계 최고의 건축물이었다. 피라미드가 원래의 크기보다 작아진 것은 바로 겉 부분을 씌운 연마된 표면을 가진 덮개돌들이 사라지기도 했으려니와 돌들이 풍화를 받아 조금씩 떨어져 나가 손상된 결과이다. 14세기 이 지역을 지배하던 아랍의 술탄이 카이로에 회교사원과 요새를 건축하기 위해 이미 지진으로 일부 느슨하게 된 덮개돌을 사용했기 때문에 속살이 드러난 피라미드는 더 빠른 속도로 풍화를 받게 되었다. 수천 년 전에 만들어진 인류의 유산이었지만 그것을 덮고 있던 거의 일정한 규격으로 잘려진 돌들은 술탄에게는 사원과 요새를 건설하기에는 안성맞춤이었을 것이다.

피라미드를 만든 돌들은 주변지역의 채석장에서 나온 석회암이나 현무암을 사용하였으며 덮개로는 양질의 석회암을 사용하였다. 그리고 피라미드 내부의 묘를 만든 석재는 화강암으로 그곳으로부터 800km나 떨어진 아스완에서 채취된 돌로, 이집트의 동맥과도 같은 나일강을 이용하여 어렵사리 운송되어온 것들이었다. 피라미드가 풍화를 받은 것도 그러하려니와 기자의 반은 사람의 형상으로 나머지 반은 사자의 형상으로 만들어진 73.5m 높이의 스핑크스를 보면 바람의 힘을 실감나게 느낄 수 있다. 스핑크스의 사라진 코는 오랜 기간의 모래 바람으로 깎인 흔적이다.

이집트 기자에 있는 스핑크스와 카프레 피라미드. 오랜 풍상에 훼손된 스핑크스와 피라미드의 모습이 확연하게 드러난다. 피라미드 정상부의 덮개암들은 아랍의 술탄의 손을 피한 채 남아 있으나 아래 부분은 맨살이 드러나 있다.

지구과학자로서 이런 현상이 모두 지구가 만들어진 이후 지금까지 46억 년 동안이나 계속되어온 지질학적 영력의 결과라는 것을 확실하게 믿고는 있지만, 다른 한편으로는 신들의 손이 가세하지 않고 자연적인 물과 바람의 힘만으로 이런 모든 변화가 일어났다고 믿기 어려운 때도 있다. 그리스 신화는 참으로 많은 인간적인 신들을 등장시킨다. 여기서 제우스를 비롯한 많은 신들은 각기 다른 역할을 하고 있었다. 그리스 신화에서 바람의 신은 여러 명이 등장한다. 보레아스(Boreas), 제피로스(Zephyros), 노토스(Notos) 그리고 에우로스(Euros)가 있다. 제피로스와 노토스는 각기 서풍과 남풍의 신으로 온화한 신으로 여겨지며, 에우로스는 남동풍 또는 동풍의 신이자 비를 퍼붓는 신으로 인간의 눈에는 호의적이지 않다. 보레아스는 북풍의 신으로 거칠고 황량한 바람을 상징한다. 아마도 지구의 단단한 껍질을 이루고 있는 돌덩어리를 조아내기 위해서는 보레아스의 거친 바람이 필요했을 것이다.

포세이돈(Poseidon)은 제우스의 형제이자 이들 중 서열이 두 번째인 바다와 물의 신이다. 그는 바다를 뒤흔드는 괴력을 가진 신이며, 그가 무기인 삼지창(Triaina)을 휘두를 때마다 바위가 부서지고, 폭풍우가 일어나며, 해안을 뒤흔들어 대는 능력이 있기도 하다. 포세이돈은 바다의 정령 암피트레테와 결혼하였으며, 그의 자식들은 모두 정상이 아닌 괴물과 같은 형상이나 말의 모습으로 태어났다. 포세이돈은 과격하고 격분을 잘하는 파괴력을 가진 신으로 알려져 있다. 그러나 그의 괴력으로 파괴적인 힘을 발휘하던 힘이 자연계에 작용될 때의 결과는 항상 파괴적이지만은 않았다. 그런 예는 세계 곳곳에 남겨져 있다. 미국의 서부 지방에 있는 브라이스 캐니언이 그러한 예이며 모뉴멘트 밸리나 아치국립공원도 침식하면 빼놓기 어려운 자연이 만든 경이로움 중의 하나이다.

미국 유타주의 1억 6천만 년 전 페름기에 퇴적된 적색사암이 융기에 의한 침식작용으로 사막 한가운데에 만들어진 기념비적인 형태. 이런 경관으로 이 지역은 아치국립공원으로 지정되었다(사진제공 : http://utapicture.com).

모뉴멘트 밸리는 미국의 유타주와 아리조나주 북부의 경계부에 위치한다. 이 지역은 콜로라도 대지라고 부르는 곳으로 중생대 페름기에 퇴적된 적황색의 실트스톤과 화산암류가 분포된 지역에 위치하고 있다. 적황색의 기괴한 형상으로 이루어진 암체로 된 거대한 자연의 기념비는 바로 중생대 암석들이 차별침식을 받은 결과로 만들어진 것으로 아주 독특한 경관을 이루고 있다. 사실 적황색의 사암으로도 이미 주변과는 다른 경관을 만들기에 충분하다. 한때 이 지역은 바다였으나 아주 서서히 해수준면으로부터 약 5km 정도 융기되면서 바람과 물에 의한 풍화작용으로 한 겹 한 겹씩 껍질을 벗겨 내기 시작하였다. 지금처럼 껍질이 벗겨지는 데는 약 5천만 년이 소요되었다.[2] 이들 지층 중 상대적으로 무른 암석으로 이루어진 부분은 단단한 부분과 비교해서 더 빠른 속도로 벗겨져 나간 결과로 이런 경관을 만들게 되었다. 만들어지는 과정은 파도바위와 매우 유사하나 남겨진 형태는 판이하게 다르다. 이곳은 서부 영화에 자주 등장하던 나바조 인디안의 구역이었다. 지금도 이 일대는 그들의 보호구역으로 지정된 곳이기도 하다. 암석이 붉은색을 띠는 것은 바로 실트스톤에 들어 있는 철분이 풍화침식을 받는 과정에서 산화된 결과로 나타난 색이다. 이런 경관이 자연에 의해 만들어졌다고 보기에 의문이 들 정도이다. 바로 포세이돈의 믿기지 않는 괴력이 작용했을 것만 같은 생각이 든다. 모르기는 해도 이 지역을 근거지로 살고 있는 나바조 인디언들은 아마도 그럴듯한 전설을 가지고 있을지도 모른다는 생각을 해본다.

물의 괴력이 만든 경관은 수를 헤아리기도 어려울 정도로 많이 남아 있다. 세상에 있는 수많은 강들 중 중앙아프리카에 있는 잠비아, 짐바브웨를 거쳐 모잠비크를 관통하여 인도양으로 흘러드는 2,574km의 물줄기가 바로 잠베지강이다. 이 강도 흘러내리면서 하천에 의한 범람원을 중간에 만들어 중요한 농경지를 만들어놓기도 했다. 잠베지강의 물줄기 중간쯤 잠비아와 짐바브웨 국경 사이에 이르면 물길은 약 200km 길이로 발달된 큰 협곡사이를 흐른다. 그 협곡이 시작되는 지점에 바로 빅토리아폭포가 있다. 빅토리아 폭포는 그 폭이 1.7km이고 높이가 최대 107m에 이른다. 이 폭포가 세계에서 가장 높은 것도 또 가장 큰 것도 아니지만 좁고 깊은 협곡으로 흘러드는 이 폭포는 아프리카 주요한 관광 상품이 될 정도의 흥미를 불러일으키기에 충분하다. 이곳이 서방세계에 알려진 것은 1855년 이곳을 처음으로 찾은 스코틀랜드의 선교사이자 탐험가인 데이비드 리빙스턴(David Livingstone, 1813~1873)에 의해서이다. 영국에서는 당시 왕의 이름을 따서 그 폭포를 빅토리아 폭포(Victoria falls)라고 명명하였다. 그러나 현지인들은 리빙스턴이 그곳에 오기 전에 이미 천둥

잠비아와 짐바브웨 국경에 위치한 빅토리아 폭포와 협곡의 위성사진 모습. 20만 년 전에 현무암 대지 위에 처음 만들어진 폭포는 지그재그형으로 상류로 거슬러 올라가면서 뒤로 물러나고 있다. 중앙의 현재 빅토리아폭포는 여덟 번째 만들어진 폭포이다(사진제공 : NASA).

을 일으킨 연기라는 뜻의 모시오아투냐(Mosi-oa-Tunya)라는 이름을 가지고 있었다. 이 폭포를 공유하고 있는 두 나라는 각기 국립공원으로 지정하여 관리를 하고 있다. 가난한 이들 두 나라에게 빅토리아 폭포는 외화벌이의 중요한 수단이 되는 것은 물론이다.

빅토리아폭포 근처를 흐르는 잠베지강의 물줄기는 구릉도 산도 없는 그저 평탄한 지역을 흐른다. 그 지역은 폭포가 만들어질 만한 단층이나 경사면을 갖는 그런 지형이 아니다. 그러기에 리빙스턴이 발견한 그 폭포는 더 경이로운 대상이었을지도 모른다. 사실 리빙스턴은 어떻게 빅토리아 폭포가 그곳에 만들어졌는지는 상상도 하지 못할 일이었다. 그곳은 아주 오래전에 대규모의 화산활동으로 현무암 대지가 만들어졌다. 막대한 양의 현무암질 용암을 토해 놓은 그 자리에 용암이 굳어지면서 갈라진 틈을 만들었다. 현무암이 냉각되면서 부피가 줄어들어 만들어진 갈라진 틈은 그곳에 토해 놓은 현무암의 덩치에 어울리게 제법 규모가 있는 크기였다. 지각이 쉬지 않고 운동을 한 결과 이 용암대지는 가라앉으면서 현무암의 갈라진 틈에 화산분출물과 모래알갱이들이 채워져서 현무암과는 다른 암석들이 만들어졌다. 그러고나서 다시 이 지역은 200만 년 전에 융기를 했으며 물길의 방향을 바꾼 잠베지강이 이 용암대지 위를 지나가게 되었다. 잠베지강의 물길은 한가롭게 용암대지를 그냥 지나치지는 않았으며 상대적으로 덜 단단한 현무암의 갈라진 틈을 채운 돌들을 뜯어내기 시작하였다. 그래서 이 지역에 처음으로 폭포를 만든 것이 약 20만 년 전이다. 20만 년 전의 폭포는 오늘날 빅토리아 폭포보다는 훨씬 하류에 위치하고 있었다.

그 후 약 2만 년이 지나자 첫 번째 폭포는 수명을 다했다. 그보다 상류에 있는 동서 방향으로 난 갈라진 틈을 침식시키면서 두 번째 폭포가 만들어지고 상류쪽으로 후퇴를 한 것이다. 오늘날의 빅토리아 폭포는 이곳에 만들어진 여덟 번째의 폭포이다. 폭포의 위치가 뒤로 물러나면서 만들어진 100m 정도 깊이로 파인 협곡의 길이는 길어졌으며 지그재그형으로 만들어졌다.[3] 잠베지강의 물길은 좀처럼 쉬어가려는 기색이 없다. 이미 아홉 번째의 폭포를 만들어가는 중이다. 일곱 번째의 폭포가 수명을 다한 것이 불과 3만 년 전이므로 머지않아 아홉 번째의 폭포가 만들어지면서 협곡의 길이는 그만큼 연장될 것이다. 물길이 만든 파괴력은 바로 새로운 경관을 만드는 창조력과 이어져 있어 마치 파괴는 창조를 잉태한다는 말을 힘 있게 해주는 대목이다. 이 정도에 이르면 물이란 무엇인지를 생각해볼 때가 되었다.

잘려지지 않는 물

물은 우리가 만지는 대로 형태를 변화시키는 아주 부드러운 물질이지만 흐르는 물은 이처럼 지구를 변형시키는 괴력을 가지고 있는 가장 중요한 물질이기도 하다. 우리가 아는 물이란 작은 샘에서 시작되어 뭉쳐 흐른다. 생명의 원천인 식생을 적시는가 하면, 하늘로 증발하였다가 빗물로 다시 떨어져 언제나 그랬던 것처럼 지상을 도도히 흘러간다. 물은 에너지이자 생명의 원천인 셈이다. 그렇다면 물의 정체를 알아둘 때가 된 것 같다. 하천에 흐르고 있는 물은 그저 아무것도 들어 있지 않은 것처럼 보이지만 실제로 물은 지구물질(암석이나 토양)과의 반응에 의해 여러 가지 성분들이 녹아들어 있다. 그 물의 존재를 인식하기 시작한 것은 오래전으로 거슬러 올라가지만 정작 그 실체를 우리가 알아낸 것은 그리 오래전의 일이 아니다.

기원전 5세기에 그리스의 철학자 엠페도클레스(Empedocles, 449BC~430BC)는 모든 물질은 흙, 물, 불 그리고 공기의 네 가지로 구성되었다고 제의하였다. 그는 모든 물질을 작게 쪼개면 결국은 이 네 가지 중의 하나로 되며, 더 이상 나눌 수 없다고 하였다. 약 100년 후 등장한 아리스토텔레스(Aristoteles, 384BC~322BC)가 이 설을 지지함으로서 더 이상 바뀔 수 없는 사실로 받아들여져 "4원소설"로 알려지게 되었다. 4원소설의 확고한 지위는 중세를 지나면서도 변하지 않는 진리로 그 자리를 유지하였다. 그러나 1700년대에 들어서면서 화학의 발전은 더 이상 4원소설로서는 물질을 설명할 수 없다는 사실을 깨닫게 되었으며, 이것만으로 설명되지 않는 여러 가지 불합리한 사실들이 알려지게 되었다. 이를 증명하기 위해서는 이들 원소들 중 무엇인가를 더 작은 단위로 쪼갤 수 있으면 되었다. 그 대상으로 물이 적합할 것이라는 생각을 하였다. 이 시점에 이르자 이런 사실을 확인하는데 그리 오랜 시간이 걸리지 않았다. 이런 사실에 의문을 가지고 있던 화학자 중 프랑스의 라보아지에(Antoine-Laurent Lavoisier, 1743~1794)에 의하여 1783년 6월 24일 물을 분해하는 방법이 발견되었다.[4,5] 이날은 아리스토텔레스에 의해 확립되었던 4원소설이 철학적인 사고의 틀로 회귀하는 순간이었다.

다비드(JacquesLoise David)가 1788년에 그린 라보아지에 부부의 초상화. 라보아지에는 실험시 부인의 도움을 받았으며, 질량보존의 법칙을 확립하는 등 위대한 업적을 남겼으나, 1794년 5월 8일 프랑스 혁명때 민중의 적으로 처형되었다.

라보아지에의 발견은 4원소설을 부정하는 의미를 가지고 있는 것이었지만 실상 자연과학의 발전과정에서 큰 의미를 갖는 발견이었다. 아마도 보더니스가 라보아지에를 "지구상의 질량을 가진 모든 물질들, 즉 나무, 바위, 철 등이 외관상으로는 다르지만 하나로 연결되어 있는 전체의 일부분을 보여준 사람이었다."라고 쓴 내용을 보면 그 중요성이 조금은 드러난다. 이는 그를 나타낸 가장 적절한 표현일지도 모른다.[5] 그는 루이 16세 시절 공동농장의 회계사로 일을 하였다. 그의 정상적인 일과는 회계일이 거의 전부였으며, 아침 한두 시간과 일주일에 단 하루 있는 여가시간에만 과학실험에 몰두하였다. 그는 그날을 행복한 날이라고 불렀다. 그는 실험을 하면서 아내의 도움을 받았다. 그는 금속이 천천히 녹스는 과정이나 연소하는 실험을 계속하였다. 그런 일련의 실험은 "질량보존의 법칙"이라는 과학사에 길이 남을 업적을 탄생시키는 계기가 되었다.

그러나 여기서는 물을 쪼갠 그의 실험으로 돌아가기로 하자. 그는 그 자신이 만든 특별한 밀폐된 용기 안에서 구리 또는 아연 조각에 산을 넣어 기체를 발생시켰는데 무색무취한 이 기체는 불에 쉽게 연소를 하였기 때문에 '가연성 기체' 라고 불렀다. 다른 한편으로는 붉은색 수은화합물을 가열시켜 기체를 발생시켰는데, 이 기체는 다른 원소와 쉽게 반응을 해서 산을 만들어내는 성질이 있어, 그는 이를 '산을 만드는 기체' 라고 불렀다. 그는 이 두 기체를 혼합하여 연소시키면, 용기의 안쪽 차가운 부분에 액체방울이 맺히는 것을 관찰하고 이를 분석한 결과 증류수와 같다는 것을 알아냈다. 라보아지에는 "부분의 합은 전체이다"라고 주장하였으며, 두 기체를 태워 만들어진 것은 단지 물뿐이므로 두 기체의 질량의 합은 물의 질량과 같다고 주장하였다. 여기서 산을 만드는 기체란 산소(oxys=산, gen=만들기)이며, 이와 합쳐져서 물을 만드는 다른 기체는 수소(hydro=물, gen=만들기)로서 물은 아리스토텔레스의 생각대로 물질의 쪼갤 수 없는 단위가 아니라 그가 생각했던 것보다는 복잡한 물질임이 알려지게 된 것이다.

프랑스 정부가 라보아지에의 과학적인 발견을 모른 척 내버려 두지는 않았으며, 그가 연구를 계속할 수 있도록 보조금을 주는 것을 고려하였다. 그런 한두 가지 예로서, 그가 발견한 산소를 정제해 사용하면 용광로의 온도를 올릴 수 있을 것이며, 또한 그가 발견한 수소를 이용하면 기구를 더 높이 띄워 올릴 수 있다고 생각하였다.

루이 16세는 이러한 과학적인 진보가 프랑스와 대립관계에 있던 영국에 콧대를 세울 수 있는 기회라는 것을 알고 있었다. 실제로 프랑스는 라보아지에에게 보조금을 지급하였다. 그러나 그러한 과학적인 발견과는 동떨어진 그의 다른 일과는 후일 라보아지에에게 재앙을 가져오는 원인이 되었다. 그는 루이 16세 정부를 위한 세금을 징수하면서, 그가 추진했던 세수확대를 위한 과학자적인 세심한 노력이 결국 화를 불렀다. 라보아지에는 파리에 완벽한 세금 징수를 위해 주민의 통행을 통제할 수 있는 새로운 성벽을 짓기로 결정하였다. 그 공사는 대공사였으며, 국민들에게는 원성의 대상이 되었다. 혁명이 시작되자 그 성벽은 바스티유감옥을 무너트리기 이틀 전에 파괴되었으며, 라보아지에가 민중의 적으로 지목받기에 충분한 이유가 되었다.

1794년 5월 8일 그는 혁명의 죄인들 28명 중 네 번째로 단두대의 이슬로 사라졌다.[5,6] 그러나 그에게 적용된 죄목은 황당하게도 군인에게 지급되는 담배에 물을 부었다는 것이었다. 그의 육신은 분리되었지만 그가 남긴 과학적인 업적은 기로틴으로는 결코 잘려질 수 없는 위대한 것들이었다.

물은 역시 잘려질 수 없는 물질이다. 이제 물은 수소 두 개와 산소 한 개가 결합한 H_2O로 나타내는 분자라는 것은 세상의 모든 사람들이 다 알고 있다. 상대적으로 큰 산소 원자 한 개에 작은 크기의 수소 두 개가 결합된 물분자는 마치 뿔이 난 모습을 하고 있는데, 양전하를 띄는 두 개의 수소가 한쪽 방향으로 치우쳐 있기 때문에 전기적인 분포가 한쪽은 양전하를 다른 한쪽은 음전하를 띄는 비대칭을 이루는 극성분자가 된다. 이런 물분자의 극성 때문에 물분자들은 서로 끌어당겨 결합을 하는데 이러한 결합을 수소결합이라고 한다. 이 결합력은 약하여 이들이 이루는 짝은 고정된 것이 아니라 수시로 바뀌게 된다. 물분자 사이의 이러한 결합을 쿤직은 "물분자들은 끊임없이 짝을 바꾸어가며 카드리유(남녀 네 쌍이 사각형으로 서서 짝을 바꾸면서 추는 춤)를 추고 있는 것과 같다."는 아주 재미있는 비유를 하였다.[7] 잔잔한 호수 속의 물은 겉보기에는 아무 움직임이 없는 극히 정태적인 것처럼 보이지만 그곳에서 물분자들은 계속 끊임없이 짝을 바꾸고 있는 것이다. 어떤 한순간에서 보면 물은 그들 분자들 중 15%만 짝을 이루고 있다고 한다. 이런 극성을 갖는 물분자는 이들과 접촉하는 물질로부터 원소들을 잡아당겨 분리시키는데 이런 과정을 용해과정이라고 한다. 그러나 그 반응은 하찮게 보일 정도로 미미하며 대부분의 경우 느린 속도로 일어난다. 그런 느리고 하찮게 보이는 과정들이 지질시간, 즉 아주 오랜 기간 지속되면서 지구의 표면을 변화시키는 역할을 하는 것이다. 우리가 손길을 넣어 휘저으면 그들은 분리되는 것처럼 보이지만 곧 합쳐지는 이유도 이런 극성분자의 성질이 기여를 한 결과이다. 물은 경이로운 존재이며, 생명체들에게는 필수적인 물질이다.

바닷물의 맛

바닷가에서 자란 나는 바닷물이 짜다는 것을 한 번도 이상하게 생각해본 적이 없다. 바닷물이 짠 것은 나에게는 너무 당연한 일이었기 때문이다. 자라면서 물질의 상태는 같지만 우물물과 다르다는 사실에 대한 의문이 들었지만 그런 의문은 곧장 잊혀졌다. 그러나 상급학교에 진학하면서 과학 선생님의 설명으로 그런 의문은 어느 정도 해소되었지만 그래도 잘 이해되지는 않았다. 사실 담수와 해수와의 화학 조성상의 차이는 아주 보잘것없는 것처럼 보이지만 그 성질은 판이하게 다르다. 담수는 육상 동식물의 필수적인 물질로서 생명체의 근원과도 같은 것이다. 바닷물도 이와 크게 다를 바 없이 해상 동식물에게는 필수적이다. 이들을 구분 짓는 것은 물속에 용해되어 있는 염의 함량 차이이다. 흔히 해수는 3.5wt%의 염류를 포함하고 있다. 염류라는 것이 대부분은 염소와 나트륨이며 그 외에 마그네슘, 칼슘, 칼륨 그리고 황산이온과 중탄산이온을 함유하고 있다. 용해된 양의 염분이 3.5wt %라는 작은 양이지만 이들이 물의 성질에 미치는 영향은 실로 막대하다. 가장 쉽게 관찰할 수 있는 이 둘의 차이점은 어는 온도이다. 겨울철 우리나라의 하천이 모두 얼어붙어 있을 때 얼어붙은 강물과 접한 바닷물은 얼지 않은 상태로 남아 있는 것을 흔히 볼 수 있다. 바로 바닷물 속에 용해되어 들어 있는 염류가 어는 온도를 낮추기 때문이다. 염분이 하는 일은 이뿐만이 아니다. 염분이 증가하면 열용량이 줄어드는데 다른 말로 하면 같은 열을 이용하여 해수는 담수보다 쉽게 온도를 높일 수 있다. 또한 물에 녹아 있는 염은 물 분자를 끌어당기기 때문에 증발하는 속도가 느리다. 이는 도시의 야외 수영장에서 수영을 하고 난 후 몸에 묻어 있는 물이 바다에서 수영을 한 후보다 훨씬 빠르고 깔끔하게 마르는 데 비하여 바닷물은 상대적으로 느리게 마르며, 개운치 않은 눅눅함을 주는 이유가 된다. 가장 큰 차이는 육상식물의 거의 대부분은 바닷물의 이런 농도의 염분에서는 거의 살아남지 못한다는 점이다.

그렇다면 바닷물은 왜 짠 것일까? 물론 이는 물속에 포함된 3.5wt %의 염분 때문이다. 바로 이들 염분은 대부분 육지에 내린 빗물이 지표를 이동하면서, 일부는 지하로 들어간 물들이 지하수로 지하에서 이동되면서 암석과의 반응 결과, 지각 구성물질인 암석으로부터 용해시킨 아주 작은 양의 물질들이 바다에 모여 만들어진 것이다. 여기서 염분의 대부분이라고 한 것은 전적으로 암석과의 반응산물은 아니며 일부는 다른 기원으로부터 해수에 공급된 것도 있다는 것을 의미한다.

바닷물을 구성하고 있는 원소들 중 일부는 물과 암석과의 반응산물로서만 설명되지 않는 물질들이 있다. 이런 물질들로서는 이산화탄소, 황, 염소, 불소, 질소 등이 있는데 이런 물질들은 지구 내부에 들어 있던 물질들이 맨틀의 대류나 지각의 유동과 같은 조금은 복잡한 과정으로서(예 : 화산열도나 중앙해령의 화산분출 등) 지표에 분출되는 것들이 포함된 것이다. 의문은 또 다른 의문을 남긴다. 해수의 염분은 육지에서 공급되는 염류가 대부분이라면 시간이 경과하면서 바닷물은 더 짜게 되지 않을까 하는 의문을 떠올릴 것이다. 그러나 실제로 그렇지 않다. 시간이 경과함에 따라 바다로 유입되는 염분의 누적되는 양은 증가해야 하지만 어떤 평형 상태에 도달하게 되면 이를 초과하는 염분은 바닷물로부터 자연적인 과정에 의해 제거된다.

바닷물은 육지로부터 공급되는 염의 양과 소모되는 양이 미묘한 균형을 이루는 자체적인 조절기작을 가지고 있다. 그러한 예 중의 하나가 바로 생물학적 작용이다. 바다에 서식하는 생물종들 중 조개와 같은 것들은 자신의 골격(껍질)을 만들기 위해 바닷물 속의 칼슘을 사용하며, 규조와 같은 미생물은 규소를 소모시킨다. 물론 그들은 자신들의 몸체를 불리기 위해 다른 원소들을 영양분으로 섭취한다. 어떤 경우에는 바닷물의 증발작용에 의해 암석을 만들기도 한다. 즉 폐쇄환경의 바닷물이 증발하면 탄산염암류($CaCO_3$), 소금($NaCl$)이나 석고($CaSO_4 \cdot 2H_2O$) 등과 같은 증발암이 침전되는 게 그러한 예이다. 증발암이 만들어지는 상태는 물에 녹을 수 있는 한계치에 이르렀음을 의미하며, 과학적인 용어로는 과포화라는 말로 정의된다. 바닷물은 이런 기작을 통하여 공급되는 양과 소모되는 양이 미묘한 균형을 이룬다. 그러나 증발량이 많은 곳에서는 그렇지 않은 곳보다 바닷물의 염농도가 상대적으로 높아진다. 바닷물의 염분은 지역에 따라 약간의 차이를 보이는데, 이를 구성하는 주성분 사이의 비는 놀랍게도 항상 일정하게 나타난다. 이러한 사실은 덴마크의 광물학자 포크햄머(Johan Georg Forchhammer, 1794~1865)에 의해 1865년에 발견되었으며 이를 일정성분비의 원리(또는 Forchhammer' s principle)라고 부른다.

3,700m 깊이의 물로 덮여 있는 지구

지구 전체로 보면(바다, 호수, 강에서 흐르는 물은 물론이고 지하를 이동하는 지하수와 극지방이나 고산지대의 빙하까지 모두 합쳐서) 물의 총량은 대략 $1,399 \times 10^6 km^3$으로 추정하고 있다. 연간 증발되는 물의 총량은 $396,000km^3$이다. 바닷물은 전체 물 총량의 97.2%로서 $1,370 \times 10^6 km^3$이며, 이로부터 증발되는 양은 연간 $334,000km^3$으로 매년 전체 바닷물의 0.024%가 증발하는 셈이다. 만약 비가 내리지 않아 바닷물이 보충되지 않는다면 불과 3,500년 뒤에는 바닥이 드러나게 될 것이다. 그러나 증발된 물은 다시 강수로 육지나 바다에 내려와 이들의 양적 균형이 유지된다. 이런 순환고리는 자연 말고는 누가 쉽게 제어할 수 있는 그런 성질의 일이 아니다.

지구의 형성 초기 원시바다가 생성된 것은 40억 년 전으로 거슬러 올라간다. 바닷물의 순환시간은 3,500년으로 계산되므로 오늘날 바다에 있는 물은 다른 요인을 고려하지 않고 단순하게 계산한다면 적어도 100만 번 이상 바다를 들락날락했다는 것을 어림짐작해볼 수 있다.[8] 만약 지구 표면이 공처럼 둥근 구체였다면 이 바닷물은 지구 표면을 3.7km의 두께로 덮을 정도의 양이다. 그러나 다행스럽게도 지판의 이동은 지구 표면을 평탄하게 만들어놓지는 않았으며, 그 결과 지구 표면의 70% 정도만이 물로 덮여 있으며, 거의 98%의 물이 대양분지에 담겨져 있게 되었다. 해저에는 매우 깊은 곳(해구)도 있는데 이는 전적으로 지판의 이동 결과로 만들어진 곳으로 마리아나해구는 깊이가 11km에 이른다. 이 정도의 깊이라면 지구상에서 가장 높은 에베레스트산을 그 해구 안에 넣어도 2,000m는 바다 밑으로 더 들어가야 산꼭대기를 겨우 볼 수 있을 것이다. 그러나 아이러니하게 아직도 우리의 바다 밑에 대한 지식은 지구와 멀리 떨어진 달 표면보다 알려진 게 빈약한 형편이다.

전 세계 바닷물의 추정 총량은 $1,399 \times 10^6 km^3$이므로 이들 바닷물 속에 용해되어 있는 염류의 총량은 2,180만 km^3에 이른다. 이렇게 엄청난 양은 실제로 가늠하기도 어려울 정도의 막대한 양이다. 바닷물이 전부 증발되어 그 속에 용해되어 있는 염류들이 차례로 쌓인다면 소금층이 47.5m로서 가장 두껍게, 그리고 나머지 13.5m는 석고와 염화마그네슘($MgCl_2$)와 황산마그네슘($MgSO_4$) 등으로 만들어진 지층이 될 것이다. 이 양은 전 세계 대양저를 60m 이상의 두께로 덮을 수 있는 양이다. 아마도 이런 염류들이 지구 표면을 모두 덮고 있다면 아마도 지구는 오늘날의 다양한 생물종이 서식하고 있는 역동적인 모습과는 전혀 다른 환경이 되었을 것이다. 그러나 자연계에서 평형을 이루고 있는 보통의 바닷물에서 이런 염류의 침전은 일어나지 않으며 좀 특별한 환경으로 변화될 때 바닷물 속에 용해된 염류들의 침전이 일어난다.

바다 그리고 대기의 생성과 진화

그렇다면 바다는 언제 만들어진 것일까? 지구가 만들어지는 초창기부터 바다는 존재했는가? 그 바다는 지금의 바다와 같은 바다였을까? 여러 가지 의문들이 떠오른다. 지금까지 알려진 지구의 생성이론을 보면 운석의 충돌에 의하여 첨합이 일어나 오늘날의 지구로 커진 시기는 45억 년 전으로 거슬러 올라간다. 지구가 46억 년 전에 만들어지기 시작하여 오늘날과 같은 크기가 되는 데 약 1억 년이 소요된 것으로 추정하고 있다. 그 당시 지구의 표면은 대기도 존재하지 않았으며, 더구나 지구의 표면에 물은 존재하지도 않았던 마그마 바다로 이루어진 아주 뜨거운 상태였다. 지질학자들은 이 시기를 헤이디안 이언(Hadean eon)이라고 부른다. 이 이름은 그리스어로 미지의 세계 또는 지옥이라는 의미를 가진 Hades로부터 따온 것으로 당시 지구의 표면 상태가 불의 지옥이나 다름없었던 점을 생각하면 어울리는 이름으로 여겨진다. 이 시기는 바로 지구의 생성시점부터 38억 년 전까지의 시기로서 지질시대의 시생대(Archean, 38억 년 전~25억 년 전 사이의 기간)의 이전 시기에 해당된다.

지구가 생성되는 초창기는 운석 충돌이 빈번하게 일어나는 시기였다. 약 4톤의 운석이 30km/sec의 속도로 지구와 충돌할 때 방출되는 에너지의 양은 1킬로톤의 핵폭발과 같은 에너지를 방출하므로 이때 지구에서 일어나는 빈번한 운석 충돌 결과로 방출된 에너지는 지구 표면의 모든 물질을 녹이기에 충분하다는 것을 상상할 수 있다. 지구표면에서 운석 충돌에 의해 용융된 마그마로부터 방출된 가스가 지구 주위에 모이면서 대기가 등장하기 시작하였다. 그러나 그 대기는 오늘날의 질소와 산소로 이루어진 대기와는 비교하기 어려운 아주 다른 조성을 가지고 있었다. 아무도 당시 대기조성을 정확하게 밝힐 수는 없다. 그러나 오늘날 과학자들은 당시의 대기는 분명 오늘날과는 다르다는 것을 알고 있으며, 다만 그들 대기는 수증기, 메탄, 암모니아, 탄산가스 및 황화수소 등으로 구성되어 있는 고온-고압의 아주 고약한 것으로 추정하고 있다. 그런 환경에서 생명체의 존재는 기대할 수 없다. 우리가 아는 어떤 생명체도 그런 환경에서 살아남기란 불가능하기 때문이다.

지구와 충돌하는 운석의 수가 줄어들면서 지구 표면은 서서히 식기 시작하였다. 지구의 표면 온도는 수증기가 응축되기에 충분할 정도로 내려가기 시작하였으며, 약 38억 년 전에 이르러 지구는 지금까지 한 번도 경험해보지 못한 홍수를 경험했을 것으로 추정되고 있다. 이 홍수는 수증기가 응축되기에 충분할 정도의 온도로 지구 표면의 온도가 내려갔다는 것을 의미한다. 말이 홍수이지 그저 폭포수와 같이 물이 쏟아지는 그런 상황이었을 것이다. 과학자들은 이때 쏟아진 강수의 양을 1×10^{21}

kg으로 추정하고 있으며 이 물이 원시 해양을 형성하였다. 비록 원시 해양의 화학 조성이 오늘날의 해양과는 전적으로 다른 것이었지만 이는 지구의 모습을 오늘날의 지구로 변화시키는 출발점이 되었다. 지질학자들이 이 시기를 38억 년 전으로 여기는 것은 바로 이 시기에 바다에서 퇴적된 암석들이 형성된 가장 오래된 시점이기 때문이다. 그러나 바다에서 이보다 더 오래전에 퇴적암들이 만들어졌을지도 모른다. 우리가 그런 암석들을 찾지 못하였거나 기존의 암석들이 풍화에 의해 이미 흔적을 감추었을 가능성을 고려한다면 38억 년 이전에 원시 해양이 만들어졌을 가능성은 있다. 우리가 지구에 대해 모르는 점이 얼마나 큰지는 이런 점에서도 드러난다.

절묘한 자리 잡기

하늘 높은 줄 모르고 올라간 거대한 산맥은 아마 스페이스 셔틀에서 내려다보면 지구라는 얼굴의 굵은 주름살처럼 보일 것이다. 말이 주름살이지 그 높이는 수천 미터를 훌쩍 뛰어 넘는 높이이다. 그런 높이는 공기의 존재마저도 희박하게 변화시킨다. 지구라는 행성에 생명체가 존재하는 두 가지 이유는 바로 물과 공기를 가지고 있기 때문이다. 이런 행성은 태양계에서는 지구 밖에 없는데 이는 지구가 태양으로부터 절묘한 자리에 위치하고 있기 때문이다. 태양으로부터 지구까지의 평균거리는 149,600,000km이다. 만약 이 거리보다 5% 정도 더 가까운 자리에 위치하거나 또는 이보다 15%만 더 먼 거리에 위치하게 되었다면 오늘날 우리를 포함한 다른 생명체의 생존을 가능하게 만들어준 공기와 물은 남의 이야기가 되었을 것이다. 지구에서 가까운 금성과 화성이 좋은 예이다. 새벽마다 밝게 온 지구인의 시야에 들어오는 행성인 금성은 불과 지구보다 4천만 km 정도 태양과 가까운 자리에 위치하고 있다. 그곳의 대기는 CO_2로 구성되어 있고, 가벼운 H는 모두 도망가버렸으며, 그 결과 표면의 온도는 470℃에 이른다. 그것만으로도 부족해서 대기의 압력은 지구 기압의 90배에 이른다. 이런 환경에서 생존 가능한 생명체는 물론이려니와 살아남을 물건조차도 그리 흔하지는 않다. 1972년 소련에서 발사한 탐사선이 오랜 여정 끝에 금성에 도달하여 작동한 시간은 불과 30분이 고작이었

태양계의 행성과 왜행성. 각 행성은 상대적 크기에 따라 나타냈으나 태양으로부터 거리는 실제 거리의 비대로 나타낸 것은 아니다(그림제공 : NASA).

다. 아마도 사람은 도착과 함께 명을 달리해야 할 것이다.

지구보다 태양으로부터 0.5AU 더 멀리 위치한 화성(태양으로부터의 평균거리 2억 3천만 km) 역시 금성과는 사정이 다르지만 지구와는 판이하게 다른 환경을 가지고 있다. 화성의 온도는 영하 140℃에서 30℃ 사이로 지역에 따라 큰 편차를 보인다. 이는 화성의 대기가 지구의 대기보다는 너무 얇기 때문에 태양의 에너지를 잡아두기에 역부족이기 때문이다. 그리고 화성의 대기는 이산화탄소가 95%, 질소가 3% 그리고 아르곤이 1.6%로 구성되어 있으며 산소는 단지 흔적을 발견할 정도로 포함하고 있어 지구의 것과는 비교되지 않는 것이다. 화성의 표면에는 극지방에 있는 얼음을 제외하고는 아직 생물체가 성장할 수 있는 수분의 흔적이 발견되지 않았다. 우리는 몇 년 전 지구에서 보낸 화성탐사선 패스화인더를 통하여 돌과 먼지로 된 황량한 화성의 표면을 볼 기회가 있었다.

비록 절묘한 자리에 위치한 지구이기는 하지만 지구 생성 초기부터 대기를 가지고 있었던 것은 아니었다. 운석 충돌에 의해 방출된 가스가 지구 주위에 모이면서 만들어진 초기에 대기는 오늘날의 대기와는 질적으로 전혀 다른 것이었으며, 매우 뜨거운 상태를 유지하고 있었다. 그렇기는 하지만 태양계에서 지구의 절묘한 위치는 지구 주위에 대기를 묶어두는 것을 허용했다. 원시 해양이 형성된 시점에도 대기의 온도는 그리 쉽게 내려가지 않았다. 생명체의 서식환경과는 거리가 먼 높은 온도를 유지하였다. 그러나 지구가 냉각되면서 원시 해양이 생성되고, 대기 중에 들어 있던 탄소가 물속에 용해되어 이들 탄산가스가 탄산염암석($CaCO_3$)으로 침전되면 탄소가 소모되었다. 이런 과정을 지질학자들은 "탄소고정"이라고 부른다. 대기 중의 탄소가 그대로 유지되었다면 대기 온도는 150℃를 유지하였을 것으로 과학자들은 추정하고 있다. 그러나 탄소가 소진되면서 대기의 분압이 내려가고, 대기의 온도 역시 강하하기 시작하였다. 지구는 이제 뚜렷하게 변화되기 시작한 것이다. 그렇다고 해서 오늘날의 지구와 같은 대기와 해수는 아니었다. 그렇게 변화되기에는 또 다른 지질학적 시간이 요구되었으며 생명체의 출현이 이를 변화시키는 데 중요한 역할을 하게 되었다. 생명체의 출현은 드디어 약 20억 년 전부터 대기 중에 산소를 집적시키는 데 기여하게 되었다. 이런 변화 과정을 통해 암석 중에 어떤 것은 분명하게 또 어떤 것은 희미하게 암호로 기록되어 있으며, 이런 암호는 지질학자들에 의해 하나씩 밝혀지고 있는 단계이다.

사실 바다의 생성이 중요한 것은 바로 생명체의 시작이 그곳에서 일어났다는 사실이다. 오늘날의 남조류와 유사한 원핵세포로 된 박테리아가 바로 38억 년 전에 등장하였다. 지구 초창기의 바다는 오늘날과는 많은 차이가 있었지만 그 속에서 생명체가 등장한 것이다. 이들 원시 생명체들이 처음에는 화학에너지를 사용하였을 것으로 추정되나 나중에는 태양에너지를 사용하는 광합성을 하게 된 것이다. 바로 이 광합성의 시작이 초창기 수증기, 메탄, 암모니아 등이 우세한 대기로부터 산소와 질소로 이루어진 대기로 변화시키는 원동력이 되었다. 지구상에 출현한 이들 생명체들이 비록 조류와 같은 단세포 생물이지만 그들의 힘은 대단했다. 좀처럼 변하지 않을 것 같던 대기가 변하기 시작하자 그 속도는 빨라졌다. 본격적으로 지구에 산소가 증가하기 시작한 것은 원생대 약 20억 년 전 지구에서 대규모로 일어난 산화철 광물들의 침전이 끝난 시점으로 보고 있다. 그때까지 생물체에 의해 만들어지던 대부분의 산소는 해수 중에 녹아 있던 철과 반응하여 철광을 침전시키는 데 사용되었기 때문이다. 이때 만들어진 대규모의 철 광체는 먼 훗날 인류 문명의 시작을 위한 모체가 되었다. 바로 이 시기가 오늘날의 대기조성을 가진 산소-질소계의 대기로 전환되는 시점이었다.

비록 물과 공기가 있는 지구이지만 높이에 따라 공기의 질은 달라진다. 숨 쉬는 공기 중 우리에게 필요한 것은 산소이다. 이런 산소는 전적으로 기권에 의존할 수밖에 없다. 산소발생기를 휴대하고 다니는 세상이 되면 사정은 달라지겠지만 현재 그러기는 이르다. 인체는 매우 정교한 조절체계를 가지고 있어 어느 정도 산소량의 변화에 적응할 수 있다. 그러나 분명 적응의 한계선은 있다. 다행스럽게도 지구 대기에서 산소량은 우리가 아는 과거 수백만 년 동안 변화하기는 했지만 생존 가능한 범위를 벗어나지는 않았다. 수억 년 전에 만들어진 호박(琥珀)에 포함되어 있는 기포를 분석한 결과 오늘날 기권의 것보다는 산소량이 40% 정도 더 많았던 것으로 알려지고 있다. 그것조차도 인간이 적응할 수 있는 한계의 범위 내에 있다.[15] 그러나 물은 지질시대나 고도에 따라 공기처럼 조성은 변하지 않지만 낮은 온도에서는 물리적 상태가 변화하여 얼음이 된다.

육상 생물의 대부분이 자신의 몸무게의 65% 정도가, 해양 생물종들은 몸무게의 80% 정도가 물로 되어 있다는 것이 우연은 아니다. 바다는 많은 동식물의 서식처이다. 크기가 수천 분의 1mm인 박테리아에서부터 30여 m에 이르는 흰수염고래에 이르기까지 그 다양성은 상상을 초월한다. 그러나 그들이 생존하기 위한 범위는 에너지원인 태양이 미치는 200m 이내의 구간에 몰려 있다. 그렇다고 심해에서 사는 생물종이 전무한 것은 결코 아니다. 그런 곳에서 서식하는 생물종들은 환경에 적응하기 위해 그들만이 갖는 더욱 복잡한 적응기작을 발전시켜야 했다. 태양광을 이루는 모든 빛이 똑같은 깊이로 침투해 들어가는 것은 아니다. 바다의 표면에 도달한 태양광은 조건에 따라 3~30% 정도는 즉시 반사된다. 물속으로 투과되는 빛의 양과 종류는 물의 성질에 따라 달라지기는 하지만 일반적으로 파장이 긴 빨강색은 깊게 침투해 들어갈 수 없다. 상대적으로 파장이 짧은 파랑색이 더 깊게 침투해 들어간다. 스쿠버다이빙을 해본 경험이 있다면 이런 사실을 금방 알아차릴 수 있다. 바다 표면에서는 적색으로 보이던 물체가 수심이 깊어지면서 회색이나 어두운 색으로 변하는 이유가 바로 이 때문이다.

보레아스와 포세이돈이 합세한 곳이 바로 바로 해안이다. 해안을 한마디로 표현할 적절한 단어는 없지만, 해안의 절벽에서 밀려오는 파도가 부서지는 모습을 보면 누구든지 역동적이라는 느낌을 받게 된다. 해안을 변화시키는 힘은 여러 가지가 있다. 그중 변하지 않는 힘으로 작용하는 것이 조석현상이다. 크기로 치면 태양과 비교할 수 없는 작은 크기의 달은 지구와는 평균 37만 6천km의 거리에 위치하고 있다. 태양까지의 거리는 1억 5천만 km이다. 태양은 지구와 달 사이의 거리보다 무려 399배나 멀리 떨어져 있다. 비록 달의 크기가 태양과는 비교할 수 없을 정도로 초라한 크기이지만 이 거리 때문에 지구에 미치는 달의 인력은 당연히 태양이 미치는 인력보다 더 크다. 달의 인력과 지구의 원심력 때문에 조석 간만의 차이도 나타나게 된다.

바닷물의 이런 이동은 해안가 생물체의 서식환경을 하루에 두 번씩 변화시킬 뿐만 아니라 육지와 접하는 부분에서 끊임없는 침식작용의 원인이 된다. 여기에 바람이 가세하면 파도의 힘은 더욱 거세지고 아무도 대적할 수 없는 강력한 힘을 보이게 된다. 강력한 파도가 만들어낸 침식의 결과 깎아지른 형상으로 솟아 있는 해안 절벽이 주는 자연경관은 사람들을 감탄시키기에 충분하다. 이런 경관은 세계 곳곳에 널려 있다. 그러나 파도가 약한 바닷가에서는 해안에서 침식된 물질들의 퇴적이 일어나 사주를 만든다. 그런 사주는 흔히 휴양지로 개발되기도 한다. 이런 사주는 오랫동안 제자리를 지키지 못하는 경우도 있다. 해류의 방향이 바뀌거나 침식과 퇴적의 균형이 깨지게 되면 이런 사구는 또 빠르게 사라지기도 한다.

비엘리츠카의 소금광산

다시 물의 기능으로 돌아가 화제를 물의 파괴적인 활동으로부터 생산적인 활동으로 바꿔보기로 하자. 동유럽의 폴란드를 여행하는 사람들은 폴란드 남쪽에 위치한 인구 2만 명 남짓의 조용한 작은 도시 크라코우의 남동쪽 16km에 있는 비엘리츠카(Wieliczka)를 방문한다. 그곳에는 750만 m^2에 이르는 과거 700여 년간 가행되었던 소금광산이 있기 때문이다. 관광객들은 안내인을 따라 135m 깊이까지만 들어갈 수 있다. 과거의 소금광산이 관광객의 호기심을 끌게 된 것은 소금을 채광하며 지하에 320km 길이의 굴을 파면서 만든 2,148개의 방들에 있다. 이 방들 일부에 만들어진 교회와 통로에 만들어진 많은 정교한 조각들이 바로 그것이다. 이들 중 가장 오래전에 만들어진 교회는 300여 년 전에 만들어진 것이며, 가장 최근에 만들어진 교회도 100년이나 되었다.

어떤 교회는 천정의 높이만도 30여 m에 이른다. 이 천정의 높이라는 것이 파내진 소금의 키와 같은 것이다. 이 광산 굴속에 만들어진 가장 큰 교회는 지하 101m 깊이에 만들어진 성 킹가(St. Kinga)교회로서 50m의 길이에 폭 15m, 높이 12m로 소금 벽을 이용한 정교한 조각과 소금 결정을 이용하여 만든 샹들리에가 걸려 있다. 엄청난 양의 소금이 이 광산으로부터 채광되었다. 300여 년 전 이렇게 깊은 광산에서의 소금 채광은 말처럼 쉬운 일이 아니었을 것이며, 많은 이의 희생이 뒤따랐을 것이다. 19세기 초에 남겨진 이 광산의 목판화는 당시의 열악한 채광환경을 부분적으로 보여준다. 그러나 남겨진 공간은 후세를 위한 공간으로 장식되었다. 이 광산은 유네스코의 세계문화유산으로 지정되었다.

우리나라처럼 암염광산이 없는 곳에서는 으레 소금은 바닷가 염전에서 만들어지는 것으로 알고 있으므로 소금을 광산에서 채광한다는 사실이 조금은 의아하게 생각되기도 한다. 그러나 전체 소금의 소비량 중 상당 부분이 바닷가 염전에서 만든 천일염이 아닌 지층의 암염층으로부터 채광되고 있다. 바닷가 염전에서 바닷물을 증발시켜

폴란드 비엘리츠카 소금광산의 19세기에 만들어진 목판화

소금을 만드는 것과 같은 이치로 자연계에서 소금층이 만들어진다.

소금은 생체조직의 필수적인 영양소이다. 그러나 과다하게 섭취하면 건강에 부정적인 영향을 미치는 물질이기도 하다. 세계보건기구(WHO)의 1일 소금 섭취의 권장량은 5g이나 한국인들의 소금 섭취량은 하루 평균 15g으로 이를 훨씬 상회한다. 아마도 음식문화 때문에 기인되는 현상일 것이다. 소금은 필수적인 영양소이기는 하지만 섭취량을 줄여 싱겁게 먹는 것이 건강에 좋다는 것은 누구나 동의한다. 사실 세계적으로 소금은 자연적인 과정에 의해 만들어진 암염이 양적으로 가장 많기는 하지만 지역에 따라 사용되는 식용 소금은 다양하기만 하다. 우리나라와 같은 지역은 암염층을 함유한 지층이 없으므로 식용 소금은 전적으로 천일염에 의존한다. 천일염이란 바닷가 염전에서 해수를 증발시켜 침전물로 얻는 소금을 말한다. 일반적으로 암염의 염화나트륨(NaCl) 성분은 99% 정도에 가깝거나 그 이상으로 순도가 높다. 단순하게 짠 성분만을 따진다면 천일염은 이에 필적할만한 상대가 아예 되지 못한다. 천일염의 염화나트륨 성분은 대체로 95% 내외이기 때문이다. 그 나머지는 칼슘과 마그네슘과 같은 미네랄 성분이 차지하고 있어 건강상에는 이런 소금이 훨씬 좋다는 것이 정설이다.

요즘 시중에는 정제염이 재제염 또는 용융염(우리나라의 경우 죽염) 등 다양하게 출시되고 있다. 같은 천일염이라고 해도 염전의 바닥이 흙으로 되어 있는 곳에서 만든 소금이 미네랄의 함유량이 높은 것으로 보고되어 있다. 천일염의 맛이 좋은 것에는 많은 식품영양학자들이 동의한다. 그런 천일염을 한 2년 정도 숙성시키면 최상의 맛을 가진다고 한다. 사실 이것은 과학적으로도 설명이 가능하다. 소금을 사서 보관하게 되면 우리 주부들이 말하는 간수가 빠져 나온다. 이 간수란 비턴 솔트로서 쓴 맛을 내는 원흉이기 때문에 이들이 제거되면 소금의 쓴 맛이 줄어지는 것은 당연하기 때문일 것이다. 이런 점을 생각하면 식탁에 올리는 소금, 조리에 사용하는 소금의 선택이 그리 간단하지 만은 아닌 것 같다. 식용 소금이 아닌 자연계에서의 소금층 형성과정으로 돌아가 보자.

두꺼운 소금층이 만들어지는 특별한 환경

소금층이 만들어지는 특별한 환경이란 열려 있는 공해(公海)가 아니라, 증발작용이 활발하게 일어나는 고립된 해양환경을 말한다. 그런 환경은 오늘날 카스피해 동쪽의 카라보가즈(Karabogaz)만이나 캘리포니아의 스캐몬스석호(Scammons lagoon)에서 볼 수 있다. 카라보카즈나 스캐몬스석호는 바다와 연결되어 있지만 연결된 입구는 매우 좁아 해수의 유입이 제한되며, 매우 건조한 기후대에 위치하고 있어 증발산이 활발하게 일어나는 지역이다.

카라보가즈만은 카스피해 동쪽에 위치하는 7,000평방마일의 염호로 염농도가 1,000분의 350으로 카스피해의 1,000분의 13에 비교하여 매우 높으며, 깊이는 수 미터를 넘지 않는다.[9] 카스피해 자체도 대륙의 내부에 있는 호수였지만 볼가강을 통하여 물의 유입은 있으나 어디로도 배출되지 않는 호수로서 막대한 증발에 의하여 염호가 된 바다이다. 카스피해와 카라보가즈와는 아주 좁은 통로로 연결되어 있어 카스피해의 물이 자유롭게 유통될 수 없는 환경이다.[10]

활발한 증발작용은 부분적으로 고립된 이 바다의 염농도를 점차 높이게 되어 마치 염전에서 소금을 침전시킬 수 있을 정도로 염의 농도가 높아지게 된다. 이런 상태를 과학자들은 염농도가 과포화 상태에 이르렀다고 하며, 이 시기가 바로 그들 성분들이 결정화되어 침전이 시작되는 단계이다. 해수가 증발되면서 염류들이 침전되는 순서는 자연이 결정한 순서를 따라 일어나는데, 자연이 결정한 순서란 것이 바로 그들 구성 성분들이 과포화 상태에 이르는 순서이다. 이 순서는 탄산염($CaCO_3$), 석고($CaSO_4$), 소금(NaCl) 그리고 비턴솔트(Mg나 K 염류)가 차례로 침전된다. 한번 고립된 바다가 증발작용에 의해 바닥까지 말라버린다면 쌓여 있는 지층의 순서는 위의 순서가 될 것이다. 이렇게 침전되는 물질들은 모두 인류에게 유용한 광물자원으로서 자연은 이런 과정을 통하여 지층 속에 이런 자원을 저장해두었다.

이렇게 지층 속에 저장되어 있는 이런 종류의 암석들은 어떤 경우는 100m 또는 그 이상의 두께로 산출되기도 한다. 폴란드의 비엘리츠카 소금광산도 그런 예의 하나이다. 해수 중에 들어 있는 염류의 평균 함량을 고려하면 약 300m 깊이의 해수가

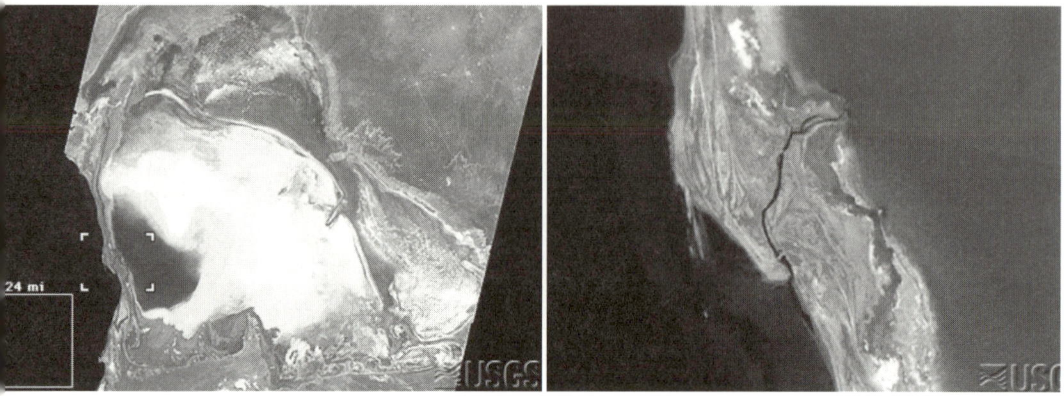

1987년 9월 25일에 촬영한 카스피해와 카라보가즈만의 위성사진. 오른쪽 사진은 카스피해와 카라보가즈만을 연결하는 좁은 수로가 있는 지역을 확대 촬영한 것이다. 카스피해와 카라보가즈만의 색이 다른 것은 상대적으로 순수한 카스피해는 매우 작은 EMR(전자기방사)를 반사하며, 카라보가즈는 부유되는 고체나 수심이 낮기 때문에 바닥으로부터 EMR을 반사한 결과로 나타난 차이이다. 왼쪽의 좁은 수로 상에 건설된 댐이 보인다(사진제공 : 미국 USGS).

증발되었을 때 0.2m의 석고층이 형성된다는 계산이 나오는데, 약 100여 m의 석고층이 형성되려면 100km도 넘는 해수의 증발이 있어야 한다. 이런 양은 설명하기 어렵기는 하지만 카라보가즈만과 같은 환경이 이를 설명하는 시발점이 된다. 만약 침전되는 퇴적물과 함께 이 만의 침하가 서서히 진행된다면 조금씩 유입되는 해수로부터의 침전은 계속될 것이다. 이런 과정이 반복되면서 화학적인 침전에 의해 암석들이 만들어지고 이들은 지층이 된다. 이런 지층 속에 들어 있는 인류가 활용 가능한 유용한 소금이나 석고 또는 석회암 등은 광물자원으로 매우 중요하다. 지구가 우리에게 주는 퍼즐은 수를 헤아릴 수 없을 정도로 많으며, 이 또한 그런 숙제 중의 하나이다.

세계 최대의 천연 염전 : 우유니 소금사막

바다도 아닌 볼리비아에는 안데스 산맥의 고봉으로 둘러 싸여 있는 내륙에 세계에서 제일 큰 염전을 만든 호수가 있다. 볼리비아에 있는 이 호수는 3,700m의 고도에 위치하는데 북쪽으로 나 있는 데사구아데로강으로부터 대부분의 물이 유입되나 출구가 없는 분지에서 만들어진 호수가 푸포(Poopó)호수이다. 유입되는 물의 양이 적으면 이 호수는 지도상에서 사라지기도 하는데 최근 최고의 수위를 가졌던 1986년 이 호수의 면적은 3,500km^{2}에 이르기도 했다. 건조한 이 지역의 증발은 호수의 물의 염농도를 높여준다. 대부분의 물이 유입되는 호수의 북쪽은 상대적으로 염농도가 낮으며 호수의 남쪽으로 가면서 염농도는 높아진다. 호수의 수위가 높아지면 서쪽과 남쪽 분지로 출구가 마련되는데 남쪽의 출구로 빠져 나간 물이 도착되는 곳이 우유니(Uyuni) 소금사막이다. 그곳에 도착한 물은 더 이상 빠져 나갈 곳이 없으며 건조한 고원지대에서 증발로 물의 염농도는 더 높아진다. 그 결과로 만들어진 것이 광대한 규모의 천연 염전이다. 그곳은 마치 하늘과 땅 사이에 존재하는 것은 온통 흰빛 소금뿐 아무것도 보이지 않는 곳이다. 이곳에 만들어지는 천연 염전의 크기는 계절에 따라 달라지긴 하지만 이는 세계에서 가장 큰 천연 염전이라고 해도 과장이 아니다. 이 염전은 바다에 접하기 어려웠던 고원지대에 흩어져 살던 이들에게는 보고나 다름없는 곳이었다.

사실 이 지역은 4만 년 전에는 넓게 자리 잡았던 호수였으나 지금은 과거 속으로 사라져버린 민친호수(Minchin lake)의 일부분이었다. 그 호수가 줄어들면서 오늘날의 호수와 소금밭을 만든 것이다. 그중의 하나가 바로 우유니 소금사막이다. 이 소금사막에는 100억 톤의 소금이 분포되어 있다. 이런 소금호수를 찾아다니는 안데안 홍학은 매년 11월 무렵이면 번식을 위해 찾아드는데, 핑크빛 홍학 무리의 이동은 그 자체가 군무(群舞)이며, 핑크빛과 소금의 흰빛이 이루는 조화는 이곳을 관광명소로 만들기에 충분하다. 그 염호와 소금밭은 홍학들의 번식을 위한 안전한 장소를 제공해준다. 그런 환경에 서식할 수 있는 포식자들이 없기 때문이다. 그러나 홍학들을 그런 환경에 생존이 가능하게 만들어주는 것은 그런 환경에도 살아남은 새우나 미세한 크기의 조류(藻類)들을 걸러먹는 생존기작을 개발한 덕분이다. 홍학이 '홍학' 이란 이름을 가질 수 있는 핑크빛을 띠는 것은 전적으로 먹이 중에 들어 있는 카로틴(carotene, 적황색 색소)이 만든 결과이다. 홍학은 자주 한 다리만 사용하여 서 있는 모습이 관찰되는데, 왜 그들이 그런 불편한 듯 보이는 자세를 취하는지는 아직 잘 알려져 있지 않다. 비단 그곳은 홍학만의 터전은 아니었으며 소금이 필요한 고산

남미 볼리비아 안데스산맥의 3,700m 고지에 10,582km^{2}의 넓이로 발달한 우유니 소금사막의 일부. 이 소금사막에는 약 100억 톤의 소금이 깔려 있다.

지대에 사는 주민들에게도 좋은 생활의 터전이다. 매년 이곳으로부터 채취되는 소금의 양은 약 2만 5천톤을 상회한다.

내륙 분지에 출구가 없이 만들어진 호수들은 으레 염호를 만든다. 그런 예는 우리가 잘 아는 중동지역의 사해가 있으며, 미국의 솔트레이크 서부의 보네빌솔트플래트, 중앙아시아의 아랄해, 러시아의 카스피해 북방에 있는 바스쿤착호수 등 세계의 여러 곳이 있다. 이들은 모두 건조한 기후대에 위치하며 물의 유입구는 있으나 출구가 없는 분지에 위치하고 있다는 점이 공통점이다. 그런 지역에서 만들어지는 자원은 비단 소금만은 아니며 담수 중에 포함되어 있던 염류들이 최종 산물로 물의 화학적인 성질의 변화에 따라 차례로 침전되기 마련이다.

붉은색의 나트론호수

아프리카 열곡대의 케냐의 국경과 가까운 탄자니아에는 좀 특별한 염호인 나트론호수(Lake Natron)가 있다. 이 호수는 역시 출구가 없는 분지에 만들어진 것으로 증발이 너무 많이 일어나기 때문에 호수의 깊이는 깊은 곳이라야 3m를 넘지 않는 낮은 호수이다. 호수 폭은 공급되는 수량에 의해 아코디언처럼 늘어났다 줄어들기를 반복한다. 이 호수가 특별한 이유는 물의 색깔이 다른 곳과는 달리 검붉은색을 띠기 때문이다. 그리고 얕은 곳에서는 오렌지색을 띤다. 그런 물빛은 어디에서나 볼 수 있는 색깔은 아니어서 처음 보는 이들에게는 신비감마저 들게 하는 색깔이다. 건기에 호수물의 증발이 왕성해지면 염농도는 증가하게 된다. 어떤 일정 수준 이상으로 염농도가 증가하게 되면 염을 좋아하는 시아노박테리아(cyanobacteria)가 만들어지기 시작한다. 바로 시아노박테리아의 붉은색소가 물빛을 검붉은색으로 칠해버리는 마술 같은 일을 해낸 것이다. 이 탄자니아의 이상스러운 색깔의 호수는 스피루리나(*Spirurina*)란 조류(藻類)가 서식한다. 이 역시 인간의 눈으로 보기에는 너무 작은 생물체이다. 이런 먹이가 황량하고 아무 생물체도 살수 없을 것처럼 보이는 이상한 색의 호수를 멸종 위기에 몰린 250만 홍학의 안식처로 만들었다. 온도는 가혹하리만치 높으며, 호수물은 차라리 알카리 용액으로 부르는 것이 더 적합할 정도로 pH는 9에서 10.5를 오간다. 이곳 역시 푸포호수처럼 포식자가 접근하기에는 너무 가혹한 환경이라서 이들에게는 그런 위험을 피해갈 수 있는 곳이기도 하다.

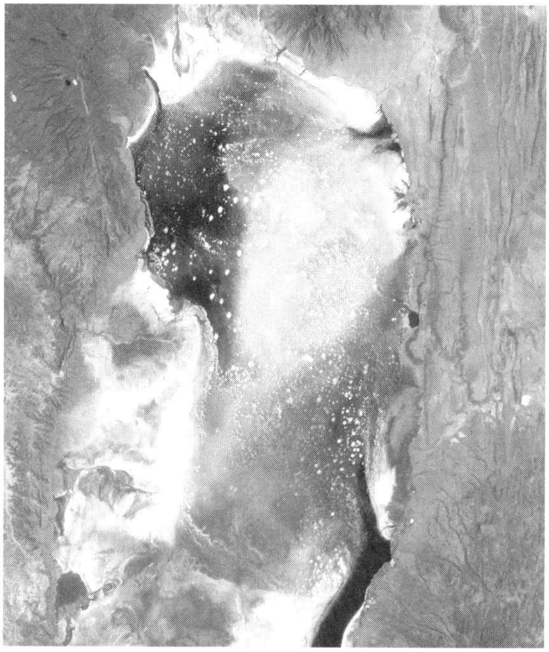

아프리카 열곡대의 화산 사이에 만들어진 나트론호수(중앙의 어둡게 보이는 부분)의 모습. 이 호수의 물 색깔은 독특하게 검붉은색을 띠며, 물의 pH는 9~10.5에 이르나, 약 250만 마리의 홍학의 안식처이기도 하다(사진제공 : NASA).

그러나 푸포호수와 나트론호수가 염호인 것은 같은 점이지만 염호의 화학조성은 서로 다르다. 이 호수에서는 나트론이란 광물을 침전시킨다. 나트론이란 수화탄산나트륨으로 화학식으로는 $Na_2CO_3 \cdot 10H_2O$이다. 보통 바닷물이 증발되어 침전물을 형성하는 경우에 나트론은 만들어지지 않으며 소금이 만들어진다. 담수호수인 푸포호수의 증발로 만들어지는 우유니 소금사막도 마찬가지이다. 그러나 나트론호수가 만들어진 환경을 보면 이곳에서 나트론이 침전되는 것을 이해할 수 있다. 나트론호수가 만들어지는 과정은 푸포호수와는 정반대이다. 푸포호수는 두 대륙이 충돌하는 과정에서 만들어진 산맥의 꼭대기에 만들어진 분지이지만 나트론호수는 선캄브리아기의 오래된 암석들이 신생대에 들어서면서 아프리카대륙이 갈라져 서로 떨어져 나가는 곳에 화산활동이 활발하게 일어나는 곳에 만들어진 특별한 호수이다. 나트론호수를 만든 염류는 대부분 이들 화산 분출물에서 기원한 것이므로 다른 증발 호수와는 좀 유별난 특징을 가지고 있는 것이다.

바다가 만든 산호초

그러나 바다에서 암석의 형성은 그런 화학적인 침전에 의해서만 만들어지는 것은 아니다. 바닷속에서 사는 생물종들에 의해서도 지각에 새롭게 첨가되는 암석을 만든다. 산호초가 바로 그것이다. 열대지방의 바다에서 스노클링을 하면서 바닷속을 들여다보면 환상적인 산호초 사이로 열대어들이 평화롭게 노닐고 있는 모습을 볼 수 있는데 이는 환상 이상의 세계이다. 직업적인 다이버들이 아니라도 그런 곳에서의 스노클링이나 스쿠버 다이빙을 하는 모습은 누구나 한두 번쯤은 상상해보았을 것이다.

산호초는 다양한 어종들에게는 피난처이자 바로 먹이를 제공해주는 곳이기도 하다. 아마도 산호초 중 가장 잘 알려진 것은 오스트레일리아 북동해안을 따라 2,300여 km의 길이로 펼쳐져 있는 대보초(Great Barrier Reef)일 것이다. 이놈은 비행기를 타야만 그 규모를 확인할 만큼 긴 꼬리를 가지고 있다. 산호는 바다이면 아무 곳에서나 자라는 그런 것은 아니다. 산호가 자라기 위해서는 18~30℃의 따뜻한 바닷물이 있어야 하며, 산호초가 성장하기 위해서는 적당한 깊이에 단단한 바닥이 존재해야만 한다. 산호의 폴립이 자라기 위해서는 빛이 필요하기 때문에 물은 얕고 맑아야 한다. 아마존강 유역의 대서양은 열대 바다로 수온은 높지만 산호가 군락을 이루며 발달하지 못하는 이유는 바로 아마존이 대서양으로 쏟아내는 퇴적물의 양이 많기 때문이다.

산호는 단단한 무기물로 연상하지만 실제로 자포동물이란 생물체이다. 이들은 단단한 석회질 골격에 폴립이 군체를 이루어 이웃한 폴립의 군체들과 생체 조직으로 연결된다. 산호의 종류는 수백 종이 넘는다. 각개의 산호는 서로 다른 식사습관과 성장방법을 가지고 있으며 포식자에 대응하는 방법도 서로 다르다. 이러한 차이가 산호초가 자라는 장소와 어느 지역에 어떤 산호가 분포되는지를 결정한다. 이런 자연적인 바다 환경이라는 것은 결국은 지구에서 일어나는 지질현상과 연관되어

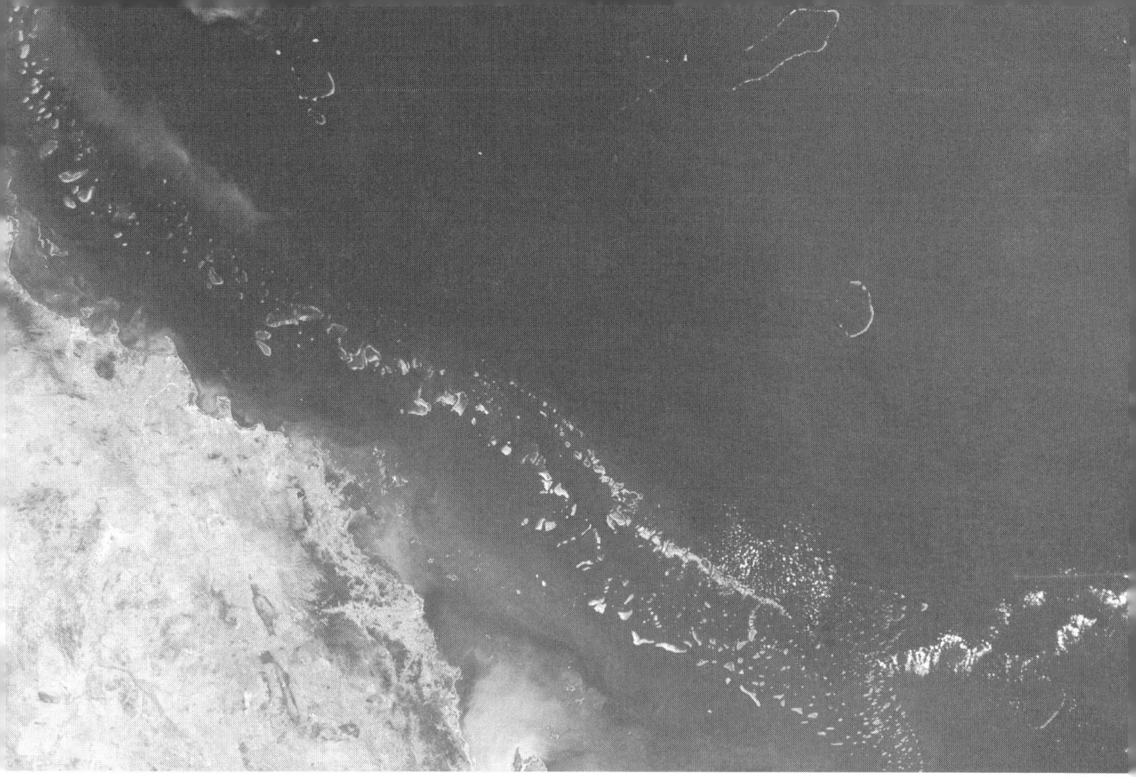

오스트레일리아 북동 해안을 따라 2,300여 km의 길이로 자라고 있는 대보초(Great Barrier Reef)의 일부 모습. 해안을 따라 희게 보이는 부분이 산호초이다(사진제공 : NASA).

있다. 대서양에서는 불과 65종의 산호가 보고된 데 반하여, 인도양과 태평양에는 무려 730여 종의 산호가 서식하고 있다.[11] 이런 차이는 무엇이 만들었을까 하는 의문을 가진 것도 그리 오래된 일은 아니다.

사실 중생대 이전 대륙이 한 덩어리로 판게아라는 초대륙을 이루고 있었던 시절이 있었다. 대륙이 움직이기 시작할 무렵 판게아의 중앙 열대지역에 넓은 바다가 있었는데 이를 테티스해라고 부른다. 이 바다는 대륙의 이동에 의해 점점 줄어들었다. 따뜻한 테티스해에서 진화한 동식물은 줄어드는 바다에 밀려 동쪽으로 이동하였는데 그곳은 바로 오늘날의 서태평양에 해당하는 지역이었다. 그곳은 따뜻하였으며, 수심 또한 낮아서 그런 생물체들이 서식하기에는 안성맞춤의 완벽한 장소였다. 거기다가 아프리카대륙이 북쪽으로 올라오면서 태평양과 대서양은 분리되었고 약 200만 년 전에 파나마해협이 솟아 올라와 대서양과 동태평양의 교류채널마저 단절되었다. 이제는 더 이상 대서양과 태평양의 열대지방에서 서식하던 산호 개체군이 교류할 기회가 없어진 것이다. 이는 비단 산호에 국한되는 것은 아니었으며 다른 어족 자원들 역시 별도로 진화하는 원인이 되었다. 전 지구적인 지질작용이 생태계에 미치는 영향들 중 한 가지 예이다.

태평양 또는 대서양에 서식하는 산호는 비록 종은 다를지언정 모든 산호의 폴립은 단단하고 굳은 석회질 물질 위에 붙어서 살기 때문에 이들이 모이면 석회질 물질의 집합체가 된다. 어떤 산호의 골질부는 아주 치밀한 석회질로 되어 있어 색상이 뛰어난 산호는 보석용으로 사용되기도 한다. 특히 빨강색의 산호는 임페리얼 코랄이라고 해서 많은 사람들이 선호하는 보석류이다. 그러나 이제 산호를 보석으로 사용하는 것은 허용되지 않는 사치가 되었다. 해양 환경 파괴를 막기 위하여 이를 채취하고 거래하는 것을 국제적으로 금지하였기 때문이다.

산호는 자라는 속도가 느린 종류일수록 골질부가 더욱 단단한 경향을 갖는다. 이에 반하여 성장 속도가 빠른 산호는 가볍고 구멍이 많은 골격을 이루어 쉽게 부스러져버린다.[11] 산호는 수생동물이기 때문에 육상으로 돌출되면 죽게 된다. 따라서 이들은 얕은 바다에서 바다가 아주 느린 속도로 가라앉지 않는 한 옆으로 퍼져나가게 된다. 더군다나 햇빛을 많이 받을 수 있는 수심이 얕은 곳에서는 수심이 깊은 곳보다 성장 속도가 빨라 사면의 경사는 점점 더 심해지며, 얕은 곳의 산호가 더 빠르게 성장한 결과 돌출부를 만들기도 한다.

이런 돌출부는 산호가 죽으면서 깨져 나와 밑으로 떨어져 수심을 점점 얕게 만들기도 한다. 이렇게 떨어져 나간 산호초 조각들이 산호초의 깨진 자국이나 틈을 메우게 되고 조류가 덮어 봉하고 나면, 떨어져 나간 알갱이들이 서로 붙어 석회암이 되는 복잡한 과정을 거치게 된다. 이런 식으로 산호초는 1년에 약 1mm씩 성장을 하게 된다. 이런 성장 속도는 육지에서 자라는 식물들의 성장 속도에 비교하면 분명 빠른 것은 아니다. 그러나 이러한 지질작용은 항상 시간의 함수로 연상을 해야 한다.[11] 실제로 지구상에서 산출되는 많은 석회암들이 이런 따뜻한 바다에서 성장하는 산호로부터 만들어졌다는 사실은 일반 대중들에게 잘 알려져 있지 않다.

석회암을 만드는 과정은 대기 중의 탄산가스를 지각을 구성하는 고체물질로 전환시키는 역할을 한다. 이러한 작용은 바로 탄소고정작용의 일부에 해당된다. 이러한 과정을 통하여 탄소가 순환하는 과정은 지구 역사를 통하여 반복된다. 미세하게 부서진 석회질 알갱이들은 바닷물에 의해 용해되어 물속에 남아서 산호초를 통하여 새로운 석회 물질을 만드는 데 사용되기도 하며, 그중 일부 가스는 대기 중으로 방출되기도 한다. 이런 순환과정을 통하여 지구에서 탄소의 미묘한 평형은 유지되고 있다.

2,300여 km의 길이로 자란 대보초를 비행기에서 내려다보면 움직이지도 못하는 생명체들이 만든 이 대보초의 규모에 경탄만 나오게 마련이다. 그러나 물과는 전적으로 다른 바람은 또 다른 기능을 한다.

더스트 보울 : 먼지폭풍

그리스 신화에 등장하는 바람의 신 숫자만큼이나 바람 역시 다양한 일을 하고 있다. 사막지방에는 갑자기 일기 시작한 강한 바람이 모래를 날려 몇 미터 앞도 보이지 않는 모래폭풍을 자주 일으킨다. 어떤 때는 이런 모래 폭풍이 몇 일간 계속되기도 하며 이쪽에 있던 모래산을 저쪽으로 옮겨 놓기도 한다. 모래폭풍은 비단 사막에서만 일어나는 일은 아니었으며 인간의 활동은 모래폭풍의 세기를 강화시켜 때로는 토지를 초토화시키기도 한다. 보레아스가 심술을 부린 흔적은 허다하나 가장 잘 알려진 더스트 보울의 예를 들어보자.

유럽의 백인들이 신천지로 여기던 북미대륙은 오랜 기간 동안 인디언들이 살던 곳이었다. 유럽인식 발상으로 이름 붙여진 원주민인 인디언들은 빙하기에 만들어진 육지 다리를 통과하여 그곳에 도착하여 살고 있었다. 북미대륙의 초원은 유럽인들에게는 실상 처녀지와 다름없는 비옥한 토양이었다. 유럽인들이 미국에 정착한 이후 이들은 서부로 진출을 계속하여 오늘날의 루이지애나, 오클라호마, 캔자스의 넓은 평원지역에 도착하였다. 그들은 그곳에 살고 있던 원주민들을 몰아내면서 그들은 빠른 속도로 농지를 확대해갔다. 유럽인들은 인디언들이 전통적으로 하던 경작 방식과는 전혀 다른 방법으로 농사를 하기 시작하였다. 아메리카 인디언들 중 일부 체로키족과 같은 부족은 정착하여 농경을 하였지만 대부분의 부족들은 주거지를 이동하면서 경작지를 선정하여 농사를 지었다. 인디언들이 토양을 변화시키는

속도는 그들이 사용하던 조악한 농기구처럼 더딘 것이었다.[12]

가끔 이 지역에서는 서부영화에 등장하는 장면이 실제로 토지를 분배하는 과정에서 일어났다. 출발신호에 따라 달려가 꽂은 말뚝을 경계로 토지 소유권을 허용하는 경주가 벌어지기도 하였다. 이렇게 토지를 소유한 유럽 이주민들은 그들이 아는 방식대로 농사를 지었다. 이주민들의 눈에 대평원의 초지는 경작하기에 걸림돌이 없이 그냥 풀만 갈아엎으면 되는 낙원과도 같은 천혜의 장소로만 여겨졌다. 그러나 그들의 영농방법은 그들 스스로도 인식하지도 못하는 사이 이곳에 유지되고 있던 자연계의 미묘한 평형을 빠른 속도로 파괴하는 작업이었다. 강수량이 적은 그 지역 대평원의 초지가 작은 수분을 보전해온 것은 토양 내에 잘 발달된 풀뿌리들 때문에 가능한 것이었다. 그 뿌리를 들어내면 수분은 곧장 말라버린다는 사실을 간과한 것이다. 그것은 중대한 실수였지만 사건이 일어나기 전까지는 아무도 심각하게 생각하지 않았다. 경작을 위해 갈아엎은 토지는 효과적으로 수분을 유지하던 기능을 잃어버리게 만들었다. 이주자들은 지력이 사라져가고 있다는 것을 인식하지도 못한 채 더 많은 곡물 생산에만 매달려 기계화까지 도입하였다. 이런 경작방법은 당초부터 원주민 인디언들의 방식과는 근본적으로 다른 것이었다. 더군다나 그들은 생산성 향상과 경작의 편의성을 고려하여 작물을 한 가지로 단순화시켜, 토양의 질을 저하시키는 데 일조를 하였다.[12,13,14]

대초원에서 이는 강한 바람이 먼지폭풍을 만든다는 것은 이 지역에 살고 있던 원주민들이나 1880년대 어느 시점에서부터 이주해온 개척농민들 역시 이미 알고 있었다. 이 지역에서는 1932년에 강한 먼지폭풍이 일어났으며, 그보다 이전인 1913년에도 그보다 더 오래전인 1894년에도 1886년에도 지독한 먼지폭풍을 경험한 지역이었다. 그러나 이들 먼지폭풍은 단지 지역적인 영향만을 미친 국지적인 것으로 그쳤다. 그러나 1930년에 일어난 먼지폭풍은 사정이 달랐다. 먼지가 북미대륙 거의 전체에 영향을 미쳤다. 이 지역은 4월과 7월 사이에 대체로 500mm 정도의 비가 내린다. 그러나 1931년에는 비가 전혀 내리지 않았으며 그 다음해에도 비는 구경하기조차 어려웠다. 이렇게 몇 년간 계속된 가뭄으로 부족한 물 때문에 농작물이

말라 죽어가자 이전에 초지로 덮여 있던 대평원은 발가벗겨진 토양이 몸을 드러내놓게 되었다.

새롭게 이주한 백인들이 생산성과 편의를 위해 단순화시켜 주로 경작하던 곡물가격은 때맞춰 최저로 폭락하여 생산비는커녕 생계유지도 어려울 지경이 되자 농지를 버리고 이주하는 농부들도 속출하였다. 물론 농업의 기계화도 빈농의 자리를 빼앗는 데 일조를 하였다. 간신히 평형을 유지하고 있던 초지에서 이런 영농이 자연계가 어렵게 만들어 놓은 평형을 깨고 토양을 죽이는 행동이라는 사실을 의식하지도 못한 채 일어난 갑작스러운 일이었다. 몇몇 지각 있는 사람들의 경고도 있었으나 그런 것은 무시되었다. 그때 불어닥친 바람은 자연이 수만 년에 걸쳐 어렵사리 만들어 놓은 경작에 필요한 토양을 한 꺼풀 벗겨 내거나 영양가 없는 모래로 뒤덮어버리기 시작하였다. 1934년에서 1936년 사이는 최악의 연속이었다. 세계에서 가장 큰 곡창지대를 가지고 있는 미국은 1935년 외국으로부터 밀을 수입해야만 할 정도로 곡물 생산이 급격하게 감소하였는데 이는 바로 이 지역에서

1935년 텍사스 스페어맨 지역에서 발생한 먼지폭풍(위 사진). 이러한 먼지폭풍이 오면 수 미터 앞도 식별하기가 어렵다. 아래 사진은 1936년 5월에 촬영한 사우스 다코다 달라스 지방의 농가 주변에서의 흙먼지에 파묻힌 농기구를 보여준다(사진제공 : USDA).

일어난 변화의 영향이 매우 크다.

이 시기를 어떤 이는 지극히 비정상적이고 극단적인 일들이 정상적이었으며, 일상과는 동떨어진 예외적인 일들이 일상처럼 일어난 시기라고 말하고 있다. 이때 동부지역 뉴욕은 이 먼지바람 덕분에 가끔 한낮에도 어둠이 느껴질 정도였다고 하니 바람에 의해 날려 이동된 토양의 양이 어느 정도였는지 짐작하게 해준다. 이 지역에서 심한 먼지바람을 경험한 농부들은 세상이 종말을 맞이하는 것으로 생각하였다고 한다. 한참 먼지바람이 계속될 때는 아무도 밖에 나갈 엄두조차 내지 못하였다.

이처럼 계속되는 먼지바람은 비옥하였던 토양의 흙을 갑작스럽게 어디론가 쓸어가버렸으며 남겨진 것은 사막과 다름없는 모래뿐이었다. 어찌나 먼지바람이 심하였던지 이 지역은 더스트 보울(Dust bowl)이라는 이름을 얻었다. 2년간 계속된 가뭄과 바람으로 생긴 먼지와 함께 모든 농민들의 꿈 또한 날아가버렸다. 먼지로 뒤덮여 못쓰게 된 농지와 때맞춰 찾아온 대공황, 거기다가 트랙터의 등장으로 일손을 잃은 많은 소작농들 수십만 명은 생활의 터전을 떠나야 했으며 더러운 빈농으로 무시당하는 오키즈(Okies)로 전락하였다. 그것을 목격한 스타인벡이 이러한 사회적 모순을 그냥 지나가지 않고 고발한 작품이 바로 《분노의 포도》이며, 그 무대가 시작된 곳이 바로 이곳이다. 그가 노벨문학상을 받은 명목상의 작품은 아니었으나 그가 실질적으로 작가의 명성을 확인한 것은 바로 이 소설이었다.

그러나 《분노의 포도》에서 등장하는 주인공 조아드는 이 먼지폭풍의 중심으로부터는 수백 킬로미터 떨어진 아칸사스 접경지대에 위치한 지역의 출신이었다. 그러나 스타인벡은 그를 이런 자연재해의 희생자라고 생각하였다.[14] 하여튼 이렇게 모래에 뒤덮인 땅은 더 이상 생산력을 가진 생산자는 아니었다. 이러한 먼지바람은 초지로 덮여 있던 대초원을 바람과 가뭄을 막아주는 완충제로 꼭 필요한 초지를 보전하지 않고, 현금작물을 재배하기 위하여 인간들이 파괴한 초원이 시발점이었다. 대규모의 돌이킬 수 없는 농지의 손상이 일어난 후 여러 가지 후회스러운 처방들이 제안되었다. 1826년 멕시코는 멕시코 경제의 기반을 방목으로 정하고 목장주가 되겠다고 약속한 이들에게만 땅을 분할해 주었다. 미국의 학자들 중에도 짧은 초지로 구성된 이 지역을 안정적으로 사용하는 방법은 방목이라고 제안을 한 이들도 있었다. 그러나 미국의 정치가들은 이런 정책을 강제로 적용하는 것은 비민주적이라며 받아들이기를 거부하였다. 이런 정책을 강제로 적용하는 것은 잘못하면 소수의 대지주만을 양산한 결과로 만들 수도 있었기 때문이다. 그러나 이런 재앙은 그들의 결정이 잘못되었음을 인정하게 했다.

자연을 무시하고 50년간 저지른 인간의 과오를 받아들이기에 이 지역은 그처럼 불안정한 지역이었던 것이다. 어떤 이는 이 기간을 개척농민들에 의한 50년간의 영웅적 착취기간이라고 부르기도 하였다.[13,14] 믿기 어렵지만 유럽인들의 눈에 천혜의 비옥한 토양으로 여겨졌던 이 땅은 불과 한 세대 만에 거의 불모의 땅으로 변해버렸다. 메클리시(Archibald MacLeish)는 이러한 파괴적인 에피소드의 원인을 다음과 같이 기술하고 있다.

> "먼지폭풍의 의미는 이것이 초원을 살해했다는 점에 있다. 땅 위의 장관이기도 한 회오리바람, 그러나 서부의 밀밭지대를 빨아들인 이 회오리바람은 말 그대로 유령이었다. 바람에 의해서든 물에 의해서든 토양 침식은 땅이 병든 것이 아니라 땅을 붙들어 두는 식생들이 병든 것에서 비롯되었다. 대평원에서 주된 식생은 초원이다."

참으로 적절한 지적이었다. 비록 보레아스의 심술인 바람에 의해 황폐화되긴 했지만, 근본적인 원인은 인간이 파괴한 초원 때문이었다. 이런 사실은 바람에 의해 토양이 사라져버린 한 지역의 예를 보여준 것이다. 이곳 말고도 사막 주변에서 바람의 횡포에 의해 사라져가는 경작지의 모습은 곳곳에서 보고되고 있다.

사막을 만든 것은 해들리세포이다

바람이 한 일 중에 전 지구적으로 영향을 미친 가장 큰 일은 세계지도를 보면 금방 드러난다. 이는 바로 세계 이곳저곳에 만들어 놓은 사막일 것이다. 지도를 보면 사막은 제멋대로 분포되어 있는 것처럼 보이기도 하지만 한참 들여다보고 있노라면 이들 사막의 지리적인 분포는 어떤 상관성이 있는 것처럼 보이기도 한다. 상관성이 있는 것처럼 보이는 것이 아니라 실제로 이들 사막의 분포는 전 지구적인 바람의 생성과 밀접한 관계가 있는 것이다. 바람이 생기는 원인은 아주 간단하다. 적도 부근에서는 극지방보다는 단위 면적당 태양열을 더 받게 된다. 적도지방에서 가열된 공기는 팽창해서 가벼워져 높이 올라가 양쪽의 극지방으로 이동한다. 이게 바로 대류의 원인이며 이 대류가 바로 바람인 것이다. 극지방으로 이동된 공기는 다시 차가워지면서 무거워져 하강하며, 이 하강하는 공기는 다시 적도부근으로 이동된다. 이것이 바로 대기의 순환과정이다.

그러나 이런 단순한 대기의 순환은 지구의 자전 때문에 조금 더 복잡해진다. 그러한 영향은 1835년 프랑스의 과학자 코리올리(Gaspard-Gustave Coriolis, 1792~1843)에 의해 밝혀져 이를 코리올리효과라고 한다. 이 영향으로 북반구에서는 오른쪽으로 휘고 남반구에서는 왼쪽으로 휘게 된다. 그 결과 대기의 대류는 적도지방으로부터 극지방까지 하나의 대류세포로 이동하지 못하고 몇 개의 대류세포로 나누어지는데, 적도 지방에서 상승한 공기는 북위와 남위 20~30° 근처에서 하강한

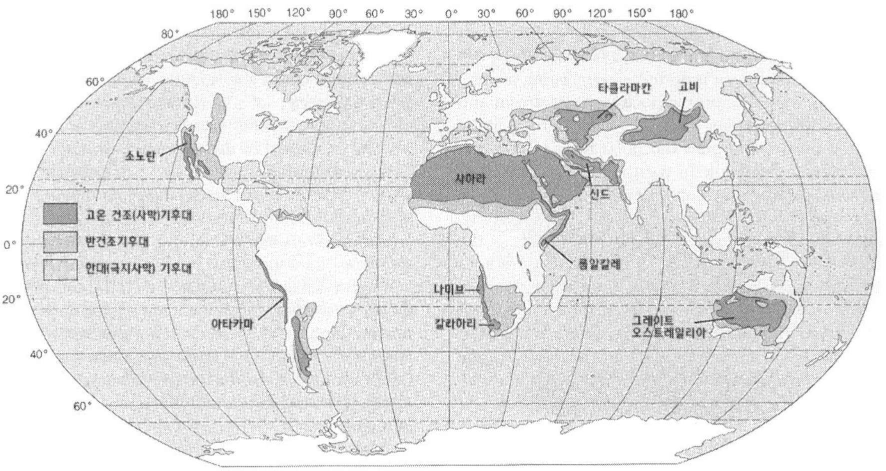

세계 사막의 분포. 사막의 분포는 건조 및 반건조 기후대의 분포와 밀접한 관계를 보인다. 북위 그리고 남위 20~30° 사이에 위치하는 사막은 해들리세포와 관계되는 것이다.

다. 이 하강하는 공기는 차고 건조한 공기이다. 이 공기가 하강하는 위도는 대개 날씨가 맑고 강수량이 적으며 건조한 고기압의 특징을 가지고 있다. 이 대류세포를 해들리세포(Hadley cell)라고 부른다. 주로 범선에 의해 해상무역을 하던 오래전의 무역상들은 이 지역에서 바람이 약할 때 느린 속도로나마 항해를 계속하기 위해 배의 무게를 줄이기 위해 운반하던 말을 버리던 데서 비롯해 "말 위도(horse latitudes)"라는 이름이 붙어 있는 지역이기도 하다. 이 "말 위도"는 바로 세계적으로 큰 규모의 사막이 위치하는 곳이다. 바로 해들리세포의 하강하는 기단과 마주치는 지표이므로 당연히 그런 지역은 건조한 기후를 갖는 지역이므로 저절로 사막이 발달하게 된다. 그러니 사막의 지리적인 분포가 우리가 이런 사실을 모르고 있다고 해도 어떤 관계가 있는 것처럼 보이는 것은 당연한 결과이다. 하강하는 건조한 공기는 지표면을 따라 적도지방으로 이동하여 그곳에서 상승한 공기를 보충해주는 순환고리로 연결된다. 이 순환이 바로 해들리순환이다. 이러한 명칭은 1735년 이 사실을 처음으로 기술하였던 영국의 변호사이자 아마추어 기상학자였던 해들리(George Hadley, 1685~1768)의 이름을 따서 부른 것이다. 사실 이러한 바람의 순환은 대양에서의 해류의 흐름에도 크게 영향을 미친다.

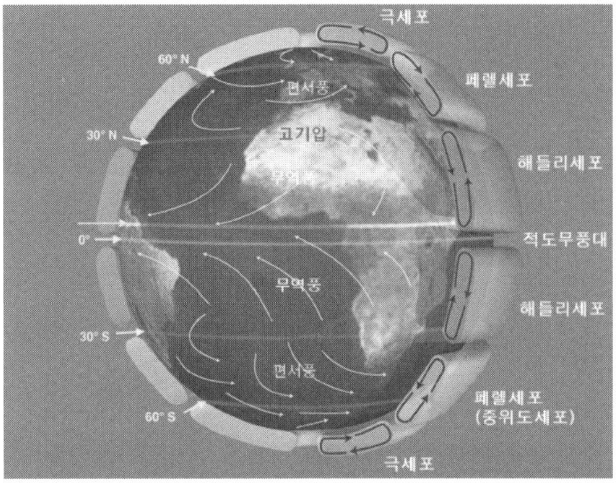

지구 대기의 순환을 보여주는 그림. 적도에서 더워진 공기는 상승하여 극지방으로 이동하는데 이들의 순환은 지구 자전에 의해 세 개의 세포로 나뉘어진다. 이들은 지상으로부터 15km 정도의 높이에서 일어나며, 지상에서는 무역풍과 편서풍이 만들어진다. 해들리세포에서 차고 건조해진 공기는 30° 근처로 내려오며, 이 지역에서 사막이 만들어진다.

그러나 타클라마칸사막과 고비사막, 소노란사막, 아타카마사막은 해들리세포의 범주를 벗어난 자리에 위치하고 있다. 이들 중 고비사막은 물의 원천인 바다로부터 너무 멀리 떨어져 있어 그곳을 흐르는 공기 중 수분의 양이 매우 적어 만들어진 경우이며, 타클라마칸이나 소노란사막은 바다로부터 공급되는 습윤한 공기의 흐름을

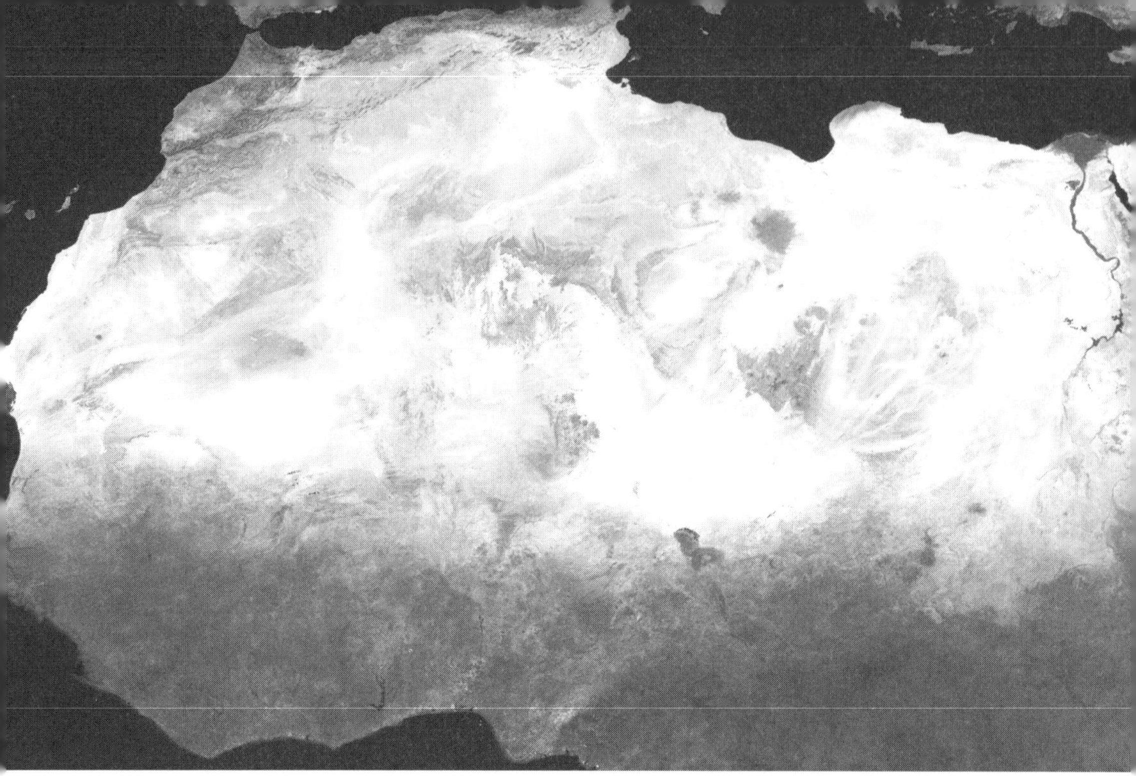

해들리세포로 만들어진 900만 km^2를 넘는 면적의 아프리카 북부 사하라사막의 위성사진. 과거 이 지역 전체가 사막은 아니었으며 생물종들이 서식하던 그런 환경이었다(사진제공 : NASA).

높은 산맥이 차단시켜 강수의 양이 매우 적은 강수음영대에서 만들어진 사막이다. 타클라마칸의 강수음영대를 만든 장벽은 세계의 지붕으로 알려진 히말라야산맥이며 북미의 경우에는 캐스케이드산맥과 시에라네바다산맥이 습윤한 공기를 차단하는 장벽의 역할을 했다.

해들리세포나 지형적인 장벽에 의해 만들어진 건조한 지역에서 물은 다른 세계에서와는 다른 의미를 가진다. 그런 곳에서 물은 심각한 분쟁의 원인이 되기도 한다. 이 지역에서 신석기시대에 인간이 정착을 시작하면서 물은 갈등의 원인이 되었다. 기원전 1750년에 만든 인류 최초의 법전인 함무라비 법전에서도 물 소유권에 관한 기록을 찾아볼 수 있다. 우리가 사용하는 언어에도 이런 역사적인 배경이 그대로 묻어 있다. 영어의 경쟁 또는 대립관계를 의미하는 rivallry라는 단어는 라틴어의 같은 강물을 사용한다는 의미의 rivalis에서 유래되었다고 한다. 같은 물을 사용하는 인접한 마을 집단은 서로 경쟁관계가 되기 일쑤이기 때문에 생긴 말이다. 건조한 지역이 아니라고 해도 강의 상류나 하류에 있는 마을, 나아가 국가는 공동으로 사용하는 물을 두고 서로 경쟁관계에 있기 마련이다.

그런 현상은 오늘날의 사회에서도 쉽게 눈에 띄는 현상이다. 하류지역에서 수량이 부족하게 되면 상류지역에서의 소비를 탓하게 된다. 상류지역에서 댐을 건설하여 하류지역으로 방출되는 수량이 작아지면 하류지역의 생태계가 영향을 받고 수량이 부족하게 되어 집단 간 때로는 국가 간 분쟁의 요인이 되기도 한다. 이런 것은 제한된 수자원을 두고 일어나는 분쟁으로서 현재 진행되고 있는 아랍권과 이스라엘 사이의 요르단강을 중심으로 한 갈등이 여기에 속한다. 아프리카의 보츠와나와 나미비아 간의 오카방고강을 두고 일어나는 갈등 역시 수량을 두고 일어난 갈등이다. 보츠와나는 오카방고강으로부터 유입되는 지역에 흥미롭게도 육지 내에 광대한 델타(삼각주)를 만들었다. 이는 이 물길이 더 이상 흘러갈 곳이 없어 모여진 물이 오카방고 습지를 만든 곳이 바로 델타이다. 이 습지가 위치한 곳은 1만 년 전만 해도 큰 호수가 자리한 곳이었으나 이제는 말라버려 습지로 변한 곳이다. 이 습지는 광대한 칼라하리사막의 15,000km^{2}를 적셔주는 생태계의 낙원과도 같은 곳이다. 아프리카의 빈국 보츠와나는 생태관광으로 벌어들이는 수입이 매우 중요할 뿐만 아니라 필요한 수자원의 공급처이기도 하다. 그러나 상류지역의 나미비아는 수도의 식수 공급을 위해 이들 자원의 활용이 절실하다. 그들 사이의 갈등은 필연적이다. 그러나 최근에는 수량 때문에 발생되는 갈등 외에도 수질 오염이 갈등의 큰 원인으로 등장하기도 한다.

나미브와 아타카마사막의 형성 원인

나미브사막과 아타카마사막은 서로 다른 형성의 이유를 가지고 있다. 이런 해안에 발달하는 사막은 해류의 흐름과 관계가 있다. 대양에서 해류의 흐름은 컨베이어 벨트처럼 서로 연결되어 있다. 이런 해안지역에 사막을 이루는 연안지역은 대양의 바닥에 있던 찬 해류가 올라오는 지역이다. 이러한 해류를 용승해류라고 하는데, 이들은 해안의 공기를 냉각시켜 공기 중에 수분의 함유량을 감소시킨다. 그러나 깊은 바다의 온도가 표면의 온도보다 낮다는 사실을 확인한 것도 그리 오래 전의 일은 아니다. 그런 사실은 조금 의외이기는 하지만 당시 아프리카로부터 자메이카로 노예를 운반하던 할리팍스 백작(Earl of Hallifax)이란 근사한 이름을 가진 배의 선장 엘리스(Henry Ellis, 1721~1806)에 의해 1751년에 확인되었다. 그는 노예거래를 위해 서아프리카로 가던 도중 단순히 과학적인 흥미로 바다 표면에서의 온도를 측정하였다. 그는 노예매매나 하는 악덕 선장은 아니었으며 과학자이면서 정치가로 활동했으며 실제로 영국 식민지였던 조지아의 2대 총독을 지내기도 하였다.

그가 바다의 윗부분에서 길어 올린 물의 온도는 29℃로 대기 온도와 거의 비슷하였다. 긴 줄을 연결시켜 1,500m 아래에서 길어 올린 물통에서 측정한 물의 온도는 12℃를 넘기지 않았다. 그는 물이 올라오면서 온도가 높아졌을 것으로 생각하고 깊은 바다는 그 온도보다도 더 낮은 온도였을 것이라고 추정하였다. 그러나 당시 그런 사실을 발견한 엘리스 선장에게는 그 이상의 의미로는 해석되지 않았다. 그렇다고 엘리스가 열대지방에서 고작 찬물로 목욕을 하거나 포도주나 식혀 먹는데 사용하기 위한 목적으로만 1,500m의 밧줄을 내려 물을 길어 올려 온도를 측정한 것은 아니었다. 당시의 기술 수준으로는 그런 깊이로 밧줄을 내리고 걷어 올리는 일 자체가 그리 호락호락한 일만은 아니었기 때문이다.

해수의 깊이에 따른 온도 차이는 계절적인 변화로 설명이 가능하다. 겨울철 바다 표면의 온도는 내려갔다가 여름이 되면 표층의 온도가 올라가게 된다. 그러면 낮은 온도의 바닷물이 가라앉아 아래로 내려가는 것이 설명된다. 그러나 앨리스가 수온을 측정한 곳은 그런 계절적인 온도변화가 일어날 수 없는 열대지역이었다. 그곳에서의 온도변화는 계절의 변화로 설명하기에는 어려운 구석이 있었다. 그런 사실이 알려지고 한참 뒤인 1799년 영국의 벤자민 톰슨(Benjamin Tompson, 1753~1814)경에 의해 그런 찬 심층수는 한랭한 극지에서 흘러들어온 물이라고 추측을 했으나, 그런 추정이 사실임을 확인하는 데 좀 더 오랜 시간이 필요하였다. 그러나 영국의 첼린저호가 1872년부터 과학탐사를 목적으로 항해를 하면서 세계 여러 바다의 온도를 측정한 결과 400m 이하의 심도에서는 대부분의 물의 온도가 2~5℃라는 사실이 확인되었다. 더군다나 가장 낮은 온도는 남극에 가까운 해역에서 관측되었으므로 이 지역 깊은 바닷물이 남극으로부터 기원되었음은 의심의 여지가 없게 되었다. 이후 많은 과학자들의 집념어린 연구결과 심층수의 순환과 수온 그리고 염도 등에 대한 상세한 연구가 이루어졌다.

이제 심층수의 온도가 낮다는 것은 잘 알려져 있으며, 이들이 순환되는 컨베이어 벨트 역시 대부분 이해되었다. 이런 찬 심층수가 올라오는 해역에서의 공기가 육지에 도달한다고 해도 강수를 일으키기에는 너무 적은 수분을 함유하고 있어서 해안지역에서 안개나 일으키는 것으로 소임을 마치게 된다. 당연히 이런 지역의 기후가 건조해져 만들어진 것이 아타카마사막이다. 그러나 심층수가 올라오는 해역의 해수는 영양분이 풍부해서 어장이 잘 형성될 뿐만 아니라, 인산염 광물을 침전시키는 조건을 만든다. 이런 지역에서 생성된 퇴적층은 인산염을 함유하고 있어서 이들이 지표에 노출되면 농업에서 3대 필수영양소의 하나인 인의 공급원인 인산염광석을 산출하게 된다. 이것이 용승해류가 하는 지질학적 과업 중의 하나이다. 이와는 반대로 공기 중에 수분의 함유량이 많아도 사막이 만들어지는 곳이 있는데, 바로 극지방이다. 그런 곳에서는 강수가 있다고 해도 눈으로 내리기 때문에 얼음은 존재해도 수분은 적기 마련이다. 이런 곳에 만들어지는 사막을 극지사막이라고 한다. 이렇게 만들어지는 원인은 서로 다르지만 사막은 생명의 서식이 극히 제한되어 황량함 자체가 공통점이다. 그런 황량함은 때로는 다른 순기능을 발휘하기도 한다.

사막이 남겨준 유산

남아메리카의 페루와 칠레의 안데스산맥 서쪽 해안을 따라서는 건조한 기후대가 좁고 길게 형성되어 아타카마사막을 만든 곳이기도 하다. 이는 전적으로 태평양의 심부로부터 올라온 차가운 용승해류가 주원인이기는 하지만 높은 안데스산맥도 일조를 하였다. 이 지역은 습기가 차단된 채 과거 1만 년 간 거의 비를 구경하기 힘든 지역이 되었다. 그곳의 황량함은 마치 화성 표면과도 유사할 정도이다. 지하수가 간혹 용출되는 곳을 제외하고는 식생을 찾아보기조차도 어렵다.

페루의 남서쪽 태평양과 안데스산맥 사이에는 평원지역이 있다. 이 지역 역시 비를 구경하지 못한지 오래된 지역으로 나스카평원이라고 한다. 이 평원이 갑자기 세계의 주목을 받게 된 것은 평원 위에 그려진 수백 개의 거대한 그림 때문이었다. 그림들은 다양했다. 거미, 개, 나무, 손, 고래와 도마뱀과 같은 동물의 형상과 단순한 삼각형이나 마름모꼴과 같은 기학적인 도형들이었다. 도형의 크기는 100~300m였으며, 그러나 어떤 것은 마치 공항의 활주로처럼 8km나 되는 직선도 있었다. 이런 그림이 그려진 전체의 넓이는 모두 1,300km²에 이른다. 이런 그림은 마치 엄청난 거인들에 의해 그려진 것처럼 비행기를 타고 올라가 봐야 그 형체가 명확하게 드러나는 그런 크기였다.

이런 그림은 16세기에 맨 처음 스페인의 시에사 데 레온에 의해 흥미로운 대상으로 기록이 남겨졌지만 주목을 받지는 못했다. 그러나 고대문명의 관개체계를 연구하기 위해 페루에 들른 미국 롱아일랜드대학의 코삭(Paul Kosak) 교수 부부에 의해 보고된 이후 나스카선(Nazca line)을 천문학과의 연관성을 제기하면서 주목을 받기 시작했다. 왜 황무지에 그런 거대한 형상을 만들어 놓았는지는 논쟁의 대상이 되었다. 어떤 이들은 우주인들이 만들어 놓은 것이라는 터무니없는 주장을 하기도 하였으나 기실 이것은 나스카문명의 산물이며 대체로 이런 도형들은 약 2천년 전에 만들어졌다는 데 많은 고고학자들이 동의하고 있다. 그러나 풀리지 않는 수수께끼는 아직도 많이 남아 있다. 어떤 목적으로 이것들을 만들었느냐 하는 점이다. 그러나 이런 의문은 독일인 과학자인 마리아 라이케(Maria Reiche, 1903~1998)에 의해 조금씩 풀려가기 시작했다. 그녀는 독일 태생으로 드레스덴기술대학에서 수학과 지리학을 공부했으나 나치당이 부상하면서 2차 대전이 발발하자 1932년 페루에 정착한다. 그녀가 나스카선과 연관을 맺은 것은 코삭의 연구 조수를 수락한 1940년부터 시작된다. 1946년부터는 나스카읍에 정착하여 소위 나스카선으로 알려진 이 도형들을 그녀가 활동을 마감하는 순간까지 연구했다. 그레이엄 핸콕이 전한 나스카선에 대한 그녀의 견해는 다음과 같았다.[16]

"그것들은 고대 종족에 대한 우리들의 생각 전체가 틀렸다는 것을 가르쳐 준다. 이곳 페루에는 수학과 천문학에 대해 앞선 이해력을 지녔던 진보한 문명이 있었다는 것, 그리고 그것은 다가올 세대가 이해하도록 인간의 영에 대한 어떤 독특한 것을 표현하는 예술가들의 문명이었다는 것을 가르쳐 준다."

그녀는 그렇게 오랜 기간 동안 나스카 선들을 연구하였음에도 불구하고 나스카 수수께끼는 아직도 미해결된 것으로 생각하였으나, 그 도형들이 천문학과 연관된 시도였다는 점은 제시하였다.

사실 어떤 이들은 고대문명의 발자취를 더듬으면서 문명의 유적을 필요 이상으로 천문학적인 관점과 일치시키려는 시도를 한다는 사실을 우리는 알고 있다. 아마도 그러한 시도는 이곳 말고도 여러 곳에서 감지된다. 이런 도형들이 과연 지상에 별자리를 나타내기 위해 만들어진 것인지, 다른 엉뚱한 의도로 시도되었는지는 더 많은 연구결과가 나온 후에야 진의가 드러날지도 모른다. 적어도 1,500여 년 전의 이러한 인류 유산이 그 자리에 그대로 남겨질 수 있었던 것은 재수가 아니라 전적으로 지구 순환계에서 저절로 일어나는 훔볼트해류로 명명된 찬 용승해류가 만든 건조한 기후였음은 크게 주목하지 않는 것 같다. 만약 용승해류의 방향이 바뀌어 그 지역의 강수량이 증가하는 열대우림지역으로 바뀌게 되면, 인류가 그런 유적을 보호하기 위한 특별한 대책을 강구하지 않는 한 수 년 안에 인류 유산의 목록에서 나스카 유적은 영원히 사라질 것이다.

페루 남부 태평양 연안의 나스카 평원에 만들어진 거대한 새의 도형. 이 그림을 제대로 식별하기 위해서는 적어도 300m 상공으로 올라가야 한다.

용승해류에 의해 건조한 기후를 가지고 있는 안데스산맥 근처의 아타카마사막에서만 이런 유적들이 보전된 것은 아니며 또한 나스카선 만이 보전된 유일한 유적이 아니라는 것쯤은 상식이다. 터클라마칸사막에도 사하라사막에도 이런 건조한 기후 때문에 보전된 유적의 종류와 수는 헤아릴 수 없을 정도이다.

사막은 단지 모래나 만들고 바람에 의해 모래산이나 움직이는 일만 하는 것은 아니다. 그런 건조한 곳에서도 모래층 아래로 조금 내려가면 소리 없이 많은 일들이 벌어지고 있다. 사막이라고 모두 모래언덕으로 된 것은 결코 아니며 드물게 지하수가 용출되는 곳을 중심으로 수량에 따라 크고 작은 오아시스가 점점이 박혀 있는 곳도 있다. 그런 곳에서는 동식물의 서식이 가능하다. 사막에서의 모래폭풍은 아주 흔한 일로서 바람이 일기 시작하면 몇 일간 계속되기도 한다. 모래폭풍을 일으키는 바람은 여름철 나무 그늘에서 쉬고 있을 때 귓불을 스치는 그런 부드러운 바람과는 거리가 멀다. 이는 단순히 바람의 속도가 증가하는 데에서 기인하는 것이다. 어떤 모래폭풍은 하루에 수백 미터가 넘는 모래언덕을 만든 경우도 있다. 자연의 힘은 실로 위대하다. 이 정도의 규모이면 모래언덕이 아니라 산이라고 부르는 것이 더욱 적절할 것이다. 대기의 힘이 강력하면 이런 모래폭풍은 수천 킬로미터를 이동하여 움직이기도 한다. 그러나 이런 먼 거리를 이동하는 모래폭풍은 모래 크기의 알갱이들로부터 대부분 입자가 미세한 먼지 수준의 크기로 바뀐 것들이다. 우리나라에서도 매년 봄철이면 몸살처럼 겪고 있는 중국으로부터 온 황사가 이런 예의 하나이다. 사하라사막에서는 1950년대 이후 모래폭풍의 발생 빈도가 10배 이상이나 증가했는데, 이는 바로 사막 주변지역의 인구증가에 따라 수용한계를 넘는 가축의 방목으로 초지가 파괴된 것도 주요한 이유 중의 하나라고 한다.

모래바람은 때로는 예기치 않은 재해를 동반하기도 한다. 지금으로부터 수 년 전 사하라로부터 강력한 모래바람이 만들어졌다. 이 모래바람은 높이 올라가 무역풍을 타고 서쪽으로 빠르게 확산되었다. 오늘날 이들의 이동 상태는 위성사진으로 매우 정확하게 확인할 수 있다. 사하라사막의 남쪽은 삭막한 사막으로부터 강수량이 150~500mm로 몬순계절에만 집중되는 초원지대가 아프리카대륙을 가로질러 발달하는데 이를 사헬(sahel)이라고 한다. 이 지역은 정착하는 인구의 증가와 더불어 사육하는 가축의 수도 급격하게 증가하였다. 이들의 생활은 방목에 의존하므로 인구 한 사람당 늘어나는 가축의 수는 단순한 비례관계가 아니다. 가축의 수는 인구의 증가와 비교해서 적어도 몇 배 이상으로 빠르게 증가한다. 이렇게 증가하는 가축의 수가 그나마 남아 있는 초지의 수용한계를 초과하게 되면 문제는 더욱 심각해진다.

그 순간이 사막화가 확산되는 속도가 빨라지는 시기이며, 그런 지역은 바로 문제가 되는 지역이다. 사헬은 지역적으로 바이러스에 감염된 토양이 분포하는데, 언제인가 이들 감염된 토양 역시 그 모래바람에 섞였다. 바람에 이동하는 작은 토양이나 광물입자는 인간의 관점에서는 아주 작은 입자이지만 바이러스가 붙어 있기에는 광활한 대지처럼 넓은 공간을 가지고 있다. 이들이 모래바람으로 떠올라 태양광에 노출되면 입자에 붙어 있던 바이러스가 오랜 기간 생존하기는 어렵지만, 모래바람으로 만들어진 먼지층은 태양광선을 스스로 차단하여 모래바람이 만든 층 아래에 있는 입자들에 붙어 있는 바이러스의 생존을 위협하지 못한다. 수 년 전 이곳 사헬에서 만들어진 모래바람이 대서양을 건너 영국에 도착한지 일주일이 경과한 후 발생한 가축의 질병으로 수많은 가축을 도살해서 매장하는 사태가 발생했다. 일주일이란 먼지에 붙어 있던 바이러스가 수분을 머금은 영국의 지표에 안착한 후 배양되는 데 필요한 시간이었다. 그런 일은 영국만의 일이 아니다. 확실하지는 않지만 우리나라의 축산농가에서도 중국으로부터 황사가 밀려올 때 규모는 작지만 이런 유사한 경험을 겪은 바 있다. 이런 사실들은 바람에 의한 부정적인 유산 중의 한 가지 예에 불과하다.

사막에 부는 강한 바람은 독특한 경관을 만들기도 한다. 사막을 여행하다 보면 자갈로 잘 정리해 놓은 것처럼 보이는 지역이 나타나기도 한다. 바람이 거세지면 작은 알갱이의 모래는 날아가고 바람의 힘에도 움직이지 않는 자갈들이 제자리에 남게 된다. 자갈 정도의 크기라면 사막에 부는 바람으로는 이동시킬 수 없다. 그래서 사막의 껍질은 마치 자갈로 포장이나 한 것처럼 여겨지는 곳이 만들어지는데 사람들은 이를 사막포도(砂漠鋪道)라고 부른다. 으레 그런 곳을 살펴보노라면 모래바람에 의해 자갈의 표면이 장인의 손길로 잘 연마된 것과 같이 반들반들하게 윤이 나는

표면을 가진 돌들도 발견할 수 있다.[17]

황폐한 모래산과 오아시스와 같은 자연경관 말고도 이들이 소리 없이 지하에서 만든 조각품들을 우리는 사막의 장미라고 부른다. 마치 그 형태가 장미와 유사해서 붙여진 이름이다. 형태는 장미와 유사하지만 그것은 사실 광물 결정의 집합체이다. 사막의 장미를 이루는 결정은 모래의 성질에 따라 다른 광물이 만들어지기도 하지만 석고와 중정석이 거의 대부분이다. 석고는 칼슘황산염($CaSO_4 \cdot 2H_2O$)이고, 중정석은 바륨황산염($BaSO_4$)이다. 모래의 하부는 전혀 수분이 없는 것은 아니며 혹시 지하수면이 위에 있는 사막이라면 아래에 있던 수분은 모세관 현상 등으로 위로 올라가기도 한다. 이때 사막을 이루고 있던 모래와 반응해서 석고와 중정석을 구성하는 조성들을 녹이게 된다. 이런 성분들을 함유하고 있는 용액들이 표면으로 올라오면서 증발이 일어나면 그 용액 속에 있던 성분들이 결정으로 침전되어 장미와 같은 모양으로 만들어지는 것이다. 이런 결정이 만들어지는 것은 한 순간에 이루어지는 것은 아니며 오랜 기간 조금씩 자란 결과이다.

석고의 결정이 성장을 해서 만들어진 결정의 집합체. 마치 장미와 형태가 유사하다고 해서 사막의 장미라고 부른다. 이런 것들은 경제성을 가지는 것은 아니며 광물 수집가들의 수집 대상이 된다.

사막이 하는 일은 그런 창조적인 일 말고도 또 있다. 우리나라는 해마다 봄철이면 강한 편서풍을 타고 중국의 네이멍구, 고비사막이나 더 멀게는 타클라마칸사막으로부터 오는 달갑지 않은 선물을 받는다. 우리는 그 선물을 황사라고 부른다. 몇년 전까지만 해도 봄철에나 발생하던 것이 최근에는 계절에 관계없이 때때로 불어 닥친다. 기상청 자료에 의하면 1980년대엔 연평균 3.9일에 불과하던 것이 1990년대엔 7.7일로 늘었으며, 2000년대에 들어서면서는 12.8일로 늘어났다. 공기 중에 황사의 농도가 2,000㎍ 이상이면 슈퍼황사라고 부르는데 이런 황사가 최근에 두 번이나 발생한 것도 걱정이지만 흙먼지를 일으키는 원산지인 중국의 사막화가 확대되는 조짐은 우리를 더욱 불안하게 만든다. 한반도와 가까운 곳에서 발생되는 황사는 반나절이면 도착하고, 먼 곳에서 발생하는 황사라고 해도 2~3일이면 한국까지 날아온다. 이들이 발생하는 원리는 햇빛이 강하게 비춰 사막의 표면 온도가 올라가 강한 바람과 함께 상승기류가 만들어지면 사막의 흙먼지가 덩달아 따라 올라가 편서풍을 타고 달려오는 것이다. 그들은 단순한 흙먼지가 아니라 중국대륙의 산업지대를 거치면서 다른 유해한 물질도 함께 가져온다. 황사는 거추장스러운 존재임에 분명하다.

황사가 미치는 영향은 분명 부정적인 것이 더 크기는 하지만 전적으로 나쁜 짓만 하는 것은 아니다. 미세한 흙먼지가 이동하여 어디에선가 두껍게 쌓이면 새로운 황토층을 만드는데, 이들은 초기에는 비록 토양의 영양분이 적어 생산성이 낮기는 하지만 새로운 토양을 만드는 기본이 되기도 한다. 풍화과정에 의한 토양 생성의 속도가 인간이 기다리기에 너무 느린 것을 감안하면 긍정적인 요인으로도 생각할 수 있다. 또한 칼슘, 칼륨 또는 마그네슘을 상대적으로 다량 함유하고 있는 황사는 산성인 토양을 중화하는 역할을 하기도 하며, 바다에 떨어지면 해양 플랑크톤을 증식시키는 부가적인 기능을 갖고 있기도 하다. 그렇다고 황사가 환영받는 대상은 결코 아니다. 자연에서 일어나는 모든 지질학적 활동이라는 것은 부정적인 면과 긍정적인 면의 양면성을 가진다.

인류의 고향,
아프리카 열곡대

3

인류의 고향, 아프리카 열곡대

요즘 서울 거리의 모습이 과거와는 눈에 띄게 달라진 것 중의 하나가 다양한 국적의 사람들을 심심찮게 만날 수 있게 되었다는 점일 것이다. 어떤 사람들의 피부색은 검기도 하고, 또 어떤 이들은 흰가 하면 초콜릿색의 피부를 가지고 있기도 하다. 그런 이들의 눈동자나 머리 색깔 역시 우리와는 사뭇 다르다. 이런 모습들은 우리 한민족과는 분명 다르지만 국제화된 요즘 그런 차이점에는 웬만큼 익숙해져 있다. 어떤 이들은 우리와 같은 색이긴 한데 외모나 골격의 생김새가 다른 이들도 있다. 그러고 보면 사람이란 지구상에서 형태적으로도 다양한 생물종의 하나임을 쉽게 알 수 있다.

사실 인종 간의 이러한 차이점 때문에 인류 역사에서 발생된 고난의 실체는 실로 다양하게 전개되었다. 어떤 때는 종족 간의 무력분쟁으로 비화되기도 하였으며, 심한 경우에는 집단으로 학살당하는 비극적인 역사를 경험하기도 했다. 인종 간의 집단분쟁은 지금도 세계 어디에선가 일어나고 있는 것이 현실이다. 특정 인종에 대한 편견은 현대 국가에서도 그대로 상존하고 있는 것 또한 현실이다. 현대에 이르러 피부 색깔의 차이는 단지 피부조직 내 멜라닌 색소세포의 차이라는 점을 알고 있으면서도 인종에 대한 편견은 좀처럼 수그러들 기미를 보이지 않고 있다. 지금 이렇게 다양한 종으로 발달한 인류의 생물학적 진화과정은 과연 어떤 것일까 하는 의문은 사람들이 관심과 호기심을 가지고 있는 분야이다.

진화에 필요한 시간

현생 인류가 어떻게 진화되어 왔는지를 알아내는 것은 고생물학자나 인류학자들의 관심만은 아니었으며 오랫동안 인류가 풀고 싶은 수수께끼 중의 하나였다. 그러나 그런 일은 한순간에 밝혀지는 어떤 과학적인 원리를 찾아내는 것과는 질적으로 다른 성질의 일이다. 우리의 조상을 찾아 거슬러 올라가는 일은 힘들고 지루한 과정을 거치게 마련이다. 더군다나 중세를 지배한 기독교 중심 세계에서 그런 일은 불가능한 일이었다. 여섯 번째 날에 하느님은 당신의 모습대로 인간을 창조하셨다는 성경 말씀은 우주창조에 대한 유일한 생각이었으며, 다른 생각은 허용되지 않았다. 아일랜드의 대주교 제임스 어셔(James Ussher, 1581~1650)는 성서에 기록된 연대기를 기준으로 지구는 B.C. 4004년 10월 23일 정오에 창조되었다고 주장하였으며 그것이 정설로 받아들여져 한때 《킹 제임스 영역 성서》에는 그 연대기에 따라 빨간 글씨로 주석이 붙어 있는 성서를 발간하기도 했다. 어셔의 주장은 지질학의 대간을 세운 제임스 허턴(James Hutton, 1726~1797)과 찰스 라이엘(Charles Lyell, 1797~1875)이 등장하는 18세기까지 거짓말처럼 이어져 내려왔다. 그러나 19세기에 이르면서 많은 사상가와 다른 과학자들 역시 성서에 기록된 시간보다는 훨씬 이전에 지구가 만들어졌다는 생각을 하고 있었으며 과학적으로 그렇게 설명된다고 믿었다.

스위스의 의사인 쇼이치제르(Johan Jakob Scheuchzer, 1672~1733)가 바덴 채석장에서 가져온 돌에서 사람의 골격 화석을 발견하였다. 그는 그가 발견한 화석에 "물에 휩쓸려갔음이 분명한 가련한 인종의 희귀한 유물"이라는 친절한 설명을 첨부해서 호모 딜루비이 테스티스(*Homo diluvii testis*)라는 이름까지 붙였다. 이는 노아의 홍수를 목격한 증인이라는 뜻이다. 이런 사실을 1708년 취리히에서 발간한 물고기 화석 연구서에 포함시켜 발표하였다. 교회는 "노아의 홍수"와 관련된 증거를 확인한 쇼이치제르의 발견에 매우 흡족해 했다. 몇 년이 지난 후 그는 다시 독일의 외

아일랜드의 대주교인 제임스 어셔. 성서에 기록된 연대기를 기준으로 지구는 B.C. 4004년 전에 창조되었다고 주장하였다.

닝겐 지방에서 검은 척추뼈 화석을 발견하였다. 당시에도 일부 학자들은 그의 발견에 의문을 가졌지만 한 세기가 지난 후에야 그 발견은 오류라는 것이 밝혀졌다. 1811년 고척추동물학의 아버지라고 불리는 프랑스의 고생물학자 퀴비에(Georges Cuvier, 1769~1832)가 외닝겐의 골격이 보존되어 있던 네덜란드의 하를렘을 지나면서 그곳을 그냥 지나치지는 않았다. 그는 많은 사람들이 증인으로 있는 자리에서 그 뼈가 도롱뇽의 뼈라는 사실을 증명해보였다. 퀴비에가 노아의 홍수를 부정하기 위해 그런 사실을 밝힌 것은 아니었다. 그 자신도 노아의 홍수와 같은 급격한 어떤 현상에 의해 우리가 관찰하는 지구에 변화가 일어났다는 격변설을 신봉하였으며, 진화론을 거부한 유명한 학자 중의 하나였다.

사실 인간이 유인원에서 기원했다는 생각이 자리 잡기 시작한 것은 찰스 다윈이 1859년 《종의 기원》에서 진화론을 발표하면서부터이다. 종은 자연 선택에 의해 다른 종에서 진화한다고 주장을 했다. 자연선택에 의한 진화를 하려면 많은 시간이 필요했다. 어셔가 계산한 시간만으로는 설명하기 어려운 일이었다. 자연 선택에 의한 진화는 매우 장구한 시간이 필요하므로 지구의 나이는 진화에 필요한 시간에 턱없이 부족하다는 의견도 제기되었다. 그러나 당시 정확한 증거는 없었지만 많은 지질학자들은 이미 지구의 나이를 어셔가 생각하는 수준 이상으로 긴 시간이라 생각하던 때였으므로 진화에 필요한 시간은 해결된 상태였다. 이미 허턴이나 라이엘에 의해 이런 문제는 과거보다는 명확하게 밝혀졌기 때문이다. 허턴은 지구의 나이를 정확하게 계산하려는 시도는 하지 않았지만 그는 이미 암석이 대기, 빗물과 반응해서 자갈, 모래 또는 진흙의 형태로 분해되어 지형이 낮은 곳으로 이동하여 바다의 바닥에 쌓인 후 굳어져 퇴적암이 만들어진다는 사실을 확인하였다. 따라서 허턴은 지구가 계산할 수 없을 정도로 오래전에 만들어진 것이며 당시에 사람들이 믿고 있던 대

홍수에 의해 만들어진 것이 아니라는 점을 1788년 《지구에 관한 이론》이란 저서에서 밝혔다. 그것은 자연에서 관찰한 사실을 기초로 정립된 이론이었다.[1] 후일 그의 전기를 쓴 랩췍크는 허턴의 전기를 쓰면서 책의 제목을 《시간을 발견한 사람》이라 붙였다. 필자는 강의 시간에 허턴을 언급할 때 그가 지층에 처음으로 시간의 개념을 도입한 학자라고 소개를 하면서 스스로 그럴듯한 설명이라고 생각을 해왔는데, 그에 비교하면 전기 제목은 참으로 절묘하고도 적절한 제목이라는 생각이 든다.

"동일과정의 원리"를 정립시킨 찰스 라이엘. 1830년 쓴 《지질학의 원리》는 다윈이 생물종의 진화를 논하는 시발점이 되었다.

기독교 종교관이 과학적 사고보다 우위에 있었던 그 시절, 허턴의 생각은 대담한 것이었으며 성서적 세계관에 대한 일종의 도전이나 다를 바 없었다. 우리가 주위에서 쉽게 관찰할 수 있는 지질작용을 일으키기에는 성서에 기록된 시간보다는 더 긴 시간이 있어야 한다는 공감대는 빠르게 확산되었다. 그러한 허턴의 생각은 후일 라이엘에 의하여 변할 수 없는 지질학의 근본 원리로 자리매김을 한다. 1830년 쓰여진 《지질학의 원리》에서 허턴이 생각한 원리, 즉 오늘 관찰할 수 있는 지질현상이 과거에도 동일한 법칙에 의해 일어났다는 생각을 "동일과정의 원리"란 개념으로 정립하였다. "현재는 과거의 열쇠이다"라는 개념은 그 후 모든 지질현상을 해석하는 뿌리가 되었다. 라이엘도 여러 곳에서 자연현상을 관찰한 결과를 근거로 당시 주류를 이루고 있던 대격변설을 근본적으로 부정하였다. 그렇다고 시작부터 그의 이론이 전폭적인 지지를 받은 것은 아니었으나 새롭게 관찰되는 자연현상들은 이제 성서의 연대만으로는 도저히 설명되지 않는 긴 시기가 있었음이 분명해졌다.[2]

이런 지질학의 진보에 따른 새로운 지식의 편입은 다윈에게는 큰 힘이 되었다. 진화를 하기에는 시간이 부족하다는 의견을 잠재우는 데 이 이상 더 필요한 것은 없었다. 진화에 필요한 시간이 부족하다는 이유로 진화론에 반대를 하던 학자들을 겨냥해 다윈은 다음과 같이 단호하게 말했다.

"장래의 역사가가 자연과학에 혁명을 일으킨 것이라고 평가할 만한 찰스 라이엘의 대저서 《지질학 원리》를 읽고도, 과거의 시대가 시간적으로 무한히 광대했다는 것을 인정하려 하지 않는 사람은 당장 이 책을 덮어버리는 것이 좋다."

여기서 이 책이란 물론 자신의 저서 《종의 기원》을 말한다. 다윈이 주장한 대로 진화에 필요한 시간이 충분하다는 그의 견해에 반대하던 이들은 점점 설 자리를 잃게 되었다. 그러나 문제가 완전하게 해결된 것은 아니었다. 오늘날까지도 근본주의자들은 진화를 거부하고 창조론을 신봉한다. 창조론에 대한 비판적 입장이 강화되자 최근에는 세계와 생명의 어떤 특성들은 자연선택과 같은 방향성 없는 과정보다는 어떤 지적인 원인에 의해 더 잘 설명된다는 지적설계론(Intelligent design theory)이란 좀 더 세련된 포장으로 창조론을 계속 주장하고 있다. 이런 운동의 출현은 반(反)지적설계론자들을 등장시켰으며 이런 일련의 흐름은 "지적사고운동(intelligent thought movement)"이라고 한다. 최근에 도킨스에 의해 발간된 《만들어진 신(The God delusion)》이 그 대표적인 예이다. 그가 신이 없다고 말한 그 책을 쓴 것은 바로 지적설계론자들의 득세 현상이었다고 스스로 밝히고 있다. 그러나 지구과학에서 밝혀진 여러 가지 새로운 사실들은 다윈의 진화를 확인해주는 것들이었다.

논의의 시작

생물종의 진화에 대한 근본적인 견해를 취합하는 일조차도 저자의 전공 범위를 훨씬 벗어나는 일이다. 여기서는 지금까지 알려진 사실을 중심으로 인류의 진화고리와 자연계에서 일어나는 지질현상과의 관계만으로 제한해 살펴보기로 하자.

다윈이 진화론을 주장하기 이전 스웨덴의 린네(Carl von Linné, 1707~1778)는 1735년 《자연의 체계》를 발간하면서 긴팔원숭이와 인류가 어떤 관계에 있는지 구체적으로 설명하지는 않았지만 이 둘이 비슷하다고 생각하고 이들을 영장류로 분류하였다. 그렇지만 인류의 화석은 좀처럼 발견되지 않았다. 1822년 옥스퍼드대학의 지질학자 윌리엄 버클랜드(William Buckland, 1784~1856)는 웨일스의 파빌랜드 동굴에서 황토에 섞여 있는 두개골을 발견했음에도 그런 선행인류들이 이미 절멸된 대형 동물들과 같은 시기에 살았다는 사실을 생각해 내지 못했다. 황토에서 발견된 두개골은 "붉은 귀부인"이란 애칭을 얻었는데, 이는 후일 크로마뇽인으로 밝혀졌다.

19세기 중반 프랑스 제2 제정기(1852~1870)에 프랑스 고고학회의 가장 열띤 토론의 주제는 "인류가 동물계에 속하는가?" 하는 문제였다. 당시 프랑스 고고학계에서는 동물계와는 확실하게 구분되는 인류계가 존재한다고 주장하는 학자도 있었다. 그런 주장을 한 당시 고고학회장이던 아르망 드 카트르파주(Jean Louis Armand de Quatrefages, 1810~1892)를 비롯한 몇몇 학자들은 그 근거로 인간만이 선과 악에 대한 개념을 가지고 있으며, 내세와 절대자의 존재를 믿는다는 점을 들었다. 비록 이런 근거로 인류계를 주장하지는 않았지만 이와 비슷한 생각을 하는 학자들은 많았다. 그러나 프랑스의 과학자 라마르크(Jean-Baptiste Lamark, 1744~1829)는 1809년 자신의 저서 《동물철학》에서 진화에 관한 자신의 이론을 조심스럽게 피력하였다. 새로운 종들이 어떻게 형질을 획득하는지를 오늘날의 관점으로는 오류가 있긴 했어도 잘 설명하고 있었다. 그것은 다윈의 《종의 기원》이 나오기 50년 전의 일이었다. 당시 프랑스는 창조설을 주장하던 퀴비에의 이론을 더 선호하던 시기였다. 교회의 분위기를 전적으로 거스르는 주장이 설 곳은 좁기만 했다.

라마르크의 주장으로부터 반세기가 지난 1860년 토머스 헉슬리(Thomas Henry Huxley, 1825~1895)는 그의 동료인 다윈의 진화론을 옹호하는 강연을 해서 옥스퍼드의 주교인 윌버포스(Samuel Wilberforce, 1805~1873)의 분노를 자극했다. 화가 난 주교는 헉슬리한테 점잖치 못한 질문을 했다. 당신의 할머니와 할아버지 중 어느 쪽이 원숭이 혈통을 타고 났느냐는 모멸에 찬 질문이었다. 대주교가 그런 질문을 하도록 부추긴 사람은 바로 헉슬리의 인간과 유인원의 상관관계에 대해 반대 의견을 가지고 있던 오웬(Richard Owen, 1804~1892)이었다고 한다. 오웬은 사실 영국이 자랑하는 자연사박물관을 건립한 장본인이었으며, 무엇보다도 공룡의 이름을 디노사우리아(*Dinosauria*, 무서운 도마뱀이란 합성어)라고 붙인 이로 널리 알려진 고생물학자

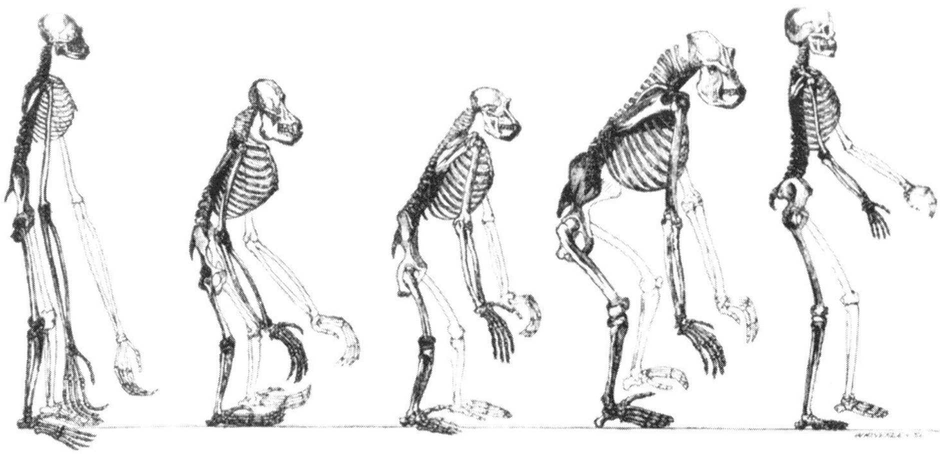

토마스 헉슬리가 1863년도에 발간한 《자연에서 인간 위치의 증거》란 책의 권두화로 수록된 원숭이와 인간 골격 구조를 비교한 유명한 그림.

이다. 그러나 오웬은 퀴비에의 격변론을 적극적으로 지지하는 신봉자여서 다윈이나 헉슬리의 의견에 전혀 동조하지 않았다. 동조하지 않은 것으로 그친 게 아니라 그를 공격하는 선봉장에 섰던 학자이다. 주교의 그런 질문에 대한 헉슬리의 대답은 이에 버금가는 것이었다. 그는 자신이 알지도 못하는 과학적인 문제의 논점을 흐려 놓기 위해 말도 안 되는 미사여구를 늘어놓는 시끄럽고 경박한 지식인보다는 정직한 원숭이가 자신의 할아버지인 편이 낫다고 퉁명스럽게 대답하였다. 헉슬리는 1863년에 발간한 그의 저서 《자연에서 인간 위치의 증거》에서 지금도 많이 인용되고 있는 원숭이와 인간의 골격 구조를 비교한 그림을 수록하였다.[3,4]

인간이 유인원과 비슷하다는 생각조차도 신의 뜻을 거스르는 주장이었다. 그러나 이런 것은 과학적인 논쟁과는 거리가 먼 이야기이지만 많은 사람들이 자신이 원숭이에서 기원했다는 점에 대한 거부감이 매우 컸음을 보여주는 대목이다. 진화론이 대두되었지만 인류의 계보에 대한 이해는 아직 갈 길이 멀었다. 지금은 알려진 사실이라고 해도 사실 십수 년 전만 해도 오리무중의 일들이 많았으며, 그 시작은 어렵사리 찾아낸 몇 개의 뼛조각 화석과 그들이 사용하였던 연장이라고 부르기에도 우스운 석기를 분석하는 것으로부터 시작되었다.

올두바이 협곡

중앙박물관의 구석기 유물관을 가보면 놓여 있는 전시물은 돌조각 몇 개에 불과하다. 세계의 어느 박물관에 가보아도 사정은 비슷하며 대체로 관람객의 관심을 끌지 못하는 한적한 전시관에 해당하기 쉽다. 사람들은 이들 돌조각 몇 점이 인류의 문명을 이해하는 데 매우 의미 있는 것들이라는 사실을 간과하기가 쉽다. 인류의 진화고리에서 선행인류가 사용한 최초의 도구는 석기였기 때문에 이들이 갖는 의미는 실제로 보여지는 것 이상으로 대단한 것이다.

많은 인류 화석을 산출한 탄자니아 북부의 올두바이 협곡(Olduvai Gorge)은 선행인류의 화석 산출지로도 유명하지만 대규모의 석기를 제작한 유적을 가지고 있는 곳이기도 하다.[2,5] 이 유적은 플라이오세 말기에 해당되며 150~200만 년 전의 지층 속에서 산출된다. 유적들이라야 초식동물의 뼈와 간단한 석기 및 돌조각들로 구성되어 있는 것이 고작인데 선행인류의 유골이 이 유적지에서 발견되지는 않았지만 이들 간단한 석기는 선행인류의 것으로 추정하고 있다. 석기라야 한두 번 세게 쳐서 조각을 떼어내 쉽게 만들 수 있는 깨진 자갈 모양의 석기로 고고학자들은 이를 올도완(Oldowan) 양식의 석기라고 부른다.[6] 한쪽을 깨트린 후 다시 다른 한쪽을 깨트려 날카로운 날을 만든 것이 고작이지만 당시로서는 최첨단 도구였다.

이런 초기 형태의 석기들이란 집단적으로 나오지 않고, 그저 한두 개만 발견되었다면 사실 저절로 그냥 깨진 것인지 아니면 누군가 의도적으로 만든 것인지조차 알기 어려울 정도의 형태를 가진 도구이다. 그러나 이를 발견한 루이스 리키(Louis Leakey, 1903~1972)는 떨어져 나간 파편이 동시에 발견되는 점을 들어 이곳에서 만들어진 것으로 추정하였다. 이런 유물들은 우리에게 많은 생각을 하게 만든다. 이곳에 뼈가 있었다는 사실은 먹이를 이곳으로 가져왔다는 것을 의미하고 그 형식이야 어떠했든지 간에 그곳에 그들이 모여 있었음을 의미한다.[5]

올두바이 협곡의 연장선으로 아프리카 열곡대의 북쪽에 해당하는 쿠비포라에서

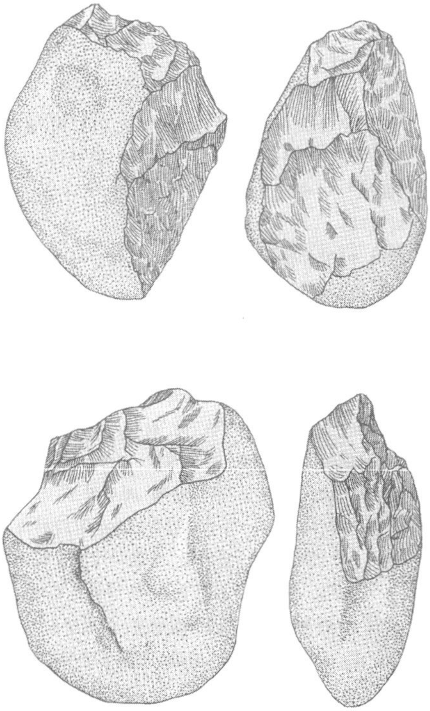

올두바이 협곡에서 발견된 석기들. 이런 도구들은 사냥한 동물들의 팔다리를 절단하거나 도살하는 데 효과적이라는 것이 오늘날 실험에 의해 입증되었다(《브라이언 페이건》(최몽룡 역), 1987, 인류의 선사시대, 을유문화사).

도 동일한 유적이 발견되었다. 이를 만든 주인공들은 돌의 물리적 성질을 이해하고 있었던 것으로 여겨지는데, 쿠비포라에서는 유적지로부터 14km나 떨어진 지역으로부터 원석을 운반해와 제작한 것으로 밝혀졌다. 돌은 두 가지 종류로 한 가지는 이 지역에서 흔한 화산 분출물인 현무암이었으며 또 다른 한 가지는 쳐트였다. 쳐트는 매우 작은 입자로 구성된 규산 물질로 구성되어 있으며, 현무암은 이곳 아프리카 열곡대를 따라 일어난 화산분출로 만들어 진 암석으로 쳐트와는 전적으로 다른 성질을 갖는 화산암이었다. 이를 사용한 선행인류는 호모 하빌리스로 추정하고 있다.[2] 그래서 이런 도구를 이용한 호모속의 이름을 솜씨 좋은 사람을 의미하는 호모 하빌리스(*Homo habilis*)로 명명하게 되었다.

이런 선행인류의 등장을 알리는 흔적들이 발견된 올두바이 협곡은 탄자니아 북부 장대한 세렝게티 평원에 있는 골짜기로, 그 계곡에는 홍적세 이후의 지층이 가지런하게 나타나는 지역이다. 세렝게티국립공원은 탄자니아에 위치하는 대평원으로 마사이족들이 살고 있는 지역이기도 하다. 그러나 최근에 이 지역을 보호하기 위해 주민들을 공원의 동쪽 고지대로 이주시키고 현재는 주민들의 거주를 허용하지 않고 있다. 큰 키에 고수머리, 암갈색의 매끈한 피부, 원색의 케이프를 걸친 마사이족들은 나뭇가지를 엉성하게 엮은 다음 그 위에 진흙을 바른 원형의 나지막한 움막이 그들이 거주하는 주택이다. 그들의 움막 주위는 야생동물로부터의 보호를 위해 그 지역에 많은 가시나무 울타리가 만들어져 있는 경우가 많다.

마사이족들은 농경생활을 거부하고 일종의 유목생활을 한다. 마사이족은 그들이

탄자니아 동부 세렝게티에 있는 마사이족의 전통적인 주택과 동물의 침입을 막기 위해 가시나무로 쳐놓은 울타리 모습(사진제공 : Steve Pastor).

믿는 신 엔가이(Engai)가 땅을 주었다고 믿고 있으며, 땅은 곧 그들의 신이라고 여겨 신성시한다. 그런 대지에서 자라나는 풀로 소를 기르며, 소로부터 우유와 피를 받아 마신다. 이들은 매우 용감한 부족으로 남자들은 성인이 되면 전사가 된다. 최근에는 이들이 용기를 드러내기 위해 전사들이 하는 사자 사냥이 국제적인 관심과 동시에 우려를 불러오기도 했다. 최근 더 타임스의 보도를 보면 2001년 이후 암보셀리국립공원과 챠보국립공원 사이에서 108마리의 사자가 죽임을 당했다고 전했다. 그 지역에 남은 사자의 수가 불과 825마리인 점을 고려하면 이 숫자는 우려할 만하다는 것이다. 일부 학자들은 그들이 사자를 죽이는 행위가 전통의 일부이며 용감함을 뽐내기 위한 것으로 정당화하기에는 문제가 있다고 경고하고 있다. 마사이족은 서방세계에 일찍이 알려지긴 했지만 이 지역의 야생 생태계가 유명해지면서 더욱 널리 알려졌다. 이 민족은 인류의 시발점과는 관계없이 이런저런 이유로 아프리카의 인종 중 가장 잘 알려진 종족의 하나가 되었다. 마사이족이 소를 기르고, 사자를 사냥하며 아프리카에서 가장 용감한 부족으로 생을 영위하고 있는 터전이 바로 올두바이 협곡이 있는 지역이다. 아마도 이 협곡은 인류가 시작되던 무렵에도 풀과 덤불로

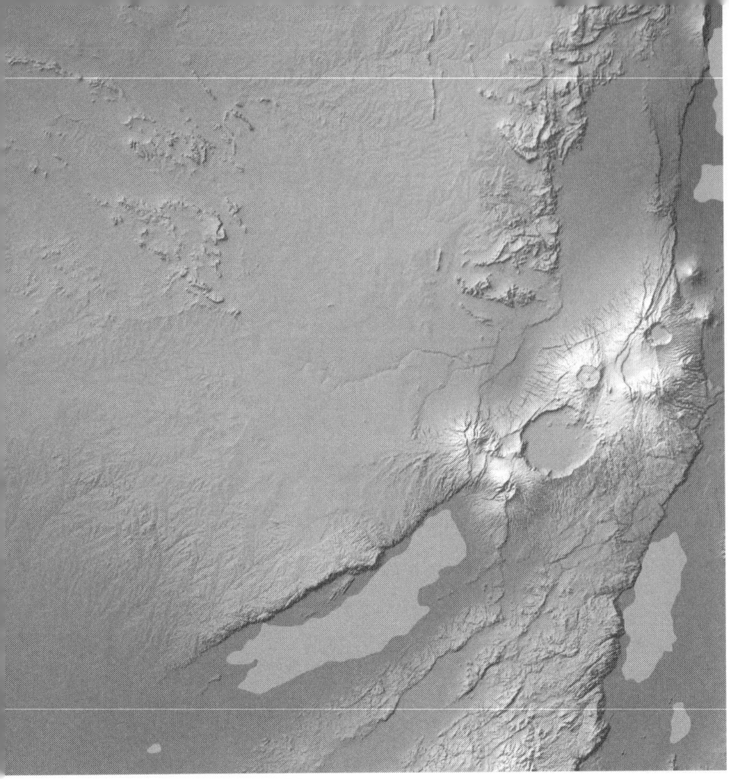

동아프리카 탄자니아 북부의 올두바이 협곡을 보여주는 스페이스 셔틀에서 촬영 후 처리된 위성사진. 사진 오른쪽의 원형 구조물은 활동을 중지한 화산의 거대한 칼데라의 모습이며, 칼데라 주위에는 작은 화산들이 분포되어 있다. 이들 화산들은 4,830여 km의 연장을 갖는 아프리카 열곡대와 관계되는 것들이다. 상대적으로 평평하게 보이는 상부의 왼쪽 지역이 세렝케티국립공원으로 300만 마리 이상의 포유류의 서식처이다. 중앙에 옅게 보이는 선이 바로 올두바이 협곡이다(사진제공 : NASA).

덮여 있던 지금의 모습을 지니고 있었을 것이다. 이들이 사자를 사냥하면서 전사로서의 용맹성을 자랑하는 그들 핏속에 내재하는 강인한 정신은 우리 인류들의 선조들로부터 전승되어 온 것은 아닌지 하는 생각이 스쳐지나간다.

올두바이 협곡은 실제로 아프리카 열곡대의 일부로 아프리카대륙이 갈라지는 곳에 해당하여 주기적인 화산활동이 이어지는 곳이기도 하다. 위성사진만 보아도 그곳에 점점이 박혀 있는 화산들을 쉽게 확인할 수 있다. 큰 규모의 화산활동은 몇십만 년 미만의 단위로 주기적으로 이어져 왔지만 작은 화산활동은 이 열곡대의 어디에선가 항상 일어났던 지역이다. 그런 지질작용은 지금도 계속되고 있다. 적어도 우리가 선행인류를 고려하는 수백만 년 전 이후에는 말이다. 당연한 결과로 이 지역 지층에는 화산암류와 화산으로부터 기원된 퇴적암류가 층층이 쌓여 있다. 바로 이 점이 중요한 의미를 갖는다. 이런 화산암류나 화산기원의 퇴적암류로부터 절대연대 측정이 가능하기 때문에 그 지층 속에서 산출되는 선행인류의 화석이 발견되면 비교적 정확하게 그들이 생존했던 시기를 알아낼 수 있기 때문이다. 또한 이 지역의 지층들은 선행인류가 출현한 이후 계속된 건조한 기후 때문에 퇴적물의 침식이 상대적으로 적어 그 속에 묻힌 화석의 보전이 용이한 것도 이 지역이 중요한 한 가지 이유가 된다.

미세한 석영 결정으로 구성되어 있는 쳐트. 쳐트는 유백색, 회색에서부터 검정색까지 다양한 색으로 퇴적암 내에서 산출된다. 깨진 면은 날카로운 날을 가진다. 자연스럽게 깨진 쳐트의 면을 보면 구석기나 신석기시대에 만들어진 석기가 연상된다.

석기시대는 유물 자료, 즉 돌과 뼈를 가공해서 만든 도구들의 기술적, 유형적 특징에 의해 250만 년 전에서 12만 5천 년 전 사이의 구석기시대, 12만 5천 년 전에서 3만 5천 년 전 사이의 중석기시대, 그리고 3만 5천 년 전에서 1만 1500년 전 사이의 신석기시대로 구분된다. 이들은 도구의 종류와 구성에 따른 분류이기도 하지만 각각의 시대는 기술, 경제 및 고고학적 특징들이 서로 구분되는 시기이기도 하다.[8] 그러나 석기시대 전 시기를 통하여 가장 중요하게 사용된 재료는 바로 자연에서 산출되는 암석이었으며, 그중에서도 중요한 것이 쳐트였다. 특히 쵸크층에서 산출되는 쳐트는 플린트라고 불리기도 하는데 기실 이 둘의 광물조성 또는 화학조성은 같은 것으로 퇴적암 중에서 산출되는 미세한 입자로 구성된 규산 물질(석영이 주)이다. 이들은 너무 작은 결정 입자로 치밀하게 구성되어 있기 때문에 겉으로 보기에는 결정 입자들이 없는 것처럼 매끈하게 보이는 경우가 허다하다. 배율이 높은 현미경을 통하여 박편을 관찰할 때 입자의 크기가 드러나지만 이 또한 이들 결정이 가지고 있는 광학적인 성질을 알아내기에 충분한 크기가 아닌 경우가 대부분이다.

이 돌은 흔히 회색이나 암회색으로 산출되지만 유백색, 녹색 또는 검은색을 띠기도 한다. 돌이 주로 이런 색을 갖는 이유는 쳐트 속에 들어 있는 미량 원소인 철에서 기인하는 경우가 대부분이다.이 돌에 강한 힘을 가하여 깰 때 돌이 어떤 특정한 방향으로 깨지지 않고 비교적 부드럽고 구부러진 표면을 갖는 면으로 깨진다. 이러한 깨짐을 패각상 깨짐이라고 부른다. 이런 깨짐은 여기저기 널려져 있는 아무 돌에서 다 만들어지는 것은 아니다. 이런 형태로 깨지는 돌은 전적으로 돌이 모든 방향으로 거의 같은 결합력을 갖는 치밀한 조직으로부터 기인하는 성질이다. 바로 이런 성질의 깨짐이 다른 방향으로 가격해 깨진 면과 합쳐질 때 바로 선행 인류가 원하던 날카로운 날이 있는 도구가 만들어진다. 이러한 날은 그들이 잡은 동물의 원하는 부분을 잘라내고 끊는 데 사용한 것이다. 이렇게 만들어지는 도구의 정교함은 시대에 따라 달라졌다. 그리고 사용되는 재료는 역시 쳐트가 주종을 이루었지만, 지역에 따라 여러가지 종류의 치밀한 조직을 갖는 암석들 역시 사용되었다.

단순하지만 유용한 도구와 동물의 뼈가 발견되는 유적을 통하여 선행인류가 집단이나 가족을 이루어 생활을 영위했음을 알 수 있다. 이 유적을 발견한 리키 부부는 적어도 유아기의 아이들은 그런 장소에서 사냥을 나간 부모를 기다렸으며, 사냥에서 의기양양하게 돌아온 부모와 함께 고기를 나누어 먹었던 거주지라고 해석하였다. 유적지 주변에서는 올도완 양식의 석기 이외에도 이를 가공할 때 떨어져나간 파편들이 함께 출토되었다.[5]

1959년 루이스 리키는 올두바이 협곡의 바닥층(제1층으로 명명됨)에서 발견한 집터에서 선행인류의 완전한 두개골도 발견하였다. 이 두개골은 올두바이 협곡에서 발굴된 최초의 두개골이었다. 그들은 이 두개골을 진잔트로푸스(*Zinjanthropus*)라고 이름을 붙였다. 이 두개골의 해부학적인 특징은 두개골 위에 두드러진 뼈가 닭의 볏처럼 돌출되어 있는데, 이는 이들이 살아있을 때 여기서부터 아래턱뼈까지 강력한 근육이 붙어 있었다는 것을 설명해준다. 특히 턱에는 큰 어금니가 붙어 있었다. 이런 사실은 이들의 체중이 제법 나가는 채식주의자로 여겨지게 한 대목이다. 비록 이들이 도구들과 함께 발견되기는 했지만 이들은 우연히 다른 선행인류들이 만든 도구 옆에서 최후를 맞이했던 것으로 밝혀졌다. K-Ar법으로 측정된 이 두개골을 함유하고 있는 지층의 나이는 175만 년 전이었다.

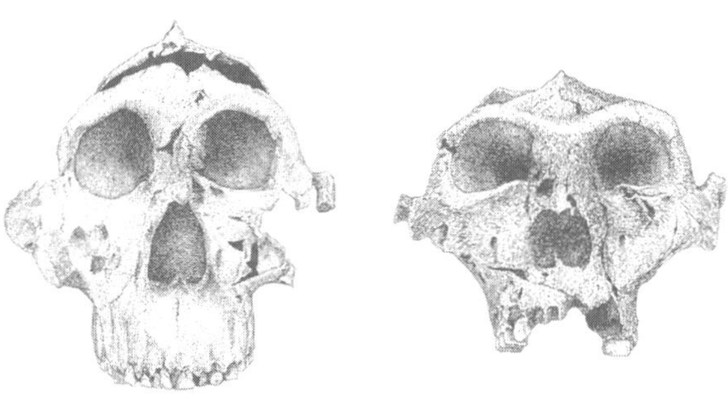

올두바이 협곡에서 리키에 의해 발견된 오스트랄로피테쿠스 보이세이(진잔트로푸스, 진이란 애칭을 가지고 있음)로서 175만 년 전의 지층에서 나왔다. 이들 화석의 발견으로 인류의 기원을 추적하는 모든 관심이 아프리카로 집중되는 계기가 되었다. 왼쪽은 남아프리카에서 발견된 오스트랄로피테쿠스 로부스투스로서 150만 년 된 지층에서 발견되었다(《인류의 오디세이》, 만프레드 바우어, 구드룬 치글러(이영희 역), 2003, 삼진기획).

누가 도구를 만들었는지는 곧 밝혀졌다. 이 화석을 함유하고 있는 지층의 바로 위층에서(제2층으로 명명)는 오스트랄로피테쿠스보다는 해부학적으로 훨씬 더 진화된 호모 하빌리스(*Homo habilis*)의 화석이 산출되었다. 올두바이 협곡은 인류 진화의 모든 고리를 다 가지고 있다가 하나씩 이를 내보이고 있는 것처럼 보였다. 아프리카의 대륙이 크게 동서로 갈라지면서 만든 이 아프리카 열곡대는 그런 자료를 간직하고 있기에는 최적의 장소였다.

대륙이 갈라지는 아프리카 열곡대

이쯤에 이르면 아프리카 열곡대란 어떤 곳인지 궁금해질 것이다. 아프리카의 동부에는 남북으로 발달한 거대한 계곡이 인공위성 사진으로도 선명하게 보이는데 이 거대한 계곡은 홍해 입구의 아덴만에서 시작하여 남쪽으로 에티오피아를 거쳐 빅토리아호에서 둘로 갈라진다. 그중 동쪽의 계곡은 케냐를 가로질러 가면서 많은 호수들, 투르카나, 바링고 및 나트론호수, 등을 만들었다. 서쪽으로 발달된 계곡은 더욱 뚜렷하여 물길 역시 더 잘 연결되어 있다. 이 계곡은 앨버트호수에서 시작되어 세계에서 시베리아의 바이칼호수 다음으로 두 번째로 깊은 호수인 탕카니카호수(최고 심도는 1,470m)를 거쳐 말라위호수로 연결된다. 이들 계곡은 총 연장이 3,000km 정도가 되며 폭은 대체로 50여 km 내외인데, 이 계곡을 아프리카 열곡대(The Great Africa Rift Valley)라고 부른다. 이 계곡은 과거 국가란 것이 만들어지기 이전에는 자연스럽게 부족 간의 경계의 역할을 하였으며, 오늘날에는 국가 간의 경계로 자리하게 된 지형적인 구분점이기기도 하다. 이 계곡의 양쪽 편에는 단층이 발달되며, 그 단층 사이의 지각이 단층선을 따라 미끄러져 내려 앉아 만들어진 곳이 바로 아프리카 열곡대이다. 세계의 지진도를 보면 이 계곡을 따라 무수히 발생하는 지진을 볼 수 있으며, 그런 지진의 진앙을 연결하면 바로 아프리카 열곡대가 된다.[10,11]

이 계곡에 발달되는 단층들은 어떤 곳은 여러 개의 단층에 의하여 계단처럼 만들어진 곳도 있다. 동부 열곡대가 지나가는 투르카나호수 근처에서는 이 계곡에 쌓인 퇴적층과 화산암들의 두께가 8,000m의 엄청난 두께에 이르기도 한다. 단층에 의하

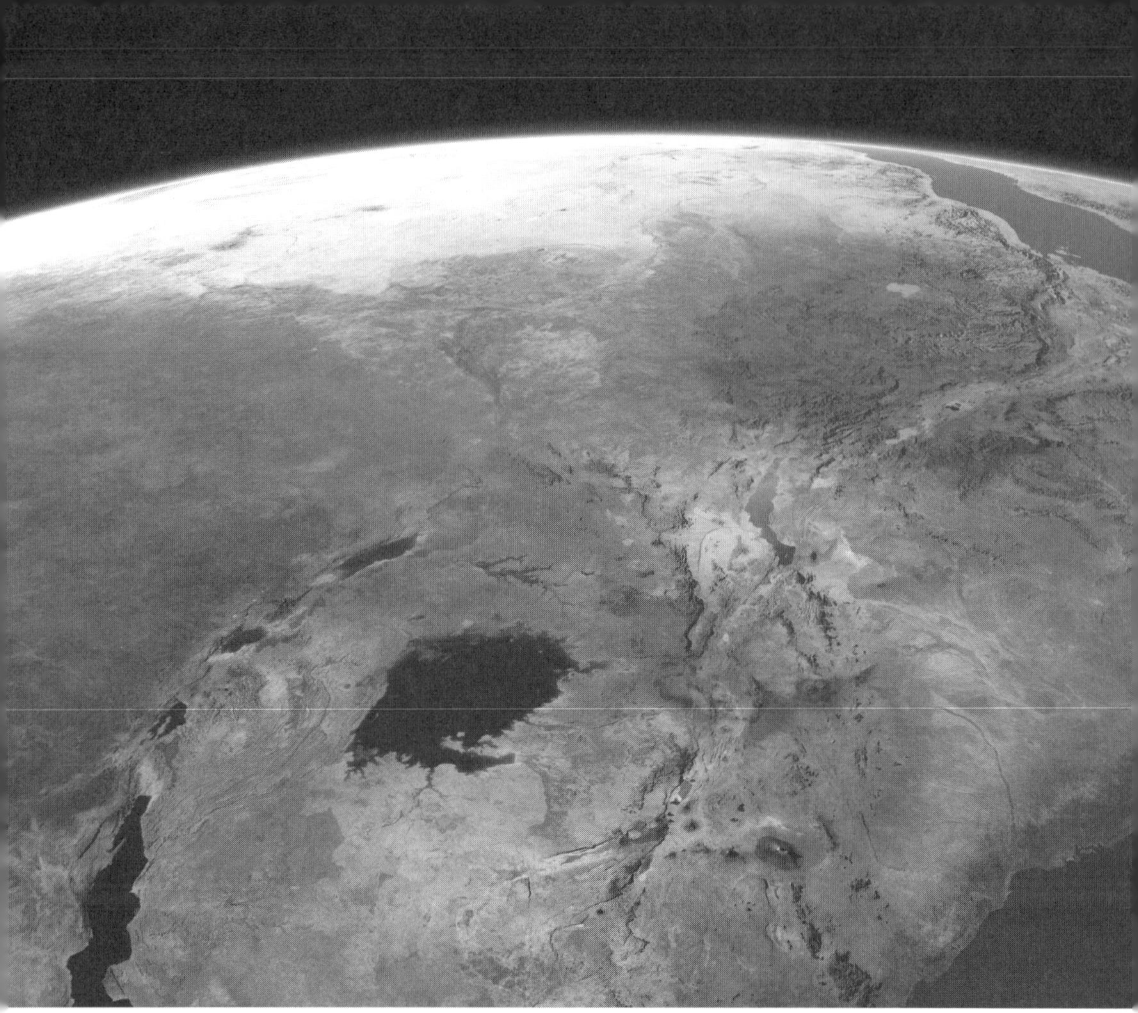

2,829km 상공에서 북쪽으로 내려다본 아프리카 열곡대의 모습. 중앙에 큰 호수가 아프리카 최대의 호수 빅토리아이며, 대륙의 분리에 의해 갈라져 나가는 열곡대의 모습이 확연하게 드러나 보인다. 사진의 왼쪽 아래에 있는 호수가 탕가니카호수이며, 오른쪽 아래 모서리가 인도양, 북쪽의 바다가 홍해이다. 열곡대를 따라 호수들이 줄지어 만들어져 있다(사진제공 ; Christoph Hormann).

여 미끄러진 두 지괴가 만든 사면의 높이가 어떤 곳에서는 거의 2,000m에 육박하기도 한다. 이런 사실을 종합해 보면 단층으로 지층이 이동한 거리가 수직으로 거의 10km에 이르는 상상하기 어려운 거리라는 것을 말해준다. 그러나 이러한 이동은 한순간에 갑자기 일어난 것이 아니며 지질학적 시계로는 짧은 시간이지만 인간의 시계로는 아주 긴 약 1,000만 년의 기간 사이에 일어난 현상이다. 이동된 거리를 시간으로 나누어 보면 1년에 고작 1mm임을 계산으로 확인할 수 있다. 사실 암석의 표면에 붙어 거의 죽어있는 것처럼 보이는 지의류도 이보다는 더 빠른 속도로 성장한다. 아프리카 열곡대는 우리 인류의 선조로 여기는 선행인류가 지구상에 출현할 것을 예견이라도 한 것처럼 이들이 나타나기 오래전부터 그 보금자리를 준비하고 있었던 것처럼 여겨진다.

물론 이 열곡대에서 지층의 이런 이동은 평균적으로 매년 1mm씩 이동한 결과로 나타난 것은 아니지만, 우리가 아름답다고 표현하거나 또는 자연의 경이라고 부르는 지구의 극적인 지형 변화가 서서히 눈에 띄지 않는 속도로 움직이는 지구의 지속적인 활동의 결과라는 것을 보여주는 또 다른 좋은 예가 된다. 여기에 이런 거대한 단층이 만들어지는 원인은 바로 지각이 이 계곡을 중심으로 벌어지면서 일어난 결과이다. 이런 활동이 앞으로 지질학적 시간을 통하여 지속되면 오늘날 수많은 동식물 그리고 우리 인류의 생존의 터인 그 지역은 해수의 침입을 받아 바다로 편입될 것이다. 홍해가 만들어진 이유도 이와 같은 원리에 의하여 형성된 것이다. 이 열곡대의 북쪽으로는 지중해의 동쪽인 시리아 요르단으로 연결된다. 해수준면보다도 낮은 사해가 바로 이 계곡의 북부 연장에 해당되는 지역이다.

아프리카 열곡대와 같은 지역은 2억 5천만 년 전 하나로 뭉쳐져 있던 초대륙, 판게아로부터 대륙이 분리되어 나갔던 과거 지구의 역사를 재현하고 있는 지질학적으로는 매우 흥미 있는 지역이기도 하다. 많은 지질학자들은 아프리카가 서서히 둘로 갈라지게 될 것이라고 믿고 있다. 이렇게 대륙을 갈라놓는 근본적인 힘은 지각 밑에서 일어나고 있는 맨틀대류에 의한 상승으로 생각하고 있다. 여기서는 대륙이 분리되고 합쳐지는 그런 이야기를 하려는 것이 아니다. 그런 지질학적 작용이 바로 인류의 출현과 진화에 어떤 영향을 미쳤는지, 어떤 관계를 가지고 있는지를 생각해 보자는 것이다.

지진과 화산이 많은 이 계곡은 인류 역사에서도 중요한 위치를 차지한다. 그곳의 계곡, 비옥한 토양 그리고 많은 호수가 만든 자연환경은 초창기 인류의 조상들에게는 많은 사냥감과 먹잇감이 있는 천혜의 장소였던 곳으로 현대인들에게는 물론이려니와 우리의 선조들인 선행인류들에게도 매력적인 장소였음이 틀림없다. 아마도 당시 기준으로 최적의 환경이었는지도 모른다. 인류 고고학자들이 인류 조상의 화

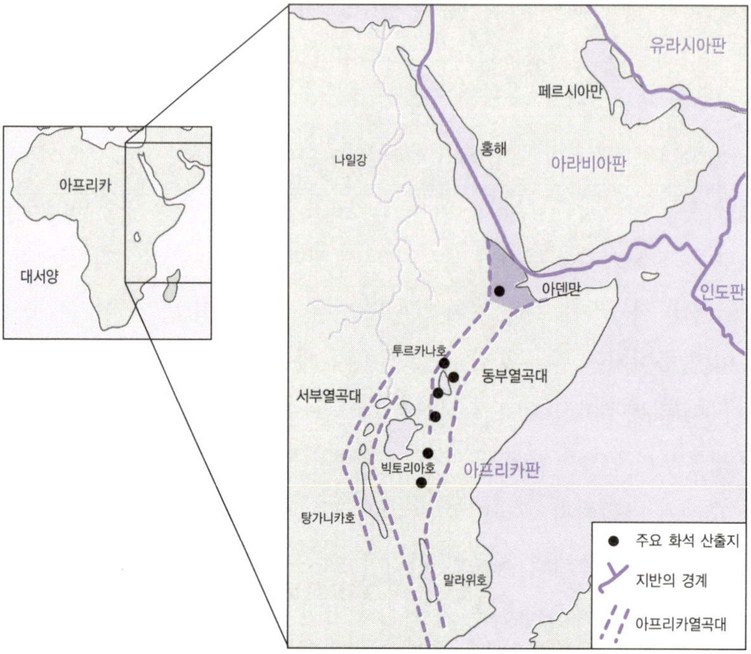

아프리카 열곡대의 위치도. 대륙 지각의 분리에 의하여 폭 약 50km, 3,000여 km 연장의 대계곡이 발달해 있다. 아덴만의 진한 색으로 칠한 부분은 삼중점으로 지판이 세 방향으로 서로 떨어져가는 지점이다. 원으로 표시한 지역이 바로 주요한 선행인류 화석의 발견지이다(《이야기로 떠나는 지구기행》 문희수, 2006, 연세대학교출판부).

석을 이 지역에서 발견하는 것은 결코 놀라운 일이 아니다.

이 지역은 유명한 인류학자 루이스 리키와 그 가족들이 활동하던 무대였다. 화산암 지층 사이에서 발견되는 인류 조상의 화석은 그들이 살고 있었던 시대를 정확하게 알려주는 역할까지 한다. 화산암은 방사성 동위원소로 시대를 결정할 수 있는 시계의 역할을 하기 때문이다. 더더욱 이 지역은 퇴적된 지층들이 계속 가라앉는 지역이라서 지층 사이에 묻혀 있던 이런 화석들은 지표에서 끊임없이 일어나고 있는 침식작용으로부터 보호해주는 역할까지 하였다. 단층으로부터 발생되는 지진은 인류가 건설한 문명을 삽시간에 하잘 것 없는 돌무더기로 변화시키기도 하지만 다른 한편 이런 지형의 변화를 유발하는 단층은 인류의 기원을 밝혀주는 자료를 보존하는 창고의 역할도 동시에 하고 있는 것이다. 지구의 양면성은 여기서도 발휘된다.[11]

지질학적 변화과정과 인류 진화과정과의 연계성을 찾아낸다는 것은 그리 쉬운 일이 아니며 현재의 수준에서 학술적으로, 체계적으로 밝힌다는 것은 더더욱 어려운 일이다. 그러나 그런 관련성은 여러 학자들에 의해 불완전하지만 가설 형태로 제기되기도 하였다. 인류 진화의 고리마저 불완전한 상황에서 이를 자연적인 현상과 연결시킨다는 것은 모험에 가까운 일임에 틀림없으므로 아무도 이를 자신 있게 제시하지 못한 이유가 되었을 것이다. 이런 일은 거의 상상에 가까운 일이기는 하지만 그런 시도는 누군가에 의해서 이루어져야 할 일임에 분명하다. 한 가지 분명한 사실은 앞으로 누군가에 의해 이런 일이 이루어질 것이라는 사실이다.

지구 역사상 5억 6천만 년 전을 기준으로 그 이전의 시기는 은생이언이라 하며, 그 이후의 시기는 현생이언이라고 부른다. 현생이언이란 지층 중에 눈에 보이는 화석들이 산출되는 이후의 시기를 말한다. 은생이언이라고 생물체가 존재하지 않았던 것은 아니나 일반적으로 작은 크기의 생물체만이 나타난 시기로서 현저한 생물체의 화석이 알려지기 이전의 시기이다. 현생이언은 다시 고생대, 중생대, 신생대로 구분된다. 이런 지질시대의 구분은 당초 지층 중에서 산출되는 화석종을 기준으로 나눈 것이었다. 중생대 지구의 주인이었던 우점종인 공룡을 비롯한 파충류 등이 중생대의 최후기 백악기 말인 6,500만 년 전에 대절멸이 일어나 크게 세력이 감소하면서 신생대에는 포유류가 번성하였다. 그래서 우리는 6,500만 년 전 이후의 지질시대인 신생대를 흔히 포유류의 시대라고 부른다. 적어도 신생대에는 열대우림이 지금의 위도보다는 더 남쪽, 더 북쪽, 즉 고위도 지방까지 발달하였다는 사실을 밝혀냈다. 이런 자료들은 지질학자들만이 해석할 수 있는 암호로 지층 중에 기록되어 있기 때문에 오늘날에는 거의 전 지질시대에 대한 기후의 변화를 해석할 수 있다.

신생대의 기후 분포는 새로운 소비자인 초식동물이 번성할 수 있는 있는 여건을 마련하여 이들 포유류들이 다양한 국지 환경에 적응하면서 여러 종으로 분화되는 시기이기도 하였다. 이제 더 이상 포유류는 파충류 때문에 겁에 질려 밤에만 나다니는 유약한 존재는 아니었다. 이들 포유류 중 한 종인 영장류는 포식자인 경쟁 종을 피해 보다 안전하기도 하려니와 먹이가 풍부한 나무에서의 생활을 택하였으며, 수상생활에 적응하기 위한 진화과정을 거쳤다. 나무에서 생활하기에 편리한 도약기능과 나무에 매달리는 기능이 강화되었다. 오늘날 남아 있는 수상생활(樹上生活)하는 영장류를 보면 그 해답이 나온다. 나무에 매달리기 쉽게 하기 위해 손과 발가락이 길고 분절되어 있으며, 수상생활에 필수적인 입체적인 시각을 갖기 위해 안구가 전면으로 이동되었다. 또한 머리를 돌릴 수 있어 더 넓은 시야를 확보하였으며 꼬리는 나무 위에서 균형을 잡거나 매달리는 데도 이용이 가능하도록 발달하였다.[12]

초기 영장류 진화를 위한 자연의 준비작업

생물종의 진화과정에서 불확실한 것은 한두 가지가 아니다. 어쩌면 모르는 게 더 많다고 하는 편이 적절할지도 모른다. 지구의 오랜 역사를 간직하고 있는 지층 속의 화석들 역시 출현한 시기와 절멸한 시기는 명확하게 보여주지만 이들의 진화 계보는 분명치 않은 게 더욱 많은 형편이다. 하등영장류에서 고등영장류인 호미노이드로의 진화과정 역시 예외는 아니다. 그렇기는 하지만 이에 관한 새로운 정보들이 축적되고 있는 것 역시 사실이다. 파충류의 시대인 중생대가 끝나고 신생대의 에오세에 들어서는 지층에서 하등영장류인 아다피스(*Adapis*)와 노스아르크투스(*Northarctus*)의 화석이 발견되었다. 이들의 안구는 다소 전면으로 옮겨져 있었으며, 뼈로 둘러싸여 있었다. 손과 발가락이 길어져 있어 수상생활에 적응한 종으로 여겨진다. 이들은 북아메리카와 유럽에서 넓게 발견되는데 지판의 이동 결과로 아프리카로 진출하게 되었다.

이들은 현재 아프리카대륙으로부터 떨어져 나간 마다가스카르섬에서만 살아남은 여우원숭이의 조상으로 추정하고 있다. 마다가스카르에 서식하고 있는 여우원숭이들은 움켜쥐는 힘을 잘 이용할 수 있는 종이다. 새끼 원숭이들은 태어나자마자 어미의 털을 움켜잡을 수 있으며, 그래서 언제나 어미에 붙어 보호를 받는다. 마다가스카르에서 하등영장류는 20종이 넘는 여우원숭이들로 진화를 하였다.

하여튼 하등영장류는 에오세에 넓게 펼쳐진 열대림 수상 서식처에서 적응하면서 넓은 지역에서 서식이 가능해졌던 것으로 추정된다. 그러나 에오세의 초기 5,500

만 년 전 지판의 이동에 의해 북아메리카와 유럽대륙(아프리카대륙 포함)이 분리되면서 이들 하등영장류의 진화는 서로 다르게 독립적인 경로를 따라 진행되었다. 신대륙의 하등영장류는 고등영장류인 신세계원숭이로 진화하는 데 그치고, 선행인류의 진화 고리와는 무관해진다. 적어도 지금까지 발견된 화석의 결과로는 그런 결론에 도달하게 된다. 그러나 구대륙에서 하등영장류는 고등영장류인 유인원으로의 진화 과정을 거쳤을 것으로 여겨진다.[7,13]

구대륙에서 하등영장류로부터 진화한 고등영장류는 빠르게 하등영장류를 대체시켰다. 고등영장류는 비교해부학적으로도 많은 변화를 거치게 되는데 특히 두개골이 커지면서 학습능력이 발달해 적응능력이 커지게 되었다. 하등영장류는 같은 열대림의 수상서식지에서 고등영장류와의 경쟁에서 밀려나 열세에 몰릴 수밖에 없었다. 그렇다면 고등영장류는 언제 출현한 것일까? 이 역시 해답은 지층 속에 숨겨져 있다가 운 좋게 발견되는 화석으로부터 구할 수밖에 없다.

마다가스카르에서 서식하고 있는 여우원숭이의 한 종인 고리무늬꼬리여우원숭이의 모습

고등영장류의 초기 화석은 이집트의 카이로 근처의 사막지대 파윰에서 발견되었는데, 이들 중 대표적인 것이 아피디움(*Apidium*)이다. 이들은 아다피스와는 전적으로 다른 두개골을 가지고 있었다. 이 둘이 진화과정에서 직접적으로 연결된 고리인지는 확신할 수 없으나 적어도 이들 생물체들이 지구의 장구한 진화과정에서는 일시적이고 잠정적인 생물종이었음은 확실하다. 지구에서 과거 지질역사상 언젠가 존재했던 종들의 99%는 오늘날에는 존재하지 않는다는 사실을 상기하면 하나도 이상할 게 없는 보편적인 현상이기도 하다. 이들 화석들이 발견되는 지층의 나이는 3,800만 년 전으로 거슬러 올라가며, 그 당시 이 지역은 풀 한 포기 없는 사막이 아니라 해안과 숲의 경계에 해당하여 물이 풍부한 생태계로서 영장류가 서식하기에 조금도 부족함이 없는 그런 지역이었다. 발견된 화석들은 주로 턱뼈에 해당하는 것으로 치아의 구조는 다른 포유류와는 완전히 다른 특성을 가지고 있었다. 그러나 이들은 고등영장류의 사람상과(이하 호미노이드라고 부름,

Hominoidea)로 가기에는 먼 길이 남아 있었다.

그러나 이렇게나마 변화하는 데는 분명 환경의 변화가 있어야 했다. 당시 지구상에서 나타나는 변화는 바다를 사이에 두고 떨어져 있던 인도대륙이 아시아대륙과 충돌하는 시기였다. 실제로 인도대륙은 1억 년 전부터 북쪽으로 이동하다가 바로 이 시기에 아시아대륙과 충돌하기 시작하였으며 히말라야산맥은 중생대에는 테티스바다였던 대양을 제물로 솟아오르기 시작하였다. 이들이 본격적으로 융기하기 시작한 것은 3,800만 년 전 에오세로서 아피디움이라는 화석종이 발견되는 시기에 해당한다. 솟아오르는 히말라야산맥은 세계의 지붕이라는 명칭이 하나도 어색하지 않은 형태를 갖추기 시작했다. 이와 더불어 원래 히말라야산맥이 만들어진 그 자리에 있던 넓은 테티스 바다가 사라지는 변화는 지구의 기후를 서서히 변화시키는 시발점이 되었다. 이런 환경의 변화는 생물종의 출현과 진화와 결코 관계가 없다고 전적으로 부정할 아무런 이유가 없다. 지구 스스로 작동하는 이런 거대한 기작은 알게 모르게 모두에게 영향을 미치고 있는 것이다. 환경의 변화는 새로운 환경에 적응하기 힘든 종을 만들고, 이런 종들은 서서히 적응력을 잃어가면서 멸종으로 치닫는 역사를 지구의 과거 46억 년의 역사 속에서 수없이 반복해왔다는 점을 상기한다면 자연의 법칙으로 받아들일 수 있다.

이집트의 파윰지역의 제3기 에오세 후의 올리고세 지층에서는 고등영장류인 프로플리오피테쿠스(*Propliopithecus*)와 이집토피테쿠스(*Aegyptopithecus*)가 발견되었다. 3,200만 년 전의 지층에서 발견된 이집토피테쿠스의 치아는 호미노이드와 매우 유사했지만, 몸 크기는 사냥개만 하였으며, 여전히 꼬리를 가지고 있었던 것으로 추측되었다. 그러나 이들은 호미노이드의 가장 핵심적인 능력, 즉 "팔 그네 이동"이라고 불리는 이동능력을 가지고 있지 못하였다. "팔 그네 이동"이란 외줄에 매달려서 원숭이들이 이동되는 능력을 상상하면 된다. 그래서 이집토피테쿠스는 "유인원류의 치아를 가지고 있는 원숭이"로 불리기도 한다. 많은 학자들은 이들을 고등영장류로부터 호미노이드가 분화되기 이전의 원시적인 형태로 간주한다.[5]

호미노이드의 출현, 잃어버린 고리

동아프리카 열곡대에서 마이오세에 해당하는 2,000만 년~1,700만 년 전 시기의 지층에서 프로콘술(*Proconsul*)이라는 화석이 발견되었는데 이 역시 호미노이드를 닮기는 했지만 완전히 이 계통으로 보기에는 어려운 화석이었다. 약 800만 년 전의 지층에서 팔 그네 이동이 가능한 골격을 가지는 화석들이 발견되지만 이들 화석의 대부분은 턱뼈나 두개골이 화석의 전부인 경우가 많아 신체구조를 온전히 파악하기가 어려운 점이 있다. 그러나 많은 학자들은 적어도 2,000만 년 전에는 호미노이드가 다른 고등영장류에서 분화하여 상당한 수준으로 진화되었을 것이라고 추정하고 있다.[5]

인간 진화의 단계에서 잃어버린 고리는 너무 많기 때문에 지금으로서는 누구도 확실하게 인간의 진화과정을 완벽하게 설명할 수는 없다. 잃어버린 고리란 말은 실제로 다윈이 1871년 출간한 《인간의 계보(The Descent of Man)》에서 맨 처음 사용하였다. 그는 영장류와 인간은 공통 조상을 가지고 있으며, 아프리카 침팬지와 고릴라가 계통적으로 인간과 가장 가까우며, 침팬지와 인간의 공통 조상에 해당하는 화석, 즉 잃어버린 고리에 해당하는 화석을 찾으면 그 문제는 해결될 수 있다고 하였다. 잃어버린 고리를 찾으려는 노력은 현대에 와서 집요하게 시도되고 있다. 그러나 아직도 완전하게 그 잃어버린 고리를 연결해줄 완벽한 화석의 연결고리는 나타나지 않았다. 불행스럽게도 시간을 거슬러 올라가 잃어버린 고리에 해당되는 고등영장류의 화석 개체가 드물기도 하지만 산출 상태가 온전하지 못하기 때문에 그 해석은 더 어려워진다. 발견되는 화석들의 대부분이 턱뼈의 일부분에 해당되기 때문이다. 그것을 근거로 복원하는 학자들의 능력은

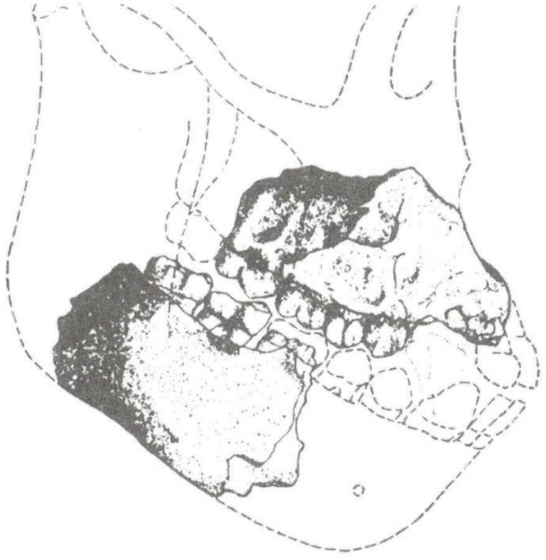

케냐에서 나온 치아와 인도에서 나온 화석을 이용하여 복원시킨 라마피테쿠스의 모습(《인류의 선사시대》, 브라이언 페이건(최몽룡 역), 1987, 을유문화사).

신의 경지로 여겨진다.

1932년 인도에서 라마피테쿠스(*Ramapithecus*)가 발견되었다. 뒤이어 이 화석은 아프리카 동부에서도 발견되었다. 이 화석의 이름은 화석이 발견된 인도 힌두교들이 믿는 라마신의 이름을 따서 지어진 것이다. 인도에서는 12~20명의 것으로 여겨지는 턱뼈 조각 15개와 이빨 40여 개가 발견되었으나 불행하게도 시기를 정확하게 알아낼 수 없었다. 그러나 케냐에서 화석이 발견된 지층은 K-Ar 연대측정법에 의해 1,400만 년 전으로 알려지게 되었다. 그 외에도 라마피테쿠스로 분류되는 화석들이 중국, 스페인 또는 남부 독일에서도 발견되었다. 케냐와 인도에서 발견된 턱뼈는 유인원보다는 씹는 데 편리하도록 잘 발달된 근육을 가지고 있었으며, 입은 유인원보다는 덜 튀어 나왔으며, 치아가 작을 뿐만 아니라 특히 송곳니가 작았다. 이들 화석이 불완전하기 때문에 이들에 관한 정확한 정보를 얻기는 어려운 실정이다. 그러나 라마피테쿠스는 직립한 것으로 여겨지며 이전의 다른 고등영장류보다는 손을 더 많이 사용했을 것으로 추정하고 있다.[13] 이들이 넓은 지역에서 광범위하게 발견되는 것으로 보아 다양한 환경에서 적응하는 능력이 뛰어나 한 시대를 지배한 종이었음을 간접적으로 말해준다.

대륙의 융기와 환경의 변화

라마피테쿠스가 발견된 1,500만 년 전만 해도 아프리카는 대륙 전체가 녹색의 벨트를 이루어 열대우림으로 뒤덮여 있었다. 열대우림의 숲은 높이 올라가고, 나무들이 점점 커지면서 바닥의 환경은 열악해지게 마련이다. 동물의 세계 역시 변화하는 환경에 맞춰 변해야만 했다. 이 시기에 수상생활을 하는 고등영장류가 살아남기에 적합한 생물종이었음을 예상할 수 있다. 그들은 수상생활에 적합한 긴팔과 손과 발을 가지고 있었으며, 나무 열매를 먹으면서 안전한 나무 위를 좀처럼 떠날 이유가 없었다.[8] 그러나 1,500만 년을 기점으로 아프리카대륙에도 변화가 일어났다. 그건 다름 아닌 지각의 변형작용, 즉 조산운동이었다.

아프리카대륙의 동쪽이 융기하기 시작하면서 고지대가 만들어지는 시기가 바로 이 시기였다. 이렇게 만들어진 고지대가 바로 아프리카 열곡대이다. 이 융기대는 홍해의 아덴만의 에티오피아에서 시작되어 케냐와 탄자니아를 거쳐 모잠비크로 연결되는 산맥을 만들었다.[10] 새롭게 만들어진 산맥의 서쪽과 동쪽에서 서로 다른 기후대가 형성되었다. 서쪽은 강수량이 풍부해서 열대우림을 그대로 유지할 수 있었으나, 산맥의 동쪽은 사정이 달라졌다. 강수량이 줄어든 동쪽은 열대우림이 축소되기 시작하였으며 사바나(초원지대)가 나타나기 시작하였다. 이제 나무에만 매달려 살기에는 부적합한 환경이 된 것이다. 이때 등장한 것이 바로 라마피테쿠스이다. 다양한 호미노이드 화석들이 20세기에 들어서면서 발견되었다. 그러나 최근 연구 결과는 이들 역시 현존하는 오랑우탄의 조상으로 추정하고 있다.[12] 호미니드가 유인원류로부터 분화되어 진화되는 시기는 500만 년 전으로 주장하는 이론들이 등장하면서 이들이 우리 인류의 직계 조상은 아니라는 점이 설득력 있는 이론으로 자리 잡게 되었다.

월포프는 마이오세 후기의 지층에서 발견되는 다양한 화석들을 크기에 따라 구분하고, 가장 작은 것은 피그미침팬지보다 작지만 큰 것은 거대한 고릴라만큼이나 된다는 것을 기술하였다. 그러나 이들 화석 역시 보존 상태가 매우 불량해서 발견되는 부위가 턱뼈로 제한되어 있었다. 따라서 그는 어떤 화석이 호미니드에 속하는지 어렵지만 호미니드의 잃어버린 고리는 아마도 500만 년 전이나 1,000만 년 전 사이에서 발견되는 화석종일 것이라는 제안을 했다.[13] 실제로 1,000만 년 전, 즉 마이오세 후기는 지구의 기후가 점차로 더 냉각되고 건조해지는 시점이기도 했다. 이러한 기후의 변화는 초기 호미노이드의 서식지인 열대림의 분포지가 빠른 속도로 줄어드는 것을 의미하며 새로운 서식 환경인 사바나가 증가되는 것을 의미한다. 이런 환경에서 새로운 종의 출현은 분명해 보이지만 그 새로운 종이 과연 무엇이었을까 하는 점은 아직도 장막에 가려져 있는 상태이다.

그러나 가능한 변화를 상상해볼 수 있다. 아프리카 열곡대 동쪽은 열대우림이 줄어들면서 나무들의 간격은 멀어지게 되어 이들은 더 이상 나무와 나무 사이를 자유롭게 이동할 수 없게 되었다. 갬블은 이를 “열대림은 마치 사바나의 바다 위에 떠있는 섬과 같았다."라고 묘사하였다.[14] 국지적으로 남은 열대림에 그대로 남아 적응한 호미노이드는 바로 고릴라와 침팬지이다. 고릴라가 나무에서 내려와 적응한 방식은 바로 주먹-사지보행이었다. 그러나 다른 종들은 새로운 먹이를 찾기 위해서는 땅으로 내려와야만 하는 환경이 된 것이다. 이들 중 일부는 아마 처음에 네발로 걷다가, 두 발로 걷는 동물들이 출현했을 것이다.

고등영장류들은 왜 두 발로 서서 걷게 되었을까 하는 의문의 해답은 아직도 명확하게 해결되지 않았으며, 몇 가지 가설들이 제기되었다. 어느 것도 완벽한 설명을 해주지는 못하지만 새로운 환경인 사바나 생태계 적응방법의 수단이었을 것이라는 데는 학자들 사이에서도 이견이 없는 것으로 보인다. 개방된 사바나 환경에서는 포식자들에게 노출되어 있기 때문에 빠른 이동이 요구되었으나 이족보행이 사족보행보다는 빠른 이동수단이 아니므로 어떤 학자들은 이런 가설에 의문을 제기하였다. 그러나 위험을 먼저 감지하기 위해서 서 있는 것은 훨씬 개량된 수단이었다. 위험에 대처하기 위해서는 몸집 역시 커져야만 했다. 몸집을 늘리고 식량밀도가 낮은 사바나에서 충분한 영양분을 섭취하기 위해서는 더 먼 거리의 이동이 필요했기 때문이라는 가설이 있다. 특히 직립보행은 에너지 절약형 이동방식이기 때문이다.[5] 어떤 과학자들은 뜨거운 열기를 피하는 방법으로 직립자세가 필요했다는 것이다. 서 있는 자세야 말로 초원지대에서 햇볕에 노출되는 면적을 줄여주기 때문에 체온이 과열되는 되는 것을 막아줄 뿐만 아니라 지열을 피하는 데도 효과적이라는 것이다.[6,14] 모든 온혈동물들은 체온이 항상 일정해야만 모든 신진대사가 원활하게 이루어진다. 영장류 중 인간만이 갖고 있는 능력 중의 하나는 땀샘에 의한 체온조절 능력이다. 이러한 능력은 호미니드가 출현한 이후에 발달한 것으로 추정하고 있다.

다른 가설로는 선 자세야 말로 시야를 넓혀 준다는 것이다. 넓은 시야는 포식자의 위치를 미리 확인할 수 있으며, 바로 도망칠 준비를 할 수 있게 해주었을 것이다. 진화는 으레 장점이 두드러져 보이는 변화가 대부분이지만 때로는 단점도 나타난다. 직립보행의 경우에도 예외는 아니다. 직립보행이 에너지 절약형이기는 하지만 좌골에 가해지는 체중의 부담이 커지고, 관절의 마모가 촉진되는 점은 단점이다. 골반에 가해지는 부담 때문에 필요한 강도를 유지하려면 산란관이 상당히 좁아져야만 한다. 이 사실은 거추장스런 문제점을 일으킨다. 즉, 출산하는 산모에게 엄청난 고통을 주게 되고, 아기의 머리가 좁은 골반 사이를 빠져 나오려면 아기의 뇌가 작을 때 출산을 해야만 한다. 그래서 신생아는 출산 후 스스로 독립할 때까지 오랜 기간 돌보아주어야만 한다. 두뇌의 크기가 커진다는 것은 인간으로의 진화과정에서 큰 진전을 의미하는 것이지만 이런 불편을 감수해야만 했다. 침팬지의 골반과 출산시 새끼의 머리 크기를 보면 쉽게 짐작이 간다.[9] 그러나 장점이 단점을 상쇄하고도 남는다. 언제나 그런지는 모르겠으나 이 경우 자연 선택은 유리한쪽으로 진행되었다.

직립 원인 타웅어린이의 발견

직립자세를 갖는 호미니드는 우연치 않게 1924년 남아프리카에서 오스트리아 태생의 위트워터스랜드대학의 해부학 교수로 있던 레이먼드 다트(Raymond Dart, 1893~1988)에 의해 발견되었다. 아프리카 남부의 타웅이라는 지역의 석회석 채석장 동굴에서 발견된 화석은 한 여학생에 의해 다트에게 전해졌다. 그는 그 화석의 중요성을 곧장 알아차렸다. 그는 수개월 간의 조심스러운 작업을 통해 석회암으로 손상된 돌덩어리에 가까운 덩어리로부터 세심한 작업을 통하여 화석을 분리해냈다. 다트는 이 화석이 뒤부아에 의해 발견된 호모 에렉투스보다는 훨씬 이전의 화석이라는 사실을 알았다. 그는 이 화석을 오스트랄로피테쿠스 아프리카누스(*Australopithecus africanus*)라고 명명하였고, 이런 사실을 〈네이처(Nature)〉지에 발표하였다.[15] 이 이름은 남부 아프리카의 유인원이라는 뜻이다. 그 두개골은 부드러운 아래턱뼈를 가지고 있었으며 영구치가 갓난 것으로 보아 서너 살 정도의 어린아이였다. 이 화석은 "타웅 어린이"라는 애칭을 가지고 있다. 타웅 어린이는 인간처럼 송곳니가 매우 작았으며, 척수와 연결되는 두개골의 구멍은 바닥에 놓여 있어 직립보행을 하는 인간의 면모를 가진 존재였다.

이런 다트의 보고가 처음에는 학계의 냉대를 받았다. 유럽의 학계는 다트의 모든 것에 대해 불쾌하게 생각했다. 유럽의 세계적인 전문가들의 도움을 받지 않고 모든

타웅 어린이와 발견자 레이먼드 다트. 이 화석은 1934년 다트에 의해 발견되어 오스트랄로피테쿠스 아프리카누스라 명명되었으며, 타웅 어린이란 애칭을 가지고 있다. 이 아이는 서너 살 때 죽었을 것으로 추정된다.

분석과 해석을 스스로 했다는 것은 놀라울 정도로 염치없는 사람이라는 사실을 보여준 결과라고 생각했다. 더더구나 학명으로 붙인 이름에 그리스어와 라틴어를 결합시킨 것은 학자적 능력이 부족한 것이라고들 하였다. 무엇보다도 그의 보고는 당시 인간과 유인원이 1,500만 년 전 아시아에서 분리되었다고 믿었던 당시 학계의 정설과는 정면으로 대치되는 것으로 기존의 그 분야 학자들의 배척을 받을 만한 조건을 두루 갖추고 있었다. 당시 학자들은 만약 인류가 아프리카에서 기원하였다면 인류가 모두 흑인이어야 한다고 믿었던 점이 배척을 받은 이유 중의 하나가 되었다.[16]

대부분의 학자들은 오스트랄로피테쿠스가 인간보다는 침팬지에 더 가까운 유인원으로 생각하였다. 그러나 몇 년 후 남아프리카의 트랜스발 지방에서 더 많은 오스트랄로피테쿠스의 화석이 발견되면서 이런 생각은 바뀌어졌으나, 다트의 연구결과가 인정을 받은 것은 그보다는 20여 년이 지나 폰테인에 의해 어른 화석이 발견된 후였다. 다트의 주장을 믿고 있던 브룸(Robert Broom, 1866~1951) 역시 남아프리카의 다른 지역에서 아프리카누스와는 달리 덩치가 매우 큰 어금니를 갖고 있는 강건한 화석을 발견하였다. 이 화석은 다른 종으로 분류되어 오스트랄로피테쿠스 로부스투스(*Australopithecus robustus*)로 명명되었다.

다트는 발견된 이 화석의 아래턱뼈가 부셔져 있는 것을 보고 다음과 같이 기술하였다.

> "그 소년은 거센 주먹이나 뭉둥이로 정확하게 내려친 일격을 턱에 맞고 죽었다. 그 일격은 너무도 엄청나서 턱뼈가 쪼개지면서 얼굴이 양쪽으로 갈라졌으며 앞니들이 모두 튀어 나왔다."

다트의 이런 결론은 조금은 성급한 것이었으며 이로부터 시작된 폭력적인 "살인자원숭이 이론"은 1960년대까지도 받아들여졌다. 이런 이론이 등장한 것을 바우어와 치글러는 두 번에 걸친 세계대전이 잔혹한 인간의 본성을 보여주기에 충분했던 시대적인 상황을 이해해야 한다고 하였다.[8] 이들은 다트의 카니발리즘이 엉뚱하게도 〈2001년 스페이스 오딧세이〉란 영화에까지 연장된다고 재미있게 설명하였다. 이 영화는 선행인류 혹은 원숭이가 뼈를 가지고 놀다가 이것이 무기가 될 수 있다는 것을 알면서 시작된다. 바로 원숭이가 던진 뼈가 우주선으로 변하면서 시작되는 영화는 오랜 시간이 지난 후이지만 아직도 기억에 새롭다. 아마도 영화를 만든 이나 소설을 쓴 클락(Arthur Clarke)은 결국 인류의 기술과 문화가 이런 공격성에서 비롯되었다는 것을 묵시적으로 나타내려고 했던 시도였는지도 모른다. 그러나 다트가 발견한 화석은 호미니드의 공격성의 결과로 만들어진 것이 아니라 다른 맹수나 맹금류에게 당한 흔적으로 후일 해석하고 있어 그런 카니발리즘은 상상으로 끝이 난 이야기일지도 모르는 일이 되어버렸다.

그 후 이들 화석은 아프리카 열곡대의 다른 지역에서도 발견되었다. 남아프리카에서 발견된 아프리카누스의 연령은 대략 300만 년 전에서 250만 년 전으로 측정되었다. 이들은 107~127cm의 키에 450cc의 뇌용량을 가지고 있었다. 이러한 두뇌 용량은 현대인의 남성 평균치인 1,450cc보다는 훨씬 작은 것이며, 침팬지의 400cc보다는 약간 큰 것이다. 아프리카에서 발견된 로부스투스가 살던 시기는 대략 260만 년에서 100만 년 전으로 측정되었다. 남아프리카에서 발견된 것들보다는 동아프리카 열곡대에서 발견된 로부스투스들의 생존 시기가 더 오랜 것으로 나타났다. 이들이 살았던 시대와 전멸한 시기를 비교적 정확하게 이해할 수 있었던 것은 순전히 이 지역에서 벌어지고 있는 지질 활동의 결과이다. 이 아프리카 열곡대에서는 화산활동이 길어야 25만 년 미만으로 반복적으로 일어났기 때문에, 화석이 묻혀 있는 암석의 절대연령을 측정하면 그런 정도의 시간차이로 이들이 살았던 시기를 추정하는 것이 가능하였기 때문이다. 다행스럽게도 이런 주기적인 화산활동으로 생성된 화산암들은 K-Ar 연대 측정법으로 측정할 수 있는 암석들이기 때문이다.

화석의 나이 측정법

화석이 산출되면 그들이 생존했던 시기를 알아내는 것은 그들의 진화계보를 만드는 데 매우 중요한 정보이다. 그러나 지질시대가 오래된 특정한 지층에서 산출되는 화석은 그 지층의 연대가 바로 화석으로 남아 있는 생물종의 생존시기가 된다. 그러나 출현이 늦은 인류의 뿌리에 해당하는 화석들은 기껏해야 500만 년 전이므로 정확한 연대를 측정해야 보다 확실한 인류 진화계보를 만들 수 있다. 그래서 더욱 정밀한 연대의 측정은 매우 중요하다.

연대를 측정하는 방법은 상대적인 연대를 측정하는 방법으로부터 절대적인 연대 측정방법까지 여러 가지 방법이 있다. 상대적인 측정방법으로는 지층에 매몰되어도 잘 썩지 않는 화분의 포자를 분석하여 층서를 밝혀 상대적인 시기를 결정하는 방법이 있다. 그러나 이런 시기의 결정은 정확한 절대연령을 알려주는 것은 아니며 그 생물군이 서식하던 일정 기간에 관한 정보를 준다. 다른 방법으로는 흑요석(obsidian)의 수화 정도로부터 연대를 측정하는 방법이 있다. 인류와 관계되는 발굴지에서는 그들이 도구로 사용하였던 흑요석이 동반 발굴되기도 한다. 흑요석의 미세한 열극을 따라 침투한 물과의 반응에 의하여 나타난 수화반응 정도로 나이를 추정하는 방법이다. 이런 방법 말고도 상대적인 나이를 측정하는 방법은 여러 가지가 있다. 그러나 이들 방법은 고생물학자나 고고학자들이 원하는 매직 넘버는 결코 줄 수 없는 방법이다. 따라서 정확한 나이를 측정하기 위해서는 절대연령 측정방법을 사용해야 한다.

절대연령 측정방법에도 여러 가지 방법이 있다. 방사성 동위원소를 이용한 연대 측정방법이 가장 신뢰성 있는 값을 주지만 구할 수 있는 시료의 특성에 따라 달라진다. 이런 방법으로는 탄소법, 포타슘-아르곤(K-Ar)법, 우라늄-토륨(U-Th)법, 휫션트랙법 등이 있다. 이들은 모두 핵종 원소들이 붕괴되는 반감기를 이용하는 방법이다. 어떤 경우에는 고지자기법이 사용되기도 한다. 그러나 인류 화석이 발견되는 아프리카 열곡대는 화산활동이 많은 지역으로 화석들은 흔히 화산암과 관계된 층으로부터 발굴된다. 다행스럽게도 화산암은 포타슘을 많이 가지고 있기 때문에 그런 경우 흔하게 이용되는 방법은 K–Ar법이다. 그러나 산출되는 지층의 나이가 5만 년 이하인 경우에는 탄소연대 측정법을 사용해야 한다.

지구과학이나 고고학에서 흔히 사용되고 있는 K–Ar 연대측정이란 모든 문제를 해결해 줄 수 있는 만병통치약은 아니다. 포타슘(K)은 암석들 중에 포함되는 원소 중의 하나이다. 사실 지각(지구의 표면부를 구성하는 암석대)에서 이들의 평균 함유량은 질량으로 2.4% 정도이므로 아주 희귀한 원소는 아니다. 그렇다고 모든 광물에 다 들어 있는 원소도 아니다. 약 1만 개의 K 중 한 개의 원자는 방사성을 띠는 원자로서 ^{40}K으로 표시한다. 위첨자 40의 의미는 적어도 중등학교 시절 화학시간에 졸지 않은 이들에게는 익숙한 것으로 이 원자가 19개의 양성자와 21개의 중성자로 구성되어 있다는 것을 의미한다. 만약 이들 양성자 중의 하나가 베타입자에 충돌하면 이는 중성자로 변화하는데, 이때 만들어지는 원자가 ^{40}Ar이 된다. 이런 반응을 붕괴반응이라고 한다.

붕괴반응의 속도는 일정하므로 따라서 암석 내의 이들 비를 측정하면 역으로 시간을 계산할 수 있게 된다. 이런 방법으로 암석의 절대연령을 측정하는 것을 K–Ar법 연대측정이라고 한다. 특히 화산분출에 의해 만들어지는 암석들은 원래 ^{40}Ar의 농도가 거의 0에 가까우므로 이들이 만들어진 시기를 알아내는 데 매우 유용하게 사용되는 방법 중의 하나이다. 그렇다고 이 방법이 모든 지구 구성물질의 연대를 측정하는 데 유용한 것은 결코 아니다. 아주 젊은 나이의 암석에서는 이 방법으로 나이를 구할 수 없으며, 또한 이미 생성된 암석들이 지질작용으로 열변성을 받거나 재결정화작용을 받은 경우에 그 값은 다른 의미를 갖는 값이 된다. 따라서 이런 연대측정용 시료를 채취할 경우에는 반드시 숙련된 지질학자들의 도움이 필요하다. 그래서 변질되지 않은 어떤 화산재에 묻힌 유인원들은 그 당시 생존한 종이므로, 그들이 묻혀 있는 화산재나 화산암의 나이를 측정하여 생존 시기를 측정할 수 있다.[17]

화산재에 발자국을 남긴 아파렌시스

오스트랄로피테쿠스를 발견했다고 잃어버린 진화의 고리를 찾은 것은 아니다. 1,500만 년 전 이후부터 500만 년 사이를 연결해줄 고리는 아직도 분명하지 않기 때문이다. 그런 불확실한 진화의 연결고리가 될 만한 화석 하나가 이 아프리카 열곡대의 북쪽에 위치한 에티오피아의 아와시강 유역의 하다르에서 조한슨(Donald Johanson)에 의하여 1974년 11월에 발견되었다. 조한슨이 발견한 골격은 지금까지 한 번도 발견된 적이 없는 전신 화석이었다. 그러나 불행스럽게도 100%가 아닌 약 40% 정도가 보존된 것으로 두개골은 작은 파편 두 개뿐인 여성이었다. 여기서 40%라는 것은 발견자 조한슨의 주장이다. 대칭적으로 겹치는 뼈를 제외하더라도 남는 것은 120개이므로 실제로 발견된 골격은 반쪽 골격의 28%라고 주장하는 이들도 있다. 발견된 골격의 퍼센티지가 중요한 것은 아니며 그것만이라도 전신 골격이기 때문에 지금까지 발견된 다른 화석에 비해 더 많은 정보를 얻을 수 있었다.

이 개체는 신장이 90cm 정도로 키가 작았으나 이빨을 보면 완전한 성인이었다. 다리에 비하여 팔이 유난히 긴 것으로 보아 걷는 것만큼이나 나무타기를 잘했을 거라는 사실을 지시해 주었다. 발견 후 캠프에서 이 화석에 대한 이야기를 나누던 중 누군가가 당시 비틀즈의 "Lucy in the sky with diamonds"라는 노래가 수록된 카세트 테이프를 틀었다. 그때 이 노래를 들은 누군가가 이 화석을 "루시(Lucy)"라고 부르자고 제안하였다. 이 화석 루시는 바로 그 이전의 유인원 라마피테쿠스와 오스트랄로피테쿠스 아프리카누스의 연결고리로 여겨진다. 루시의 정식 이름은 나중에 오스트랄로피테쿠스 아파렌시스(*Australopithecus afarensis*)으로 붙여졌다.[18] 아파렌시스를 보존하고 있던 지층의 나이는 300만 년에서 375만 년 전으로 나타났다. 이렇게 밝혀진 시기는 두뇌의 용량이 커진 후 직립보행이 가능했을 것이라는 당시의 일반적인 의견과는 상치되는 결과여서 일부 학자들은 조한슨의 결과에 회의적인 시각을 갖기도 하였다.

하다르에서 발견된 조한슨의 아파렌시스에 대한 의구심은 탄자니아 북부 올두바이 협곡을 탐사하던 매리 리키(Mary Leakey, 1913~1996)에 의해 해결되었다. 매리 리키는 루이스 리키(Louis Leakey, 1903~1972)의 부인이다. 매리 리키는 루시가 발견되고 2년 후 화산재 위에 선명하게 남겨져 있는 직립보행의 족적 화석을 발견하였다. 남겨진 발자국의 확인된 거리는 23m였다. 발자국은 눈 위에서나 만들어지는 것은 아니며, 그 자리에서 20여 km 거리에 있는 사디만 화산에서 분출된 화산재 위에 만들어진 발자국으로 단단하게 굳어 다른 화산재 층에 의해 덮여 리키의 손길을 기다린 것이다.[19] 이러한 화석은 흔적화석이라고 한다. 이런 흔적화석은 우리나라에서도 많이 나타나는데 인류의 족적은 아니며, 중생대의 맹주였던 공룡들이 남긴 발자국들이 경남 고성이나 전남 해남의 화원반도 중생대의 셰일로 된 지층 위에 선명하게 남겨져 보존되어 있다. 어떤 발자국은 어린 새끼가 옆을 따라가는 것도 있어 7천만 년 이전 공룡의 자식 사랑의 흔적으로 남겨져 있기도 하다.

리키가 발견한 발자국을 보존하고 있는 화산재의 나이를 측정한 결과 380만 년 전으로부터 360만 년 전 사이로 나왔다. 화산재의 나이는 정확하다. 그 족적을 연구한 결과 그들의 키는 1.2~1.4m 정도가 되며, 어기적거리며 느린 걸음으로 걸어가면서 남긴 것이라고 추정하였다. 나는 아직도 발자국만으로 둘이 어기적거리며

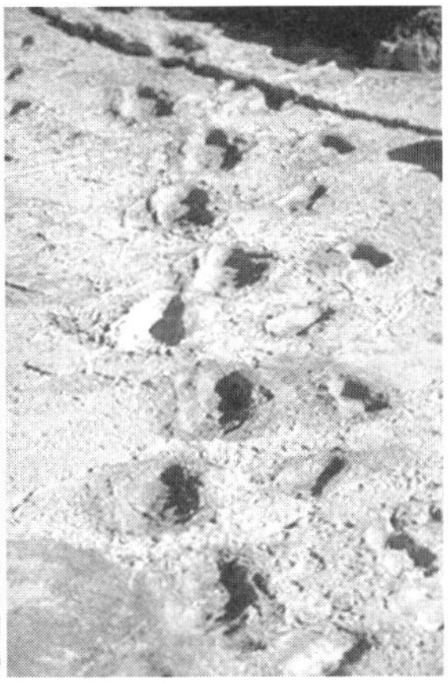

탄자니아 라에톨리에서 발견된 오스트랄로 아파렌시스의 화산재 위에 남겨진 발자국. 화석 산출지 현장에서 작업하는 매리 리키(왼쪽)와 발자국 화석의 일부 모습(오른쪽).

조한슨이 1974년 에티오피아에서 발견한 오스트랄로피테쿠스 아파렌시스의 복제품. 이 화석은 루시란 애칭으로 더 잘 알려져 있다. 조한슨의 연구결과에 대한 회의를 해소시킨 리키에 의해 발견된 아파렌시스의 발자국 흔적화석을 기초로 복원시킨 아파렌시스의 상상도. 이 실물 크기 모형은 뉴욕 자연사박물관에 전시되어 있다.

걸어가는 모습을 상상한 그들의 재능이 부럽기만 하다. 이것을 근거로 만든 전시품이 뉴욕의 자연사박물관에 비치되어 있다. 화산재로 살짝 덮여 있는 평원을 남성과 여성이 나란히 걷고 있는 실물 크기의 모형이다. 비록 그들의 몸은 털이 많지만 걸음걸이 모습은 사람과 똑같으며, 남성의 한 팔이 여성의 어깨 위에 놓여 있는 모습이 아주 자연스럽다. 그러나 그런 모습은 실제가 아닐 수도 있다. 사람에 가까운 모습이 아닐 가능성도 있다는 점을 브라이슨은 자연사박물관의 그 전시물을 만든 학예사의 의견을 인용해 내비쳤다.[16]

그러나 한 가지 분명한 것은 그 시대에 발견된 화석은 조한슨이 발견한 오스트랄로피테쿠스 아파렌시스 밖에 없었으므로 자연스럽게 조한슨의 연구결과에 대한 의문은 사라지게 되었다. 화산이 폭발할 때 뿜어져 나온 화산재가 쌓이는 모습은 루시가 살고 있던 시기나 지금이나 다를 바 없었으며 눈처럼 쌓여가는 화산재 위에 그들은 화산재로 뒤덮인 주변을 감상이라도 하며 지나친 듯 여유로운 발걸음을 남겼다. 누구도 알 수 없는 것이지만 황폐해진 환경으로 굶주려 겨우 발걸음이나 옮겼던 자국으로 설명하는 것이 더 타당할는지도 모르겠다. 그러나 아프리카 열곡대의 화산폭발은 과거에도 주기적으로 일어났으며 오늘날까지도 계속되고 있다. 이 지역에서의 화산분출을 현대인들도 먼발치에서 지켜보는 것처럼 그들도 그런 경이로운 자연의 활동을 두려움 속에서 보았다는 사실이다.

더 오래된 원인들의 발견

잃어버린 고리를 찾아가는 인류의 노력은 계속된다. 아파렌시스를 거슬러 올라가는 화석들이 케냐, 탄자니아, 에티오피아 등 아프리카 열곡대에서 연이어 발견되었다. 그중에서 주목을 끈 것은 바로 미브 리키(Meave Laeakey)에 의해 420만 년 전의 지층에서 발견된 오스트랄로피테쿠스 아나멘시스(*Australopithecus anamensis*)이다. 이 정도에 이르면 혼동을 피하기 위해 리키가의 족보를 간단하게 소개할 필요가 있을 것 같다. 미브 리키는 루이스 리키의 며느리이다. 바로 루이스와 매리의 아들 리차드 리키의 아내이다. 이들 가족들이 인류의 초기 역사를 밝히는 데 남긴 족적은 실로 대단한 것이었다.

미브 리키가 발견한 치아는 호미니드와 마찬가지로 에나멜층이 두껍게 발달하였으며, 수상생활에는 적합하지 않은 팔꿈치와 관절의 구조를 가졌을 뿐만 아니라 오히려 아파렌시스보다 무릎관절이나 정강이뼈도 지상에서의 직립보행에 더 적합한 구조를 가지고 있었다. 적어도 직립보행을 하는 호미니드가 발견된 시기는 초기 플라이오세 420만 년 전으로 거슬러 올라간 것이다.

화이트(Tim white)는 1993년 에티오피아의 아와시강 계곡에서 440만 년 된 지층에서 화석을 발견하였다. 이들은 오스트랄로피테쿠스 아나멘시스와는 구별되는 것이었다. 이들의 치아 구조는 유인원류보다는 호미니드와 유사하였고, 두개골의 형태로 보아 이들이 어느 정도 직립보행이 가능했음을 시사했다. 또한 손가락의 형태로 보아 수상생활을 상당 부분 영위한 것으로도 추정하였다. 화이트는 이를 오스트랄로피테쿠스 라미두스라고 명명하였으나[14,20] 이들이 오스트랄로피테쿠스와 구별된다는 점을 들어 새로운 속명을 부여하여 아르디피테쿠스 라미두스(*Ardipithecus ramidus*)라고 명명하였다.[21] 라미두스란 뿌리라는 의미를 가지고 있는데 이는 아마도 화이트가 발견할 당시 호미니드의 뿌리에 해당하는 것을 시사하는 용어로 사용한 듯하다. 이들이 발견된 지층은 기저 응회암복합체로 불리는 지층 속에서 나무, 씨앗 그리고 다른 척추동물의 화석과 함께 산출되었다. 이 지층의 나이가 바로 440만 년의 나이를 갖고 있다. 이 지층이 갖고 있는 정보를 해석해 보면 이 지역은 삼림

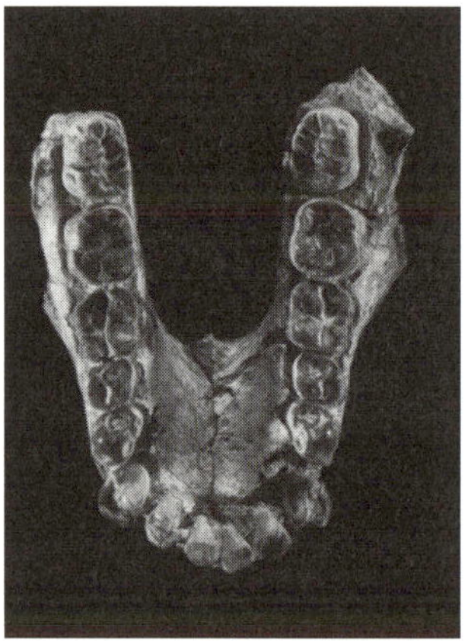

미브 리키에 의해 발견된 오스트랄로피테쿠스 아나멘시스의 아래턱뼈의 치아를 보여주는 화석.

이 우거져 있었으며, 하천이 흐르는 범람원의 환경이었다.[22] 이런 종류의 호미니드가 서식하기에는 훌륭한 조건이었을 것이다. 2004년에 이 속의 다른 종인 아르디피테쿠스 카다브바(*kadabba*)가 발견되었는데 이는 580만 년 전까지 거슬러 올라간다.[23] 이보다 3년 전 챠드에서는 투모이(Toumai)로 알려진 사헬란트로푸스 챠덴시스(*Sahelanthropus tchadensis*)가 발견되었는데, 이는 침팬지보다는 호미노이드에 더 가까운 것으로 보고되었다. 이들의 생존 시기는 600~700만 년 전으로 추정하고 있다. 이들이야말로 호미니드와 연결된 가장 오래된 화석이다. 적어도 지금까지 발견된 것들 중에서는 말이다. 그렇다고 해도 1,500만 년 전부터 이 시기까지의 연결고리는 미완성인 채이고, 이 시기 이후부터의 연결고리라고 해서 완전한 것은 아니다.

환경의 변화는 절대적인가?

이 정도의 소개로 과거 잃어버린 고리를 설명하는데 필요한 최근까지의 발견 결과를 종합한 것으로 간주하기로 하자. 이런 이야기를 하는 것조차도 고생물학자와 인류학자들의 몫이지만 이런 긴 과정을 설명한 근본적인 이유는 바로 그 시기에 일어난 지질작용과 관계가 있는지를 살펴보기 위함이었기 때문이다.

오스트랄로피테쿠스 아나멘시스나 또는 아르디피테쿠스 라미두스가 출현한 시기는 다시 한 번 지구 기후가 심한 변화를 일으킨 원인을 제공한 지질작용이 일어난 시기와 일치되는 시점이기도 하다. 500만 년 전에는 북미와 남미는 분리되어 있었다. 태평양과 대서양은 좁지만 서로 연결되어 있어서 해류가 교류되던 시절이었다. 그러나 지각의 변형작용으로 오늘날 파나마 지역이 솟아오르면서 남미와 북미를 연결하던 통로는 차단되어 태평양과 대서양 사이를 오가던 난류의 흐름을 차단하였다. 차단된 난류의 흐름은 전 지구적인 기후 시스템에 엄청난 영향을 미쳐 북위도 지역의 기온을 현저히 내려가게 만들어 극심한 빙하기를 초래하게 되었다. 그런 빙하기는 지구에서 수없이 반복되는 현상 중의 하나이지만 이번만은 인류의 진화에 큰 영향을 미치게 되었다.[24]

이러한 기후의 변화는 전 세계 절반이 넘는 지역에서 강우 양식의 변화를 가져오기에 이른다. 그 결과로 아프리카는 건조한 기후로 변화하면서 그동안 자리 잡고 있던 열대우림지역은 급격하게 축소되고 사바나가 확대되는 시점이기도 하다. 이런 환경의 변화에 적응하기 위해서 호미니드는 변화를 선택해야만 했다. 바로 이 시기에 나무에서 내려와 직립보행을 하는 호미니드인 아르디피테쿠스가 출현한 시점이기도 하다. 물론 이 시기에 이들이 약속이나 한 듯이 일시에 나무로부터 내려와 수상생활을 포기하고 지상에 등장했으리라고는 말할 수 없으나 발견된 화석들의 결과만을 놓고 보면, 이런 기후의 변화와 선행인류의 직립보행으로의 진화와는 분명 밀접한 관계가 있었음을 시사한다. 직립보행을 하는 호미니드의 출현 시기와 지각운동의 시기가 우연히 일치되었다고 생각하기에는 석연치 않으며, 이러한 환경의 변화가 생물종의 진화에 절대적인 영향인자로 작용했다고 믿는 과학자들의 견해가 합리적으로 여겨진다.

호모종으로의 연결과 진화계보

200만 년 전 이후의 시대로 이야기를 바꿔보기로 하자. 시대를 바꾸어도 그 무대는 아프리카 열곡대로 고정된다. 이처럼 아프리카 열곡대의 한 부분인 올두바이 협곡은 인류의 기원을 밝혀주는 자연사박물관과도 같은 역할을 해온 진정한 인류의 보고이다. 고고학자인 리키 부부의 활동영역이기도 한 이곳은 그들에게 뿐만 아니라 인류의 기원을 밝혀주는 여러 가지 중요한 단서를 제공한 곳이기도 하다. 이미 앞에서 말한 바와 같이 1959년 루이스 리키는 처음에 그가 발견한 화석을 진잔트로푸스라고 명명하였는데 이는 나중에 오스트랄로피테쿠스 보이세이(*Australopithecus boisei*)로 확인되었다.

1969년 인류의 조상에 해당되는 오스트랄로피테쿠스 보이세이는 우연하게 발견되었다. 쿠비포라를 떠난 조사단이 케냐와의 국경 근처의 모래 바닥에 삐죽이 튀어 나온 두개골을 발견한 것이다. 우연이라고 했지만 사실 그들은 그런 발견을 위하여 작정하고 떠난 사람들이었다. 이 발견은 매리 리키가 올두바이 계곡에서 진잔트로푸스를 처음 발견한지 10년이 경과된 시점이었다. 그는 뒤이어 보이세이를 발견한 지층의 바로 아래에서 상당히 파손된 화석이긴 했지만 고인류학 역사에서 중요한 의미를 갖는 다른 화석을 발견하였다. 이 화석의 두뇌용적은 오스트랄로피테쿠스에 비교해서 휠씬 큰 700cc 정도의 용적을 가지고 있었으며, 손은 현대인과 거의 같은 모양을 가지고 있었다. 그는 이 화석을 손재주를 가지고 있다는 의미로 호모 하빌리스(*Homo habilis*)로 명명하였다. 화석의 보존상태가 불량해서 의구심이 제기되기도 하였지만, 1970년대 들어서면서 그의 아들 리키(Richard Leakey)에 의해 케냐 북부 투르카나호수 동쪽 쿠비포라에서 양호한 상태의 화석들이 발견되면서 학자들의 의구심이 사라지게 되었다.[18] 이어서 다른 화석들이 연이어 발견되었을 뿐만 아니라 이들이 사용하였던 유적지와 석기들도 발견되었다.

이런 사실이 알려진 후 1996년 에티오피아 아와시강 유역에서는 애스포와 화이트에 의해 호미니드 유적의 시기를 앞당기는 발견이 이루어졌다. 이 화석은 아파렌시스와 호모의 특징을 혼합한 종으로 지금까지 알려진 것과는 다른 종이어서 오스트랄로피테쿠스 가리(*garhi*)라고 명명하였다.[25] 가리란 말은 그 지방의 언어로 놀라움이란 의미를 가지고 있다. 실제로 그것은 놀라운 발견이기도 했다. 더욱 흥미로운 사실은 그 화석들 주위에서 인공적으로 파손된 영양의 뼈들이 나오는 등 이 지역과 근접한 지역에서 올도완 석기와 더불어 그보다 정교하게 제작된 석기들이 발견된 것이다. 올두바이에서 발굴된 이같은 자료로부터 호미니드가 육류를 섭취하기 시작한 시기가 이 시기일지도 모른다는 가능성을 보여주었다. 많은 사람들은 이들이 인류 최초의 도살자였을지도 모른다고 추정하고 있다.

오스트랄로피테쿠스 보이세이가 올두바이 협곡에서 리키에 의해 발견된 것을 기념하기 위해 만들어 놓은 동판

아파렌시스로부터 호미니드의 계보를 수립하는 것은 여간 어려운 일이 아니다. 이는 발견된 화석이 온전하지도 않으려니와 발견된 시대를 정확하게 밝히기가 불가능하거나 어려운 경우도 있기 때문이다. 그러나 한때 학자들은 드물게 발견되는 화석으로 진화의 고리가 한 줄로 연결된 것으로 여기기도 하였으나 정보가 모일수록 진화의 고리는 그렇게 단순하지 않다는 사실을 확인하게 되었다. 아직 아무도 진화의 계통을 확실하게 수립하지 못하고 있다. 대체로 다음 그림에 보여준 것처럼 아파렌시스로부터의 진화 계통은 아프리카누스의 위상에 따라 달라진다. 그중 설득력 있는 가설은 아파렌시스로부터 아프리카누스를 거쳐 호모로 진화했다는 것과 아파렌시스로부터 호모로 바로 진화했다는 두 가지이다. 상상은 거기서 그치지 않는다. 아예 아파렌시스를 뛰어 넘은 시기의 공통 조상으로부터 아파렌시스와 호모(아프리카누스 포함)로 분화되었다는 가설도 제기되었다. 진화의 연결고리가 그처럼 불확실하기 때문에 알려진 사실조차도 그림에 표시한 것처럼 어정쩡한 상태로 둘 수밖에 없다. 아직 확실하게 연결시킬 고리는 명확하게 드러나지 않은 것이 사실이다. 마이어(Ernst Mayr, 1904~2005)는 이런 연결고리의 단절을 현재 존재하는 인구 중 어떤 소수의 그룹이 나머지 인구로부터 고립되면, 새로운 종으로 진화한다는 종분화론으로 설명하였다. 진화의 속도는 빨라져 윗세대와는 교배가 불가능해지고 새로운 종이 탄생한다는 것이다. 이때까지 발견된 인류의 조상에 해당하는 유인원의 화석으로 나타난 단절을 설명한 그의 제안은 초기에는 큰 주목을 받지 못하였다.[26]

호모 하빌리스를 연결하는 고리를 찾는 일은 동인도에 군의관으로 자원한 뒤부아(Eugéne Dubois)의 집념어린 노력에 의하여 이루어졌다. 그는 헤켈(Ernst Haeckel)이 인류의 잃어버린 고리는 인도양 어디엔가 있을지도 모른다고 한 말을 믿었다. 그가 군의관을 자원한 것은 의도적인 것이었다. 그는 우연이 아닌 집념에 가까운 노력으로 1891년 인도네시아 자바의 중부 솔로강 유역에서 고대 인류의 머리뼈와 허벅지를 발견하고 피테칸트로푸스 에렉투스(*Pithecanthropus erectus*)라고 이름을 붙였다. 이 긴 이름은 똑바로 서서 걸어다니는 유인원을 의미한다. 이 긴 이름보다는 자바인 또는 자바원인으로 더 잘 알려진 게 바로 이것이다. 듀보아의 발견 역시 논쟁을 일으켰으나 뒤이어 중국이나 자바에서 같은 종류의 화석들이 발견됨으로써 논쟁은 종식되었다. 이 화석은 호모 에렉투스(*Homo erectus*)란 학명을 얻게 되었다. 이런 식으로 변화되는 화석의 명칭은 우리를 더 혼란스럽게 만들기도 한다. 외웠던 이름을 기억에서 지워버려야 하는 일은 흔하게 일어났으며, 이번이 처음은 아니었다.

북경원인(peking man)으로 알려진 화석 산출지는 1921년 중국의 요청으로 중국의 1세대 지질학자들을 교육시키기 위해 중국에 머무르고 있던 스웨덴의 지질학자인 안데르손(Johan Gunnar Andersson)에 의해 알려졌다. 그 뒤 안데르손과 다른 고생물학자와 지질학자들이 유골이 많은 곳으로 유명했던 주구점의 용골산(龍骨山)을 발굴하였다. 산의 이름만 보아도 그 산이 심상치 않음을 느낄 수 있다. 일행 중 한 명이 유골을 발견하였으나 그는 동료에게 알리지 않고 있다가 1926년 북경의대에서 해부학자로 일하던 블랙(Davidson Black)에게 가져갔다. 당시 용골산의 유골은 중국 현지인들에게는 비밀도 아닌 일이었으며, 그 유골들은 단지 만병통치약으로 알려져 누구든지 필요한 사람들이 가져가 가루로 만들어 약으로 사용하고 있었다. 실제로 효과도 없었을 약효 때문에 가치를 알 수 없을 정도로 중요한 인류의 연결고리를 밝혀줄 수 있는 유산이 얼마나 사라졌는지는 아무도 모른다.

블랙은 그곳에서 발견한 화석으로 북경원인을 발견했다고 발표했으며, 더욱 본격적으로 발굴작업을 하였다. 본격적인 발굴작업으로 더 많은 유골들이 발견되었다. 그러나 일본의 진주만 공격으로 전쟁이 발발하자 중국 정부는 이들 화석을 안전하게 보호하기 위해 미국에 임시 동안 보내기로 결정을 했다. 미국 해병대가 이를 운송하는 과정까지가 이 화석의 이동을 추적할 수 있는 마지막 경로이다. 그 후의 행방은 알려지지 않고 있으며, 여러 가지 설만 분분하다. 그런 설 중의 하나는 이를 운송하던 미국 해병대들이 일본군에 잡혔으며, 일본군들이 유골을 운반하던 상자를 발견하였으나 그 중요성을 모른 채 방치시켜 어디론가 사라졌다는 설이 있는가 하면, 이의 중요성을 알고 일본으로 수송하던 중 함선이 침몰되면서 사라졌다는 설 등이

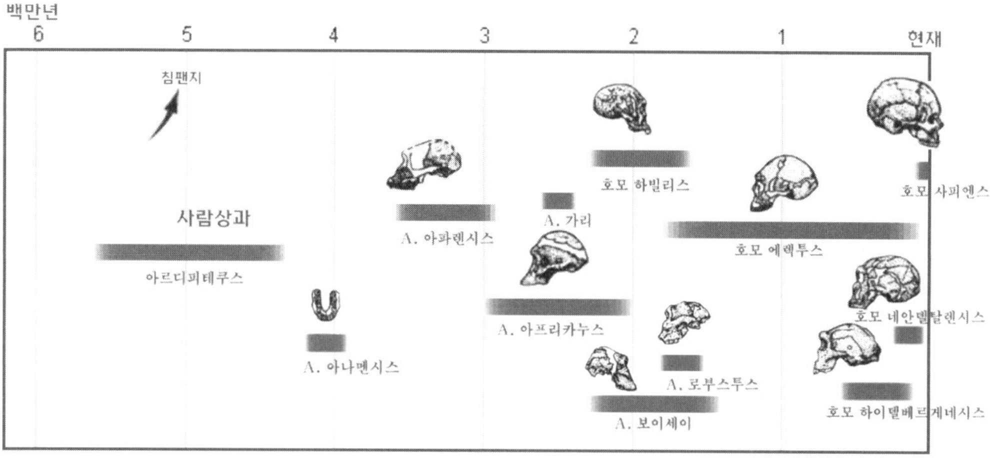

단순화시킨 인류 진화의 계통도. 500만 년 전 이전에 침팬지와 호미니드(사람상과)로 분리되었다. 그 후 아르디피테쿠스로부터 오스트랄로피테쿠스 아파렌시스로 진화한 것으로 여겨지며, 여기서 A. 아프리카누스를 거쳐 A. 로부스투스와 A. 보이세이에 이르러 진화의 고리는 단절된 것으로 해석하고 있다. A. 아파렌시스의 다른 진화의 고리는 호모하빌리스, 호모 에렉투스를 거쳐 현생인으로 진화한 것으로 추정하고 있다. 연결고리의 화석산출이 빈약하여 이 연결고리는 아직 불확실한 점이 많다(여기서 A는 오스트랄로피테쿠스이다. 두개골 화석의 크기는 실제 비율대로 나타낸 것이 아니다). 이 도표는 University of California Museum of Paleontology의 자료를 근거로 수정, 편집한 것이다.

있다. 비록 실체는 사라졌지만 그렇다고 학계에 보고된 북경원인이 사라진 것은 아니었다.

리키(Richard Lleakey)는 호모 에렉투스를 아프리카 투르카나호수 근처에서도 발견하였으며 뒤이어 세계의 여러 곳에서 발견되었다. 에렉투스는 이전의 화석보다 훨씬 큰 두뇌용적을 가지고 있었으며, 발견되는 화석마다 차이는 있었지만 대체로 700~1,300cc 정도의 크기였다. 거기에 더하여 직립자세에 완전히 적응된 다리뼈와 엉덩이를 가지고 있었으며, 물건을 확실하게 잡을 수 있는 손을 가지고 있었다. 이전의 호미니드가 아프리카에서만 발견되는 데 비하여 이들은 아시아에서도 발견되었다. 이는 열대의 사바나 또는 온대 지방에 이르기까지 여러 가지 다른 환경에 적응한 결과로 해석된다.[3] 그러나 이들이 확산된 정확한 시기는 아직도 미상이다. 가장 오래된 에렉투스는 아프리카에서 발견된 것으로 150만 년 전으로 거슬러 올라가며, 중국에서 발견된 것은 대체로 90~35만 년 전, 독일에서 발견된 것은 대략

중국 북경 남서쪽 42km 지점, 주구점에 있는 북경원인을 발굴한 유적지에 세워진 주구점 유적박물관. 유골을 바탕으로 복원시킨 북경원인의 동상이 그 앞에 자리하고 있다.

70~50만 년 전에 해당된다. 이들은 개량된 석기, 즉 아슐리앙형 석기를 사용하였다. 이런 석기는 올도완 양식에 비교하면 매우 정교한 것으로 세계 각지에서 발견되었다. 특히 중국의 주구점(周口店) 동굴에서는 불을 사용한 흔적을 남기기도 했다. 아마도 에렉투스가 불을 사용하는 힘을 가졌기 때문에 온대 지방으로 확산이 가능했을지도 모른다.

반복되는 빙하기와 생태계 교란

여기서 다시 과거로 되돌아가 보기로 하자. 700만 년 전과 250만 년 전 사이를 우리는 플라이오세라는 지질시대로 구분한다. 플라이오세 호미니드인 오스트랄로피테쿠스와 호모 하빌리스는 아프리카에서만 발견되었다. 그러나 그 이후 플라이스토세(250만 년 전 이후)의 호미니드인 호모 에렉투스는 전 세계적인 분포를 보인다. 약 125만 년 동안 번성하였던 호모 에렉투스는 아슐리앙형 석기의 단계적인 변화를 만들고, 서서히 문화적 진화를 이룩하기는 하였으나 오랜 기간 문화적 평형상태를 유지하였다. 진화론적 관점에서 보면 이 시기는 작은 변화가 계속되었으나 급격하게 변화되어야 할 필요성이 생기지 않은 진화의 정체기로 볼 수 있다. 페이건은 그러나 그 무리들이 남긴 현존하는 유물들은 보여주는 것 이상으로 훨씬 다양한 사회적, 문화적 전문성과 생태학적 적응체계를 가지고 있었다고 지적하고 있다. 이는 직립원인들이 아프리카에서 시작되어 그곳에 상당한 기간 머물다가 아프리카를 빠져 나와 유럽, 동아시아로 확산되었음을 지시한다. 직립원인의 아프리카 기원과 구대륙 진출설을 주장한 로버츠(Neil Roberts)는 이러한 아프리카 탈출이 대체로 그 지역의 생태계가 크게 교란되었던 시기인 100만~10만 년 전에 이루어졌다고 주장하였다.[5,27] 아마도 이 시기는 지질학적으로 지구의 변화가 일어난 시기였으며, 그들이 오랫동안 누렸던 쾌적함이 깨져버리는 시점이었을 것이다.

생태계의 교란은 100만 년 전에 처음 일어난 일은 아니었으며, 그 이전부터 선행 인류인 호미니드가 본격적으로 출현하던 500만 년 전부터 나타나기 시작하였다. 아직도 자세한 이유가 밝혀지지는 않았지만 그 시절부터 100만 년 전에 이르는 기간 동안 지구상의 기후는 거의 제멋대로 변화되던 시기이다. 300~400만 년 전 사이에는 지구의 기온이 급속하게 내려가 북반구에서 빙하기가 절정에 이르러 북유럽과 그린랜드 그리고 북미지역이 만년설로 뒤덮여 있던 시절이었다.[27, 28] 그런 추운 기후에 적응한 것으로 보아 그들은 강인하였던 것 같다. 사실 빙하기가 있었다는 사실이 인류의 지식체계로 편입된 것은 그리 오래된 일이 아니다. 이쯤해서 빙하기가 인류의 지식체계로 편입되는 과정을 알아둘 필요가 있다.

박물학자 장 드 샤르팡티에(Jean de Charpentier, 1786~1855)는 1834년 스위스의 시골길에서 만난 나무꾼과 길 옆의 바위에 대하여 이야기를 나누었다. 그 나무꾼은 길 옆 바위 덩어리들이 그 지역으로부터 멀리 떨어진 그림젤이라는 지역으로부터 이동해온 것이라고 주장을 했다. 그가 나무꾼에게 돌들이 어떻게 옮겨져 왔는지 묻자, 나무꾼은 아무 망설임 없이 그림젤의 빙하가 계곡의 양쪽에서 옮겨온 것이며, 과거에는 그 빙하가 베른까지 연장되어 있었다는 말을 덧붙였다. 샤르팡티에는 그의 가까운 친구였던 아가시(Louis Agassiz, 1807~1873)에게 이 이야기를 전했다. 그러나 아가시는 처음에는 그런 사실을 회의적으로 생각했다. 아가시의 친구 중에는 식물학자이자 시인인 카를 쉼퍼(Karl F. Schimper, 1803~1867)라는 식물학자가 있었다. 그는 1837년에 쓴 시에서 처음으로 빙하기란 용어를 사용했다. 그는 두꺼운 얼음층이 스위스의 알프스뿐만 아니라 유럽이나 북미의 다른 지역도 덮고 있었다는 주장을 하였다. 그는 그런 내용이 기록된 노트를 아가시에게 빌려주었다. 스위스 계곡의 빙하를 바라보면서 자란 아가시는 그들이 전해 준 이야기가 의미하는 중요성을 이해하였다. 그 결과는 1840년에 《빙하기의 연구》란 저서로 나타났다. 아가시는 처음으로 지구의 기후가 추워진 빙하기가 있었다는 점을 저서로 출간하

게 되었다.[28]

아가시는 그의 저서에서 시베리아의 얼음에서 발견되는 매머드나, 얼음에 의해 만들어진 퇴적물(빙퇴석)을 관찰하고 그런 현상들은 거대한 얼음이 대서양과 지중해의 해안선을 넘어 북미와 극동 아시아까지 완전히 뒤덮었을 때나 가능한 것으로 해석하였다. 이처럼 지구의 기후가 추운 시기를 빙하기라고 하였다. 쉼퍼는 당연히 자신의 연구결과라고 생각하던 것이 아가시의 연구업적으로 인정을 받는 것을 보면서 크게 후회하게 되었다. 샤르망티 역시 오랜 친구에 대하여 배신감을 갖기는 마찬가지였다. 이런 것을 보고 또 다른 친구였던 훔볼트(Alexander von Humboldt)는 과학적 발견에는 세 단계가 있다고 빈정댔다. 처음에는 사람들이 그것이 진실이 아니라고 부정을 하고, 그 후에는 중요성을 부정하며, 마지막으로는 엉뚱한 사람에게 그 업적을 인정해 준다는 것이다.[29]

그런 과정을 거치기는 했지만 아가시는 빙하기 연구에 몰두하여 내려오는 구전이나 전설이 아닌 학문의 세계로 빙하기를 끌어넣은 장본인이다. 그는 빙하를 이해하기 위해 알프스의 험한 빙하를 헤집고 다녔다. 빙하기를 경험해보지 않은 당시의 그들에게 그런 해석을 가능하게 해준 것은 역시 아가시의 뛰어난 자연 관찰 결과와 해석 덕분이었다. 그렇다고 모든 학계에서 그의 이론을 지지해주는 것도 아니었다. 보다 못한 훔볼트는 아가시에게 빙하 연구를 포기하라고 충고하기도 했다. 영국에서 후에 지질학의 아버지로 추앙을 받게 된 찰스 라이엘조차도 처음에는 공개적으로 그런 빙하기의 존재를 주장하는 이론을 비판했다. 나중에 그는 빙하기의 존재를 인정하고 그것을 인식하지 못했던 점을 심히 유감스럽게 생각하기조차 했다. 그러나 아가시는 결국 빙하기의 연구결과를 인정받아 후에 하버드대학의 교수로 임용되었다.

초기 빙하기에 대한 개념은 비교적 단순하였다. 과거 빙하기의 기후는 오늘날보다 훨씬 더 추웠다는 것과, 우리가 생각하는 것보다 더 광범위하게 빙하가 분포되어 있었으며, 오늘날 빙하가 없는 지역까지도 빙하로 뒤덮여 있었을 것이라는 정도였다. 그러나 그 이후 빙하기에 대한 많은 지질학적 지식들이 축적되었다. 그렇다면 무엇이 지구의 온도를 낮추었을까 하는 의문이 뒤따르게 된다. 당시의 과학자들은 여러 가지 가설을 만들어냈으나 오늘날 지식체계로 받아들이기에는 미흡한 것들이었다. 예를 들면 지구의 자전축이 바뀌어 극지방은 적도에, 온대 지방은 극에 가깝게 되었다는 이론이 등장하였다. 또 다른 가설로는 지구가 우주를 관통하면서 차가운 곳과 따뜻한 곳을 교대로 통과하였다는 것이다. 그런 주장들은 모두 올바른 것이 아니었다. 정작 이런 지구의 기후변화를 알아내는 데는 더 많은 시간이 필요했다.

크롤과 밀란코비치의 지혜

지구의 기후를 변화시키는 요인들은 여러 가지가 있으며 이들이 단독으로 또는 복합적으로 작용해서 온도를 낮추거나 올리게 된다. 앞에서 설명한 것처럼 파나마지역의 융기에 의해 대서양과 태평양의 해류 교환을 막아 기후계의 변화를 일으킨 것처럼 지판의 이동과 조산운동 역시 기후계에 영향을 미친다. 이런 지판의 이동은 전 지구적인 해양의 열염순환을 방해하기도 하는데 이 역시 기후 변화의 원인이 된다. 이외에도 대규모의 화산활동 역시 기후변화를 일으킨다. 화산활동은 용암만 토해내는 것은 아니며, 용암과 함께 가스와 화산재를 분출한다. 화산재들은 기권으로 올라가 부유하면서 태양의 에너지를 차단시켜 일시적으로 지구의 기온을 내리기도 하지만 용암과 함께 분출되는 이산화탄소는 온실효과를 일으켜 지구 기온을 올리는 원인이 된다. 중생대 백악기의 가장 따뜻했던 시기는 135~155Ma로서 이 시기는 바로 남태평양의 해저 산맥을 형성하던 대규모의 화산활동이 있던 시기이다.[24]

그러나 지구 기후변화의 보다 근본적인 원인은 천문학적인 원인으로 해석되었다. 이러한 원인은 세차운동, 축의 기울어짐과 이심율로 설명을 하는데, 이 이론을 발전시킨 이들의 이름을 따 크롤-밀란코비치 이론이라고 한다. 이 이론은 정규교육이라고는 제대로 받아보지도 못하고, 독학으로 지질학자가 된 크롤(James Croll, 1821~1890)에 의해 제안되었다. 그러나 초기에는 그의 계산상의 실수까지 겹쳐 아무도 그의 이론에 주의를 기울이지 않았다. 그러나 크롤의 그러한 주장 덕분에 언젠가는 지구가 얼음에 덮여 있을 수 있었다는 사실에 관심을 가지게 되었다. 그의 천재적인 재능 덕분에 그는 후에 스코트랜드 지질조사소의 정식 직원이 되었으며 런던 왕립학회 및 뉴욕 과학원의 정식 회원이 되었다.

크롤의 이론은 탁월한 것이었으며, 또 다른 비범한 학자에 의해 빛을 보게 된다. 바로 헝가리의 지구물리학자인 밀란코비치(Milutin Milankovié, 1879~1958)에 의해 크롤의 단순했던 이론이 보강되어 다듬어졌으며, 그 결과로 계산한 빙하기의 시기가 지층에 기록되어 있는 빙하기의 시기와 일치하자 그들의 이론은 이제 중요한 이론으로 자리 잡게 되었다. 그 이후 이 이론은 크롤-밀란코비치 이론으로 불리게 되었고 실제 그 계산이 과학계에서 확인된 것은 밀란코비치가 사망하고 난 이후였다. 이러한 원인들에 의해 지구의 빙하기는 수없이 반복되었다는 사실을 이제 누구든지 인정하고 있다. 선행인류가 진화하는 데 중요한 지질시대인 플라이스토세(홍적세라고 번역하여 부르기도 함, 200만 년 전~1만 년 전 사이)에만 해도 약 30번 정도의 빙하기가 있었다고 알려져 있다.[28]

지구에는 플라이스토세의 변덕스러운 빙하기보다 훨씬 더 혹독한 빙하기도 있었다. 원생대의 말기에 해당되는 8억 5천만 년 전에서 5억 5천만 년 전 사이 3억 년 동안 지구는 혹독한 빙하기와 간빙기가 반복되었던 시기였다. 그래서 이 시기를 캘리포니아공대의 커쉬빈크(Joe Kirschvink)는 "눈덩이 지구(snowball earth)"라는 용어를 만들어 사용하였다.[30] 이 시기 빙하기의 추위는 매우 심하여 열대 지방의 해수면 가까이에서도 빙하가 발달한 것으로 추정하고 있다. 그러니 그 시기의 지구를 눈덩이 지구로 표현하는 것 이외에는 걸맞은 용어가 없을 성싶다. 이 3억 년 동안 빙하기가 계속된 것은 아니었으며, 빙하기와 간빙기가 빠르게 반복되는 과정을 거쳤다. 이런 사실은 지층 중에 고스란히 기록되어 있어 이를 지질학자들이 해석해낸 결과이다. 그러나 이 시절 지구는 오늘날과는 많은 차이가 있었다. 육지에서는 생물체의 흔적을 찾아볼 수 없었으며 단지 원시적인 생명체들만이 바다에서 생존하던 시절이었다. 그러나 한 가지 흥미로운 사실은 이 눈덩이 지구가 끝이 나는 시점이 바로 지구상에 대형 생물종들이 폭발적으로 늘어나는 시점과 일치한다는 것이다.

그러나 이런 기후의 변화가 그런 생물종의 폭발적인 증가와 어떻게 연관되는지 아직 아무도 정확하게 해석할 수 없다.

인류의 전 지구적 확산

다시 호미니드가 활동하던 플라이스토세로 돌아가자. 250만 년 전은 이 시기 빙하기의 절정기였다. 이 시기에 만들어진 해저 퇴적물과 빙하에는 먼지의 양이 급격하게 증가되는데 이는 바로 이 시기의 기후가 바람이 세고 건조하였음을 의미한다. 이는 지역적으로 삼림지역의 축소로 나타났을 것이다. 삼림지역의 축소는 추워진 온도 때문이 아니라 빙하의 확장에 따른 건조한 기후에 기인되는 것이었다. 따라서 아프리카에서는 이 시기 이전에는 보지도 못하던 초원지대가 발달하게 된 것이다. 이런 생태계의 변화는 근본적으로 지구의 기후변화와 관계가 있는 것이 명확해진다.

이러한 변화는 90만 년 전에 더 극심해졌으며, 70만 년 전 이후에는 지자기가 역전되는 시기와 겹쳐 빙하기와 간빙기가 교차되면서 삼림과 빙하가 교차로 나타나는 이례적인 현상이 지구 곳곳에 나타난 시기이기도 하다. 지구의 기후 변화는 지구궤도 이심율이 변화되는 10만 년 주기에 따라 빙하기와 간빙기의 주기변화가 일어났다. 그러나 이 시기에는 원인이 알려지지 않은 어떤 이유로 간빙기와 빙하기의 주기가 4만 년 정도로 더욱 빠르게 진행되었다. 차갑고 따뜻한 주기, 즉 건조하고 습윤한 기후의 변화가 평상시의 두 배 이상으로 빠르게 진행되었던 시기였다.[28] 선행인류 중 오스트랄로피테쿠스는 주로 삼림지대에 살았다. 그들은 직립원인이었지만 나무타기에도 능숙하였다. 그러나 나무에서는 침팬지처럼 빠르지는 못했다. 육식동물의 표적이 되는 것을 피하기 위해 이들은 안전한 잠자리를 위해 나무 위로 올라갔다. 하지만 건조한 기후 때문에 삼림이 축소되면서 이들은 땅 위로 내려와 적응을 했지만 쇠퇴하기 시작하였다. 이런 변화된 환경 속에서 적응하는 종만이 살아남을 수 있는 자연의 원리대로 그들의 자손은 새로운 생물학적 특성을 가지고 발전하였을 것이다. 이것은 맥두걸이 제시한 시나리오이다.[28] 그 시기에 등장한 호미니드가 호모 에렉투스이다. 호모 에렉투스가 전 지구적으로 확산되던 시기와 일치하지만 이 역시 정황 증거만으로 그려진 그림이다. 아직 아무도 이런 기후 변화와 호모 에렉투스의 전 지구적인 확산과의 관계를 명쾌하게 설명하지 못하고 있다. 단지 이러한 기후의 변화가 생태계의 변화를 일으켜, 이들의 먹이였던 동물의 이동을 유발하였을 가능성을 추론하고 있다. 그 결과로 호모 에렉투스의 아프리카 탈출에 일조를 했을 것이라고 믿고 있다.

페이건은 초식동물의 이동경로를 따라 이동할 수밖에 없었던 동물들이 그 초식동물을 먹이로 하는 육식동물이었으며, 그 결과 유럽과 아프리카대륙에서 동물의 대교환이 이루어졌다는 것이다. 그 이전까지만 해도 아프리카에서만 나타나던 하마나 코끼리와 같은 초식동물들과 함께 이동한 사자, 표범 그리고 하이에나와 같은 육식동물들이 그 시기 이후 무렵의 유럽에서도 대량 발견된다는 것이다. 이것은 분명 기후 변화에 따른 초지와 삼림의 분포 지역과 관계가 있을 것이다. 페이건은 이를 근거로 아마도 이 시기가 바로 아프리카를 벗어난 시기일지도 모른다고 추정하고 있다.[7] 이러한 주장은 매우 설득력이 있어 보이며 많은 사람들의 지지를 받고 있기도 하다. 그러나 모든 학자들이 이런 의견에 전적으로 동조하는 것은 아니며 그런 결론을 내리는 데 대해 보다 신중해야 한다는 의견을 제시하기도 한다.

현대인의 출현

1856년 독일 네안데르탈지역의 한 동굴에서 몇 명의 인부들이 두개골을 발견하였다. 그 화석을 전해받은 그 지역의 아마추어 학자는 그 화석이 인류의 과거와 관련되었을 거라는 의문을 가지고 해부학자인 샤프하우젠(Herman Schaaffhausen)에게 전해주었다. 그들이 그 화석의 발견을 공식적으로 발표한 것은 이듬해인 1857년으로 다윈이 《종의 기원》을 펴내기 2년 전의 일이었다. 그 두개골의 발견은 이런저런 논쟁의 시발점이 되었다. 처음에는 이 유골들이 오래된 것이라는 것을 믿으려 들지 않았다. 본대학의 교수였던 아우구스트 마이어는 그 뼈들이 1814년 독일에서 전투에 참여했다가 부상을 당해 죽은 몽골 계열의 카자크

병사의 것이라는 고집을 부렸다. 어떤 이는 나폴레옹 군대의 일원이었던 병사의 것이라고 하기도 했으며, 어떤 이는 병에 걸린 사람의 두개골이라는 주장을 하기도 했다. 그리고 어떤 인류학자는 눈두덩이가 솟아 오른 것은(네안데르탈인의 특성 중의 하나) 이마에 생긴 상처를 제대로 치료하지 못해 생긴 결과라고 주장했다. 그러나 이러한 두개골은 서부 유럽뿐만 아니라 아시아에서도 아프리카에서도 발견되었다. 이 두개골은 다름아닌 네안데르탈인으로 잘 알려진 호모 사피엔스 네안데르탈렌시스(*Homo sapiens neanderthalensis*)이다. 네안데르는 그리스어로 "새로운 사람"이라는 의미로 이런 인류고리의 화석 이름으로는 알맞은 선택이었다. 이 두개골은 지금까지 발견된 두개골 중 현생인류와 가장 유사한 것으로 이 화석들 중 최초라는 영예를 얻었다.

실상 최초의 네안데르탈인의 두개골은 런던의 헌터박물관 선반 위에서 그리 큰 주목을 받지 못하고 방치되어 있던 상태였다. 그것은 1848년 지브롤터의 채석장에서 발견되었으나 그때까지만 해도 그것이 인류의 연결고리에 해당하는 중요한 화석인지도 모른 채 먼지만 뒤집어쓴 채 방치되어 왔던 것이다. 최초의 공식적인 보고는 1907년에 이루어졌으나 최초의 네안데르탈인의 영예는 이미 사라진 뒤였다.

이들은 수십만 년 전 바로 바이크젤(Weichsel) 빙하기 이전의 간빙기에 처음으로 나타났지만 출현 당시의 상황은 아직 미상인 상태이다. 이들은 사후 세계에 관심을 갖고 있던 최초의 흔적으로 매장문화를 가지고 있었다. 두개골의 해부학적인 특성은 직립 원인과는 다르고 현대인과도 다른 특징을 가지고 있지만 두뇌 용량은 1,305~1,750cc로 현대 인류의 범주에 해당되었다. 네안데르탈인들의 도구는 이전의 것보다는 훨씬 정교하며 세련되어 있었다. 네안데르탈인들은 12만 년 전에 출현하기 시작하여 4만 년 전의 지층에서는 사라져버렸다. 그러나 다른 지역의 네안데르탈인은 20여만 년 전에 출현하여 1만 년 전까지도 현생인류와 공존하였다. 이와 같은 시기에 공존하는 다른 호모 사피엔스도 있었다. 일반적으로 두뇌 용량이 1,200cc에 가까워 에렉투스의 것보다는 컸으나 현대인의 두뇌보다는 작았다. 이들은 50만 년 전에 출현하였으나 어느 시점에 사라졌다. 이들은 호모 하이델베르겐시스(*Homo heidelbergensis*, 이는 나중에 *Homo sapiens archaic*으로 명명됨)이다.

현생인류인 호모 사피엔스 사피엔스(*Homo sapiens sapiens*)의 출현에 관한 문제는 아직도 풀리지 않는 수수께끼 중의 하나이다. 한때는 네안데르탈인이 현생인류의 직계 선조라고 생각하기도 했다. 그러나 프랑스의 생 세제르와 독일의 하노페르잔트에서의 네안데르탈인과 현생인류가 공존했던 두 유형의 화석들이 동시에 발견됨으로써 이 둘 사이의 계보관계는 없다는 것이 밝혀지게 되었다. 아직도 현생인류의 기원에 대한 논쟁은 계속되고 있다. 그러한 예가 아프리카 기원설과 다지역 진화설이다. 아프리카 기원설은 현생인류가 아프리카에서만 진화해서 다른 대륙으로 진출했다는 것이며, 다지역 진화설은 각 대륙에서 독립적으로 현생인류가 진화했다는 학설이다.[31] 어떤 진화계보를 통해 어떻게 현생인류가 출현했는지는 모든 게 불확실한 상태이다. 더 많은 화석자료가 수집된 후에야 이를 확실하게 밝혀낼 수 있을 것이다. 그러나 윌슨과 칸은 아프리카, 아시아, 유럽 등지에서 여성 147명의 태반에서 미토콘드리아 DNA를 연구한 결과로 20만 년 전쯤에 현생인류가 출현하였을 것이라고 주장하고 있다.[32, 33] 하여튼 이런 현생 인류의 기원과 인류의 아프리카 탈출에 대한 완벽한 시나리오가 언제 완성될지 아무도 예측할 수 없는 것이 현실이다.

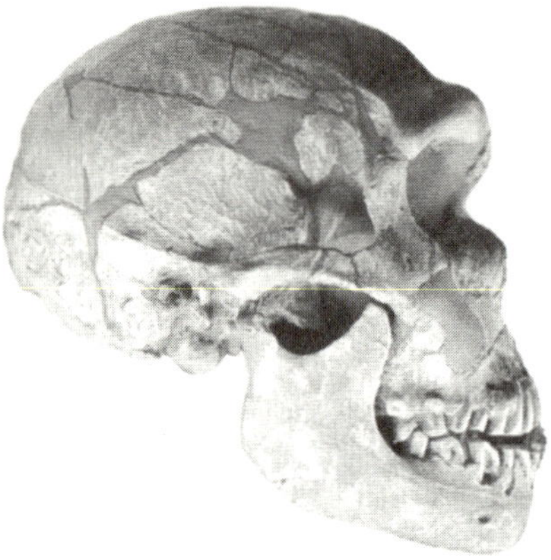

1909년 9월 7일 불란서에서 발견된 호모사피엔스 네안데르탈렌시스. 현생 인류와 가장 가까운 화석이다.

모두 한 조상으로부터 시작되었다

그렇기는 하지만 인류의 연결고리에 해당하는 화석들이 인류학자나 고생물학자들의 집념어린 노력으로 하나둘씩 목록에 추가

되고 있다. 이 목록이 추가될 때마다 그런 의문점들이 한 가지씩 해결되기도 한다. 그런 인류 진화의 중요한 정보를 준 지역이 바로 맨틀 상승류에 의하여 대협곡이 만들어지는 동아프리카 열곡대이다. 지구의 거대한 지질영력으로 만들어진 아프리카 열곡대는 선행인류가 생존할 수 있는 먹거리를 제공해 주었으며, 그들이 살기에 적합한 환경을 만들어 주었다. 또한 이들이 죽어서 보전될 수 있는 조건을 구비하고 있었다. 인류의 기원을 밝혀주는 데 결정적인 단서를 제공해준 이 아프리카 열곡대는 수백만 년 전부터 그래왔던 것처럼 일 년에 1cm씩 대륙을 양쪽으로 밀어내고 있으며, 곳곳에서 아직도 살아있다는 신호를 보내려는 듯 지각 내부에 품고 있던 용암을 토해내기도 한다. 그런 지질학적 환경이 만든 자연 생태계는 인류의 출현과 진화에 적합한 장소로 부각되었음이 분명하다.

현대의 생명과학은 미토콘드리아 DNA분석 결과로부터 현생인류의 고향이 아프리카라는 점이 점점 분명하게 드러나고 있다. 그럼에도 불구하고 인종 간의 편견은 결혼을 금지하는 것으로 나타난다. 유럽 사회는 동양보다는 지리적인 이유로 흑인과 더욱 빈번하게 접촉하게 되었지만 다른 인종 간의 혼인은 이루어지지 않았다. 미국에서는 많은 노예를 아프리카로부터 수입을 하였으며, 법률로 차별을 강화하였다. 1691년 버지니아주에서는 흑인이나 물라토(mulatto, 라틴 아메리카에 있는 백인과 흑인의 혼혈 인종), 또는 인디언 남성이 영국인이나 다른 백인 여성과 혼인하는 것을 금지하는 법안을 만들었다. 불과 300년 전의 일이다. 법안은 거기서 그치지 않았으며 그 이후 다른 주에서는 아시아인들을 비롯한 다른 인종과 유럽인들의 후손이 결혼하는 것을 금지하는 법령을 속속 제정하였다. 1967년에 이르러서야 미국의 대법원은 이런 금지 법안이 위헌이라는 판결을 내렸다. 지금 생각해보면 참으로 어처구니없는 법령들이었으며, 인종차별이 얼마나 심각한 상태였는지 보여주는 실례이다.

그러한 오류는 문화적 우월감이 만든 인종주의적 발상이라는 시각을 가진 이들도 있다. 그들은 모든 인간집단이 유럽문명의 틀 안에 위치하고 있다는 잘못된 고정관념을 가지고 있다는 것을 단적으로 보여주는 것인지도 모른다. 이런 잘못된 시각

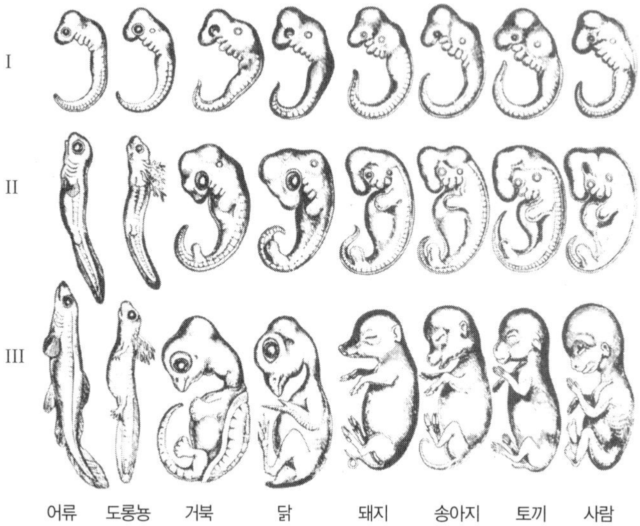

헤켈이 1874년에 그린 배아 그림의 복사본. 진하게 표시된 부분은 유사점을 강조하기 위해 지나치게 강조한 것으로 여겨진다.

을 갖게 만든 것은 학자들의 견해도 일조를 하였다. 한때 유럽의 생물학자들은 유럽 사람이 진화의 사다리에서 다른 인종들보다 더 위에 있다고 주장을 하기도 하였다. 극단적인 예이긴 하지만 독일의 위대한 생물학자이자 의학자인 헤켈(Ernst Haeckel, 1834~1919)은 그의 저서 《생명의 경이》에서 "베다족(스리랑카 원주민)이나 오스트레일리아 니그로족처럼 하위 인종들은 생리학적으로 유럽의 문명인보다는 포유류나 영장류 또는 개에 가깝다. 따라서 그들에게 완전히 다른 생명의 가치를 부여해야 할 것이다."라는 극언에 가까운 이야기를 아무 주저 없이 기록하였다. 사실 그런 말은 그의 다른 위대한 학문적인 성취를 훼손하는 것은 아닐지라도 하지 않았어야 더 좋았을 발언이었다.

헤켈은 다윈의 진화론을 열렬하게 지지하였다. 다윈의 진화론을 근거로 어떤 사람은 여러 인류 집단들이 서로 다른 영장류에서 독립적으로 진화했다고 단정적으로 말하기도 하였다. 그가 그린 여러 가지 동물의 배아의 그림은 후일 교묘한 속임수가 있다는 것으로 논란의 대상이 되었으나 아직도 많은 생물학 교과서에 수록되는 유명한 그림이 되었다.[34] 그가 비록 인종에 대하여 그런 편견을 가지긴 했지만 그가 생물학에 남긴 업적은 대단하였다. 미국의 시에라네바다에 있는 4,090m 높이의 헤켈산은 바로 그의 이름을 따서 지은 것으로 그가 무시할 수 없는 업적을 남긴 과학자라는 증거이다. 그 산의 북서쪽 1.6km 지점에 있는 봉우리는 다윈산이다.

그곳에서 내려다보이는 분지는 진화분지(Evolution basin)라고 이름 붙여 있다. 산의 이름도 이 정도가 되면 재미있는 수준을 훨씬 넘어선 느낌이 든다. 헤켈을 기념하기 위해 붙여진 산 이름은 뉴질랜드에도 있으며 그리고 소행성에도 그의 이름으로 붙여진 게 있다.

그러나 현대인들이 가지고 있는 그런 편견은 아주 우스운 일로 여겨진다. 불과 1만여 년 전 마지막 빙하기가 끝이 날 무렵 세계에 흩어져 있는 인류는 모두 수렵, 채집 단계에 머물러 있었으며, 미개하여 거의 동물이나 다름없는 생활방식을 가지고 있었다. 그런 사실을 상기하면 비록 근대 문명이 인종 간 삶의 질의 차이를 만들었지만, 그런 잣대로 인종을 평가하는 것 자체는 무의미하기 때문이다. 고대문명이 출현한 시점을 고려하더라도 인종 사이에 그런 차이가 두드러지게 나타난 것은 불과 수천 년에 불과하기 때문이다. 이런 시간은 지구의 46억 년 역사에서 일어나는 생물체의 진화과정으로는 한순간에 불과하다.

잘못된 편견

인종적인 편견이 사실로 드러난 가장 극적인 예가 바로 1857년 미국에서 일어난 드레드 스콧(Dred Scott, 1799~1858)의 재판이다. 드레드 스콧은 버지니아주에서 노예의 신분으로 1799년에 태어났다. 그는 주인과 함께 1830년 미주리주의 세인트루이스로 이주하였다. 그곳에서 다른 가문의 노예로 팔렸다. 그러나 새 주인인 의사를 따라 노예제도를 불법으로 간주하던 북부의 위스콘신과 일리노이스주에 거주하였으며 그곳 자유주에 거주하는 한 여성을 만나 결혼을 하였다. 그 후 미주리로 돌아온 스콧은 위스콘신이나 일리노이스주에 거주하였다는 사실을 근거로 자신이 자유 신분임을 밝혀 달라는 소송을 노예제도를 반대하는 변호사들의 도움을 받아 1846년 소송을 제기하였다. 그러나 법원은 지루한 송사 끝에 1857년 아프리카 사람들은 하위집단이므로 그들이 미국에서 받는 대우는 정당한 것이라는 판결을 내렸다. 사실 이 판결은 남북전쟁을 일어나게 만든 여러 가지 원인들 중의 하나가 되었다. 허상에 불과한 신체적인 차이를 인간 가치의 본질로 잘

못 판결한 것은 시대의 산물로만 여기기에는 석연치 않으나, 잘못된 인식을 바로 잡는 데는 시간이 더 필요하였다.

아직도 해결해야 할 문제가 있기는 하지만, 아마도 그런 판결을 내린 판사는 물론 그 송사에 관련된 사람들도 아프리카 기원의 공동 조상으로부터 갈라져왔다는 사실을 몰랐을 때이니 그럴 만도 하다는 생각이 들기도 한다. 그렇다고 치더라도 인류의 조상이 같은 뿌리에서 출발하였다는 과학적인 사실이 밝혀진 오늘날에 와서도 그런 편견이 완전히 해소되었다고 보기는 어려운 형편이다. 올슨이 지적한대로 인종차별을 정당화할 유전적 차이는 없다. 그는 인종 간의 유전적 차이는 너무 작다는 사실을 명심해야 한다고 하면서 다음과 같은 예를 들었다.[19,33] 인종 간의 다른 피부색과 얼굴 생김새에 영향을 미치는 유전적 변수에는 사람에게 있는 수십억 개의 뉴클레오티드 가운데 불과 매우 미미한 수준인 수백 개 정도만 간여한다는 것이다. 그런 수준의 미미한 유전적 차이를 가지고 특권과 억압으로 가득찬 복잡한 사회를 유지해온 정당성이 없다는 것이다.

불과 1만 년 전 지구의 인구는 약 1천만의 인구밖에 없었으나 그들은 의사소통을 할 수 있는 영민함과 생각할 수 있는 장점으로 지구를 지배하는 종으로 부각하였음이 분명하다. 숫자로도 생물계의 큰 동물로서는 이미 우점종으로 자리 잡았음이 분명하지만 모든 동물계를 지배했는지는 확실하지가 않다. 그러나 약 8,000년 전 유목생활에서 농업, 정착생활로의 전환은 인구 증가의 기폭제가 되었다. 구동되기 시작한 인구 증가세는 좀처럼 둔화되지 않았으며, 폭발적인 증가세가 지속되면서 4,000년 전에는 문명을 발달시키기 시작하였다. 그리하여 2,000년 전에는 약 3억으로 증가하였다. 기하급수적으로 증가하는 인구는 현재에 이르러 65억 명을 초과하면서 과연 지구가 얼마나 더 많은 인구를 부양할 수 있는지를 염려하는 단계에 이르게 되었다. 이런 변화는 지구의 역사를 보아도 심상치 않은 변화이다. 지금까지 알려진 사실만으로는 인간보다 지구상의 모든 것을 거의 전적으로 지배한 생물종은 없었던 것으로 여겨진다. 그러나 인간이 발달시킨 과학문명이 자연계에서 일어날지도 모를 어떤 잠재적인 위험을 부분적으로 상쇄시키고 있다는 인상을 주는 현상들도 있다. 하지만 그게 언제까지 유지될지는 어떤 미래학자도 자신 있는 견해를 피력하기조차 어려운 문제이기도 하다.

이제 피부 색깔은 사는 환경의 특성을 반영한 것이며, 단지 검은 피부를 가진 것만으로 인간의 존엄성이 달라지지 않는다는 것을 우리는 알고 있다. 설사 같은 피부색을 가지고 있다고 해서 그들 사이에 더욱 긴밀한 관계가 있는 게 아니라는 사실도 확인되었다. 지금 우리에게 필요한 것은 인간이 생태계에서 우월적인 존재가 아닌 자연의 일부로 생각하자는 자연중심주의적 사고로의 인식전환이라는 점을 많은 학자들이 지적하고 있다. 실제로 자연계에서 일어나는 거대한 변화에 대한 인간의 대응책은 거의 없는 것이나 마찬가지이다. 우리의 선조격인 선행인류가 출현한 아프리카 열곡대 주변에서 주기적으로 또는 간헐적으로 일어나고 있는 화산활동을 아무 대책 없이 먼발치에서 경험하였던 것처럼 오늘날 그곳에 살고 있는 현대인들도 별다른 감정 없이 우리가 어찌할 수 없는 자연현상으로 치부하면서 바라보고 있다. 그러나 인간은 자연현상에 대해서는 비록 무기력한 존재일지는 모르지만, 보르노프스키가 그의 저서 《인간등정의 발자취》를 시작하면서 쓴 다음 글이 더 적당한 기술일 것이다.[35]

> "인간은 특이한 동물이다. 그는 동물 가운데서도 독특한 일련의 재능을 가지고 있다. 그래서 그는 다른 동물들과는 다르게 풍경 속의 한 형상이 아니라 그 풍경을 형성하는 존재다. 인간은 몸과 정신 양면으로 자연의 탐험가이며, 가지 않은 곳이 없는 동물로, 모든 대륙에서 집을 찾아내는 것이 아니라 집을 만들어왔다."

4

엘도라도는 어디에

엘도라도는 어디에

"오, 금! 휘황찬란한 금이여!
이만큼만 있으면 검은 것도 희게, 미운 것도 곱게
그른 것도 옳게, 천한 것도 귀하게, 늙은 것도 젊게
겁쟁이도 용감하게 만들 수 있고 말고."

– 셰익스피어 희곡 「아테네의 티몬」 4막 3장 중에서

일찍이 셰익스피어도 금의 능력을 알고 있었다. 검은 것도 희게, 그른 것도 옳게 만들 수 있는 황금의 힘이 거의 전지전능하다는 것은 이미 오래전 인류의 역사 속에 편입되어 있었다. 인류가 이 금속처럼 오랜 기간을 고귀하게 여겼을 뿐만 아니라 전 인류 역사를 통하여 권위 및 부의 상징으로 가치를 유지한 금속은 아마 없을 것이다. 사실 금은 자연계에서도 고귀한 자태를 스스로 유지하고 있는 몇 안 되는 광물 중의 하나로 다른 금속들과 섞이는 것조차도 거부하고 있다. 다름 금속들이 여러 가지 다른 원소들과 섞여 산출되는 것과는 다르게 금만으로 산출되는 고고함을 그 자신이 유지하고 있다. 당연한 결과이지만 다른 금속을 함유하는 광물들을 복잡한 화학식으로 나타내는 것과는 다르게 그저 간단하게 Au로 표시될 수 있게 되는 것도 그러한 성질 덕분이다. 금이 변색되지 않고 고유한 황금빛을 유지할

수 있는 것도 기실 다른 금속과는 다르게 공기 중의 산소와 반응을 하지 않는 그 만의 고고함 덕분이다. 다른 금속과 섞이는 경우는 단지 은과 섞이는 것을 허용하며, 섞이는 은의 함량도 무제한적으로 섞이는 것은 아니며 10% 내외만이 들어가는 것을 허용한다. 은이 들어간 광석광물은 일렉트럼이라고 부른다. 아주 드물게 텔루륨과 화합물을 이루는 경우도 있다.

자연계에서 금광산의 석영맥에서 산출되는 금. 흔히 금은 차돌이라고 부르는 석영맥에 수반된다.

그래서 자연계에서 금은 언제나 황금빛으로 빛나는 자태를 지니고 산출된다. 흔히 금은 백색의 석영맥과 함께 산출되는데 품위가 높은 금광산의 광석이라고 해도 육안으로 금을 찾아내기는 어렵다. 만약 광석이 금을 알아볼 정도로 함유하고 있다면 그 광산을 소유한 이는 굉장한 횡재를 한 것이나 다름없다. 눈에 보일 듯 말 듯 들어 있는 경우라 해도 광석으로서의 가치는 매우 높은 것이 현실이다.

투탕카멘의 황금마스크

인류가 오래전부터 고귀하게 여겨온 금을 채취하여 가공하기 위한 노력은 BC 1000년경으로 거슬러 올라간다. 이집트에서 금을 다루는 일은 최고의 권력자인 파라오의 권한 아래 사원에 기거하면서 비밀을 유지할 수 있는 성직계급에서만 다루어졌다고 한다. 이는 금이 얼마나 고귀한 대상이었는지를 단적으로 보여주는 증거이다. 그러니 초기 연금술을 시도한 노력들조차도 확실한 기록은 없으나 이들 사이에서 다루어졌으리라 추측되며, 야금술의 기술조차도 마술적인 방식과 결합하여 덧붙여진 이야기로 진실로부터 왜곡되어 형편없이 과장되는 경우가 많았음을 상상할 수 있다.[1] 하여튼 그들의 금 세공기술은 상당한 경지에 이르렀으며, 오늘날에도 보전된 많은 유물들이 이런 사실을 확인해주고 있다. 그런 유물들 중 가장 잘 알려진 것은 아마도 이집트 18왕조의 투탕카멘의 묘지에서 발견된 금으로 장식된 가면 '황금 마스크를 한 파라오(투탕카멘)' 일 것이다. 이 놀라운 유물은 카이로박물관에 전시되어 있어 세계인의 발걸음을 찾게 만든다. 황금 유물은 이집트에만 한정된 것은 아니며 그 이전에도 그 이후에도 인류의 발자취가 남겨진 곳에서는 예외 없이 발견되는 보물이다.

이집트 18왕조의 투탕카멘 묘에서 발굴된 황금 마스크를 한 파라오(이집트박물관 소장)

메소포타미아의 점토판에 기록된 역사에서 고대인들은 광물들이 다른 피조물과 마찬가지로 고유의 생명을 지닌다고 기록하고 있다. 그리하여 연금술의 기본 개념을 기록으로 남겨두고 있다. 이러한 연금술의 시작은 알렉산드리아를 거쳐, 암흑기의 아랍문화에 보전되다가 중세 유럽으로 들어가게 된다. 12세기, 13세기의 연금술 연구는 수도회를 통해 은밀하게 수행되었다. 교황 요한 22세가 1317년에 낸 칙령 "만들어낼 수 없는 것을 약속하는 자들……"으로 모조금의 제조와 판매를 금한 것을 보면 연금술이 매우 광범위하게 확산되는 상황이었으며, 가짜로 금처럼 만들어 유통시키는 행위가 널리 퍼져 있어 연금술사를 자처하는 자들의 사기 행각이 횡행하고 있음을 보여주는 반증이기도 하다.

15세기에 이르면서 유럽의 궁정은 연금술로 가득 차 있었다. 그 이후에도 연금술사들의 금을 만들려는 노력은 계속되었다. 다른 값싼 금속으로부터 금을 만드는 것은 아예 이루어질 수 없는 일이라는 것이 오늘날의 과학적인 상식이나 당시에는 무엇이든지 가능할 것처럼 여겨지던 시절이었다. 또한 과학적인 사고보다는 신념이 더 중요시되던 그 시기에 집념에 찬 그런 노력을 헛된 일로만 볼 수 있는 상황은 아니었던 것 같다. 사실 진정한 연금술사들은 단지 금을 만들려는 노력만으로 끝을 낸 이들은 아니었으며 철학과 과학의 경계에서 소우주를 창조하려는 시도를 한 차원이 다른 사람들도 있었으며, 물질화된 정신인 화금석을 얻기 위한 그들의 실험적인 노력이 금을 만드는 데는 실패하였지만 실제로 근대 과학 특히 화학의 발전에 기여했음을 부정할 수도 없다.[1]

금을 소중하게 다룬 것은 이집트만의 일은 아니었으며 동서양에서 마찬가지로 귀중하게 다루어 왔고, 왕권을 상징하는 왕관은 당연히 금으로 만들어졌다. 로마시대 초기 황제의 권위를 나타내는 왕관은 모자의 형태가 아닌 관이었다. 그 관은 금으로 정교하게 올리브 나뭇잎 모양으로 세공된 것이었다. 그러나 그 뒤에 왕권의 상징으로 만들어진 왕관은 금으로 만들어진 위에 여러 가지 보석으로 치장한 것이 대부분이었다. 개개의 왕관은 당시 장인들의 최고 솜씨가 숨어들어 있는 시대의 걸작이다.

우리나라도 예외는 아니었으며 신라시대에 만들어진 왕관들은 금관으로 솟을 장식으로는 소박한 비취가 장식된 것들이었다. 그중 대표적인 것이 경주시 황남동 천마총에서 출토되어 국보 188호 지정된 금관이 있다. 여기서도 다르지 않은 것은 기본 소재가 바로 금이었다는 사실이다. 그러나 겉보기에는 서양 제후의 왕관과 비교하여 소박한 왕관이었지만 숨어 있는 상징성은 대단하였던 것 같다. 김병모의 《한국의 금관》에 의하면, 천마총 금관 앞을 장식한 산(山)자 모양은(박물관 안내서에는 出자 모형으로 기록되어 있음) 나무를 사랑하는 스키타이나 시바르칸지방 기마 민족의 영향을 받아 이들 사이에서 널리 유행한 생명나무를 의미한다는 것이다. 그러한 솟을 장식에 부착된 비취는 나무의 과일을 상징한다는 것이다. 과일은 생명을 이어가는 씨앗을 품고 있는데, 이는 바로 생명의 탄생과 자손의 번성을 의미한다고 밝히고 있다. 그런 해석의 진위는 그 분야 전문가들이 밝혀야 할 일이지만 생각하는 것 이상의 상징성이 그 모자에 실려 있음을 어렴풋이 짐작케 만든다. 그러나 금으로 만든 왕관은 고려나 이조로 오면서 면류관으

경주 천마총에서 출토된 국보 188호로 지정된 천마총 금관. 단아한 모습이지만 상징성은 매우 크다.
(경주박물관 소장, 경박 200808-102)

로 바뀐다. 그렇기는 하지만 인접한 국가에서도 제후의 왕관은 으레 금으로 만들어져 있어 금이 권위를 상징하는 도구였음은 아무도 부정할 수 없다.

금은 어디에 존재하는가?

금이 고귀한 것처럼 아무나 만들 수 있는 그런 금속은 아니었다. 오직 자연만이 만들 수 있는 것이다. 어디 그게 금만이겠는가? 다른 모든 금속 역시 연금술사들이 만들 수 있는 것은 아니며, 이 역시 자연의 위대한 힘만이 창조할 수 있는 것이다. 지구를 구성하고 있는 암석들은 아주 소량의 금을 함유하고 있다. 지각을 구성하는 암석들에 들어 있는 평균적인 양이라는 것이 고작 몇 ppm 정도이다. 이를 쉽게 말하면 100만 개 중 불과 서너 개 정도의 빈도로 들어있는 것을 말한다. 이런 정도의 양이라면 아무리 시력이 뛰어난 사람이라고 해도 그 속에 들어 있는 금을 육안으로 확인하기가 불가능한 아주 미미한 양이다. 이 정도의 금이 들어 있는 암석은 오늘날의 기술 수준으로는 금을 회수한다고 해도 경제성이 전혀 없기 때문에 이런 암석을 광석이라고 부르지는 않는다. 암석을 금광석이라고 부를 정도가 되려면 적어도 암석 1톤당 수 그램 정도 이상의 금을 함유하고 있어야 경제적 가치를 갖게 되며 상업적으로 경제성을 갖는 채광 대상이 된다. 지구 껍질을 구성하고 있는 지각 평균 함량으로부터 1톤당 수 그램 정도의 금을 농집시키는 과정은 단지 자연현상에 의해 이루어지는데, 이런 자연적으로 일어나는 금의 농집과정을 전문가들은 광화작용(鑛化作用)이라고 부른다.

우리가 쉽게 금 광화작용이라는 말을 하지만 금을 농집시키는 자연적인 과정은 실로 다양한 과정을 거쳐서 만들어진다. 그렇기는 하지만 특정한 지질학적 조건을 가진 곳에서만 침전되는 귀한 금속이다. 마그마 또는 화산기원의 뜨거운 물과 암석과의 반응에 의해 금들이 추출되고 그런 광화유체가 지하에서 아주 느린 속도로 이동되면서 침전이라는 집적과정을 거쳐 광산을 만든다. 금은 황화수소나 염소를 만나면 $Au(HS)_2^-$나 $Au\ Cl_2^-$와 같은 착화물을 형성해서 지층 속을 이동한다. 이들 착화물의 용해도는 전적으로 용액의 pH나 산화환원전위와 관계된다. 또한 이들 착화물은 특정한 화학조건에서는 일시적 동반자인 황화수소나 염소를 버리고 금으로 침전된다. 이들 금은 특별히 황화광물의 표면에 흡착되어 덩치를 키우기도 한다. 이처럼 금을 암석으로부터 용해시키는 과정이나 이들이 운반되고 침전되는 과정은 전적으로 지구 내부의 화학적인 조건과 관계되는 것으로서 여기서 설명하는 범위를 벗어난다.

그러나 사광(砂鑛)을 만드는 과정은 좀 다르다. 이미 형성된 기존의 광맥들이나 금을 소량 함유하고 있던 암석들은 풍화작용에 의해 다른 광물들이 용해되거나 분리되어 떨어져나간다. 그러나 금은 화학적인 풍화과정에서 안정한 상태를 유지한다. 금은 풍화작용으로 분리되거나 변질된 다른 광물들과 함께 함께 수계를 따라 하천에 의해 운반되는 과정에서 다른 광물들보다 무거워 물이 흐르는 속도가 줄어드는 지역이나, 하천 바닥 패인 자리에 가라앉게 된다. 금들이 그런 곳에 모이게 되면 사광이 만들어지는 것이다. 사광 역시 어디에나 존재할 수 있는 것은 아니며 그런 지질학적 조건을 갖춘 곳에서만 만들어진다. 금은 매우 안정한 금속이기 때문에 암석들이 풍화되어 흙으로 변화하여도 금만은 변화되지 않고 그대로 살아남는 게 사광을 만든 원인이다. 그래서 고대 우리 인류의 조상들은 대부분 금을 암석 속에서 채광하여 선광을 통하여 회수하는 기술이 없었으므로 주로 사광에서 금만 따로 채취하는 방법에 주로 의존하였다. 단지 그들에게 필요한 도구는 함지와 같은 단순한 도구가 전부였다.

고귀한 금속

금이 과학 무대에 공식적으로 등장한 것은 인류가 이를 사용한 역사에 비교하면 일천하기 짝이 없다. 금의 원자번호는 79이며 1가와 3가의 원자가를 갖는 전이금속이다. 금은 뛰어난 연성과 전성을 가지고 있어 아주 작은 양으로 넓은 박막을 만들 수 있다. 이들의 밀도는 매우 높아 물의 19배에 해당하여 $1m^3$의 금의 무게는 무려 19,300kg이나 된다. 녹는 온도는 1,064℃에 이른다. 이들은 높은 전성과 연성 때문에 단지 1g의 금으로 $1m^2$ 정도의 면적으로 펼 수 있다.

물론 이 정도로 펼쳐내려면 상당한 기술이 필요하다.

금을 아주 얇게 펼친 금박은 다양한 용도로 사용되고 있다. 주로 건축물의 일부나 가구, 의상, 성당, 불탑 및 장식품을 치장하여 그 가치를 높이는 데 사용하였다. 건축물의 전체를 금박으로 처리한 인도 암리차르에 있는 시크교의 성전 골든 템플이나 일본 교토에 있는 금각사가 잘 알려진 것들 중의 하나이다. 우리의 전통 의상에는 금박을 입힌 것을 최상으로 친다. 금박 문양은 아주 다양하다. 꽃이 주종이기는 하지만 꽃과 넝쿨을 넣기도 하며, 전통적으로 우리가 좋아하는 수(壽), 희(囍) 또는 복(福) 자를 꽃과 함께 써넣은 문양을 저고리의 깃 단이나 치맛단 등에 넣어 사용한다. 예전에는 금박을 붙일 때 부레풀, 아교 및 송진 등을 배합한 접착제를 사용하여 이를 붙였으나, 오늘날 사용하는 현대적인 접착제는 접착시키는 재질에 따라 다르게 배합하여 사용한다. 사실 조선조에서 금박장식은 왕가에서만 제한적으로 사용되는 왕실의 품위를 나타내는 특권의 상징이었다. 과거 금 조각을 계속 두드려 얇은 종이처럼 만드는 금박장의 기술은 당시에는 첨단기술에 해당되는 일이었으며, 장인은 많은 시간을 금박 만들기에 소비해야만 했다. 종이 사이에 넣은 금을 손으로 두드려 편 금박의 두께는 단지 100nm(1/10,000mm)에 불과하다.

실제로 금은 빛이 통과할 정도로 얇게 만들 수도 있다. 극도로 얇은 금의 박막을 통과하는 빛은 녹청색을 띠는데 이는 금이 상대적으로 황색과 적색은 쉽게 반사시키기 때문이다. 자연계에서 산출되는 금은 단지 은과 섞이어 산출되지만, 일반적으로 금은 합금을 만들어 사용하기도 하는데, 금의 순도를 나타내는 단위는 케럿(Karat)으로서 흔히 K로 나타낸다. 24K라 함은 순수한 금을 나타내며 12K는 24분의 12, 즉 절반만이 금으로 되어 있다는 의미이다. 이런 단위는 1980년 중반 인도의 캘커타에 있는 금 거래상에 의해 시작되었다. 사실 이 단위는 보석의 단위로 사용하는 캐럿(carat)과는 전적으로 다른 것이다. 보석에서 사용하는 캐럿은 무게의 단위로 1캐럿은 200mg을 나타내는 단위이다.

금은 합금을 만들 때 사용되는 다른 금속의 종류에 따라 색이 달라진다. 일반적으로 합금을 만들 때 자주 사용되는 금속은 은과 구리이다. 구리를 사용하면 금의 색은 발그레한 색조를 띠게 되는데 특히 25% 정도의 구리를 섞은 18K 금은 따뜻한 질감의 색을 나타내는데 이를 로즈골드(rose gold, 핑크골드라고도 부름)라고 한다. 청색을 띠는 금은 철과 합금을 만들 때, 자색의 금은 알루미늄과 합금시키면 만들어진다. 은과 섞인 14K 또는 18K 금은 녹황색을 띠기 때문에 그린골드(green gold)라고 부른다. 화이트골드는 니켈이나 팔라듐과의 합금으로 만들어진다. 귀금속으로는 이처럼 사용되는 목적에 따라 다양한 색상을 만들어 이용한다.

금은 우리가 흔히 보는 장식용 귀금속으로만 가치를 갖는 것은 아니다. 금으로 가공된 물질의 용접용으로 사용되며 흔히 치과용 재료로도 사용된다. 우리 전통 복식에서의 금박으로 사용되기도 하지만 금사를 만들어 직조를 하기도 한다. 유리에 적색을 낼 때 사용하는 금속 역시 금이다. 어떤 호사가들은 칵테일이나 정종에도 금편을 넣어 마시기도 한다. 그런 용도로 사용될 때 어떤 효능을 가지고 있는지는 현대인들은 별로 문제 삼지 않는 것 같다. 금은 또 전자제품의 제작에 부품으로서 특별한 용도를 가지고 있는데, 이는 바로 1cm^{3}의 금에 5.90×10^{22}개의 자유전자를 가지고 있기 때문에 매우 훌륭한 전기도체가 되기 때문이다. 또한 금은 산화작용과 부식에 강한 물질이기 때문에 중요한 기기에 배선으로 활용된다. 고가의 음향기기의 연결 부분이 금으로 되어 있다는 것을 상기하면 된다. 만약 장비의 배선 고장이 심각한 손해를 초래할 가능성이 있는 고가의 특정 컴퓨터나 통신장비 등에서는 예외없이 금을 사용하고 있다. 가까운 장래에 이를 대체할 물질은 없는 것으로 여겨진다. 중요한 상의 메달은 으레 금으로 만들어져 있다. 그중의 하나가 노벨상의 메달이다.

황금광의 시대

영국의 인문주의자이자 작가 겸 변호사인 토마스 모어(Thomas More, 1478~1535)는 1516년 그가 펴낸 책으로 “유토피아(utopia)”란 단어를 만들어냈다. 그 섬은 이상적인 정치제도를 갖는 상상의 섬이었다. 이야기는 가공의 인물 라파엘 히틀로데이가 신세계에서 보고 들은 가공의 여러 나라들과 유토피아에 대해서 모어와 이야기를 하는 형식으로 진행된다. 당시 사회는 군주에 의해 노동을 강요당하고 있었으며, 국가나 법률도 가난한 사람들의 편이 아니었다. 이런 악의 근원으로 화폐경제와 사유재산제가 있는데 유토피아에서는 이와는 다르게 시민은 평등하며, 화폐도 없으며, 재산공유제가 시행되고 있다. 더군다나 모든 인간은 노동을 하기 때문에 적은 노동시간으로 충분하며 남는 시간은 자신들의 정서를 함양하는 데 사용한다는 것이다. 이런 이야기를 통하여 당시 부패한 그리스도교 사회의 개혁과 재생을 호소한 작품이 바로 유토피아이다.

어떤 이들은 이를 단순한 공상의 문제를 다룬 것이 아니라 현실세계의 불합리한 모순을 파헤치고 인간의 절실한 염원을 담은 진보적이며 발전적 사상서라고 극찬한다. 이때부터 유토피아는 이상향의 대명사로 등장하게 되었다. 그 책의 유토피아를 묘사한 곳에서는 여러 가지 재미있는 기술이 있다. 그 섬은 금이 너무 많아 노예를 묶는 사슬도 금으로 만들었으며, 식기와 변기조차도 금으로 되어 있다는 것이다. 또한 다른 나라에서 사신들이 과시하듯이 금으로 장식된 옷을 입고 도착할 때 유토피아인들은 그들을 비천한 하인들로 오인했다는 것이다. 그러나 실제 세계에서 금이 그렇게 취급된 역사는 아직 기록으로라도 나타난 바가 없으며 오히려 실제 역사에서는 인간들이 금을 찾아 광분하던 기록은 여기저기서 나타난다.

더 나은 세계를 찾아 유럽으로부터 북미로 이주한 이들에게 새로운 부를 획득한다는 것 이상으로 중요한 일은 없었을 것이다. 그래서 어디에선가 금광이 발견되었다는 소문이 퍼지면 황금을 찾는 이주민들의 수는 빠른 속도로 증가하기 마련이었다. 이러한 현상을 골드러시(gold rush)라고 한다. 골드러시는 19세기 세계의 곳곳에서 일어났다. 특히 유럽의 이주민들이 몰려들어 간 신대륙인 남-북아메리카대륙에서 빈번하게 일어난 현상이 되었다.

골드러시를 통해 이주해간 신천지는 서구인들이 정주하는 구역으로 바뀌기 마련이었다. 특히 북미대륙에서 1829년에 시작된 조지아 골드러시와 1948년부터 일어난 캘리포니아 골드러시는 대표적인 황금광들의 쇄도이다. 이주민들의 골드러시는 서부로 향한 이주민들의 포장마차 행렬을 증가시켰으며, 캘리포니아는 급기야 1850년 합중국에 가입하는 주로 빠르게 성장한 계기가 되었다.[4]

캘리포니아 콜로마에 위치한 수터 소유의 제재소의 모습. 제재소 앞에 서 있는 사람이 금편을 처음으로 발견한 마샬이다. 이 발견은 캘리포니아 골드러시의 원인이 되었다.

스위스에서 이민 온 수터(Johann Augustus Sutter, 1803~1880)는 1803년 독일의 바덴에서 태어났지만 부모는 스위스인이었다. 그는 스위스에서 학교를 마친 후 1834년 가족을 남겨둔 채 홀로 미국으로 떠났다. 미국에 온 수터는 여행을 하기 시작했다. 그는 서부로의 이동 통로인 오레곤트레일을 따라 태평양이 내려다보이는 밴쿠버에 도착한 후 하와이까지 여행을 계속하였다. 그는 1839년 정착하기 위해 캘리포니아로 갔다. 수터가 캘리포니아에 도착했을 당시의 유럽인들은 불과 1,000여 명에 불과하였으며, 원주민의 숫자는 3,000명이나 되었다. 당시는 멕시코의 영토였으며 그는 멕시코 총독으로부터 정주 허가를 받았다. 그는 그곳에서 1840년 멕시코 시민이 되어 농장을 세웠다. 그가 정주한 농장은 뉴헬베티아(New Helvetia)라고 이름을 붙였는데, 헬베티아는 스위스의 라틴어 이름이므로 이는 새로운 스위스라는 뜻이었다. 1848년 1월 25일 그가 경영하던 콜로마의 제재소에서 일하던 마샬(James W. Marshall)이란 한 종업원이 근처의 아메리칸강에서 반짝거리는 금속조각을 발견하였다.[4]

마샬은 조용히 이 금속조각을 수터에게 가져왔으며, 수터는 그 조각이 무엇인지 알아보았으나 확실하게 하기 위해 시험을 의뢰했다. 그것은 바로 금이었다. 수터는 그가 금을 찾아낸 그곳 농장에 만족하고 있었다. 그는 그의 농장이 금을 찾으려는 사람들에 의해 망가질지도 모른다는 두려움 때문에 비밀에 부치고 싶어 했다. 그러나 그런 소식을 들은 샌프란시스코의 한 지방신문 발행인은 그냥 지나치지 않았다.

1849년 캘리포니아에 골드러시를 일으킨 원인이 되었던 금광대의 분포도. 아메리칸강 콜로마 부근에서 최초로 발견된 사금광이 원인이 되었다. 아직도 이 지역을 골드 컨트리라고 부른다.

그냥 지나치기는커녕 수터밀 근처에서 금이 나온다는 이야기를 크게 기사로 실어 선전하였다. 그가 발견한 몇 조각의 금편은 아무도 기억해주지 않았을 한적한 농장을 구름처럼 모여드는 황금광(黃金狂)들의 중심으로 변화시켰다. 그 소식은 삽시간에 퍼져 나갔으며, 중앙지인 뉴욕 헤랄드에도 실렸다. 합중국의 11대 대통령인 폭크(James Polk, 1795~1849) 역시 의회에서 캘리포니아에서 금광발견을 확인하기에 이르렀다. 이제 더 많은 사람들이 부를 찾아 황금의 땅으로 이주하는 일만이 남아 있었다. 이 시기에 황금을 찾아 미국 서부로 이주해간 사람들은 포티나이너스(forty-niners)라고 부르는데 이는 이주가 절정에 이른 시기가 1849년이기 때문에 붙여진 이름이다.

수터의 예상은 현실로 나타났다. 그가 이룩한 농장은 몰려든 떠돌이 광부들에 의해 황폐화되기 시작했다. 1848년의 인구 1,000명은 불과 2년 후에는 25,000명으로 늘어나 있었다.[5,6] 아무래도 미국의 동부에서 육로로 서부로 가는 것은 말처럼 쉬운 길은 아니었다. 인디안의 위험을 피해 서부에 도달하는 길은 해상으로 가는 길이 있었다. 동부해안을 출발하여 남아메리카를 돌아 서부의 캘리포니아에 도달하는 데는 뱃길의 사정에 따라 다섯 달에서 여덟 달이나 걸리는 33,000km의 쾌적하지만은 않은 항해를 감수해야만 했다. 동부로부터 이곳 캘리포니아까지의 이주 경로는 말처럼 쉬운 일은 아니었기 때문에 그래도 뱃길로 가는 이들도 많았다. 뱃길을 줄이는 방법은 파나마에 도착한 후 카누와

당나귀에 의지해 정글을 지나 태평양에 도달한 후 다시 배를 타는 그런 경로도 있었다. 그러나 대부분의 금을 찾는 황금광들은 육로를 선택하였다. 그래서 새로 개발된 통로가 바로 캘리포니아 트레일이다. 1849년에는 거의 9만여 명이 황금을 찾아서 절반 정도는 육로로 나머지 절반은 해로로 이곳으로 몰려들었다. 이들 중 5~6만여명은 미국의 동부지역이나 다른 지역으로부터 온 이들이지만 나머지는 세계 각지에서 일확천금의 꿈을 갖고 모여든 이들이었다. 1855년에는 이미 이 지역의 인구가 30만여 명으로 불어나 있었다. 이 시기에 이주해온 이주자의 수는 이제 합중국에 가입해도 좋을 정도인 30만 명의 인구로 불어나 있었다. 금광의 발견이 몰고 온 골드러시의 위력이었다.[6]

골드 컨트리의 형성과정

금은 그 자리에 지구가 만들어질 당시부터 있었던 것은 아니다. 4억 년 전 캘리포니아는 큰 바다의 바닥에 해당하는 지역이었다. 그 바다는 해저 화산활동이 일어나는 곳으로 많은 마그마들이 분출되는 그런 곳이었다. 2억 년 전에는 두 지판이 만나 침강되는 섭입대였으며, 이 섭입대는 대양의 바닥을 이루고 있던 해저지각이 동쪽으로 이동하면서 북미대륙 지각 밑으로 구겨 들어가는 곳이었다. 이런 섭입에 의한 침강이 일어나 해저지각이 섭입대의 하부로 들어가면서 온도와 압력이 증가한다. 그리하여 새롭게 용융되면서 생성된 거대한 마그마는 구대륙보다 가볍게 되었다. 이들 마그마가 오늘날의 캘리포니아로 상승하면서 고화되었다.[7] 이들이 상승하면서 만든 암석은 화강암이었으며, 이 마그마는 금도 포함하고 있었다. 화강암이 생성되는 후기 단계에 농집된 금은 석영맥과 함께 금광을 만들었다. 이들 암석들이 지표에 노출되어 풍화작용을 받으면서 암석으로부터 분리된 금의 입자들이 하천 바닥에 모여진 것이 바로 마샬이 찾아냈던 금이었으며, 일확천금을 노리면서 모여든 황금광들이 찾던 금이었다.[4] 이런 광상을 사광상이라고 한다. 사광상에서 금을 찾는 그들에게 당시 필요한 장비는 하천 바닥에 있는 퇴적물을 퍼담을 수 있는 조악한 삽과 금을 일어내는 함지만 있으면 되었다.

어떤 때는 하루 종일 물속에서 함지질을 해보지만 작은 모래 크기의 금 조각조차도 발견하지 못하는 날이 있는가 하면 어떤 날은 횡재에 가까운 금 덩어리를 찾을 수도 있는 것이 캘리포니아 골드러시 초창기 때의 일이었다. 그러나 일반적으로는 캘리포니아에서 금을 찾던 이들은 당시 동부의 평균 임금보다는 하루에 적어도 10배에서 15배 이상의 소득을 올릴 수 있었다고 한다.[4] 이 금의 고장에서 6개월만 일하면 대체로 6년간의 임금에 상응하는 소득을 올릴 수 있었다고 한다. 미국 지질조사소의 추산으로는 골드러시 처음 5년간 이 지역에서 산출된 금의 양은 무려 370톤에 이르는 것으로 추정하였다. 이것을 현재 가격으로 추산하면 약 70억 불도 넘는 금액이다. 그러니 그곳으로 가는 행렬이 긴 것은 너무 자연스러운 일처럼 여겨진다. 그런 돈이 흐르는 곳에는 강도도 출현하게 마련이다. 아마포로 만든 긴 더스터 코트를 걸치고, 밀가루 부대(負袋)를 뒤집어 쓴 채로 28번이나 노상강도를 벌인 블랙 바트(Black Bart)가 출현한 것도 이 시점이다. 그를 확인하는 길이란 밀가루 부대에 난 두 개의 구멍으로 확인한 그의 파란 눈동자가 전부였다. 그는 강도를 할 때마다 어줍잖은 시를 남기는 것으로 '시인'이란 별명을 얻었다. 그는 강도를 할 때 결코 목소리를 높이지 않았을 뿐만 아니라 조용하면서도 공손하게 가지고 있는 것을 넘겨달라고 요청을 했으며 사람을 해치지 않았다고 한다. 그런 그였지만 그의 강도 행각은 1884년 50세의 나이로 체포되는 것으로 끝났다. 골드러시가 일어난 지역에서 이런 저런 강도는 그가 유일한 존재가 아니었음은 물론이다.

아메리칸강은 금을 계속 만들어내는 생산공장은 아니었으며 2억 년 전에 자연이 오랜 준비과정을 거쳐 만든 거대한 선물 주머니가 바닥이 드러나는 것은 시간문제였다. 그러나 하천가에서 수작업으로 채광하던 단계를 지나 기계적인 생산설비가 도입되면서 1880년대까지 340톤의 금을 생산하였다. 생산설비와 채광방법의 개선은 충적층이나 점토층으로부터 또 엄청난 금을 회수하였다. 그러나 그런 사광상이 고갈되자 이제는 산으로 들어가 지하로 발달한 금광맥을 찾는 일에 매달리게 되었다. 지금까지는 전문적인 지식이 그리 절실하게 필요한 단계는 아니었다. 그러나 풍화되기 이전의 상태로 지층 속에 들어 있는 금을 찾기 위해서는 지층의 속을 들여다

보는 기술을 가지고 있는 지질학자들의 도움이 필요하게 되었다. 그래도 금생산지로서의 명성은 그대로 유지되었다. 지금도 캘리포니아주 49번 고속도로를 따라 남쪽의 마리포사 카운티로부터 북쪽의 시에라 카운티에 이르는 지역을 골드 컨트리(Gold Country)라고 부른다.

황금 덩어리

그러나 황금덩어리는 예상하지도 못했던 곳에서 의외의 사람들에게 발견되었다. 1869년 2월 5일 오스트레일리아의 빅토리아주의 몰리아굴이라는 지역의 협곡에서 디슨(John Deason)과 오티스(Richard Oates)에 의해 길이 61cm에 폭이 31cm가 되는 72.04kg의 금 덩어리가 발견되었다. 그들은 이 덩어리를 오늘날 시세로 약 140만 파운드에 팔았다. 유감스럽게도 이 덩어리는 전체 중량의 97.9 %인 70.5591kg의 금을 회수했다는 보고만 남아 있다. 이 덩어리는 웰컴 스트레인저(Welcome Stranger)란 이름이 붙었으나 이의 복제품만 멜보른박물관에 보존되어 있을 뿐 용광로에서 사라져갔다. 당시의 스케치가 남겨져 있어 복제품과 함께 그 규모를 추정할 수 있을 뿐이다. 디슨은 그 후 금광산에 대한 잘못된 투자로 많은 손해를 보고 작은 농장을 경영하다가 생을 마감하였다. 웰컴 스트레인저는 지금까지 발견된 가장 큰 금 덩어리는 아니지만 대단한 덩어리임에는 틀림없다.

큰 금덩어리가 발견되면 그에 걸맞는 이름이 붙여진다. 핸드 오브 훼이스(Hand of Faith)라고 명명된 금 덩어리는 역시 오스트레일리아의 빅토리아주 몰리아굴에서 힐러(Kevin Hiller)에 의해 발견되었다. 이는 금사냥꾼들의 금속탐지기에 발견된 것으로 27.2kg의 크기로 현존하는 것 중 가장 큰 금덩어리이다. 이 덩어리는 용광로를 피해 현재는 라스베가스의 골든너깃 라스베가스란 호텔의 로비에 전시되어 있다. 골든너깃이라

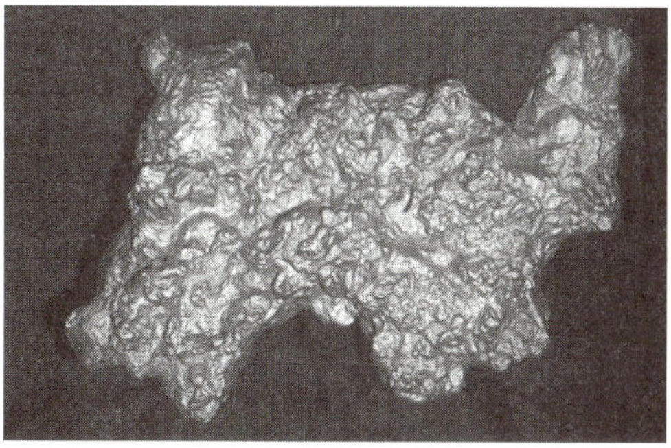

오스트레일리아 빅토리아박물관에 소장 중인 72.04kg의 금덩어리. 웰컴 스트레인저의 복제품

는 이름으로 불리기에 손색이 없는 크기이다. 덩치 큰 금 덩어리의 발견은 오스트레일리아를 따라갈 곳이 없다. 그것도 빅토리아주는 세계에서 가장 큰 금 덩어리 10위 안에 드는 것들 중 8개가 발견된 곳이다.

홀터만(Berhardt Holtermann, 1838~1885)은 프러시아의 군대 징집을 피하기 위해 20세가 되던 해인 1858년 오스트레일리아로 이민 간 함부르크 출신이다. 그의 엉성한 영어 때문에 이민 초기에 그가 할 수 있는 일이란 궂은 일 뿐이었다. 그는 힐엔드란 지역으로 금을 찾아 나섰다. 금은 아무 곳에나 있는 것은 아니었다. 금을 찾기 위해 굴을 파는 한편 그는 생계를 위해 작은 호텔을 운영하였다. 결국 그의 노력은 결실을 맺어 1871년 좋은 금광맥을 만나게 되어 부를 향한 길로 접어들어 성공한 광업인이 되었다.

호주의 빅토리아주 힐엔드에서 발견된 세계 최대의 금 덩어리와 이 광산의 소유주인 베른하르트 홀터만(사진제공 : New South Wales, State Library).

홀터만이 소유한 광산에서 1872년 10월 19일 자정에 통상적인 작업일정에 따라 한 갱도에서 발파를 하였다. 그들이 발파 후 확인한 것은 놀랍게도 금으로 된 벽채였다. 굴의 벽이 바로 금덩어리였다. 이것은 홀터만의 또 다른 행운이었다. 그는 금으로 된 벽을 조심스럽게 떼어낸 후 즉시 사진을 찍었다. 이 벽채만한 시료는 그의 동업자의 이름과 함께 “바이에르와 홀터만 시료”라고 이름만 붙여진 채 금을 회수하기 위해 다른 광석과 함께 바로 파쇄되었다. 세기의 기념물이 될 키 1.5m의 286kg이나 나가는 금 덩어리는 그렇게 사라진 것이다. 그 덩어리는 무려 85kg의 금을 함유하고 있는 것으로 추정되었다. 그렇다고 그 금 덩어리가 소임을 마친 것은 아니었다. 그때 발견한 세계 최대의 금 덩어리의 사진과 홀터만을 찍은 사진은 합성되어 후일 세계 곳곳으로 배부되었다. 기회의 땅 호주로의 이민을 권유하는 데 이보다 더 나은 홍보자료는 없었을 것 같다.[8] 그는 광업에서만 성공한 것은 아니며 후일 의원으로 선출되어 왕성한 정치활동 및 사회활동을 하기도 하였다.

바닷물에도 금이

금은 지층 중 광맥 속에만 들어 있는 것은 아니며, 바닷물 속에도 아주 적은 양이지만 1~2ppb 정도 들어 있다. ppb(part per billion)란 더 생소한 단위로서 10억 분의 1, 즉 10^{-7}%를 의미하는 용어이니 해수 중의 금의 양은 없는 것이나 마찬가지다. 해수에 들어 있는 그런 금의 양을 정확하게 분석할 수 있는 장비가 만들어진 것도 그리 오래전의 일은 아니다. 그러나 비료나 폭약의 원료로 사용되는 암모니아를 합성하는 데 성공한 독일의 화학자 하버(Fritz Haber, 1868~1934)는 1차 세계대전이 끝난 후 해수로부터 금의 상업적인 회수에 대한 연구를 수행하였다. 그는 하버-보쉬 프로세스(Haber-Borsch process)로 알려진 암모니아의 합성법을 개발한 공로 등으로 1918년 노벨화학상을 수상한 대단한 학자였지만 해수로부터 금을 회수하는 데 쏟은 그의 연구는 경제성이 없는 일이라는 사실을 입증하는 데 만족해야만 했다. 사실 그가 한 일 중 가장 고약한 것은 염소 독가스를 이용하여 전쟁에 화학 무기를 도입한 장본인이라는 점이다.

그런 사실은 그의 엄청난 과학적 기여에 두고두고 도덕적인 손상을 주기에 충분한 것이었다. 그의 부인 임메르바르(Clara Immerwahr, 1870~1915) 역시 화학자였다. 그녀는 자신도 탁월한 능력을 가진 화학자였음에도 불구하고 드러나지 않게 남편의 일을 돕는 것으로 만족하였다. 그렇지만 현명하였다. 그녀는 남편이 화학무기 연구에 매달리는 것을 줄곧 반대했다. 1915년 4월 22일 벨지움의 플란더스 전투에서 염소가스가 성공적으로 사용되고 난 후 그녀는 공교롭게도 5월 15일 남편의 권총을 꺼내 자살을 선택했다. 그것이 남편이 저지른 과오에 대한 참회의 결단인지는 아무도 모른다. 그녀의 죽음에 대해서는 여러 가지 상반되는 논란이 뒤따랐다. 비록 그런 기여를 한 하버였지만 나치가 집권을 하면서 그의 조상이 유태계라는 이유로 추방되어 이민을 수속하는 과정인 1934년에 사망하였다. 그의 친척들 대부분은 수용소에서 생을 마감하였다. 하여튼 세월이 한참 지난 후에도 하버의 연구에 영향을 받았는지 한때 해수 중에서 금을 경제적으로 무한정 추출시킬 수 있다고 대중을 속인 예가 1890년대 미국에서 그리고 1900년대 영국에서도 있었으나 그것은 세기의 사기극이었고, 이는 현재의 기술로도 경제성이 먼 이야기이다.[2,3]

그곳이 바로 엘도라도

남아메리카 아마존 강가에는 전설로 전해져 내려오는 황금마을이 있었다. 그곳이 바로 엘도라도(Eldorado)이다. 원래 엘도라도란 황금으로 칠한 사나이를 의미하며, 지금의 콜럼비아 보고타 북동쪽에 있는 구아타비타호수 주변에 사는 치부차족의 추장을 가리키는 말이라고 한다. 추장은 온몸에 금가루를 칠하고 사제를 데리고 호수에 배를 띄운 다음 금과 은을 비롯한 보석들을 호수에 던지고 자신의 몸을 물에 담근다. 그러면 그의 몸에 칠한 금가루가 호수 위에 퍼져간다. 그건 일종의 의식이었다. 스페인 사람들이 그곳을 정복하였을 때 그런 의식은 이미 맥이 끊겼지만 전설로 이어져오고 있었다. 그런 의식이 있었다는 전설은 스페인 정복자들의 귀에도 들어갔다. 스페인 탐험가들이 이 이야기를 전해 듣고 그 추장을 "엘도라도", 즉 황금의 사나이란 이름으로 불렀다. 스페인 군인들은 인디언들로부터 안데스산맥 너머 아마존강 유역에는 벽과 지붕조차도 황금으로 되어 있으며 온통 금으로 치장하고 사는 사람들이 살고 있다는 마을 이야기도 들었다.

그런 이야기가 퍼지면서 엘도라도는 황금의 도시라는 의미로 변했다. 그런 이야기를 들은 정복자들은 어딘가에 있을 엘도라도를 찾기 위한 탐색을 벌였다. 가장 유력한 후보지로는 아마존강과 오리노코강 두 원류의 분지 어딘가로 생각하는 설들이 있었다. 스페인의 정복자들 중 잉카를 궤멸시킨 가장 잔혹한 정복자 중의 하나로 기록을 남긴 피자로(Gonzalo Pizarro, 1502~1548)는 오렐라나(Francisco de

Orellana, 1500~1549)와 함께 엘도라도를 찾기 위한 탐험대를 조직하여 내륙 분지를 통과하여 1542년 아마존강 하구에 도달하였다. 그들이 조직한 탐험대는 기실 황금을 쫓는 무리들로서 황금의 도시 엘도라도를 찾는 데는 실패하였지만 최초로 아마존강의 지리적인 정보를 인류의 지식체계에 보태는 의외의 과업을 수행하였다.

사실 콜럼버스가 신대륙을 발견한 항로를 개척한 것도 역시 어디엔가 있을 황금을 찾는 노력 중의 하나였다.[9, 10] 그런 전설은 오늘날에도 이어지고 있다. 황금향은 그곳에만 있었던 것은 아니며 잉카제국의 파이치치로 이어진다. 스페인 침략을 받은 잉카인들이 약탈을 피하려고 많은 황금과 보물을 밀림 속 어디엔가 숨겼다는 비밀도시가 바로 파이치치이다. 스페인이 잉카제국으로부터 약탈해간 황금으로 스페인 왕실의 재정은 전에 없이 튼튼해졌다. 그러나 잉카로부터 약탈해간 양은 잉카제국 황금의 일부였다고 하니 그런 소문은 점점 더 커져만 갔다.[10]

아마존강 유역의 황금향

아마존강은 큰 강이다. 길이만으로도 6,400km에 이른다. 세계에서 가장 긴 강의 영예는 나일강보다 불과 수 킬로미터가 짧아 차지하지 못했지만 하구에서 쏟아내는 물의 양은 평균 초당 219,000m^3로 엄청난 양이다. 이런 양은 아마존 다음으로 큰 8개의 강에서 배출하는 양을 다 합친 것을 능가하며 전 세계에서 바다로 방출되는 전체 담수 총량의 15%에 해당하는 양이다. 그래서 아마존강 하구에서 바닷물의 염도는 수백 킬로미터 범위에서 현저하게 낮아진다. 이 강의 배수면적은 7,050,000km^2로서 세계 최대이며, 물로 덮여 있는 면적을 더한 것이 우리나라 면적의 절반에 해당되는 110,000km^2에 이른다. 아마존강 하구는 열대지방에 위치하고 있으면서도 물과 함께 배출되는 여러 가지 퇴적물 때문에 산호초를 만들지 못한다. 아마존강의 발원지는 페루 안데스산맥의 분수령을 넘은 티티카카호수로부터 160km 서쪽에 있는 네바도 미스미의 빙하 끝에 매달려 있는 절벽 아래로부터 시작된다.[11] 그 하얀 나무 십자가로 표시한 빙하가 녹아 흘러내리는 지점이 아마존의 발원지라면 나일강보다는 100여 km가 더 긴 세계 최장의 강이 된다.

페루의 안데스산맥 네바도 미스미의 5,597m 높이의 절벽 아래 나무 십자가가 서 있는 곳이 아마존강의 발원지이다. 이 고산지대의 빙하가 녹은 물이 아마존강이 시작되는 곳이다(사진제공 : Jialiang Gao).

그러나 아직은 모든 지리학자들이 이에 동조하는 것 같지는 않다. 세계 최장의 강이 무엇인지도 중요하지만 수량이나 배수면적을 고려하면 아마존에 비교할 만한 강은 어디에도 없다. 건기의 최대 강폭은 11km이나 우기에는 45km로 확장된다.

아마존강이 신생대 대륙 융기에 의해 안데스산맥이 다 만들어지기 이전에는 동쪽이 아닌 서쪽으로 흐르던 강이었다. 그러나 나즈카판과 남극판의 일부에 해당되는 지판이 남아메리카 지판 밑으로 들어가는 섭입작용이 일어나는 판구조운동의 결과로 중생대 쥐라기 때부터 서서히 대륙의 융기가 시작되었다. 중생대 말기인 백악기에 이르러서는 현재의 안데스산맥의 형태가 갖추어졌다. 그래서 지판의 경계부인 이 지역은 수많은 지진을 발생시키며, 아직도 활동 중인 화산들이 즐비하게 늘어서 있다. 이런 화성활동은 실제로 이 지역에 철, 금, 은 그리고 동과 같은 수많은 유용 금속광물 자원을 형성시켰다.[12] 세계에서 내로라하는 광산들이 이때 만들어진 안데스산맥 줄기를 따라 줄줄이 분포되어 있다.

이 강은 600만 km^2의 분지를 통과하면서 많은 암석들을 침식시켜 운반하는 도중 어디에선가 이들을 퇴적시켜 충적층을 만든다. 유속이 빠른 시기에는 제법 큰 입자들도 함께 운반할 수 있다. 홍수기에 운반된 퇴적물들은 대서양으로 유입되어 그들의 흔적을 대서양으로 연장시켜 위성사진으로 확인할 정도로 많은 퇴적물을 운반시킨다. 이들이 운반되어 퇴적된 충적층에는 풍화작용에 의해 암석으로부터 떨어져 나와 분리된 여러 가지 광물들과 함께 비중이 무거운 유용 금속광물들도 함께 운반하여 퇴적시킨다. 이런 유용한 금속광물 중에는 금도 들어 있다.

캘리포니아의 아메리칸강이 그랬던 것처럼 아마존강이 만든 브라질 북부의 세라 펠라다(Serra Pelada, 벌거벗은 산이라는 의미)의 충적층에서 한 농부에 의해 우연히 금 덩어리가 발견되었다. 그곳은 아마존강 입구로부터 남쪽으로 400여 km나 떨어진 곳에 위치하고 있다. 그는 어디에 규모 있는 사금광상이 형성되었는지 조사하기 위해 한 지질학자를 고용했다. 소문은 삽시간에 퍼졌다. 그 소문이 알려지기 시작한 첫 주에 1,000여 명의 금을 찾는 이들이 모여들었다. 5주째가 되자 그의 농장에 1만여 명이 몰려들었다. 그 주변 지역까지 합하면 2만 명도 넘는 황금광들이 모여들었다. 이것은 1980년대 이후 최대의 골드러시였다. 그러나 다행스럽게도 그 사실을 발견한 제네시오 훼레이라(Genesio Ferreira da Silva)가 채광권을 획득한 지역이 가장 금이 많은 부광대였다. 금을 채굴하는 이들의 숫자가 늘어나자 세라 펠라다는 무법천지가 되는 듯했다. 브라질 정부가 개입을 하고 금의 매입은 정부가 독점하였다. 어떤 날은 하루에 148kg의 금을 사들이기도 했다. 이곳의 금은 다른 지역의 것과는 약간 달랐다. 바로 금과 함께 팔라디움(Pd)이라는 백금족 원소 중의 하나인 희귀한 금속도 산출되었다.

2002년 6월 10일에 촬영한 아마존 하구의 모습. 홍수에 의해 운반된 퇴적물들이 대서양 깊숙이 긴 꼬리를 남기며 진입하고 있다(사진제공 : NASA).

1980년 초에 이곳에 금을 찾기 위해 모여든 이들은 무려 11만여 명에 이르렀다. 골드러시가 일어난 첫해 이곳에서 산출된 금의 양은 대략 7톤 정도로 추산한다. 그 다음해인 1981년에는 벌써 금을 찾기 위해 판 구덩이의 깊이는 점점 더 깊어지면서 생산성은 2.5톤으로 줄어들었다. 1984년에는 구덩이의 깊이는 더 깊어져 어떤 구덩이는 200m 정도까지 내려갔다. 금의 생산은 점점 더 줄어들어 1990년에는 단지 600kg에 불과(?)하였다. 하여튼 무려 5억 불 정도의 금을 채광한 뒤 세라 펠라다는 문을 닫았지만 아직도 어디에선가 발견될 금 덩어리를 기다리며 사는 주민의 수는 8,000여 명이나 된다. 기다리며 사는 주민이라고는 했지만 사실 그들은 어디 갈만한 곳도 없는 그런 사람들이다. 그 지방 광업관계자가 세라 펠라다를 "황금 열병에 감염된 사람들을 위한 병원"이라고 한 말이 적절한 표현일지도 모른다.[13] 세라 펠라다의 열악한 환경은 브라질의 사진작가인 살가도(Sebastião Salgado)의 작품으로 세계적으로 유명해졌다.

아직도 세라 펠라다에 살고있는 사람들은 과거의 꿈에 젖어 있다. 이제 아마존강이 날아온 모래와 진흙 그리고 자갈을 파낸 후 등짐으로 날라 함지질이나 해서 수십 킬로그램의 금을 찾던 시대는 끝이 났다. 그 순간부터 금을 탐광하는 일은 훼레이라가 고용한 한 사람의 지질학자가 간단하게 해결할 수 있는 문제는 아니었다. 전문적인 지질조사가 이루어졌으며 그 결과는 대단한 것이었다. 시추를 통하여 하부에 있는 광체를 탐사한 결과는 어떤 광산과도 견줄 수 없는 대단한 Au-Pd 광체를 가지고 있었다. 그러나 그 광체는 등짐으로 날라 파낼 수 있는 그런 성질의 것은 아니었다. 현대적이고 계획적인 대규모 채광에 의해 회수될 수 있는 광체였다. 그곳이 대단한 잠재 가능성을 가진 부광대이기는 하지만 황금으로 지붕을 이을 정도의 금이 사방에 흩어져 있는 황금향(黃金鄕)은 아니었다. 적어도 골드너깃의 발견 빈도로 보아서는 엘도라도는 아마존강도 오리노코강이 아닌 오스트레일리아의 빅토리아의 사막 어디쯤인 듯 여겨진다.

새롭게 발견되는 금광들

세계의 금 수요는 해마다 증가하는 추세를 보이고 있다. 그러나 새로운 광산의 개발은 수요를 따라올 정도로 발견되지 않고 있다. 이미 지표 근처에서 흔적을 보이던 대부분의 금광상의 탐사가 끝이 난 상태이기 때문이다. 새롭게 발견되는 광상의 숫자가 적어지는 만큼 세계의 금 생산량은 해마다 줄어드는 추세를 보이고 있다. 최근 한 신문에는 눈에 번쩍 띄는 기사가 실렸다. 2007년 9월 16일자 홍콩 대공보(大公報)는 중국 감숙(甘肅)성 룽난시 근처에서 금의 매장량이 308톤에 이르는 대규모의 광산이 발견되었다는 기사를 실었다. 그 광산의 잠재가치는 500억 위안(약 6조 5천억 원)으로 아시아 최대이다. 마치 금 찾기 경쟁이라도 하려는 듯 그보다 8일 전에는 산둥(山東)성 라이저우(萊州)에서 매장량 51.83톤의 잠재가치 80억 위안(약 1조 400억 원) 규모의 금맥이 발견됐다고 중국 당국이 발표한 바 있다. 중국의 금 생산량은 7년 연속 급증하고 있어 이런 추세가 계속되면 올해 안에 남아프리카공화국을 제치고 세계 1위의 금 생산국이 될 것으로 추정하고 있다.

세계 제일의 금 생산국인 남아프리카에서 1970년대에 연간 1,000톤 수준이던 생산량은 2006년에는 1992년 이후 최저치인 275톤으로 만족해야 했다. 그것도 적은 양이 아니다. 한반도에 1930년부터 1996년까지 67년간 생산한 금의 총 생산량이 236톤인 점을 고려하면 말이다. 중국의 계획대로라면 2007년에는 남아공의 금 생산량을 추월하게 된다. 그렇기는 하지만 세계 전체 금 생산량은 해마다 줄고 있다. 이처럼 새롭게 발견되는 금광산이 있기는 하지만 실질적인 산업용 금의 수요도 계속 증가하고 있는 추세이며, 더더구나 환금성이 높은 금의 세계 수요를 충족시키기에는 현실적으로 생산량이 역부족이다. 금값이 올라가면서 과거에 경제적인 손익분기점에 문을 닫았던 금광들이 속속 문을 다시 열 채비를 하고 있다. 가격상승이 죽은 광산을 살려내는 괴력을 발휘한 결과이다.

금으로 포장된 도로

세상의 어떤 문명도 시가지의 도로를 금으로 포장한 적은 없었다. 다만 상상 속의 엘도라도만이 벽과 지붕을 금으로 치장하고 살았다고 믿었다. 그러나 정작 금으로 포장된 도로는, 순전히 무지에 의해 만들어진 것이기는 하지만, 실제로 존재했다. 호주의 웨스턴 오스트레일리아의 칼구르리(Kalgoorlie)란

곳에 금광을 찾던 몇 명이 찾아들었다. 이들 황금광들은 그 지역에 금이 있다는 사실을 알아차렸으며, 그들 중 한 명인 해난(Patrick Hannan, 1840~1925)은 1893년 곧바로 광업권을 설정하였다. 그 지역은 곧바로 황금광들이 모여들었으며 마을이 만들어지기 시작하였다. 해난이 광업권을 신청한 지역의 1평방마일은 지구상에서 가장 금이 풍부한 지역으로 간주되었으며, 이 지역은 그 이후 골든마일(Golden mile)로 알려지게 되었다.

칼구르리의 황금광들이 이 지역에 몰려들면서 금을 찾는 이들이 이곳저곳에 굴을 뚫기 시작하였다. 모두 성공을 거둔 것은 아니었지만 골드러시를 일으키기에 충분한 금이 산출되었다. 금을 찾는 굴들이 깊어지면서 퍼낸 버럭더미도 늘어만 갔다. 금광석을 제외하고는 그들은 모든 것을 제멋대로 버렸다. 특히 금광석에 수반되어 나오는 황철석들을 아무렇게나 내다버렸다. 황철석이라는 광물은 겉보기에는 황금색을 띠고 있어서 일반인들이 흔히 금으로 오인하는 광물이기도 해서 "바보들의 금"이라는 별칭을 가지고 있다. 광물의 이름이 말해주는 것처럼 황철석은 황화철로서 철과 황으로 된 쓸모없는 광물이기 때문에 황금광들이 아무렇게나 버리는 것은 이상한 일이 아니며 예상되는 수순이었다. 그들은 황철석이라고 믿고 버린 것을 다른 광물이라고 추호도 의심하지 않았다. 벼려진 돌은 큰 더미로 쌓였으며, 이곳에 거주하는 이들은 이 돌을 파인 도로를 메꾸는 데 사용하였으며, 아예 도로의 포장재처럼 사용하기도 하였다. 그 광물이 들어 있는 큰 돌덩어리들은 건축재로서도 사용되어 건물의 벽으로도 둔갑을 했다. 그러나 그 광물은 황철석이 아닌 바로 금과 텔루르가 결합된 칼라베라이트(calaverite)란 광물로서 바로 텔루르금이었던 것이다.

이런 사실은 1897년 홀로이드(A.G. Holroyd)에 의해 밝혀졌다. 그러나 이런 사실이 알려지기 전에는 칼라베라이트 역시 황금색의 금속 광택을 갖고 있었기 때문에 그런 오해를 만들었던 것이다. 이 광물은 1861년 미국 캘리포니아의 칼라베라스 카운티에서 처음 보고되어 칼라베라이트라는 이름을 얻었다. 이 경우는 광물이 산출되는 지역명을 광물 이름으로 명명한 경우이다. 이 광물은 화학식으로 $AuTe_2$로 간단하게 표현된다. 사실 텔루르(Te)는 은과도 친한 관계를 유지해서 텔루르은을 만들기도 한다. 자연계에서 텔루르은은 텔루르금보다는 더 흔한 산출을 보인다. 텔루르금은 역시 큰 비중(9.35)을 갖는다. 자연계에서 금이 다른 금속과 화합물을 만드는 단 몇 가지 흔하지 않은 예 중의 하나이다.[14]

황철석으로만 알고 도로 포장재로 사용하던 광물의 성분이 알려진 것은 몇 년이 지난 후였다. 그들은 자연금만을 회수하였으며 텔루르와 화합물로서 산출되는 금이나 황철석에 들어 있던 금은 그냥 버렸던 것이다. 버린 금의 양은 회수한 금의 두 배도 넘는 양이었다. 이런 소문이 삽시간에 퍼져나가자 이제 황금광들은 도로를 파헤쳐 내기 시작하였다. 버린 버럭더미를 다시 퍼내기 시작하였다. 후일 어떤 지질학자가 보고한 바에 의하면 금이 톤당 15kg이나 들어 있는 거의 노다지 수준의 광석이 광부들 오두막의 벽난로와 굴뚝을 만드는 데 사용되었다고 한다. 금이 톤당 수그램 정도만 들어 있어도 경제성 있는 광석이 되는데 15kg이 들어 있다면 그것은 바로 노다지이다. 이 정도면 엘도라도는 아마존강의 어디엔가 있는 것이 아니라 바로 웨스턴 오스트레일리아의 칼구르리에 있었다고 생각하는 것이 어울릴 것 같다. 아마도 이곳 말고는 도로 포장재를 금으로 사용한 곳은 없었을 것이다.

이 지역은 해난이 금광을 발견한 이후 1,550톤의 금을 회수한 세계적인 금 생산지가 되었다. 이 지역 일가른지괴(Yilgarn Craton) 내 골든마일 돌레라이트(조립질 현무암)라 불리는 26억 7천 5백만 년 전에 형성된 관입암체 내에 배태된 금맥은 2km의 폭으로 발달하였으며, 깊이는 1km 정도까지 발달하였다. 처음 금광이 발견되었을 당시 소규모의 굴들이 수없이 파헤쳐

호주 웨스턴 오스트레일리아 칼구르리에 있는 호주 최대의 노천 채광을 하는 금광상인 슈퍼피트(The Super Pits)의 전경.

졌으나, 그런 규모로는 효율적인 금 생산이 어려워졌다. 최근 이 지역은 대규모의 노천채굴을 하는 오스트레일리아 최대의 광산이 가행 중에 있다. 이름도 그 규모에 걸맞게 슈퍼핏트(Super pit)라고 부르고 있으며, 아직도 해마다 20톤이 넘는 금을 생산하고 있다. 이 광산이 오스트레일리아에서 가장 크게 만들어진 것은 사전 정지작업이 완벽했기 때문이다. 그런 정지작업이란 사람이 할 수 있는 것은 아니었으며 대규모의 지질작용에 의한 응력 때문에 돌들이 2km의 폭으로 부서져 있어서 후일 상승하는 열수의 통로가 되었으며, 그곳에 금광화작용이 일어난 결과이다.

오스트레일리아의 빅토리아주나 웨스턴 오스트레일리아주에서 나오는 황금 덩어리들은 보통의 금광산에서 생성되는 금맥과는 다른 이력을 가지고 있다. 특히 웨스턴 오스트레일리아의 풍화된 상부 래터라이트질 토양에서 산출되는 금 덩어리들은 일차로 만들어진 금으로부터 풍화작용에 의해 부화되어 덩어리로 산출하는 경우이다. 일반적으로 금광석은 흔히 은과 합금으로 엘렉트럼으로 산출되는데, 이런 토양에서 산출되는 금 덩어리들은 대부분 금의 함유량이 매우 높아진다. 이는 전적으로 풍화과정에서 Au-Ag 합금으로부터 은이 분리되어 나간 결과로 화학적으로 정제된 결과이다. 이는 전적으로 토양 내 화학적인 조건, 즉 낮은 수소이온농도와 높은 산화화원전위의 환경에서 적당한 염소이온(Cl^-)이 존재할 때 가능해진다. 다른 지역에서 이런 금 덩어리들이 만들어지지 못하는 원인은 강수에 의해 이런 화학적인 조건을 유지하지 못하고, 염소이온(Cl^-)이 희석되기 때문이다. 그러나 웨스턴 오스트레일리아의 건조한 기후는 이를 가능하게 만들었다. 또 어떤 경우에는 토양 내의 흔한 박테리아인 바실루스 서브틸리스(*Bacilus subtilis*)의 세포벽을 통과하는 확산에 의해 금이 농집된다는 사실도 밝혀졌다. 이런 금이 풍부한 미생물을 포함하는 퇴적물들이 속성작용을 받게 되면 금은 재결정화되며, 유착이 일어나 덩어리를 만들게 된다는 것이다.[15] 금이 만들어지는 지질학적 환경도 다양하지만 이를 변화시키는 과정 역시 여러 가지이다.

남아프리카의 골드러시

남아프리카의 요하네스버그는 1800년대 후반만 해도 보잘 것 없는 마을에 불과했다. 그러나 1886년 3월 호주의 한 금광 광부였던 조지 해리슨(George Harrison)에 의해 금의 노두가 발견되면서 사정은 급격하게 달라지기 시작했다. 그러나 정작 금광의 노두를 발견한 그는 그가 발견한 채광권을 10파운드도 안 되는 가격으로 팔고 어디론가 사라져버렸다. 그는 단지 그 지역에서 금광을 최초로 발견한 것을 기록으로 남기는 것으로 만족해야 했다. 아마도 진정 그곳의 금광의 가치를 이해하지 못했던 것이 결정적인 이유였을 것이다. 남아프리카에서 금광의 발견은 그것이 처음이며 마지막도 아니다. 그즈음 오늘날의 제임스 타운이라는 곳에서는 1881년 다른 사람에 의해 사금광이 발견되었다. 1883년 또 다른 협곡지대에서도 새로운 금광이 발견되었다. 그곳은 아무데나 파기만 하면 일확천금이라도 할 것 처럼 여러 곳에서 광산이 계속 발견되었다. 그런 사실은 황금광들을 끌어들이기에 충분한 이야깃거리였다. 남아프리카의 더운 저지 초원지대라 말라리아가 발병되는 지역적인 한계점은 금을 찾는 황금광들에게는 문제가 되지 않았다. 바버톤이라고 불리던 남아프리카 북부에 위치한 한적하기만 했던 곳에서의 금광 발견은 남아프리카에서 일어난 초유의 위트워터스랜드 골드러시(Witwatersrand gold rush)의 시발점이었다.

금이 발견되었다는 소문은 재빨리 퍼져 황금광들이 몰려들기 시작하면서, 1886년에는 먼지투성이의 볼품없는 광산촌이 만들어지기 시작하였다. 당시 그곳을 통치하던 남아프리카공화국은 그곳의 금광을 대단한 것으로 여기지 않았으며, 가능하면 많은 광부들을 채워넣기 위해 그 지역의 토지를 작은 삼각형으로 구분하였다. 그게 오늘날 요하네스버그 중심가의 거리가 좁은 이유가 되었다. 한적한 광산촌은 10년이 가기도 전에 200여 년의 역사를 가진 케이프 타운보다도 더 큰 도시로 성장을 했다. 그 원동력은 바로 해리슨에 의해 발견된 금광이 단초가 된 것이다. 물론 이 근처에서 후일 발견된 다이아몬드 역시 도시로 성장하는 데에 큰 기여를 했다. 나중에야 밝혀진 것이지만 금을 가지고 있는 지층은 동서로 100여 km 정도 뻗어 있으며 그 폭은 두꺼운 곳에서는 40km나 되었다. 이들 지층이 경사진 곳에서는 지하 깊숙이 광맥이 연장되어 있어 이 지역에는 세계에서 가장 깊은 광산들이 이곳저곳에서 개발되고 있다. 지금은 요하네스버그 주변보다는 그 북쪽에 있는 지역에서 생산 중인 금광산이 위치해 있다.

이 지역에 분포되어 있는 암석은 카프발지괴(Kaapvaal craton)라고 불리는 지구상에 남아 있는 가장 오래된 지각의 하나로서 이들이 만들어진 시기는 36억 년 전부터 25억 년 전의 일로 이런 오래된 대륙 지각은 호주의 웨스턴 오스트레일리아에 있는 일가른지괴와 필바라지괴(Pilbara craton)가 있는 정도이다.[16] 이보다 더 오래된 암석은 그린랜드의 남서부에 분포하는 37.5억 년 된 이수아복합체(Isua complex)라고 불리는 변성화산암류와 변성퇴적암류가 있다. 이수아복합체 중 변성화산암류는 현재까지 발견된 가장 오래된 암석 중의 하나이다. 이들의 산출상은 카프발지괴에서 산출되는 암석들과 매우 유사한 성격을 띄고 있다. 카프발지괴는 이미 그 오래 전에 지구조 운동에 의해 시생대라는 지질시대에 대륙지각과 호상열도가 충돌하면서 광역변성작용을 일으킨 지대로 30억 년 전후 시생대 말에 많은 화성활동을 수반하였으며, 그 분지는 다양한 화산암층과 퇴적암층들에 의해 뒤덮인 지역이다. 광역변성작용시 암석으로부터 분리되어 나온 유체는 금광화작용의 원인이 되었다. 그래서 이런 광화작용은 으레 변성작용의 정점에 이르는 시점과 일치하는 경우가 많다. 이 지역의 시생대 암석에서는 32억 년 된 박테리아 미화석, 아케오스페로이데스 바버토니스(*Archaeospheroides barbertonis*)로 명명된 지구 최초 생명체의 흔적인 화석이 나온 곳이기도 하다. 그 이후에도 화성활동이 일어나 이 지역은 금 외에도 여러 가지 유용한 금속광물 자원을 생성시킨 곳이다. 이 지역 대부분의 광산들은 서부 오스트레일리아 지역에서 산출되는 황금 덩어리를 만든 지질작용과는 다른 원인에 의해 만들어진 금광산들이다. 이 지역에서 금이 발견되었던 1880년대만 해도 전 세계 금 생산량의 40% 정도가 이곳으로부터 생산될지는 아무도 예상하지 못한 그런 곳이었다.

보어전쟁의 원인, 골드러시

사실 이 지역의 금광의 발견은 후일 보어전쟁으로 알려진 영국과 보어인 간의 큰 전쟁의 간접적인 원인이 되기도 했다. 당초 영국이 남아프리카의 보어인들이 세운 트란스발공화국을 합병시키자 보어인들이 전쟁을 일으켜 영국군에 승리하면서 주권을 회복했다. 그 전쟁을 제1차 보어전쟁이라고 한다. 그러나 이 지역에서 금광이 발견되자 당시 이 지역 식민지 총리였던 세실 로데즈(Cecil Rhodes, 1853~1902)는 자신의 친구였던 제임슨(Leander S. Jameson, 1853~1917)에게 트란스발을 치도록 했지만 실패하였다. 그러나 영국은 포기하지 않았으며 1899년 다시 전쟁을 일으켰다. 세실 로데즈는 드비어스 다이아몬드사를 설립한 장본인이다. 이 전쟁을 제2차 보어전쟁이라고 한다. 보어(Boer)란 네덜란드어로 농민을 뜻하는 말로 트란스발공화국을 건설한 네덜란드계 백인을 가리킨다.

1899년 제2차 보어전쟁이 시작되자 영국은 볼러(Redvers Henry Buller, 1839~1908) 대장의 지휘 아래 3개 사단 8만 명의 병력을 남아프리카로 급히 파견하였다. 이런 병력 규모는 워털루전투에서 웰링턴 장군이 지휘한 영국군의 두 배도 넘는 병력이었다. 초기 전투에서 영국군의 패배는 충격이었으며, 대장은 70세의 로버츠(Frederick S. Roberts, 1832~1914)로 경질되었다. 당시 총인구 50만 명의 트란스발공화국의 총병력 7만 명을 상대로 영국은 45만 명의 병력을 동원하여 총력전을 펼친 결과 적을 굴복시켰다. 1902년 5월 31일 영국군의 승리로 트란스발공화국과 오렌지자유국을 점령하여 영국의 식민지로 편입시킨다. 결국 그러한 목적은 트란스발에서 발견된 금광과 오렌지자유국에서 생산되는 다이아몬드가 중요한 원인이었던 것을 많은 사람들은 알고 있다.

그런 침략 전쟁은 영국의 도덕성에 상처를 주었으며 대영제국의 쇠퇴를 알리는 전초적 사건으로 기록된다. 전쟁에 승리를 이끈 영국군의 만행은 세계적인 여론을 악화시킨 것은 물론이다. 영국의 양식 있는 엘리트들로부터 이러한 제국의 불필요한 전쟁에 환멸과 반발을 일으켰다. 영국의 역사학자 골드윈 스미스는 "이 전쟁은 체임벌린과 세실 로즈 말고는 누구도 불필요한 전쟁입니다. 이 전쟁으로 인해 영국은 전 세계로부터 거대한 증오를 사고 있습니다. 저는 영국이 백년전쟁에서 잔 다르크를 불 태워 죽인 이후 이만큼 도덕적으로 잘못된 일을 저지른 적은 없다고 확신합니다."라고 말할 정도였다.[17] 영국의 지성인 스미스가 이만큼 도덕적으로 부끄러운 일이 없다고 단정할 정도의 일은 결국 금이 원인이 되었다. 셰익스피어의 말대로 금은 그른 것도 옳게 만드는 힘을 가지고 있지 않고서야 이런 일은 자행되기 어려운 일일 것이다.

5

화석연료자원의 종말이 다가오고 있다

화석연료자원의 종말이 다가오고 있다

한 마리의 박테리아가 분열되어 30분 후면 두 마리가 되는 개체가 있다고 가정하자. 1시간 후에는 네 마리가 된다. 1시간 30분 후에 이는 다시 여러 마리로 증가한다. 정확하게 이런 속도로 10시간 동안 분열되면 1,048,576마리가 된다. 다시 10시간 후면 우리가 사용하는 숫자로 나타내기에는 버거운 긴 숫자가 된다. 이렇게 변화하는 양상을 우리는 지수함수적 증가라고 말한다. 그러나 자연생태계에서 지수함수적 성장은 무한정 계속될 수 없으며 어떤 제한 요소에 의해 조정되어 생태계가 부양할 수 있는 범위에서 균형을 이루게 된다.

흔히 인구의 증가를 우리는 지수함수적 증가로 표현한다. 1800년대 세계 인구가 10억이 되는 데 수천 년이 걸렸다. 그 후 인구가 2배로 증가하여 20억이 되는 데는 단지 130년 만인 1930년에 도달하였다. 다시 10억이 증가하여 30억이 되는 데는 30년이면 족하여 1960년도의 세계 인구가 그 숫자에 도달하였다. 다시 15년 후인 1975년도에는 40억으로 증가하였다. 그 후 12년마다 인구는 10억씩 증가하여 1999년에는 60억이 되었다. 이 정도의 속도라면 지수적 인구 증가라는 말이 전혀 어색하지 않은 속도임에 분명하다. UN은 최근 2013년에는 세계 인구가 70억이 되리라는 추정을 하고 있다. 세계은행이 제시한 최악의 인구 증가 시나리오에 의하면 2135년의 세계 인구는 235억 명이 될 것이라고 추정한 바 있다. 과연 인구성장은 그런 속도로 계속 유지될수 있을 것인가라는 질문에 대한 견해는 각기 다르다.

지구의 수용능력

자연 생태계는 모든 생물종의 지수함수적 증가를 허용하지 않았다. 그런 규칙은 과연 인간에게도 적용되는 규칙일까 하는 의문은 고려해야 될 여러 가지 인자들 때문에 쉽게 해답을 낼 수 없는 부분이다. 현세에 이르러 선진국에서는 오히려 인구 감소 추세를 보이고 있으나, 아직도 개발도상국에서는 높은 출생률을 유지하고 있다. 이런 현상으로 보아 무작정 인구 증가가 계속될 것 같지는 않아 보인다. 그렇다고 하더라도 과연 지구가 수용할 수 있는 인구의 상한선은 얼마일까? 다른 의견이 많이 있음에도 불구하고 지구 자원과 생물학적 생산성이 수용능력을 지배하는 주요한 인자라는 데는 모두 동의한다. 지구의 수용능력은 학자들에 의하여 이론적으로 80억, 120억 또는 그 이상을 수용할 수 있다는 주장이 제기되고 있다. 심지어 어떤 학자는 터무니없이 1,000억을 주장하는 이도 있다. 여기서 터무니없다는 뜻은 지구의 인간이 생존 가능한 면적으로 고려하면 해답은 바로 드러난다. 전 세계 육지면적은 1억 5천 3백만 km^2이다. 그러나 사람이 살 수 없는 빙하로 덮여 있는 지역과 인간의 삶을 허용하는 한계고도 5,000m 이상인 지역을 제외하면 남는 것은 1억 3천 3백만 km^2이다. 이 면적을 인구수로 나누어 보면 사람당 사용하는 면적을 계산할 수 있다. 1895년도 세계 인구는 18억 명이었다. 인구밀도는 km^2당 13인이었으며, 이는 한 사람당 280m인 정사각형의 면적을 소유하고 있음을 의미한다. 그러나 인구수가 120억 명이라면 인구밀도는 km^2당 90명이 되며, 사방 100m의 토지에 한 사람을 부양한다는 의미가 된다. 과연 그 좁은 면적에서 식량과 인류 문명을 위한 모든 자원의 확보가 가능할 것인지는 많은 논란이 필요해지는 부분이다.

학자에 따라 다른 수용능력이 제기되는 것은 인간이 소비하는 자원의 양을 어떤 근거로 계산하느냐에 따라 달라지기 때문이다. 선진국의 1인당 자원의 소비량은 후진국의 소비량의 몇십 배에 이르기도 하기 때문에 이런 소비량을 정량화하는 데는

전형적인 인도의 농촌 가정의 소지품과 미국 중산층 가정의 소지품. 선진국과 개발도상국에서의 자원 소비의 불균형이 한눈에 들어온다(Peter H. Raven and Linda R. Berg, 2004, Environment, John Wiley & Sons, Inc.).[1]

여러 가지 문제점이 생긴다. 나는 어떤 환경 관련 책에서 매우 인상적인 사진을 본 적이 있다. 그 사진은 미국의 중산층 가정과 인도의 한 농부 가정이 소유한 모든 것을 비교한 그림이었다. 이 그림 하나만으로 자원의 소비량은 물질문명의 수준으로 현저한 차이가 있다는 것이 바로 설명된다. 선진국에서의 물질문명은 광물자원의 소비만 증대시킨 것은 아니며 필연적으로 에너지 자원의 사용량도 증가되었다.

에너지 자원의 세계적인 분포도 지역적인 편중 현상이 심하지만 소비패턴 역시 심하게 왜곡되어 있다. 다음은 에너지 관련 책자에서 자주 인용하는 《1993년의 지구환경보고서》 중 니콜라스 렌센의 글이다.[2]

"에콰도르의 조그만 마을인 구아말린에는 초등학교 교사인 마르코 콜로마가 살고 있다. 1990년부터 이 외딴 마을에도 전기가 공급되기 시작했으나 대부분의 가정은 엄청난 전기요금을 감당할 여유가 없다. 이따금 험한 진흙 길을 거쳐 프로판 가스가 공급되기는 하지만, 옥수수밭과 방목지 주변의 나무들에서 얻는 땔깜이 이 마을의 주된 에너지원이다. 마르코 콜로마의 에너지 사용량이 에콰도르 사람들의 평균 수준이라고 가정한다면, 그는 직접 사용하거나 소비 제품을 통해 연간 석유 4.6배럴에 상당하는 에너지를 소비하고 있다.

이곳에서 5,000km 떨어진 미국 코네티컷주 윈스테드에 사는 그의 형 칼로스 콜로마는 그보다 10배 이상의 에너지-연간 석유 48배럴 상당량-를 소비한다. 칼로스는 전자레인지, 냉장고, 세탁기, 전기 조명기구, 두 대의 텔레비전을 갖춘 집에서 승용차와 픽업 트럭을 사용하며 생활한다. 칼로스의 이같은 생활은 마르코의 꿈이며, 아마도 아프리카와 아시아 및 라틴 아메리카의 40억 명이 넘는 사람들의 꿈일 것이다."

산업화된 국가와 미개발국가의 에너지 사용의 왜곡현상을 간단하지만 실감나게 표현한 글이다. 마치 인도의 한 농촌 가정과 미국 중산층 가정의 소지품을 비교한 그림처럼 여겨진다. 이 글 하나로 구체적인 다른 숫자의 제시 없이도 에너지 사용의 불균형은 쉽게 알 수 있다. 이러한 에너지 사용의 왜곡현상은 비단 선진국과 개발도상국 사이에서만 존재하는 것은 아니며, 같은 나라 안에서도 소수 부유집단과 사회 서민층이 사용하는 에너지의 불균형도 또한 존재하기 마련이다.

에너지 자원의 변화

우리의 조상들이 식량을 수렵과 채집에만 의존했던 시절 그들에게 필요했던 에너지 자원은 주변에서 쉽게 구할 수 있는 잘 마른 나뭇가지를 주워 모으는 것으로 충분하였다. 그러나 그들이 도시라는 주거형태를 가지면서 연료는 더 이상 그렇게 쉽게 구할 수 있는 물건이 아니었다. 그들이 거주하는 도시 주변에서는 연료를 구하기가 점점 어려워지기 시작하였다. 거기다 문명의 발전으로 금속을 사용하면서 이를 제련(製鍊)하는 데 더 많은 에너지가 필요하게 되었다. 철의 사용은 목재를 고갈시키는 데 일조를 하였다. 단지 9kg의 철을 생산하기 위해서는 1톤의 목재가 필요하였다. 철의 수요가 증가하면서 사라지는 산림의 규모는 늘어만 갔다. 작은 규모의 제철소 하나를 운영하기 위해서 주변 지역의 방대한 산림이 벗겨져 나가야만 했다. 유일한 에너지 자원으로서 목재의 수요는 폭발적으로 증가하였다. 13세기 영국에서는 목재 부족현상이 너무 심해서 정부는 벌목을 금지시키기도 했다. 나아가 제철소들은 문을 닫아야만 했다. 14세기에는 유럽 전역에 흑사병이 만연해 인구의 거의 3분의 1이 줄어들었다. 인구의 감소는 목재의 수요를 줄여줘 일시적으로 산림을 회복하는 계기가 되었다. 자연의 평형이 이상한 기작을 통해 일시적으로 작동한 것이다. 15세기에는 다시 인구가 이전의 수준으로 회복되었으며 나무는 다시 사치스러운 비싼 연료자원으로 변하였다.

어떤 한 가지 유형의 자원이 고갈되면 대체자원이 등장하기 마련이다. 그때까지만 해도 버려진 물건이나 다름없던 시커먼 흙도 아닌 돌덩어리가 나무를 대체할 에너지 자원이 되리라는 생각은 누구도 하지 않았다. 초기에 사용되던 석탄은 갈탄의 일종으로 황이나 불순물을 많이 함유하고 있어 이걸 사용하는 자체가 그렇게 유쾌한 일은 아니었다. 불을 붙이면 황이 섞인 연기는 독가스나 마찬가지였으며, 연소 시 발생하는 검은 연기는 빨래를 더럽히기 일쑤였다. 초창기 나무에 의존하던 산업이 석탄으로 대체되지 못했던 더 큰 장애요인은 엉뚱한 곳에서 나타나기도 했다. 빵을 굽는 제빵업자들은 석탄을 사용하면 빵 맛이 떨어진다고 불평하였으며, 그래서 그들은 나무로 빵 굽기를 고집하였다. 그렇다고 빵 맛이 정말 좋아진 것도 아니었다. 그것은 비단 제빵업자들만이 아니라 다른 분야에서도 이러저런 핑계로 그들에게 익숙한 땔감인 나무를 버리는 것을 거부하였다. 나무를 삼켜 먹고 있던 제철분야에서조차도 석탄에 들어 있던 황을 핑계로 나무를 고집하였다.[3]

그러나 그런 고집은 그나마 이용 가능한 나무가 남아 있을 때의 이야기이지, 나무가 주변에서 사라지기 시작하면서 상황은 돌변하기 시작하였다. 쉽게 인정하고 싶지는 않았겠지만 사람들은 석탄을 받아들여야 했으며, 그게 나무보다도 더 유용하다는 점을 인정해야만 했다. 석탄의 이점이 속속 증명되기 시작한 것이다. 석탄은 풍부한 매장량을 가지고 있었고 무엇보다 나무보다는 값이 싼 자원이었으며 에너지 효율 측면에서는 나무보다 5배 이상 높았다. 그리고 생산, 운반 및 저장이 용이한 수단이기도 했다. 석탄을 생산하다 보니 지표에서 쉽게 구해 사용하던 갈탄보다 더 효율이 높고 상대적으로 깨끗한 석탄인 유연탄이나 무연탄이 있다는 사실도 확인할 수 있었다.

석탄의 등장은 영국에서 진정한 의미의 산업혁명이 일어나는 시발점이 되었다. 그것은 공교롭게도 광산으로부터 시작되었다. 영국 데본지역의 다트머스에서 출생한

1712년에 뉴커먼에 의해 발명된 증기엔진으로 광산의 배수펌프를 위해 건설된 모습

토머스 뉴커먼(Thomas Newcomen, 1663~1729)은 산업혁명의 출발을 알리는 신호탄을 올린 선구자 중의 한 사람이다. 그가 태어난 데본의 마을은 공교롭게도 주석광산이 있는 지역이었으며, 오랜 기간 동안 영국에서 주석을 공급하던 많은 광산들이 주위에 분포되어 있었다. 당시의 주석광산은 갱(坑)이 깊어지면서 문제가 발생하였다. 주석을 채광하기 위해서 항상 갱 내에 스며드는 지하수를 처리하지 못하는 것이 큰 골칫거리였다. 그런 것을 보며 자란 그는 침례교 전도사이자 대장장이로 성장했다.

뉴커먼은 광산의 물을 효과적으로 퍼낼 수 있는 기계의 제작에 매달렸다. 처음에는 주위의 누구도 한갓 대장장이의 노력에 큰 관심을 두지 않았었다. 그러나 그는 무려 10년의 노력 끝에 석탄을 연료로 사용하여 혼자 움직이는 9m 높이의 증기엔진을 1712년에 발명하였다. 그의 의도는 바로 석탄광에 차있는 지하수를 퍼 올리려는 것이 목적이었다. 당시 광산의 갱 내에 스며드는 물은 말 몇 마리로 퍼올리는 노동집약적인 것으로서 석탄의 효율적인 생산에는 큰 도움이 되지 못한다는 것을 그는 알고 있었기 때문이다.[4]

당시 영국은 산업화가 진행되면서 연료 자원의 수요는 급격하게 증가하고 있었다. 산업혁명이 진행되던 영국 여기저기에 건설된 수많은 공장들은 더 이상 땔감용 나무만으로는 유지가 불가능한 상태였으며, 대량의 석탄이 필요한 시점이었다. 그러나 지표에서 아무런 방해 없이 캐낼 수 있는 석탄광은 곧 매장량이 바닥을 드러내어 광산의 굴은 점점 깊어져 갔다. 깊어진 광산의 굴속에는 스며드는 지하수로 채광을 중단해야만 했다. 원시적인 펌프와 인력이나 말의 힘만으로는 너무나 비효율적이어서 그 물을 감당하기에 어려움이 많았다. 광산을 하는 사람들은 누구나 갱내에 차오르는 물을 효과적으로 퍼내는 일이 큰 골칫거리였다. 뉴커먼의 괴물 같은 증기엔진은 구세주나 다름없었다. 늘어나는 석탄 수요를 감당하는 데 꼭 필요한 장비라는 것은 전문가가 아니더라도 바로 알아챌 수 있는 기계였다.

오늘날 남아 있는 당시의 자료를 보면 그가 만든 증기엔진은 매우 어수룩한 것으로 보여진다. 벽돌로 만든 화덕 위에는 물을 채운 놋쇠로 만든 보일러가 있다. 보일러에서 만든 증기로 피스톤을 움직인다. 피스톤이 올라갔다 내려올 때마다 다른 한쪽에 매달아 놓은 쇠사슬로 연결된 부위가 올라갔다 내려갔다를 반복한다. 쇠사슬 한쪽은 탄광의 지하수가 차있는 갱도와 연결된 펌프를 작동하게 만든 것이다. 이 증기엔진이 작동을 할 때마다 갱내에 차있던 물을 퍼올린다. 그러나 그 엔진은 만들어진 증기에너지의 99%를 활용하지도 못한 채 허비하는 기계였다. 그러나 그가 만든 기계는 하루 1.5톤의 석탄으로 50마리의 말이 움직이는 펌프와 같은 양의 일을 할 수 있는 경이적인 것이었다. 그 엔진이 발명되었을 1712년의 영국 석탄 생산량은 300만 톤이었으나 1750년에 거의 두 배에 이르는 석탄을 생산하게 된 데에는 바로 뉴커먼의 증기엔진의 역할이 컸다.

결과는 석탄 생산량의 증가로서 끝이 난 것은 아니며, 로버트는 이를 다음과 같이 기술하고 있다. "뉴커먼 엔진은 사실상 석탄에서 나오는 화학에너지를 물리적에너지로 변환시킨 세계 최초의 자동장치이다. 이 장치의 발명은 인류가 최초로 에너지를 지배하여, 영원히 세계의 변화를 주도할 수 있게 해준 사건이다."[4] 사실 이 말은 시사하는 바가 매우 크다. 지금까지 석탄은 난방이나 하고 음식을 조리하는 단순한 연료 자원에 불과한 것을 석탄 연소를 통해 발생한 열에너지를 운동에너지로 전환시켜 산업화에 필요한 에너지로 만들어준 것이다. 진정 뉴커먼의 기계가 등장한 이후의 변화는 무서운 것으로 농경사회에서 산업사회로의 전환을 가속화시켰다. 석탄을 이용한 증기의 힘은 산업계 전반에 큰 영향을 미쳤으며 이전에는 상상도 못하는 일들이 현실화되었다.

가장 극적인 변화는 제철산업으로부터 시작되었다고 보아도 된다. 풍부한 석탄의 생산으로 철의 생산량이 증가하였으며, 값이 싼 철의 공급으로 증기기관 외의 각종 기계류의 생산이 활발해졌고 공장들이 들어서면서 생산활동은 몇 배로 증가하였다. 그 결과 석탄산업은 더욱 활기를 띄게 되었다. 1701년 영국에서는 1인당 0.5톤 이하의 석탄을 사용하였으나, 1850년대에 이르면서 소비량은 3톤으로 증가하였다.[3] 이런 추세는 유럽의 다른 나라도 거의 마찬가지였다. 결국 산업혁명이란 석탄으로부터 기인된 에너지 혁명이라고 해도 과언이 아니게 되었다.

영국 콘월지방의 석탄광에서 일한 경험을 바탕으로 세계 처음으로 지질도를 만든 윌리엄 스미스

석탄의 수요증가는 석탄광의 개발로 이어졌다. 이 석탄광의 개발은 지질학의 발전에 큰 획을 그은 지질도의 탄생과 관계된다. 정식으로는 지질학 교육을 받아본 경험이 없는 측량기사였던 윌리엄 스미스(William Smith, 1769~1839)가 최초의 지질도를 만든 것은 그가 1791년부터 8년간 영국 남서부의 서머세트 석탄회사에서 측량기사로 일한 것이 계기가 되었다. 그가 그린 영국 지질도는 1815년 8월 1일에 출간되었으며, 《잉글랜드와 웨일스의 지층 및 스코틀랜드 일부 지층에 대한 개설》이라는 다소 긴 제목이 붙어 있었다. 이 지질도는 지금 영국 지질학회가 사용하고 있는 건물인 런던의 벌링톤하우스의 중앙계단 뒤 커튼에 숨겨 있듯이 걸려 있다. 윈체스터는 《세계를 바꾼 지도》란 스미스의 전기에서 그 지도를 다음과 같이 묘사하였다.

"이 지도는 과학의 얼굴을 바꾸고, 완전히 새로운 과학을 탄생시킬만한 업적이었다. 그 뒤 일어난 일련의 과학적 동향의 기폭제가 되었으며, 궁극적으로는 찰스 다윈의 연구와 진화론의 탄생을 이끌었고, 인류에게 세상과 우주를 바라보는 완전히 새로운 시각을 제공해 주었다.”

조금 과장된 수사적 표현이라는 느낌은 들지만 사실 이 지질도의 완성은 지하의 세계를 지상으로 올려놓았을 뿐만 아니라 지질학의 패러다임을 바꾼 중요한 업적이기도 했다. 당시로서는 없었던 지층의 순서, 즉 층서의 개념을 도입한 그는 오늘날 지질학계에서 “층서학의 아버지”라고 칭송을 받고 있다. 이 모든 것은 그가 전적으로 석탄광산에서 보고 겪었던 경험으로부터 시작된 것이다. 이런 지질도의 등장을 가능하게 만들었던 석탄광이 갖는 의미는 그 시기 전이나 이후에도 중요하다는 점은 누구도 부인할 수 없다. 이제 석탄이란 무엇인지를 살펴볼 때가 되었다.

녹색 지구의 시작

문명사회에서 석탄을 모르는 사람이 없으며, 과거에 지표를 덮고 있던 나무가 땅속에 파묻혀 만들어졌다는 것쯤은 다 알고 있다. 그러나 그게 언제 만들어진 것인지에 대해서는 고개를 갸웃한다. 석탄은 지구가 만들어진 순간부터 땅속에 들어 있던 것은 아니다. 그걸 알려면 지구상에 나무가 언제 출현했는지부터 알아야 한다. 지구에 처음 출현한 생물체는 식물이 아니라 동물이다. 동물이 출현하고도 한참이 지나서야 식물들이 출현했다. 처음 지구에 등장한 식물은 육지에 나타난 것은 아니며 물속에서부터 시작되었다. 그들이 진화하면서 육지로 상륙을 하여 육상식물이 출현하게 된다. 육상식물이 지구상에 출현한 시점은 고생대 사일루리아기이며 지금으로부터 약 4억 5천만 년 전이다. 그러나 최근 고생물학자들은 이보다 더 빠른 지질시대인 오르드비스기의 암석 속에서 포자를 발견하여 육상에서 식물이 출현한 시기를 약 1억 년이나 앞당겼다. 이 지질시대의 지층에서 발견된 포자를 크립토스포어(cryptospore)라고 부르는데 크립토(crypto)란 ‘숨어 있다’라는 뜻의 그리스어이므로 어렵사리 찾아낸 고생물학자들이 이를 찾아낸 의미를 함축하고 있는 이름으로 여겨진다.

물에서 살던 식물들이 육지로 올라온 사실은 지구를 변화시키는 원동력이 되어 지구 진화의 관점에서도 아주 중요한 일이었다. 지구상에 우리가 식별할 수 있는 크기의 생물종들이 출현한 것은 캄브리아기이지만 그때까지만 해도 전 지구의 3분의 1은 생명이 존재하지 않는 그런 황량한 곳이었다. 모든 생물체들이 바다에만 서식하고 있었기 때문에 지구 표면의 30% 정도를 차지하는 육지 중 높은 지대는 아마도 오늘날 히말라야 고산지대와 비슷했을 것이며, 낮은 지역은 사하라사막의 어느 한 구석과도 같은 환경이었을 것이다. 바람은 모래바람을 만들고 어쩌다 비라도 내리면 계곡은 일순간에 밀려든 물길로 엄청난 침식이 일어났을 것이다. 당시의 지구를 그린다면 녹색물감은 전혀 필요하지 않았을 것이다. 그런 황량함이 나름대로의 경관을 유지하기는 했겠지만 모두를 편안하게 해줄 수 있는 그런 조건은 아니었을 것이다. 그런 조건은 분명 우리가 알고 있는 삼림지대의 녹색이 주는 분위기와는 다른 것이었음이 분명하다. 과학적으로도 녹색은 인간의 망막을 덜 자극할 뿐만 아니라 편안함을 주는 것으로 알려져 있다. 그래서인지는 모르지만 우리는 숲에 있을 때 편안한 느낌을 갖는다. 그러나 지구 진화 관점에서는 이런 편안함보다는 육상 식물의 출현이 생물의 서식환경 범위를 극적으로 확대시켰다는 점에 더 주목해야 한다.

육지로 올라온 식물들은 씨가 없는 식물종으로 상대적으로 진화가 덜 된 것들인데 양치류, 석송류 그리고 유절류 등이 주류를 이루었다. 이들은 당시 기후가 따뜻해서 매우 번성하였으며, 지질시대로 3억 9천만 년 전부터 2억 6천만 년 전 사이의 석탄기에 절정을 이룬다. 이 시기의 지층에 남겨진 화석은 약 3,000종 이상의 식물들이 번성했음을 보여준다. 양치류가 오늘날까지 살아남은 종은 고사리와 같은 것들인데 당시의 양치류는 20여 m도 훨씬 넘는 키로 성장하였다. 오늘날 작은 관목으로 나타나는 석송류는 30m까지도 성장하였다. 고사리가 석탄이 되었나 하는 의문이 들 것이다. 그러나 몇억 년 전 지구에 번성하던 양치류(고사리)는 오늘날 나물이나 해먹는 그런 1년생의 연약한 것이 아니었으며 숲에는 마치 그것밖에 없었다고 말할 정도로 흔하고, 크기가 거대한 나무였다. 아마도 그들이 키를 높여야 했던 이유는 높은 곳의 햇빛을 더 많이 받기 위한 생존전략도 한 가지 이유였을 거라고 믿고 있다. 거대한 나무로 자란 양치류는 여러 가지 종류들이(*Lycopsida*, *Sphenopsida*, *Pteropsida* 등) 있다. 우리는 고생물학자가 아니므로 이런 복잡한 나무의 이름을 모른다고 해서 이상한 일은 아니다. 그래서 지질시대 중 석탄기와 페름기를 양치식물의 시대라고 부르기도 한다. 그런 사실은 지층 중에 온전하게 보전되어 있는 화석으로 명확하게 알 수 있다. 양치(羊齒)란 바로 양의 이빨을 말하는데 고사리 잎의 끝이 톱날처럼 생긴 데서 붙여진 이름이다. 그렇다고는 하지만 그러한 거대한 나무들이 오늘날의 초본식물인 고사리로 진화했다는 것은 생물체의 진화를 익히 알고 있는 오늘날의 우리에게도 믿기 어려운 일이다. 그러나 지구의 오랜 나이는 이런 변화를 허용하기에 충분하였다.

석송류만 해도 그렇다. 지금 남아 있는 석송류는 열대지방이 주요한 분포지이지만 온대지방의 삼림지대에서도 자라고 있다. 특히 기는 듯 바닥으로 가지를 펼치면서 바늘 모양의 잎을 가진 작은 상록수가 석탄이 된다는 것이 더욱 믿어지지 않는다. 우리나라에서도 고생대의 석탄층이 잘 발달되어 있으나 지층의 변성 정도가 높아 화석의 산출 상태는 그리 양호한 편은 아니다. 그래도 이들 식물들을 식별하기에는 충분한 정도의 화석이 곳곳에서 산출된다. 아마도 지질시대가 석탄기라고 명명되었다는 점으로 여러분들은 석탄이 이 시기에 만들어졌다는 것을 짐작할 수 있을 것이다. 세계의 석탄이 비단 이 시기에만 만들어진 것은 아니지만 세계의 주요 석탄광들은 바로 이 시기에 자라던 이들 식물들이 매몰되어 만들어진 것들이다.

석탄기 지층 중에서 산출되는 석송류인 레피도덴드론의 줄기 화석. 껍질의 문양이 완벽한 대칭을 이루고 있어 흥미롭다.

삼림이 발달했다고 모든 지역에서 석탄이 만들어지는 것은 아니며 어느 정도 적당한 환경을 구비하고 있어야 한다. 무엇보다도 식물이 잘 성장할 수 있는 따뜻한 기온과 강수량이 유지되어야 한다. 그래서 탄층을 함유하고 있는 지층은 당시 위도 ±20 이내의 열대지대에 위치하고 있었으며 습윤한 늪지였다. 나무가 죽어서 석탄층을 형성하기 위해서는 식물질이 썩지 않고 보존될 수 있는 낮은 습지환경이라야 한다. 식물이 건조한 지역에서 죽게 되면 이들은 바로 석탄 형성과는 관계없는 탄산가스와 수분으로 분해되어 자취를 감추게 된다. 그러나 물속이나 환원 환경에서 매몰되게 되면 분해가 일어나지 않는 것은 아니나 그 속도가 매우 느려 식물 중 저항성이 강한 왁스, 수지 및 나무의 각질과 같은 물질들의 집적이 가능해진다. 여기에 매몰 심도가 증가하면서 다른 휘발분들은 감소하고 탄소질 물질들이 증가하여 함유비가 50% 또는 70% 이상 함유하게 되면 우리는 그 물질을 석탄이라고 부른다.

여러 가지 종류의 석탄

석탄은 흔히 탄소질 물질의 함유비 또는 탄화 정도에 따라 토탄, 갈탄, 아역청탄, 역청탄 및 무연탄으로 구분한다. 나열된 순서대로 고정탄소의 함량은 높아지며, 반대로 수분 함량은 낮아진다. 석탄이 만들어지는 가장 초기 단계인 토탄은 그 안에서 식물질들이 실제로 확인되며, 연소시키면 불이 붙어 연료로 사용이 가능하다. 하지만 실제 석탄으로 진화한 것은 아니다. 이들의 고정 탄소 함량은 70% 이하이며, 수분은 20~30%로서 발열량은 4,000kcal 이하이다. 수분의 함유량이 매우 높아 이들을 사용하려면 우선 잘 건조시켜야 한다. 석탄으로 진입한 초기의 물질은 갈탄이다. 갈탄은 탄화가 진행되는 가장 초기 단계로서 흔히 갈색 내지는 흑갈색을 띄기 때문에 그런 이름으로 불리게 되었다. 우리나라에서도 포항이나 감포지역에 가면 지질시대 중 가장 젊은 지층인 제3기층에서 이들이 산출된다. 이 역시 고정 탄소의 양이 70~80%로서 불은 잘 붙지만 발열량은 4,000kcal 정도로 낮은 편이다. 역청탄이나 무연탄이 우리가 흔히 사용하는 석탄이다. 역청탄은 일반적으로 발열량이 가장 높은 석탄으로 화력발전소의 발전용 연료로 주로 사용되며, 제철용 코크스로도 활용된다. 역청탄은 연소할 때 연기를 발생시켜 이들은 유연탄이라고 부르기도 한다. 일반적으로 우리나라에서 생산되는 석탄은 모두 무연탄인데 이들은 대체로 고정 탄소의 함량이 90% 이상이며, 수분은 2% 미만 그리고 발열량은 1kg당 6,000kcal를 상회한다.

이런 석탄의 진화과정에서 만약 원래 50m 두께의 토탄이 땅속에 묻혀서 그 위에 놓인 지층들의 무게로 압력을 받게 되면 갈탄으로 진화하면서 10m의 두께로 줄어든다. 다시 더 두터운 상부지층에 의해 압력과 온도가 증가하면 갈탄은 역청탄으로 진화되어 휘발분과 같은 물질을 잃어버리면서 고정 탄소의 양은 증가한다. 이런 변화과정에서 조직은 치밀해지면서 5m 두께의 역청탄으로 진화하는 것이다. 역청탄에서 무연탄으로 진화하는 과정에서는 크게 부피의 변화를 수반하지 않는다. 지금 탄광에서 2m 두께의 석탄층을 보고 있다면 이들이 퇴적될 당시 나무나 혹은 다른 식물질들이 적어도 25m 이상의 두께로 퇴적되었음을 의미한다. 이들 식물질들이 빠른 부패가 일어나지 않는 환원환경이었으므로 그런 환경에서 안정한 황철석과 같은 광물들을 함유하기도 한다. 이런 광물들은 석탄의 연소시 불필요한 가스를 발생시키기도 하며, 폐광시 갱내수는 황철석과 반응하여 강한 산성폐수를 만들어 환경문제를 일으키는 원인이 되기도 한다.

우리나라의 석탄은 대부분 무연탄이고 화성암 관입체 주변이나 변성 정도가 심한 지역의 지층에서는 강한 변성작용에 의해 일부가 이미 흑연화된 경향을 보이기도 한다. 그러나 국내산 무연탄이 발전용 연료로서 비록 최적의 에너지원은 아닐지라도 일단 연소가 시작되면 높은 발열량을 갖기 때문에 난방용 또는 산업용으로 오랜 기간 사용되어 왔다. 더군다나 가정용 연료로 개발된 구공탄의 용도로서는 더 이상 적합한 석탄이 없을 정도였다.

무연탄을 함유하고 있는 지층들의 위로 더 두꺼운 퇴적층에 의해 피복되면 아래 지층에서의 온도와 압력은 증가하게 된다. 그렇게 되면 무연탄은 석탄의 최종 진화 산물인 흑연으로 변화한다. 흑연은 무연탄을 구성하는 탄소가 주성분이지만 탄소 원자들이 상대적으로 질서 있는 규칙적인 배열을 하고 있는 물질이다. 그런 물질을 우리는 결정질이라고 한다. 무연탄은 인접한 원자들 몇 개 사이에서의 규칙성은 존재하지만 흑연과 같은 장범위 질서는 가지고 있지 않기 때문에 비정질 물질이라고 한다. 그렇기 때문에 흑연은 석탄 진화의 최종 산물이다.

탄화가 완전하게 된 것들은 비교적 단단하며 광택을 갖기도 하는데 이런 석화된 석탄들은 준보석으로 사용되기도 한다. 그런 탄화된 돌을 제트(jet)라고 부르며, 비교적 일반 석탄과 비교해서 경도가 높은 것들을 사용하지만 다른 무기기원의 보석의 경도와는 비교되지 않을 정도로 낮은 2.5~4(모스의 경도 기준으로)에 해당된다. 검은색의 광택을 갖는 제트는 19세기 유럽에서 애용하던 준보석 중의 하나였다. 그러나 진화의 최종단계에 이르러 온전하게 흑연으로 변화하면 불붙기가 어려워 실제 연료로서의 가치는 없어진다. 그러나 일부만 흑연화된 무연탄은 아직도 에너지 자원으로서 가치를 갖는다.

런던 스모그

1980년대까지도 겨울철 교실 한가운데를 지키고 있던 석탄 난로를 아마 기억하고 있을 것이다. 필자는 어렸을 때 키가 큰 편이라서 교실의 뒤편 구석에 앉았다. 그래서 겨울철 난로 주변에 한번 앉아 보는 게 작은 소원이었던 기억이 있다. 3~4교시쯤 될 무렵이면 난로 위에 몇 겹으로 올려진 알루미늄 도시락에서 풍겨져 나오는 반찬과 함께 밥이 익어가는 냄새는 허기진 학동들에게는 참기 어려운 유혹이었음을 기억할 것이다. 그리고 그 난로를 피우는 당번 학생들이 석탄에 불을 붙일 때 풍기던 독특한 냄새를 기억할 것이다. 그 냄새는 석탄이 연소하면서 발생되는 이산화탄소와 이산화황가스가 함께 섞여 그리 유쾌하기만 한 냄새는 아니었다. 그 당시 상류층을 제외한 도시의 거의 모든 가정은 취사나 난방을 위해 구공탄이라는 우리나라만의 기막힌 발명품을 사용하였다. 겨울 추위를 피하기 위해 사용하던 구공탄의 열기와 함께 만들어지는 이런 유독가스는 한옥의 구들장 사이로 벌어진 은밀한 틈을 통과하여 방안으로 스며들어가기도 했다. 그러면 연탄가스에 중독되어 생을 마감하는 비극적인 기사들이 자주 등장하곤 했었다. 밀폐된 공간에서 이들 가스가 부리는 심술은 사람들에게는 치명적인 살상 무기나 다름없다. 영국 런던에서는 이와 비슷한 유독가스에 의해 대규모의 비극적인 인명피해가 일어난 사건이 발생하기도 했다.

1952년 12월 겨울 런던은 평상시보다 더 추운 한파가 찾아왔다. 런던은 옛날부

1952년 12월 5일에 시작되어 9일에 끝이 난 런던 스모그 당시의 거리 풍경. 한낮에도 가시거리가 얼마 되지 않았다.

터 안개가 많기로 유명한 도시였다. 그래서 사람들은 런던하면 안개를 연상하곤 했다. 실상 요즈음 런던에는 그렇게 안개가 자주 끼는 것 같지는 않다. 런던 시민들은 12월 초에 찾아온 추위를 이기기 위해 100만 개가 넘는 난로나 화덕에 평상시보다 더 많은 석탄을 사용하였다. 석탄을 태우면서 발생된 연기 속에 들어 있는 아황산가스 및 이산화탄소가스와 함께 미세 분진들은 때마침 만들어진 대기의 역전현상 때문에 런던의 대기 속에 차곡차곡 쌓였다. 이런 현상은 12월 5일 시작되어 강한 바람이 이를 북해로 밀어 낸 12월 9일까지 계속되었다. 이 기간의 현상을 "런던 스모그(London Smog)" 또는 "그레이트 스모그(Great Smog)"라고 부른다. 대기의 역전현상이란 지상과 가까운 낮은 기층의 온도가 더 낮고, 상층부의 온도가 더 높은 현상을 말한다. 지상에서 온도가 낮은 공기는 상층부의 온도가 높은 기층보다 밀도가 더 높기 때문에 상승하지 못하고 제자리에 머물게 된다. 때마침 런던에는 바람도 없어 석탄 연소로 발생된 물질들이 더 효과적으로 지표 근처의 대기 중에 차곡차곡 집적되었다. 당시 영국의 경제 사정이 좋지 않아 황을 많이 함유하고 있는 석탄을 연료로 사용한 것도 문제를 복잡하게 만든 한 가지 원인이 되었다.[5]

12월 5일 런던은 대기의 역전현상으로 인해 심한 안개로 뒤덮이기 시작하였으나 런던 시민들은 으레 있어 왔던 그런 안개로 치부했다. 그러나 그날의 안개는 평상시의 안개와는 질적으로 전혀 다른 물건이었다. 안개는 누구의 허락도 없이 건물 안으로 스며들었다. 심지어 극장에서 영사기를 떠난 빛이 스크린에 영상을 만들지 못할 정도여서 영화관 문을 닫아야만 하는 짙은 안개였다. 안개가 심할 때는 가시거리가 불과 수 미터 정도 밖에 되지 않았다. 영국의 출입구인 런던 히드로 국제공항의 가시거리는 12월 6일부터 48시간 동안 10m도 되지 않았다. 항공교통은 물론이려니와 대중교통 수단의 운행도 중단되었다. 운행된다고 해도 그건 말 그대로 거북이 걸음이었다. 12월 5일에서 9일 사이에 사망자의 수가 4,000명에 이르렀다. 그러나 런던 시민들은 관이 부족하고 꽃값이 치솟아 이것들에 대한 품귀현상이 올 때까지도 사망자의 수가 늘어나고 있다는 사실을 심각하게 인식하지 못하고 있었다고 당시 사람들은 증언하고 있다. 짙은 안개가 끝이 난 그 달에 8,000명이 목숨을 더 잃었다. 사망자의 대부분은 노인들이거나 어린이들이었으며 모두 호흡기 질환으로 숨졌다.[5] 런던의 안개는 보통 안개가 아니었으며 유해물질로 된 스모그였다. 그 사건으로 스모그라는 용어는 공식적으로 인정을 받은 셈이나 마찬가지였다. 이 사건은 공기오염에 대한 경각심을 일깨워준 계기가 되었다. 대기오염이 더 이상 런던만의 문제가 아니라는 점을 알려준 큰 사건이었다. 청정에너지에 대한 관심은 커져만 갔다.

탄광의 한계점

모든 광업이 그러하기는 하지만 석탄광 역시 채광에 따른 환경상의 문제를 발생시킨다. 탄층이 어떻게 발달되는지에 따라 채광방법이 결정된다. 지표 근처에 수평층으로 발달된 석탄층은 노천채굴을 하며, 탄층이 지하에 발달되는 경우에는 항내채굴 방법 외에는 달리 캐낼 도리가 없다. 사실 채광방법에 따라 환경에 미치는 영향은 달라지기는 하지만 여러 가지 문제점을 유발하는 원인이 되기는 마찬가지이다. 우선 대규모의 노천채광은 지형을 변화시키고, 자연경관을 손상시키며, 주변 생태계에 심각한 영향을 줄 수 있다. 특히 건조한 지역에서는 지표에 발달하는 표토층이 얇기 때문에 채광이 종료되면서 복원을 할 때 재매립을 어렵게 만드는 경우도 있다. 다른 한편 강수량이 많은 습윤한 지역에서는 광산에서 발

미국 버지니아 서부의 대규모 석탄광으로 노천채광에 의해 훼손된 모습. 산의 정상부가 잘려나가 주변경관을 손상시키고, 생태계에 심각한 영향을 미치고 있다(사진제공 : Vivian Stockman/www.ohvec.org).

생되는 산성 폐수가 문제를 일으킨다.

항내채광의 경우에도 석탄층만을 달랑 파내는 것은 거의 불가능하다. 그렇기 때문에 발생되는 폐석은 굴 밖 어디엔가 모아두어야 하는데 이들 폐석더미 역시 후일 여러 가지 부정적인 영향을 미치는 요인이 된다. 과도한 항내채광이 종료된 후에 어떤 지역에서는 지반 침하현상이 나타나기도 한다. 그런 부정적인 영향이 여러 가지로 나타남에도 불구하고 연료자원의 확보는 과거에도 그랬던 것처럼 앞으로도 필요한 것이 현실이다. 이미 그런 부정적인 영향을 최소화하려는 규제들이 이미 여러 나라에서 시행되고 있으며 그런 규제는 점점 강화될 것이다.

그럼에도 불구하고 아직도 석탄은 화석연료 중 중요한 에너지 자원으로 활용되고 있다. 실제 이런 석탄자원이 세계적으로 언제 한계점에 도달할지, 이들이 어떻게 종말을 맞이할지는 정확하게 예측할 수 없다. 그러나 우리는 과거 주요한 에너지자원으로 활용되던 목재로부터 석탄으로 이화된 경험을 가지고 있다. 그리고 유한한 석탄자원 역시 언제인가는 다른 자원으로 이화되리라는 것을 예측할 수 있다. 실제로 많은 부분이 석유자원으로 이체된 상태이기도 하다. 그러나 우리나라에서 석탄산업이 변화된 경로를 보면 다른 나라에서도 그 경로와 크게 다르지 않으리라는 것을 짐작할 수 있다.

우리나라의 경우 석탄 생산량은 해방 이후 서서히 증가하다가 산업화가 추진되면서 그 생산량이 빠르게 증가하여 1988년에 정확하게 2,429만 톤으로 정점을 기록하였다. 그러나 1988년 이후 석탄 생산량은 급격하게 감소하여 2002년에는 330만 톤으로 줄어들었다. 1980년대 말부터 국민소득 향상에 따른 생활구조의 개선으로 청정에너지를 선호하면서 석탄에서 석유 및 가스로의 연료 소비의 구조변화로 민수용 무연탄 소비는 연평균 23% 이상의 급격한 감소가 발생했다. 그렇다고 국내 석탄 소비가 다른 부분에서도 그런 추세로 줄어든 것은 아니었으므로 발전용이나 산업용의 석탄 소비를 충족시키기 위해서는 외국으로부터 수입을 계속해야만 했다.[6]

국내 석탄 생산량의 급격한 감소는 석탄이 모두 남김없이 채광되어 팔려나갔기 때문에 일어난 현상은 결코 아니다. 석탄이 모든 탄광에서 채진되어 더 이상 생산할 매장량이 남아 있지 않아서가 아니라 남은 자원은 채광이 더 어려운 깊은 심도에 있거나 탄층이 얇아져 채광 비용이 증가해 경제성이 없기 때문에 다른 나라에서 생산되는 자원과 경쟁이 되지 않는 것이 더 중요한 이유가 되었다. 어떤 경우는 파내기에 너무 위험하여 더 이상 작업을 할 수 없는 어려움도 있었다. 그러나 주요한 이유는 더 싼 비용으로 생산하는 외국 경쟁사들을 국내 탄광업계가 이겨낼 수 없었다는 점이었으며, 더 이상 정부도 보조금만으로 생산을 연장시킬 명분이 줄어들었다는 점일 것이다. 다른 나라 탄광의 경우 한계점에 도달한 후 생산량의 감소가 모두 우리와 같지 않은 경우도 있다. 그런 결과가 우리나라 석탄 생산량 변화추이의 특징이라고 생각한다면 전 세계적인 석탄 고갈에 대한 우려는 한결 약화될 수도 있을 것이다. 석탄 생산량의 고갈과는 관계없이 기술 문명의 발전은 석유자원의 시대를 만들어가는 계기가 되었다. 석유시대를 앞당기는 데 가장 큰 기여를 한 것은 아마도 자동차의 발명이었을 지도 모른다.

흙벽돌에 칠해진 아스팔트

사실 인류의 석유 사용 역사는 오래전으로 거슬러 올라간다. 그러나 그들은 땅속에 들어 있는 석유를 찾아서 사용한 것은 아니었으며, 지표로 스며 나온 것을 사용하는 정도였다. 원유가 지표로 스며 나오면 휘발분은 세월에 따라 증발되고 나머지는 끈적끈적한 덩어리로 남아 있기 일쑤였다. 그게 바로 아스팔트이다. 그런 물질이 갖고 있는 물을 막아주는 성질을 이용하여 방수제로서 사용한 것이 바로 인류 문명의 발상지인 메소포타미아에서 확인되었다. 대규모 신전 건물인 지구라트의 흙벽돌 위에 칠해져 있는 것들이 오늘날에도 흔적을 남기고 있다. 그것은 에너지와는 전혀 관계없는 쪽에서의 이용이었다. 그러나 자연적으로 스며 나오는 석유를 받아 조명용으로 사용했다는 기록이 있다. 당시의 메소포타미아인들이 남긴 점토판 기록에서도 천연적으로 지표로 흘러나오는 원유를 나프투(naptu)라고 기술해 놓았다. 석유가 무엇이고, 어떻게 사용하는 것이 가장 효율적인지 전혀 모르던 시절에는 그런 용도만으로도 제 역할을 한 셈이다.

메소포타미아의 흙벽돌로 지어진 신전 지구라트의 지붕에 방수 및 모르타르용으로 발려진 아스팔트의 잔재

그런 석유가 에너지로 사용된 것은 1세기경 페루와 3세기경 중국이 처음이다. 그 지역은 지금도 대규모 유전지대로서 그들이 석유를 증류시켜 등불을 밝히는 연료로 사용했다는 것은 결코 우연이 아니었다. 시작은 그러했지만 그들이 적극적으로 원유를 채취한 것은 아니었으며 겨우 대나무를 땅속에 밀어 넣어 대나무통을 따라 흘러

나오는 것을 모으는 수준이었다. 그러나 이런 자원을 보유하고 있는 지역에서는 저절로 흘러나오는 이들 자원에 대한 활용이 다른 세계보다는 더 빠르게 진행되었다는 사실은 그리 놀랄만한 일은 아니다. 아랍세계의 기록에 의하면 서기 640년경 페르시아를 정복한 무슬림들이 이미 석유에 대한 세금을 거둬들인 것으로 보아 당시에도 이미 석유에 대한 수요가 크게 증가하였음을 알 수 있다. 이라크나 카스피해 주변의 바쿠와 아제르바이잔은 이미 9세기경 석유를 활용하였으며 램프용 케로신은 후일 서구에 도입되기 훨씬 이전부터 사용된 기록은 여기저기서 발견된다.[7]

13세기 마르코 폴로가 기술한 바에 의하면 이들은 자연적으로 스며 나오는 석유를 채집하여 활용하고 있다는 사실을 기록으로 남겼다. 근대적인 유전 개발의 역사는 1800년대에 가서야 시작되었다. 1800년대 후반에 미국의 펜실베이니아와 흑해 카스피해 주변에서 유전 개발이 시작되었으나 생산량은 미미한 수준이었다. 그러한 유전 개발은 1847년 미국 피츠버그의 한 상인이 자연적으로 지표로 용출되는 석유를 병에 담아 윤활유로 팔기 시작한 것이 계기가 되었다. 사실 석유로부터 케로신을 정제하는 기술은 1846년 석탄으로부터 액체연료를 정제시키는 데 성공한 캐나다의 게스너(Abraham P. Gesner, 1797~1864)로부터 시작된다. 그는 정제시킨 액체연료를 할리팩스의 가로등을 밝히는 데 사용하였으며, 그 액체연료를 케로신이라고 불렀다. 그는 나중에 석유로부터도 케로신을 추출하는 방법을 개발하였다. 그러나 정작 석유로부터 케로신을 정제하는 방법은 폴란드의 약제사로 일하던 류카시비츠(Jan Jósef Ignacy Łukasiewicz, 1822~1882)에 의해 1852년 처음 개발되었다. 그가 자연산 석유를 가열, 증류시켜 케로신을 만들어낸 것이 근대 산업사회에서 유전 개발의 시작이 되었다. 초기의 소규모 유전에서의 석유의 생산과 등유의 정제는 불편하기만 했던 비싼 고래기름을 사용하던 램프의 연료를 바꾸는 정도에 불과했으나, 이 방법은 빠르게 전 세계로 퍼져나갔다. 아무도 당시에는 이 석유가 일으킬 인류 문명의 혁명적인 변화를 생각하지 못했다. 그렇지만 램프용 연료를 대체하는 석유의 수요만으로도 석유탐사는 경제성 있는 사업이었다.

드레이크의 타이터스빌 유정

미국과 인접한 캐나다에서도 1856년 인력으로 파낸 유정으로부터 석유를 생산하였으며, 1858년에는 시추로 유정을 뚫어 더 많이 생산을 하기에 이른다. 미국 펜실베이니아 크로포드카운티 타이터스빌이라는 동네에서는 1859년 8월 27일에는 21.2m의 시추로 유정을 뚫어 하루 35배럴의 석유를 생산하게 되었다. 사실 그곳은 1796년 조나탄 타이터스란 사람이 처음으로 정착하기 전에는 원주민들이 일시적으로 거주한 것을 제외하면 사람들이 정주한 마을은 아니었다. 동네 이름도 그곳에 처음으로 정착한 이의 이름을 따서 지어졌다. 그곳은 에드윈 드레이크(Edwin L. Drake, 1819~1880)가 세네카 석유회사를 설립하기 전까지는 벌채를 해서 목재를 가공하는 제재소나 있던 한적한 마을이었다. 철도회사에서 일하던 드레이크는 건강상의 이유로 회사를 그만두고 타이터스빌에 정착을 하면서 석유사업과 관계를 맺게 된다. 그 지역에는 이미 암석 사이로 스며 나와 고인 석유를 채취해서 파는 회사가 있었는데 주주들 간의 불화로 분리, 독립한 회사가 세네카이다. 그 회사의 주식을 일부 소유하고 있던 그는 석유가 지표로 스며 나온 곳을 탐사하는 직원으로 세네카에 채용되었다. 그가 채용된 이유 중의 하나는 철도회사에 다녔던 그가 철도를 무료로 이용할 수 있는 점도 고려되었다고 한다.

미국 펜실베이니아 타이터스빌에서 시추로 상업적인 유정을 처음 뚫은 에드윈 드레이크

그는 타이터스빌 근처에서 석유가 지표로 밀고 올라온 흔적을 찾아내고 그 자리에 시추를 했다. 그전까지 석유를 채취하는 것은 인력을 동원하여 구덩이나 파내는 것이 고작이었으므로 이는 전적으로 새로운 시도였다. 그가 동원한 시추는 구덩이를 파는 것과는 차원이 다른 것으로 증기엔진의 힘을 이용하여 상당한 깊이까지도 뚫을 수 있는 것이었다. 그의 작업이 처음부터 성공한 것은 아니었다. 시추를 시작하자 지표면의 부드러운 흙을 지나 5m 깊이에 이르자 자갈층이 나왔다. 시추를 하는 사람들이 제일 골치 아픈 일은 연약한 지반이나 자갈층을 만나는 일이다. 그런 곳은 자꾸 구멍이 붕괴되어 시추 작업과정에 문제를 만드는 구간이기 때문이다. 그

러나 그런 문제는 드레이크에게는 통하지 않았다. 한두 번의 실패 끝에 철제 파이프를 박아 파낸 구멍이 무너지지 않게 보강을 하고 그가 원하는 깊이로 뚫고 들어갔다. 시추공의 깊이가 10m에 이르자 단단한 암반을 만났다. 이제부터는 증기엔진의 힘만 견뎌주면 뚫고 들어가는 데 문제가 없었다. 그러나 당시의 시추장비가 지금의 기술수준으로는 조악하기 짝이 없는 것으로 작업 속도는 더디기만 하였다. 종일 일해야 고작 1m 정도 내려갈 수 있었다. 구멍이 깊어지면서도 석유가 모습을 드러낼 기미를 보이지 않자 사람들은 그럴 줄 알았다는 듯 비아냥대기도 했다. 세네카 석유회사도 그들을 포기했다. 드레이크의 자금도 바닥을 보이기 시작하여 그는 친구들의 도움으로 간신히 작업을 진행하고 있었다. 1859년 8월 27일 시추기는 21m의 깊이에 도달하였다. 그들은 그 깊이에서 그날의 작업을 마쳤다. 다음날 아침 드레이크가 고용한 시추기사 빌리 스미스가 작업을 다시 시작하기 위해 도착했을 때 놀라운 광경이 그를 기다리고 있었다. 그처럼 기다리던 석유가 솟아 올라와 구멍을 메우고 있었던 것이다. 그들은 간단한 가정용 펌프로 원유를 퍼 올릴 수 있었다. 이것은 상업용으로 개발한 최초의 유정이었으며, 새로운 시대를 알리는 첫걸음이었다.

원래 시추를 하려는 것은 그 자신의 계획은 아니었으며 세네카를 소유하고 드레이크를 고용했던 조지 비셀의 생각이라고 한다. 그러나 아이디어를 냈던 비셀은 드레이크가 성공하기 전인 1957년에 세네카를 떠나고 없었으므로 그의 투자는 헛일이 되어 버렸다. 이제 석유탐사는 타이터스빌에 그치지 않았고 주변 이곳저곳으로 빠르게 번져나가기 시작하였다. 사람들은 아무 곳에서나 구멍을 뚫으면 석유가 솟아나올 것 같은 그런 생각으로 활발하게 움직이기 시작했다. 펜실베이니아는 이제 석유의 붐타운이 되었으며, 후일 텍사스에서 석유가 개발되기 이전에는 미국에서 거의 절반 이상의 석유를 생산하는 기지가 되었다.[8]

펜실베이니아에서 채취된 원유의 경제적 가치를 만들어준 이는 따로 있다. 바로 키에르(Samuel Kier, 1813~1874)이다. 그가 비록 세계 최초로 석유 증류법을 개발하지는 않았더라도 미국의 석유산업계에서 차지하는 비중은 결코 가볍지 않으며, 사

1859년 8월 27일 미국의 펜실베이니아 타이터스빌에서 21m의 깊이로 판 타이터스빌 유정에서 시추공 스미스와 드레이크(오른쪽)의 모습. 최초의 상업적인 유정으로 기록되었다.

람들은 그를 흔히 미국 석유산업계의 할아버지라고 부른다. 그는 사업가로 여러 가지 사업체를 가지고 있었으며, 그중 소금광산을 소유하고 있었다. 소금을 채취하기 위해서는 시추로 구멍을 뚫어 물로 녹여 회수하는 방법을 사용하였다. 그러나 그가 소유한 소금광산은 원하지 않는 부산품 때문에 골치를 앓았다. 원하지 않는 부산품이란 바로 소금광산에 갇혀 있는 원유였다. 당시 아무 쓸모가 없는 시커먼 원유는 소금광산이나 오염시키는 냄새나는 고약한 물질로 간주되던 시대인지라 나오기만 하면 주위 하천에 아무렇게나 그냥 버렸다. 그런 원유는 그 지방에 사는 사람들이나 가축들에게 해충을 막는 연고 정도로 사용하는 게 고작이었다.[9]

사실 오늘날 기준으로 하면 원유 덩어리는 그냥 하천에 버릴 물건은 결코 아니었으며 그 당시로써도 그렇게 처리해야 될 일은 아니라는 것이 곧 확인되었다. 그렇게 버린 원유 덩이에 우연히 불이 붙어 화재가 발생하자 더 이상 아무 데서나 폐기할 수 없게 되었다. 키에르는 사업가였다. 그 쓸모없는 물건을 가치 있는 상품으로 전환시키는 방법을 찾아 고심하였다. 그는 사업가적인 수완을 발휘해서 원유를 작은 병에 담아 약품으로 판매하였다. 그는 화상이나, 상처가 만든 염증 그리고 특별히 류마티스성 질환에 특효가 있다는 약품으로 판매하였다. 그들이 그런 질병에 어떤 효과가 있는지는 매우 궁금한 일이었지만 그는 그런 판매에도 수완을 발휘했다. 그는 거기서 멈추지 않았다. 1849년 화학자인 부스(James C. Booth)의 권유에 따라 그는 원유가 무엇인지도 모른 채 가열 증류에 의해 케로신으로 만드는 방법을 알아낸 것이다. 이는 대단한 발견이었다. 당시 대부분의 미국 가정에서 램프용 연료로 사용하던 고래기름이 점차 구하기가 어려워지면서 가격은 올라가기 시작하였다. 이런 시절에 케로신의 등장은 대단한 것이었다. 그는 탄소기름(carbon oil)이라는 이름으로 판매를 시작하였으며 시장은 점점 넓어져 갔다. 그는 진정 원유의 시장가치를 만들어낸 창시자이다. 그러나 키에르는 이 기술에 대하여 특허를 받지 않아 많은 사람들이 그의 방법을 점차 개선시키면서 석유 정제산업에 뛰어들었다. 이제 원유 정제 산업은 큰 재화를 가져다주는 수단이 되었다. 키에르 역시 많은 수입을 올렸다. 그는 피츠버그에 미국 최초의 정유공장을 만들었다. 드레이크가 만든 최초의 유정에서 생산된 원유는 키에르의 정유공장으로 보내졌다. 만약 이런 기술 개발이 없었다면 드레이크의 유정에서 생산된 원유는 그냥 버려지는 물건이나 다를 바 없는 싸구려였을 것이다.[9]

가솔린 엔진의 등장

키에르가 미국 석유산업계에 미친 영향은 지대했지만 실제로 오일 셰일로부터 석유정제를 1850년 맨 처음 개발한 공식적인 영예를 지닌 것은 영국의 화학자 제임스 영(James Young, 1811~1883)으로서, 그는 특허를 가지고 있었다. 실제로 석유산업계에서는 그를 정제산업의 아버지라고 생각하고 있다. 이들이 원유를 정제하는 방법을 찾아내자 이를 응용하는 기술이 뒤따랐다. 새로 등장한 케로신을 램프불이나 밝히는 용도로 그치지 않게 만든 것은 가솔린 엔진의 등장과 함께 시작되었다. 오스트리아의 발명가인 마르쿠스(Siegfried Mrcus, 1831~1898)가 자신이 만든 가솔린 엔진을 손수레에 장착하였다. 그것은 자동차의 시발점이 되었으며, 1876년에는 오토(Nikolaus Otto, 1832~1891)에 의해 그 엔진은 4축 실린더로 개발되었다.

이렇게 시작된 엔진의 성능은 해가 갈수록 눈부시게 발전하였다. 드디어 자동차의 시대가 열리게 되었다. 3년 후 1878년 벤즈(Karl Benz, 1844~1929)는 독립적인 연구를 통하여 오토의 4축 엔진을 기본으로 해서 신뢰성 있는 2축 엔진을 개발한데 이어 1885년 오토의 가솔린 엔진을 장착하여 최초의 자동차를 만들었다. 동시대 독일의 다른 기술자들인 다이믈러(Gottlieb Daimler)나 메이바흐(Wilhelm Maybach) 역시 같은 유형의 엔진 개발을 독립적으로 했지만 벤즈는 최초로 1979년 가솔린 엔진의 특허를 획득했다. 우리는 그를 가솔린 자동차의 발명가로 칭송한다. 그는 거기서 멈추지 않고 4축 엔진을 개발하여 그 자신이 개발한 자동차에 장착하여 명실상부한 자동차시대를 열었다. 1903년 휘발유 엔진이 개발되어 힘과 주행거리 면에서 우수성이 입증되면서 자동차시대가 도래하였고 이제는 석유를 대체할 연료자원은 아무것도 없는 독보적인 존재가 되었다. 세계 인구로 보면 10명당 한 대의 자동차를 소유하는 시대로 접어들었다.

이런 자동차시대의 도래는 석유의 대량 소비로 이어졌고 에너지 자원 중 석유가 차지하는 비중은 날로 높아지기 시작하였다. 이제 석유가 검은 황금이라고 불리는 고귀한 신분으로 전환된 것은 오래전의 일이 되었다.

석유시대의 개막 : 스핀들톱

1850년대부터 상업적으로 석유를 생산하기는 했지만 그 규모가 그리 큰 편은 아니었으며, 램프용 등유를 생산하는 정도였다. 유럽에서 가솔린 엔진의 등장으로 석유시대가 도래할지도 모른다는 가능성을 열어둔 시점이 바로 1900년대이다. 그리고 어떤 지질학자도 석탄과 경쟁할 정도로 석유가 충분하게 생산되리라는 확신을 가지고 있지 않았다. 그처럼 석유의 생산량은 보잘것 없는 수준을 유지하고 있었다. 그러나 그런 지질학자들이나 사업가들의 생각을 바꿔 놓기에 충분한 일이 텍사스의 뷰먼트에서 벌어졌다. 그 사건은 석탄시대의 종말을 알리고 석유시대의 개막을 알리는 사건으로 치부되기에 충분하였다.

텍사스의 뷰먼트의 남쪽에 스핀들톱(Spindletop)이라는 언덕배기가 있었다. 그 언덕배기 주변 지역에는 유황천이 있어 가스가 부글부글 끓어 올라오곤 했다. 누군가 불을 붙이면 그 가스는 맹렬한 기세로 불길을 뿜으며 연소되었다. 그런 사실을 확인한 이들은 그곳에 석유가 들어 있을 것이라고 믿어 몇몇이 자금을 모아 1892년에 회사를 설립하였다. 그들은 스핀들톱에서 석유를 찾기 위해 시추를 했다. 그러나 그들의 자금이 바닥날 때까지 석유는 확인되지 않았다. 회사를 설립한 사람들은 실망하기 시작하였다. 그러나 크로아티아에서 이민 온 루카스(Anthony F. Lucas,

1855~1925)는 생각이 달랐다. 그가 미국으로 온 이후 그는 미국의 암염탐사에 상당한 경험을 가지고 있었으며, 암염과 황과 원유는 서로 밀접한 관계가 있다는 점을 인식하고 있었다. 그러나 당시 많은 지질학자들은 루카스의 그런 견해에 전적으로 동조하는 상황은 아니었다. 그가 스핀들톱을 본 순간 그곳에 거대한 유전이 있을 것이라는 확신을 갖게 되었다. 그는 그곳의 땅 일부를 임대계약한 후 시추를 하기 시작했다. 그가 시추를 시작한 지역은 이미 이곳을 탐사했던 회사가 60여 m 깊이 이상으로는 뚫어보지도 못했다. 그는 시추방법을 바꿔 60m를 통과하여 아래로 더 깊게 시추를 진행하였다. 그는 자금난에 봉착했으나 그가 고용한 알 하밀형제 등과 작업을 계속하였다.

1901년 1월 10일 텍사스 스핀들톱의 루카스 분유정의 모습. 현재 이 자리에는 복제품의 유정탑이 세워져 있다(사진제공 : 텍사스에너지박물관).

1901년 1월 초에는 300m 깊이까지 내려갔다. 그 이전에 원유의 흔적이 비트 끝에 묻혀 나오기는 했지만 시추를 멈출 정도의 양은 아니었다. 그러나 1901년 1월 10일 아침 10시 30분, 그들이 335m에 이르렀을 때 시추기를 통째로 날려버리는 굉음과 함께 진흙, 물 그리고 가스가 순간적으로 폭발하듯이 좁은 시추공을 통해 하늘 높이 솟아올랐다. 바로 이어 원유의 검은 기둥이 솟아오르자마자 검은 비가 대지를 적셨다. 그 소식을 듣고 말을 타고 달려오는 루카스는 하밀을 보고 "알, 이게 뭐지?" 하고 물었다. 그는 그게 무엇인지 몰라서 물었던 것이 아니라 석유를 발견한 기쁨을 확인하고 함께 나누고자 한 감탄이었을 것이다. 한순간에 그 일대는 원유로 채워진 호수가 만들어졌다. 스핀들톱에서는 시간당 5,000배럴, 하루에 10만 배럴이 나왔다. 당시 하루 50배럴 정도 산출되는 유정이면 생산성이 좋은 것으로 간주되던 시기에 이런 양은 2,000배도 넘는 엄청난 양이었다. 그런 양은 세계 어디에서도 경험해보지 못한 양이었다. 60m 높이로 솟구쳐 올라오는 검은 원유기둥은 좀처

스핀들톱에서의 유전 개발로 석유산업의 개시를 알린 루카스

럼 수그러들 기미를 보이지 않았으며 멀리 떨어져 있는 뷰먼트에서도 이것을 보고 사람들이 몰려들었다. 일주일 후 이 유정이 기술자들의 손에 의해 조정될 때까지 자연의 검은 분수는 힘을 잃지 않고 쏘아 올리고 있었다.[10, 11] 그들은 3월에는 제2의 유정을, 뒤이어 제3의 유정을 시추하였다. 결과는 마찬가지로 대성공이었다. 사실 그때까지도 그 깊이로 파 내려간 시추팀은 없었다. 스핀들톱의 검은 황금을 현실세계로 끌어낸 것은 바로 증기엔진을 사용한 회전식 시추방법이 만든 개가였다.

스핀들톱에서의 그런 생산량은 석유가 그렇게 많이 나오지 않을 것이라고 생각하던 많은 이에게는 큰 충격이었다. 어떤 이들은 이렇게 석유가 많이 나오면 지속적인 생산은 어려울 것이라고 말하면서 스핀들톱은 어쩌다 석유가 많이 나오는 아주 특별한 경우라고까지 말하였다. 그렇다. 하부의 압력 때문에 마치 옐로우스톤의 간헐천처럼 치고 올라오는 유정은 드물기는 하지만 회의적인 시각을 바꿔 놓기에 충분하였다. 검은 황금의 위력 역시 황색의 황금만한 위력을 가지고 있다. 인구 8천의 뷰먼트는 1년 내에 6만의 인구를 갖는 도시로 성장하였다. 물론 붐타운이 만들어지는 것보다도 더 중요한 사건은 바로 석유시대의 막이 올라오고 있다는 사실이었다. 이제 누구도 석유가 석탄의 상대가 되지 못하리란 생각은 접어야만 할 큰 사건이었다. 많은 사람들은 이 스핀들톱의 유정 개발이 진정 석유산업의 시작이었다고 믿고 있다. 루카스가 일생 동안 미국 석유 및 가스협회의 회장으로 봉직한 것은 결코 이상한 일이 아니었으며, 석유지질학 분야에 가장 영예로운 상이 “안토니 F. 루카스 메달”이 된 것은 너무 당연한 일이었다.

루카스 역시 그 유전이 어떻게 만들어졌는지는 아직 잘 모르고 있었다. 석탄이나 석유가 만들어지는 데 오랜 시간이 필요한 것은 마찬가지이다. 이곳의 석유가 만들어지는 것을 설명하려면 약 5,000만 년 전으로 거슬러 올라간다. 당시 이 일대, 즉 텍사스의 대부분은 사실 바다 밑에 해당되는 지역이었다. 따뜻한 지역의 바다는 플랑크톤과 미생물들이 번식하기에 적당한 환경을 가진 곳으로 꽤 넓은 지역이었다. 이들은 인근 지역에서 밀려들어오는 퇴적물에 덮여 가라앉기 시작하였으며 그 위에 두껍게 쌓인 퇴적층은 아래 지층의 온도를 올려 유기물들이 석유로 진화하는 데 좋은 조건을 만들었던 곳이 바로 이 지역이었다. 해수가 증발하면서 만들어진 두터운 암염층은 나중에 낮은 비중 때문에 퇴적층으로 밀고 올라오면서 소위 솔트돔을 만들었다. 암염층이 지층을 뚫고 올라오는 것은 주변 암석보다 낮은 비중을 갖는 암염층이 부상하는 데 기인되는 것으로 물속에 밀어 넣은 농구공이 물 위로 솟아오르는 원리와 다를 바 없는 현상이다. 솔트돔은 10km의 깊이까지 연장되어 있었으며, 폭은 800m나 되는 거대한 것으로 거의 지표면 가까이까지 치고 올라온 상태였다. 암염층이 밀고 올라오면서 만든 지질구조는 바로 석유를 저장하기에 알맞은 장소를 만들었는데 그곳이 바로 스핀들톱이라고 불리는 언덕배기였다.

한 시민의 일상생활

램프의 불을 밝히는 고래기름을 대치한 초기의 석유 용도는 이미 옛일이 되었으며, 현대 산업사회에서 이것의 활용 분야는 엄청나게 확대되었다. 현대 사회에서도 개인과 사회, 나아가 국가에서 삶의 질을 측정하는 데 가장 중요한 척도 중의 하나가 바로 에너지 자원의 소비 정도이다. 과거 석유가 무엇인지 그 실체조차 파악되기도 전에 사용하기 시작한 그에 대한 이해는 최근에 이르면서 하나둘씩 밝혀지기 시작하였다. 그런 것을 정리하기 이전에 우리 생활 속에 석유가 얼마나 밀접하게 연관되어 있는지는 다음의 글로 요약할 수 있다. 프루프 등은 〈지구환경보고서 2005〉에서 한 시민의 하루 일과로 모든 것을 설명하고 있다.[12]

"그는 매주 토요일 아침이면 늘 그래 왔던 것처럼 해야 할 일이 몇 가지 있다. 일단 알람 소리에 눈을 떠서 샤워를 하고, 콘택트렌즈를 착용한 뒤 운동복을 입고 신발을 신는다. 부엌에서 감기약 몇 알을 삼키고, 시리얼 한 그릇으로 식사를 해결한다. 이를 닦고 편안한 재킷을 걸쳐 입고 아침 빗속에 가게를 간다. 전철을 탈 수도 있지만 오늘은 차를 몰고 간다.

먼저 레코드 가게에 들러 주차를 한 뒤 우산을 펴고 출입문으로 달려간다. 매장 안에서 CD를 한참 고르고 난 후에 몇 개를 사고 신용카드로 결제를 한다. 다음에는 동네 빵가게에서 갓 구운 파이를 몇 개 산 다음, 아래쪽에 있는 스포츠용품점에서 아내의 생일 선물로 최신 테니스 라켓과 테니스공을 구입한다. 집으로 돌아오는 길에는 카메라 가게에 들러 아내를 위해 신형 디지털 카메라와 비디오 카메라용 공테이프를 구입한다. 그리고는 휴대전화로 아내에게 전화해서 더 살 게 있는지 물어본다. 아내는 돌아오는 길에 그녀가 좋아하는 립스틱과 핸드 로션을 사다달라고 부탁한다."

그가 소개한 이 평범한 시민의 일상생활은 도시 주변 모든 사람들에게 적용되는 이야기로서 이때 석유를 빼버리면 이 일상의 이야기가 어떻게 바뀔지 상상해보기를 권유하고 있다.

아마 모든 사람들이 이 정도에 이르면 눈치를 챘을 것이다. 석유를 빼버리면 이 일화는 계속될 수 없다. 다른 말로 하면 우리의 일상생활이 석유에 의존하고 있다는 것을 간명하게 보여주는 일화이다. 잠을 깨워준 알람시계는 물론이며, 샤워 커튼, 콘택트렌즈, 우산, 옷, 신발, CD, 테니스 라켓과 공, 신용카드, 테이프는 모두 직접적인 석유제품이거나 그것을 일부 사용하여 만들어진 것이다. 또 자동차는 어떤가. 자동차 내부는 의자, 계기판, 핸들, 바닥에 깔려 있는 인조 카펫이나 복잡하게 널려 있는 전선을 보호하는 외피, 구동벨트, 타이어 등 셀 수도 없는 많은 부품들이 석유제품이다. 갓 구운 파이를 만든 밀가루는 석유와 관계없는 것처럼 보이지만 역시 그런 농작물들도 영농단계에서 많은 석유가 소비된다. 영농장비인 트랙터를 가동하거나, 최종산물인 곡물을 운반하거나, 이러한 곡물을 이용하여 식품으로 처리하는 과정에서 석유에너지는 필수적으로 활용되는 자원이기 때문이다. 아마도 문명을 등지고 극단적으로 격리된 오지의 환경이라면 이 석유를 떼어 놓고 일상생활이 가능할지도 모른다. 그러나 우리가 심각하게 인식하기도 전 문명세계에서는 결코 석유를 떠나 생존한다는 것이 거의 불가능한 단계에 도달해버렸다. 그럼에도 불구하고 우리는 그러한 연관성을 의식하지도 않은 채 일상생활을 영위하고 있다. 그러나 더욱 심각한 본질적 문제는 이런 석유제품을 대체할 자원이 현재로서는 발견되지 않고 있다는 점이다. 과학의 발전은 항상 우리가 생각하는 범주를 벗어나 획기적인 도약을 이루곤 했던 인류 문명이 발달해온 과정을 익히 알고 있는 현대인들에게도 이번 일은 예삿일이 아닌 것처럼 보인다.

검은 황금의 생성과정

그렇게 중요한 석유자원이 활용되고 나서도 이들에 대한 지식은 부족하기만 했다. 불과 얼마 전까지만 해도 많은 사람들이 석유가 어떻게 만들어지는지조차도 정확하게 알지 못했다. 석유의 생성과정이 알려지기 시작한 것은 불과 몇십 년 전이다. 그러나 이미 오래전인 1757년에 러시아의 위대한 과학자 로모노소프(Mikhail V. Lomonosov, 1711~1765)는 석유가 생물학적인 파편들로부터 기원되었을 것이라는 가설을 제안하였다. 그는 러시아 태생이었지만 당시 유럽에서 제일가는 대학 중의 하나인 독일의 마르부르그대학에서 교육을 받았으며, 금성에 대기가 존재하는 것을 발견한 과학자로 잘 알려져 있다. 그의 과학적인 성취는 긴 설명이 필요할 정도로 많은 업적을 남겼다. 그는 바다에 살던 미생물이나 동물들이 퇴적물에 묻혀서 오랜 기간 열과 압력을 받아 석유가 만들어졌을 것이라고 정확하게 지적하였다. 그러나 그 당시 과학자들은 그걸 증명할 만한 기술적인 분석능력이 없었다.

19세기 초 독일의 자연과학자이자 위대한 생물학자인 훔볼트(Alexander von Humboldt, 1769~1859)와 프랑스의 화학자이자 물리학자인 게이-루삭(Joseph Gay-Lussac, 1778~1850)은 그런 생물학적 기원설을 전적으로 부정하는 의견을 내놓았다. 이 둘은 과학적인 성취를 공동으로 이룩하기도 한 사이이기도 하다. 그런 업적으로는 고도가 올라가도 대기의 근본적인 조성이 변화하지 않는다는 사실을 밝힌 것과, 물은 두 부분의 수소와 한 부분의 산소로 구성되어 있다는 것을 밝힌 것이 있다. 하여튼 당시의 분위기는 생물학적 기원설은 타당하지 않은 것으로 생각하였다. 그래서 많은 과학자들은 원래 만들어져 있는 석유가 깊은 지하로부터 올라오는 것으로서 지표의 생물체와는 관계가 없는 자연계에서 지구가 만들어지는 과정에서 자연발생적으로 만들어지는 쪽으로 생각하였다. 어떤 이는 맨틀에서 기원된 탄소를 함유한 유체가 석유가 된다고도 생각하였다. 사실 이런 이론의 선봉에 선 사람 중에는 주기율표를 만드는 데 크게 기여한 러시아의 위대한 화학자인 멘델레프(Dmitri Mendeleev, 1834~1907)도 있다. 비록 증명하지는 못했지만 로모노소프의 생각은 올바른 것이었다.

정작 석유의 생성과정에 대한 관심은 2차 대전이 끝나고 석유의 수요가 증가하면서 이들의 전략적 가치가 확인된 후 다시 시작되었다. 그렇지만 다시 시작된 연구 열기에도 불구하고 무기과정에 의한 자연발생이론과 생물기원론이 또 한 번 대립하였다. 그러나 지질학적 증거들을 모아보면 검은 황금을 보유하고 있는 지층은 유기물을 상대적으로 풍부하게 함유해야 한다는 것이다. 대부분 원유가 만들어지는 공급원이 되기 위한 퇴적암들의 유기물의 함유량은 최소한 0.5%를 넘어야 한다는 것이다. 유기물의 함유량이 높을수록 공급원으로서의 가치는 높아지게 된다. 어떤 특정한 지층의 유기물 함량은 최대 10%에 이르는 것도 있으나 대부분 공급원이 되는 암석들의 유기물 함유량은 0.8~2.0% 범위에 온다.

암석들 중에 함유되어 있는 유기물이란 고등식물, 식물성 그리고 동물성 플랑크톤, 그리고 미생물의 지방질 잔류물들로 매우 다양하다. 이런 유기물이 퇴적층 내에 들어 있다고 이들이 모두 석유로 전환되는 것은 아니며 이들 유기물질들이 석유로 성숙되기 위해서는 석유와 천연가스 생성에 적합한 열원과 시간이 있어야 한다. 이들 유기물을 함유한 퇴적층들이 쌓여 깊이가 깊어질수록 온도와 압력이 증가하게 되는데 이런 변화의 정도는 지역에 따라 다르다. 그러나 석유로 숙성되는 데 필요한 온도 구간은 50~150℃으로 알려져 있다. 이 온도 구간을 오일 윈도우(oil window)

라고 부르는데 우리말로 의역하면 석유 생성구간이라고 부를 수 있을 것이다. 지층에서 이런 온도를 유지하려면 적어도 매몰 심도(상부 퇴적층의 두께)가 2,000~4,500m는 되어야 한다. 물론 이런 심도는 지역의 지온증온율(지하로 들어가면서 높아지는 온도)에 따라 달라진다. 이 온도 구간에서만 유기물의 탄소량은 증가하고 수소나 산소의 양이 감소하여 탄화수소(석유)를 생성하게 되는 것이다. 50℃보다 낮은 온도에서는 석유나 가스가 생성되지 않고 이 정도의 온도에 이르게 되면 액상의 원유를 만들기 시작하며, 온도가 높아지면서 가스의 상태로 진화를 한다. 150℃보다 높은 온도에서 석유는 더 이상 안정한 화합물이 아니기 때문에 이보다 더 높은 온도에서는 건조한 가스의 상태가 된다. 지질학자들은 건조한 가스의 상태로 전환되는 온도 구간은 150~175℃라고 믿고 있다. 따라서 이보다 더 높은 온도를 경험한 지층에서는 원유를 기대하기 어려우며 천연가스만을 산출하게 된다. 250℃ 이상의 온도를 경험한 지층에서는 천연가스 자원조차도 기대할 수 없다.

이것은 순전히 유기물이 분해되면서 탄화수소가 만들어지는 과정과 관계되는 일이다. 탄화수소란 탄소원자들이 만든 사슬에 수소원자가 붙어 만들어진 화합물로 화학식으로는 C_nH_{2n+2}로 나타내며, 그 사슬을 파라핀이라고 부른다. 탄소가 하나면 그 주위에 수소 4개가 붙어 만들어진 것이 가장 단순한 파라핀으로 이것이 바로 메탄가스이다. 캠핑용 버너의 연료로 사용하거나 식당에서 흔히 볼 수 있는 간이용 버너에 사용하는 캔에 들어 있는 가스연료는 탄소가 3개 연결된 프로판이거나 4개인 부탄가스이다. 이들의 액화 가스는 하얀 황금으로 불리는 중요한 에너지 자원이다. 탄소 8개가 고리로 연결되어 만들어진 탄화수소가 옥탄, C_8H_{18}이다. 이 정도에 이르게 되면 이런 분자는 가스가 아니라 액체이다. 탄소원자의 수가 많아지면서 이들이 연결되는 방식은 다양하게 변한다. 어떤 놈은 직선으로 어떤 녀석은 환을 이루면서 둥글게 연결되기도 한다. 둥글게 연결되는 녀석들을 화학자들은 나프턴 또는 싸이클로알킨(C_nH_{2n})이라고 부르는데 이들은 냄새를 갖고 있기 때문에 방향족이라고도 부른다. 휘발유의 주성분인 벤젠이 그 예이다. 윤활류는 탄소가 약 15개 정도 연결되어 있는 고리를 가지고 있으며, 탄소가 30개 정도면 왁스로 사용되는 밀랍의 원료가 되는 파라핀이다.

지층 속 유기물의 진화는 온도가 증가하면서 사슬 내에서 탄소원자의 수가 줄어드는 쪽으로 일어난다. 이들 탄화수소는 물을 싫어해서 물과 섞이지 않는다. 사실 탄화수소는 석유에만 있는 것은 아니고 생물계에서도 존재한다는 것은 익히 잘 알려진 사실이다. 그러나 이러한 생물계를 구성하는 탄화수소는 홀수의 탄소원자를 포함하고 있는 게 절대적으로 우세하지만 석유에서는 이런 현상이 관찰되지 않으며 홀수와 짝수의 탄화수소가 엇비슷하게 공존한다. 그런 사실은 조지 필리피(George Philippi)에 의해 1965년도에 발표되었다.[13] 퇴적층에 들어 있던 유기물은 그들이 분해할 정도로 온도가 높아지지 않는 한 홀수 우세 현상을 보인다. 홀수 우세 현상을 보이는 유기물을 함유한 퇴적암들이 있다면 그 지층은 미성숙된 근원암이라고 부른다. 유기물이 분해되기에 충분한 온도로 높아진 경험을 가지고 있는 암석에서 유기물은 짝수와 홀수의 탄소원자를 가진 여러 가지의 탄화수소가 공존하는데 이를 성숙된 근원암이라고 한다. 지층 속의 유기물이 이런 온도 조건에서 분해되어 화석연료자원인 석유 및 천연가스로 숙성되기 위해서는 충분히 오랜 기간 그런 환경에서 머물러 있어야만 한다.

그렇다. 석유자원을 이루는 탄화수소에게 지층의 깊이 4,500m는 마의 심도이다. 이런 깊이에서는 모든 탄소 사슬들이 분해되어 가스만 남게 되는 것이다. 그러나 대부분의 유정에서는 2,000m 미만에서도 석유를 생산하고 있다. 스핀들톱은 300m를 조금 지난 깊이에서, 세계 최대의 유전인 가와르(Ghawar) 유전에서 석유를 산출하는 아랍존의 깊이는 1,400m였고, 인접한 바레인에서는 600m에서 석유를 생산하고 있다. 미국 최초의 유정인 드레이크 유정은 불과 지표로부터 20m 깊이에서 석유를 생산했다. 그렇다면 그 깊이에서도 석유를 만들기에 충분한 온도를 유지했단 말인가? 오일 윈도우는 의미가 없는 것일지도 모른다는 의구심이 들 것이다. 그러나 어떤 경우도 오일 윈도우 구간에 해당하는 온도를 갖는 깊이를 피해서 석유가 만들어질 수는 없다. 낮은 곳에서 유전이 발견되는 이유는 2,500m 이하의 심도에 있는 지층들이 상부 퇴적층의 침식으로 지구 표면으로 올라온 것이거나, 원래 만들어진 위치로부터 석유가 이동하여 다른 곳에 저장되었거나 그 둘 중의 한 가지 경우에 해당한다.

이런 조건을 다 갖추었다고 해서 유전이 만들어지는 것은 아니다. 적어도 이렇게 만들어진 석유나 천연가스가 경제성을 가지기 위해서는 어디에선가 이들이 모이는 과정이 필요하다. 유기물을 함유한 지층이 석유 생성에 적합한 조건에 이르게 되면 이때 만들어진 원유가 모일 수 있는 퇴적층으로 이동이 가능해야 한다. 원유가 모일 수 있는 지층은 적당한 공극을 가지고 있는 암석으로 구성된 지층이어야 한다. 이런 암석들을 저류암이라고 하는데 흔히 사암이나 석회암들이 훌륭한 저류암의 역할을 한다. 사암이나 석회암 중 어느 암석으로 구성된 지층이 더 훌륭한 저류암이 되는지는 순전히 그들 암석이 가지고 있는 공극의 양에 의해 결정되는 것으로 이는 그들 암석이 만들어지는 과정이나 만들어지고 난 후 그들이 겪은 이력에 따라 달라진다. 사암은 강가 모래둔덕이나 해변가의 모래사장이 고화되어 암석이 된 것으로 생각하면 된다. 엉성하게 쌓인 모래는 빈틈이 많이 존재한다. 그러나 퇴적층이 두꺼워지면서 위로부터 작용하는 압력이 증가하면 퇴적물의 조직은 더욱 치밀해진다. 그렇다고 해도 틈새는 남아 있기 마련이어서 저류암의 역할을 할 수 있다. 그러나 압력이 엄청난 수준으로 증가하면서 온도까지 증가하게 되면 그때는 사정이 달라질 수 있다. 좋은 비유는 아니지만 출근시간대의 지하철 안을 연상하면 될 것이다. 시발점을 출발한 지하철 내부는 그런대로 여유가 있지만 사무실이 집중해 있는 시내로 접근하면서부터 밀려드는 승객들 때문에 객차 내 여유 공간이 점점 사라지는 것과 같은 이유이다. 다른 저류암의 하나인 석회암은 만들어지는 과정이 사암과는 사정이 조금 다르다. 이들은 주로 따뜻하고 낮은 바다 환경에서 산호초나 생물체의 껍질부가 모이거나 탄산칼슘으로의 침전에 의해 만들어지는 등 시작부터가 복잡하다. 따라서 이들은 저류암으로 기능을 할 수 있는 것과 아예 저류암으로는 적합하지 않은 두 종류가 있다.

적합한 저류암이 있다고 해도 물론 근원암으로부터 저류암으로 이동하는 투수성

경로가 존재해야만 한다. 유전에 따라 다르기는 하지만 어떤 유전에서는 원유가 만들어진 곳으로부터 수백 킬로미터 이상을 이동하여 전혀 동떨어진 다른 곳에 모여 유전을 형성하는 경우도 흔히 있다. 만들어진 석유의 이동 역시 그리 간단한 일만은 아니다. 석유의 생성 조건에 도달한 퇴적층 속에서 만들어진 탄화수소는 퇴적암 내의 이곳저곳에 점점이 흩어져 들어 있다. 이렇게 들어 있는 탄화수소는 수용액상으로 또는 가스상으로 이동하게 된다. 투수성이 높은 지층에서 이들의 이동은 부력이나 압력의 차이에 따라 위치에너지가 낮은 쪽으로 이동이 일어난다. 지하에서 탄화수소상의 밀도는 0.5~1.0 g/ml이며 동일한 깊이에서의 물의 밀도는 1.0~1.2g/ml가 된다. 따라서 물보다 가벼운 탄화수소상의 액체는 물에 뜨게 되어 올라가게 된다. 지하 심부는 천부보다는 압력이 높다. 따라서 심부에 있는 원유가 압력이 낮은 위쪽으로 압력구배를 따라 이동하는 것은 자연스러운 현상이다. 이러한 자연의 원리를 따라 이동한 원유는 기공이 발달한 사암이나 석회암과 같은 저류암에서 저장되고 농집되는 과정을 거치게 된다.

일단 만들어진 원유가 농집되기 위해서 단순하게 저류암의 존재만으로 끝나는 것은 아니며, 더 이상 원유의 이동이 일어나지 않게 저류암을 덮고 있는 불투수성 지층이 있어야 한다. 그런 지질학적 구조를 이루고 있어야 한다. 이런 구조는 말안장처럼 지층이 위로 휘어져 있는 배사구조를 이루거나 단층에 의해 만들어지기도 하는데 학자들은 이를 배사트랩 혹은 단층트랩이라고 부른다. 이렇게 원유를 저장할 수 있는 지질학적 구조는 매우 다양하다. 어떤 곳에서는 암염층이 솟구쳐 올라온 솔트돔의 주변에서 트랩이 만들어지기도 한다. 이런 조건은 아무 데서나 만들어지는 것은 결코 아니다. 그런 지질학적 구조가 만들어진다고 해도 원유의 생성조건을 갖추고 있어야 하기 때문에 유전이 형성되는 것은 쉬운 일이 아니다. 비록 유기물의 함유량이 석유를 생성하기에 충분할 정도인 퇴적층은 세계 곳곳에 많이 분포되어 있지만 실제 유전의 분포가 지역적인 편중현상을 보이는 것은 이런 조건을 다 갖추고 있는 지층들이 그리 흔하지만은 않기 때문이다.

석유의 생성은 플랑크톤 생산성의 함수로 나타나는데, 이는 수체의 지오메트리,

기후 및 이용 가능한 영양소에 따라 지배된다. 이러한 요인을 궁극적으로 결정하는 것은 판구조 운동이다. 생성된 석유자원을 저류암에 보존하는 트랩의 형성 역시 텍토닉스가 좌우한다. 전 지질시대를 통한 석유의 분포는 그들 원유를 부존하고 있는 지층의 형성 당시 저위도 지역에 위치하였다. 이러한 사실은 따듯한 해수가 중요한 역할을 하였음을 지시한다. 또한 지질시대 역시 유전의 분포와 관계를 갖는다. 알려진 모든 유전의 72%는 중생대 말에 형성된 것이며, 특히 중부 백악기에 대부분(60%)이 형성되었다. 그보다 더 오래된 지층에서의 유전의 분포가 제한되는 것은 지질환경이 이들 자원을 만들고 보전하는 데 적합하지 않았음을 보여주는 증거이기도 하다.

세계 최대의 가와르 유전

1948년 발견된 사우디아라비아의 가와르(Ghawar) 유전은 그 크기만도 길이가 280km이고 넓이가 30km에 이르는 초대형이다. 2005년도까지 누적 생산량이 600억 배럴에 이르며 아직도 남아 있는 매장량이 710억 배럴로 알려진 세계 최대의 유전이다. 배럴이라는 단위가 우리에게 익숙한 단위는 아니다. 1배럴은 158.98L이다. 지금까지의 생산량을 L로 환산하면 약 9조 5,990억 L에 해당된다. 아직도 일일 생산량이 500만 배럴로 사우디아라비아 전체 생산량의 60% 이상이 이 가와르 유전에서 생산되고 있다.

사우디아라비아에서 석유탐사가 시작된 것은 사우디와 미국의 스탠다드 오일회사와의 석유 채굴에 관한 협정이 조인된 1933년으로 거슬러 올라간다. 지질학자들은 1932년 인접한 바레인에서 석유가 발견된 지역과 대응하는 지질구조를 가지고 있는 댐맘돔(Dammam dome)지역을 타깃으로 정했다. 댐맘돔지역은 살아 움직이는 것은 아무 것도 서식할 수 없는 그저 황량한 사막이었다. 사람 살기조차도 거부하는 그런 지역에서 석유 부존이 가능한 지질구조를 가지고 있는지는 강인한 체력과 전문적인 지식을 가지고 있는 지질학자들이 발로 뛰어 만든 지질도로부터 확인된 것이었다. 그런 외진 곳에서는 석유탐사에 필요한 모든 물품은 외부로부터 들여와야

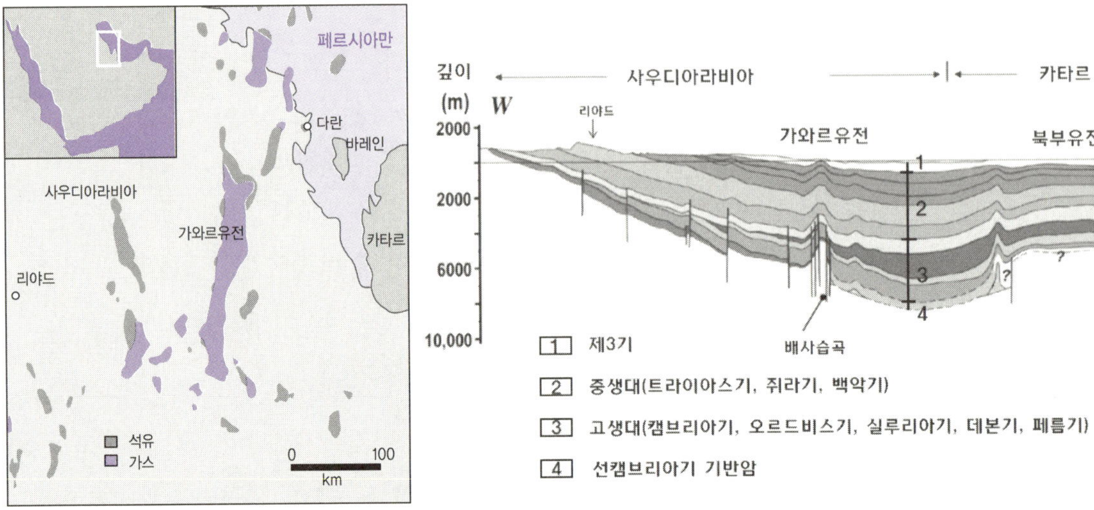

사우디아라비아 세계 최대의 가와르 유전의 위치도와 지하 지질구조. 오른쪽의 그림은 리야드와 카타르를 연결한 지하 단면도로 거대한 배사구조를 이룬 부분이 바로 가와르 유전이다.

만 했다. 스탠다드 오일회사의 기록에 의하면 석유 굴착장비는 물론이려니와 노동자들의 숙소를 짓고 유지하는 데 필요한 판자조각이나 나사못에서부터 식품에 이르기까지 모든 것을 미국 본토에서 공수해야만 했다고 한다. 그도 그럴 것이 당시 사우디아라비아의 수준으로는 모든 게 원만하게 공급될 수 있는 그런 사정은 아니었다. 거기다가 식수를 얻기 위한 우물과 장비를 운송하기 위한 도로와 작업을 하기 위한 전기도 공급해야만 했다.

지질학자들이 가능성이 높은 지역을 선정하자 탐사를 위한 시추가 진행되었다. 어려운 환경에서 여섯 개의 시추공을 파낼 때까지 원유의 흔적은 나타나지 않았다. 1936년 12월 7일 시작한 댐맘 7호공은 시작부터 말썽을 일으키기 시작하였다. 증기로 돌리는 시추기의 성능도 문제였지만 시추공이 무너져 내리는가 하면 비트가 빠져버리는 등 말썽은 연속적으로 일어나 작업 속도는 더디기만 하였다. 댐맘 7호공이란 그저 시추하는 순서에 따라 편의상 붙여진 이름이었다. 1년이 지난 후에야 시추기의 비트가 1,400m 깊이에 도달하였으나 그들이 확인한 원유는 그들이 타고

온 트럭의 엔진에도 채우기 어려울 정도의 실망스러운 양으로 더 이상 작업을 계속하기가 어려운 형편이었다.

1938년 초 이 지역 탐사를 책임지고 있던 수석 지질학자인 맥스 스타니어케는 샌프란시스코의 본사로 소환되었다. 본사로 소환된 그가 수백만 불을 날리고도 아무 성과가 없었던 상황에 대해 대답하기 어려운 여러 가지 질문들에 땀을 흘리고 있을 무렵 지금은 도시로 성장한 다란의 언덕 꼭대기에 위치한 댐맘 7호공은 1440m의 깊이에 이르고 있었다. 그 깊이는 바로 이 지역의 원유가 세상과 접하는 깊이로 드디어 원유를 토해내기 시작하였다. 이 깊이를 아랍존(Arab zone)이라고 부른다. 아랍존에 도달한 댐맘 7호공은 1938년 3월 4일 1,585배럴, 3월 7일에는 3,690배럴, 그리고 9일 후에는 다시 2,130배럴, 그리고 또 5일 후에는 다시 3,732 배럴이 쏟아져 나왔으며, 그 바로 다음날에도 3,810배럴의 원유를 토해냈다. 이제 더 이상의 테스트는 불필요해졌으며, 질책은 환호로 바뀌었다.

이것은 바로 사우디아라비아 유전개발의 성공의 시발점이었으며, 사우디아라비아의 상업적인 석유개발을 알리는 축포와 다름없었다. 당시 사우디아라비아의 왕은 사우디가 산유국이 된 것을 자랑스럽게 선포하였다. 댐맘 7호공으로 알려진 유정이 3,200만 배럴의 원유를 토해낼 줄은 당시 사우디의 왕도, 그곳을 탐사한 지질학자들 중 누구도 상상하지 못한 일이었다.[14] 이런 유전의 개발은 사우디아라비아가 세계 석유산출국의 맹주가 되는 계기가 되었으며 나아가 사우디 왕가의 수천 명에 이르는 왕자들에게 매달 27만 불의 왕족 수당을 지급하는 원동력이 되었다.

댐맘 7호공의 성공은 사우디 석유탐사의 촉매제가 되었다. 이미 실패했던 것으로 치부되었던 댐맘 2호공과 4호공도 더 깊게 파내려갔다. 아랍존으로 알려진 1,400m의 깊이를 지나자 그곳에서도 석유가 모습을 드러냈다. 바레인에서 석유와 마주친 600m 깊이에서 사우디아라비아에서도 석유가 나올 거라고 기대한 것이 잘못의 시작이었음이 확실해지는 순간이었다. 이제 사우디에서 석유를 기대하는 심도는 분명하게 되었다. 아랍존이 알려지면서 이제 이 지역에서의 시추 심도는 결정된 것이나 마찬가지였다. 이 지역에서 생산적인 유정이 착착 들어서기 시작하였다. 지질학자들의 손길이 더 자주 미치면서 이 지역의 하부 지질구조가 더 명확하게 밝혀지기 시작하였으며, 세계 최대 유전의 모습이 확연하게 드러나기 시작하였다. 유정을 가질 수 있는 이곳의 지질 구조는 중생대의 지질작용으로 만들어진 것이었다.

중동지역에 석유가 집중된 이유

이제 사우디의 이 지역은 550개가 넘는 유정과 20,500km에 달하는 원유 운반을 위한 파이프라인이 가설된 곳으로 둔갑하였다. 댐맘 7호정으로 시작된 사막 위의 작은 언덕은 다란이라는 세계에서 가장 중요한 석유 수출기지의 하나로 변화하였다. 이미 앞서 개발이 시작된 바레인이나, 이에 인접해 있는 쿠웨이트, 이곳에서 멀지 않은 이라크나 터키 그리고 이보다 약간 북쪽에 위치한 아제르바이잔을 포함한 이 지역은 세계 석유 매장량의 대부분을 가지고 있다고 해도 과장이 아닐 정도로 석유자원이 집중 분포되어 있는 지역이다. 그렇다면 왜 이곳에 석유자원이 집중되어 있는지 이유가 궁금해진다. 그 해답은 알라신의 배려가 아니라 바로 자연적인 지구의 진화과정과 연계된다.

중동지역의 지질은 선캄브리아기의 기반암 위에 고생대의 지층들(캄브리아기, 오르드비스기, 사일루리아기, 데본기 및 페름기의 지층)이 퇴적된 후 이어 중생대(트라이아스기, 쥐라기, 백악기)의 따뜻한 바다에서 퇴적층들이 쌓였다. 이곳에 만들어진 따뜻한 바다를 설명하려면 결국 중생대 초기 트라이아스기로 거슬러 올라가야만 한다.

중생대의 트라이아스기 초기 당시 지구는 모든 대륙들이 한 덩어리로 뭉쳐 있던 시기였다. 대륙들이 한 덩어리로 뭉쳐 있던 게 그것이 처음은 아니었다. 남북으로 길게 배열되어 있던 그 초대륙을 판게아라고 부른다. 그러나 트라이아스기 말(지금으로부터 약 2억 1,500만 년 전)을 기점으로 판게아를 이루고 있던 초대륙의 분리가 시작된다. 쥐라기와 백악기를 거치면서 판게아로부터 분리된 오늘날의 아프리카대륙은 북쪽의 유라시아대륙쪽으로 이동하기 시작하였다. 이런 대륙의 이동으로 아프리카 북단을 지나는 열대지역에 넓은 바다가 만들어진다. 이 고(古)해양을 우리는 테티스 바다라고 부른다. 바로 오늘날의 사우디반도가 있는 지역이 열대지방에 위치한 테티스해의 낮은 바다였다. 열대지방의 따뜻한 바다는 생물들이 서식하기에는 최적의 조건이었으며 그곳에 살던 생물종들은 마음껏 자손을 늘리며 번성하였다. 낮은 바다에 만들어지는 석회암 속으로 이들 생물체들이 죽어 자연스럽게 섞여 들어갔다. 유기물의 함유량이 1~2% 정도만 되어도 석유가 만들어지는 근원암으로서 훌륭한데 이 지역의 퇴적암들은 퇴적될 당시부터 약 5% 내외의 유기물을 함유하고 있었으니 보통의 경우보다 몇 배는 유기물의 함유량이 더 높았다. 석유의 공급원으로서는 천혜의 조건이다. 그래서 다른 지역의 퇴적암들보다 높은 유기물의 함유량으로 더 많은 석유를 만들기에 충분하였다. 이런 자연적인 조건들은 이곳에 대규모 유전을 만들기 위한 자연의 멋진 포석이었다.

이런 지층들이 중생대 전 기간 동안 퇴적되면서 두꺼운 지층으로 발달하였다. 그 후 중생대 백악기 말 지판의 이동, 즉 아프리카판의 북쪽으로 계속되는 이동에 의해 열대지역의 테티스해에 만들어진 퇴적암들은 주름처럼 우그러들었다. 백악기 말에 일어난 지각변동의 결과로 이 지역에 대규모의 습곡이 만들어졌다. 이런 습곡 중의 하나가 그림에서 보여준 가와르 유전의 지하구조처럼 만들어진 배사구조이다. 이런 배사구조는 석유 저장의 매우 효과적인 트랩을 만들어, 결국 쥐라기의 기공이 발달한 석회암 지층이 저류암이 되어 대규모 유전을 생성시킨 곳이다.

오늘날의 페르시아만과 북아프리카 및 중앙아메리카에 석유가 집중 분포되는 것은 석유 형성을 규제하는 요인들인 기후와 해수의 영양소, 분지 형성 조건 및 이렇게 형성된 석유를 저장할 수 있는 구조적인 조건들이 중생대 말~삼기 초 기간 동안 최적의 조건을 유지하였기 때문이다. 지질시대로 약 1억 년 전의 왕성한 맨틀 대류 운동에 의하여 해저 확장이 활발해져 넓고 따뜻한 천혜 환경이 만들어졌으며, 화성 활동을 통하여 현재의 홍해에서 관찰되는 것처럼 많은 광물 영양소의 공급이 있었다. 이들 지역에서 생성된 석유는 그 후에 대규모 지구조 운동에 의하여 파괴될 정도의 영향을 받지 않는 것 또한 자원 보전의 결정적 원인이 되었다. 이처럼 이 지역은 석유의 생성과 보존에 거의 완벽한 조건을 두루 갖춘 지역이었다.

히틀러도 탐낸 바쿠유전의 쇠락

아무리 큰 대규모의 유전이라고는 하지만 어떤 유전이든지 매장량은 한계가 있기 마련이다. 요즘 매스컴에서는 '세계 최대의 유전인 가와르가 죽어가고 있다', '가와르 이후의 에너지 자원은?' 이라는 등 호들갑을 떤다. 워낙 엄청난 양을 소진한 가와르는 일부 유정에서 고갈의 신호가 나타나고 있으며 또 일부 유정에서는 원유의 회수율을 높이기 위해 인공적인 노력을 투입하고 있다. 그렇기는 하지만 아직도 지금까지 생산해낸 양 이상의 매장량을 가지고 있는 곳이 가와르 유전이다. 그렇다고 모든 유전이 가와르와 같은 형편은 아니며, 이미 채진된 채 폐허로 변해버린 유전의 흔적들은 세계 여러 곳에서 발견된다. 석유의 소비가 워낙 가파르게 상승하고 있는 것도 그런 염려를 앞당기는 원인이 되었다.

아주 폐허로 변해버린 것은 아니지만 원래 개발되었던 스핀들톱도 그러하려니와 보르네오의 일부 유전이나 카스피해 주변 바쿠지역의 일부 유전 역시 쇠퇴해가는 유전의 말로를 보여주기에 충분하다. 한때는 구소련의 석유기지 역할을 하던 바쿠지역에 이제는 고철로 변한 유정탑들이 여기저기에 팽개쳐진 채로 널브러져 있는 모습이 다큐멘터리 프로그램을 통해 생생하게 전달된다. 그렇다고 석유가 전적으로 생산이 종식된 것은 아니지만 한때 끝이 없을 정도로 토해내던 유정들은 일부 폐쇄되었으며, 그나마 남아 있는 것들이라고 해도 전성기 때의 몇 분의 일도 생산하지 못하는 형편이다. 석유자원의 매장량은 유한하므로 이런 결과가 오는 것은 피할 수 없는 일일 것이다. 한때 이 지역은 히틀러가 전쟁을 수행하기 위해 필요한 석유자원을 확보하기 위해 정복하기를 염원한 지역으로도 잘 알려진 곳이다. 독일이 이 지역을 점령하는 데 성공했다면 전쟁의 양상은 어떻게 변화했을까 하는 가정은 상상하기도 싫은 일이다. 다행히 히틀러는 이곳을 점령하는 꿈은 접어야만 했다. 소련 역시 전쟁을 수행하기 위해서는 이 지역 바쿠유전의 석유자원이 절실하였으며, 2차대전이 발발한 첫해에 이 지역의 석유 생산량은 그 지역의 생산량의 최고였던 2,500만 톤을 생산하였다. 그 이전에도 이후에도 이런 생산량은 기록되지 못했다. 전쟁이 본격적으로 진행되면서 유전에서 일하던 남성들은 전장으로 징집되어 1944년에는

아제르바이잔 바쿠지역의 유전 모습. 지금은 생산이 중단된 유정들이 이곳 저곳에 괴물처럼 남겨져 있다(사진제공 : Ken Douglas).

이 유전지대 노동자의 60%가 여성으로 충원될 정도로 바뀌었지만 석유 생산은 계속되었다.[15] 그런 바쿠지역이었지만 그곳의 유정 역시 제한된 매장량과 더불어 일부 유정들이 사라지는 것을 피할 방도는 없었다.

석유를 찾는 노력들

기존에 개발된 유전들의 매장량은 생산이 계속될수록 줄어드는 것을 피할 수 없다. 늘어나기만 하는 소비를 충당하기 위해서는 새로운 유전 탐사와 개발이 필수적이다. 그러나 지표에 드러난 유정만 가지고 새로운 유전을 개발하던 시대는 지났다. 그런 곳은 이미 개발이 거의 다 끝난 상태이기 때문이다. 시추를 해서 석유를 확인하는 것만이 유일한 방법은 아니었으며 석유 찾는 기술의 개발은 착착 진행되었다.

오늘날 지질학이 발전되면서 지표면에 대한 정보는 거의 다 수집된 상태라고 보아도 좋다. 어떤 학자는 대체로 40여 년 전 지표탐사는 종식되었다고 말하는 이들도 있다. 더군다나 최근에는 항공촬영이나 위성을 이용한 이미지로부터 표면의 지질구조는 소상하게 알려지게 되었다. 삼림이 울창한 정글지대조차도 측면을 감시하는 레이더를 이용하여 지형뿐만 아니라 지질구조를 확인하는 세상이 되었다. 우리가 들여다 볼 수 없는 지하세계는 지표에서 관찰된 지질 자료와 시추로 확인된 코어 시료들로부터 또는 탄성파 탐사로 들여다 볼 수 있다. 탄성파 탐사는 지하의 지층들이 어떻게 배열되어 있는지 알아내는 방법 중 가장 효과적인 방법 중의 하나이다.

석유탐사에서 탄성파 탐사는 매우 중요하다. 지구 내부의 구조를 밝히는 데도 지진파를 이용하는데 이 역시 탄성파의 하나이다. 사실 탄성파를 그런 식이 아닌 실용적인 목적으로 이용한 것은 제1차 세계대전 때 독일군에 의해서였다. 독일군은 연합군의 포대 위치를 알아내기 위해 포탄을 발사할 때 발생되는 탄성파를 이용했지만 실제로 정확한 위치를 파악하는 데 어려움이 많았다. 그러나 그들은 음파가 통과하는 지층에 따라 속도가 달라진다는 사실은 확인하였다. 1920년대에 들면서 탄성파가 석유탐사에 본격적으로 이용되기 시작하였다. 지하에서 폭약을 인위적으로 폭발시켜 발생시킨 탄성파가 땅속의 지층에 반사되어 오는 속도의 차이를 이용하여 지하세계를 확인하는 데 활용하였다. 1930년대에는 이 방법으로 유전이 들어 있는 지층을 성공적으로 발견하기 시작하였다. 무엇보다도 지하의 지질구조를 파악함으로써 유전이 분포될 가능성이 높은 위치를 정할 수 있게 되었다. 지하의 지질구조도 구조이지만 암석 속에 들어 있는 물질이 물이냐 석유냐 가스이냐에 따라 반사파는 미묘한 변화를 보이는데 지구물리학자들은 이를 해석해내는 방법을 차례차례 알아냈다. 그렇기는 하지만 이것의 실체를 확인하는 것은 직접 뚫어보는 방법이 가장 확실한 방법이다. 그러나 시추공의 위치를 잡는 것은 발로 뛰어 얻은 지표 지질 자료와 모든 지구물리학적 자료가 종합되어 결정된다.

석유탐사를 할 때 시추공의 파이프를 통하여 잘게 갈려진 돌 조각들이 위로 올라온다. 그러나 그 작은 돌 조각은 많은 정보를 가지고 있기 때문에 시추공을 따라 올라오는 돌 조각들은 면밀한 관찰의 대상이 된다. 특히 지층의 층서나 그 돌이 퇴적될 당시의 퇴적 환경에 대한 정보를 가지고 있는 작은 생물체의 화석들 역시 깨지지 않은 상태로 함께 올라온다. 그런 것들 중의 대표적인 것으로는 유공충이라고 부른 1mm도 안 되는 아주 작은 크기의 생물체 파편들도 들어 있다. 근원암을 확인할 때 이들 작은 생물체의 종류를 확인하는 것은 퇴적 당시의 환경이나 기후 등에 관련된 정보를 제공해주기 때문에 매우 중요한 일이다.

그러나 그런 유공충과 같은 작은 생물체들이나 확인한다고 해서 석유를 가지고 있는 지층인지 아닌지를 구분하는 것은 어려운 일이며 더욱 정량적으로 해석하는 방법이 요구되었다. 1926년 슐럼버저(Schulumberger) 형제인 콘라드(Conrad)와 마르셀(Marcel)이 설립한 회사는 전기검층장치를 달아 시추공에 내려 보내 그들이 원하는 지층의 물리적 성질을 파악하는 기구를 개발하였다. 그 방법은 지층을 구성하고 있는 광물조성의 차이에 따라 달라지는 전기전도도를 측정하는 것이다. 금속광물이 많으면 전기전도는 훨씬 좋아진다. 사실 처음에 이 방법은 금속 광산의 탐사에 적용되어 성공적으로 운영되었다. 슐럼버저 형제는 이런 방법이 석유탐사에도 그대로 적용될 수 있다는 것을 알아차렸으며 실제로 석유탐사에 활발하게 적용하기 시작하였다.

그들이 프랑스에 세운 회사는 1945년에 석유산업의 본거지인 텍사스의 휴스턴으로 옮겼다. 유정들로부터 회수한 검층 자료들은 지하세계를 좀 더 정량적인 방법으로 인접한 지역의 시추공으로 연결시킬 수 있었다. 이런 검층 자료는 석유가 들어있는 지층의 정보를 손쉽게 제공해주었다. 이들 형제는 물, 특히 소금물은 전기를 통하고, 석유나 가스는 전기를 통하지 않는다는 사실에 착안해서 전기저항이 높을 경우 석유나 가스가 있을 확률이 높다는 신호로 해석을 했다. 그 발견은 초기 슐럼버저가 세운 회사를 키워주는 원동력이 되었다. 그러나 실제로 시추공의 지층으로부터 얻은 전기검층 결과로 나타나는 전기저항은 그렇게 단순한 것만은 아니었다. 검층 결과는 여러 가지 요인들에 의해 영향을 받으며 이런 사실들은 하나둘씩 석유지질학자들에 의해 발전되었으며 그들의 지식체계에 편입되어 갔다. 이런 시작은 수많은 물리적인 다른 검층 방법의 개발을 알리는 시작에 불과하였으며 다양한 물리검층을 할 수 있는 새로운 검층장비들이 시추기의 줄에 매달린 채 구멍 깊숙이 들어가면서 지하 세계를 이해하는 폭은 날로 커져만 갔다.

석유탐사를 하면서 시추를 할 때 시추공에 니수(尼水)를 주입하면서 작업을 한다.

사실 니수는 물에다 점토물질이나 광물질 그리고 고분자 화합물을 섞어 만든 비중이 높은 물질로 진한 흙탕물과 같아 썩 유쾌하게 보이는 것은 아니다. 시추공 파이프에 펌프의 높은 압력으로 밀어 넣은 니수는 시추의 비트가 회전하면서 암석을 갈아 한 조각씩 떨어져 나오는 돌 조각을 지표로 들어 올리는 목적 외에도 유전을 만났을 때 석유나 가스가 분출되는 것을 방지하는 목적도 가지고 있었다. 그러나 또한 가지 중요한 목적은 높은 압력으로 이수를 빠르게 움직일수록 시추 파이프의 끝에 매달린 비트에서 발생되는 압력이 감소하여 더 빠른 속도로 시추를 하게 된다는 점이다. 증가한 속도에 비례하여 압력이 줄어든다는 베르누이 효과는 이런 시추공에서나 볼 수 있는 현상은 아니며 오늘날 많은 사람들이 원거리를 여행할 때 타는 비행기가 뜨는 원리에도 적용되는 원리이다. 날개의 윗부분을 곡면으로 만들어 날개 윗부분을 통과하는 공기의 속도를 증가시켜 압력이 낮아져 기체를 들어 올리는 역할을 한다. 이런 베르누이방정식은 지질학의 다른 분야에서도 가끔 적용된다. 지금 우리는 베르누이방정식의 원리를 이야기하려는 것은 아니다.

니수는 시추에서 긍정적인 작용을 하지만 다른 한편 이런 무거운 니수는 석유를 포함하고 있는 생산적인 지층을 뚫고 지나가면서도 이를 모르고 지나치게 만들기도 한다. 그런 사실은 쉘석유회사에 근무하던 거스 아치(Gus Archie, 1907~1978)에 의해 해결되었다. 그는 물의 전기저항과 물로 채워진 암석의 전기저항과의 관계, 물 대신 석유로 채워졌을 때의 전기저항과의 관계가 어떻게 변화하는지를 밝혀 아치방정식을 개발하였다.[16] 그의 이러한 새로운 검층 방법은 실로 놀랄만한 업적이었으며 그는 그런 업적으로 1978년에 그 분야의 개척자적인 업적을 남긴 이들에게나 명예가 돌아가는 바로 그 '앤소니 F. 루카스 메달'을 수상하였다.

효과는 바로 나타나기 시작했다. 이미 건공으로 판정을 받은 시추공을 아치방정식을 이용해 다시 검층하여 생산적인 유정이 된 경우가 오클라호마주 엘크시에 있다. 그 주변 지역은 그 사실로 석유의 부존이 확인된 후 6억 배럴의 석유를 이미 생산하였으며, 지금도 생산을 계속하고 있다.[17] 아치방정식을 이용한 그 방법은 아직도 사용되고 있다. 탐사기법의 개발은 거스 아취로 시작된 것도 아니며 거기서 끝이 난 일은 더더욱 아니다. 수많은 지구과학자들의 노력은 기술을 한층 더 높은 수준으로 발전시켰으며 이런 추세는 계속될 것이다. 그러나 여기서 이런 종류의 모든 성취를 다 소개하기란 어려운 일이다.

석유탐사는 많은 투자가 있어야 하지만 투자하는 대로 성과를 거두는 그런 비즈니스는 아니다. 근원암, 저류암 그리고 덮개암에 대한 이해와 지하의 지질구조에 대한 해석 방법의 획기적인 개선, 더욱 정밀한 트랩에 대한 지식 등 석유지질학에 대한 전반적인 지식 수준이 크게 향상되었지만 아직도 시추공 10개를 뚫으면 그중 9개는 석유의 생산을 기대할 수 없는 건조한 시추공이다. 여기서 말하는 건공(乾孔, dry hole)은 그냥 건조한 암석들로 되어 있는 시추공이라는 의미는 아니며 물이나 염수가 들어 있는 공으로서 석유가 존재하지 않는 시추공을 의미한다. 지금은 많이 개선되기는 했지만 과거 석유탐사의 역사는 위험부담이 매우 높았다는 사실을 이야기해준다. 10개 중 한 개가 석유의 가능성을 보이며 100개의 시추공 중 한 개 정도가 생산적인, 즉 경제성을 가지고 있는 유정이 되므로 위험 부담률이 매우 높은 게 석유탐사라는 것을 알 수 있다. 그래서 아무나 섣불리 참여하기도 어려운 것이 바로 석유탐사이다.

어렵사리 유전을 찾아냈다고 일이 종료된 것은 아니며 유정을 통하여 이를 뽑아내는 일이 남아 있다. 유전에 물과 천연가스가 함께 들어 있다면 물을 이용하거나 천연가스가 만든 압력의 도움으로 석유를 회수할 수 있다. 그러나 회수율은 물을 이용하는 경우 약 60%까지, 가스를 이용하는 겨우 40%까지 올릴 수 있다. 회수율을 높이는 방법으로 물을 사용하는 것은 우연한 계기에 발견하였다. 19세기에 표면으로부터 저류암층으로 물이 스며드는 곳에서는 생산량이 늘어난다는 사실을 확인한 것이다. 그 후 유전에서는 더 많은 석유를 회수하기 위해 강제로 유정에 높은 압력을 가하여 물을 밀어 넣었다. 그러나 물을 가압하여 주입하는 것은 가스를 이용하는 방법보다는 비용이 더 드는 방법이다. 가스를 이용하는 것은 상대적으로 비효율적이기는 하지만 천연가스를 그냥 태워버리는 것에 비교하면 생산에 도움이 되는 것은 물론이다. 어떤 유전의 엔지니어들은 가스를 너무 여러 번 유정으로 주입해 넣은 탓으로 가스분자의 귀퉁이가 다 닳아 없어질 거라는 농담을 하기도 한다. 이렇게 생산하는 것을 석유의 2차 생산이라고 부른다. 물을 사용해서 회수한 유전이라도 나머지 40%는 그대로 저류층에 잔류되는데 그것의 일부라도 회수하기 위하여 갖가지 방법이 동원되는데, 그런 방법 중에는 증기를 주입하거나 세제를 주입하거나 탄산가스를 주입하거나 아예 불을 지르는 방법이 동원된다. 불을 지른다고 모든 석유를 태우는 것은 아니며 연소에 필요한 공기를 잘 통제함으로써 그들 중 일부만 연소시켜, 뜨거워진 가스가 몸체를 부풀리면서 만든 압력이 석유를 밀어내게 하는 방법이다. 그러나 이런 방법이 어떤 유전에서나 적용되는 것은 아니며 유전의 특성에 따라 최적의 방법으로 가능한 한 최대의 석유를 회수하는 쪽으로 엔지니어들은 머리를 싸맨다.

화석연료의 종말은 다가오는가?

현재 세계 인구는 1700년대와 비교하면 10배 이상 증가하였다. 그러나 에너지 소비량은 산업화 이전과 비교해서 13배 정도 증가하였다. 따라서 석유의 수요는 해를 거듭할수록 증가할 수밖에 없다. 전 세계적인 석유 수요는 1900년에는 하루 50만 배럴이었던 것이 1915년에는 125만 배럴로 1929년에는 400만 배럴로 증가했다. 그러한 증가세는 좀처럼 둔화될 기미를 보이지 않고 지속적으로 확대되기만 했다. 1945년에는 석유의 일일 소비량이 600만 배럴이었던 것이 1960년에는 2,100만 배럴로 늘어나 있었다. 최근에는 하루에 뽑아내는 원유의 양이 이미 7,000만 배럴을 넘어갔으며, 2004년 통계는 8,400만 배럴에 이르고 있다. 지금까지 우리가 땅속에서 뽑아낸 원유의 양이 정확하게 얼마인지 알기는 어렵지만 전문가들은 대략 8,750억 배럴로 추정하고 있다.

플라스틱, 합성섬유 등과 같은 다양한 석유 관련제품의 개발은 석유 수요의 증가를 부채질했다. 석유 관련제품의 생산을 위한 석유 사용량은 점점 확대일로를 걷고 있다. 모든 나라가 다 그런 것은 아니지만 현재 미국의 경우 총 소비량의 5분의 1에 해당되는 양이 에너지가 아닌 제품 생산의 원료로 사용되고 있다. 그러나 아직도 석

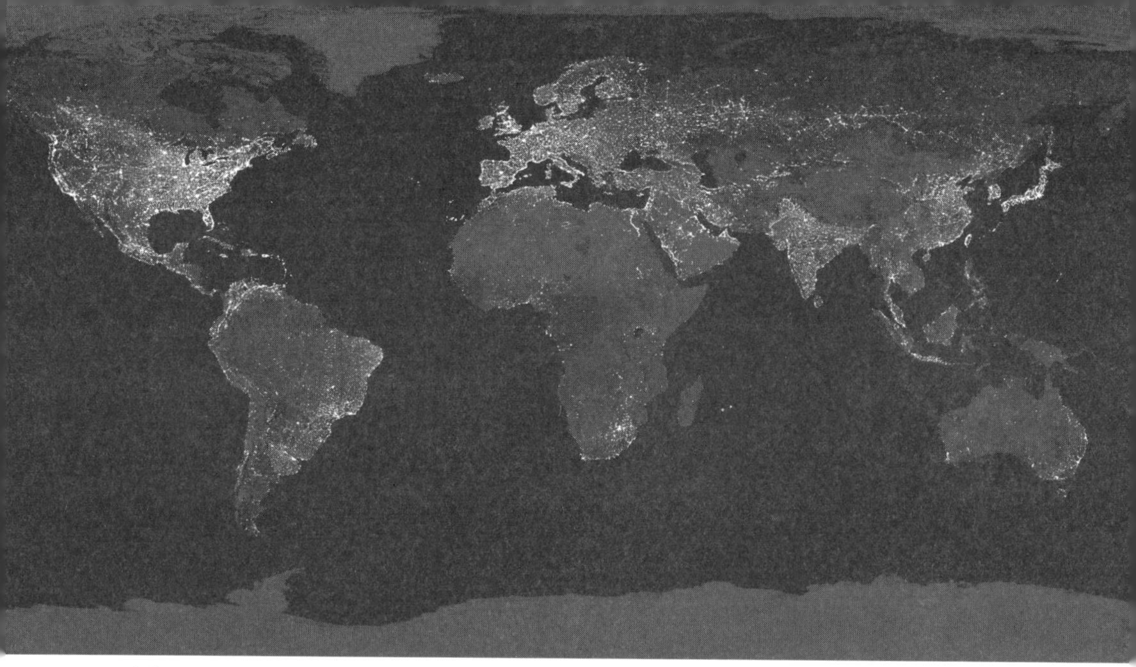

2001년에 지구의 밤 모습을 촬영한 사진으로 에너지 소비의 불균형이 그대로 드러난다(사진제공 : NASA).

유를 비롯한 화석연료자원의 대부분은 에너지 자원으로 활용되고 있다. 2006년도 미국 에너지정보국에서 발간한 자료를 보면 세계의 연간 에너지 소비량은 15TW(tera-watt)로 추정하고 있다. 에너지의 단위인 와트(W)로 표시하기에는 숫자가 너무 크기 때문에 만들어진 단위로 1TW는 10^{12}W를 나타낸다. 숫자 뒤에 붙는 0을 12개나 줄여주는 편리한 단위이다. 와트는 1J/초로 정의되는데 우리가 사용하는 1마력이란 746W이다. 그래도 일반인들이 에너지의 량을 가늠하기란 쉬운 일은 아니다. 전 세계의 연간 소비량 15TW 중 화석연료자원이 차지하는 비중은 86%이다. 그러나 석탄을 제외하고 석유와 가스만을 합하면 60% 정도이다. 아직도 세계는 석유자원에 의존하고 있다는 것을 여실히 보여주는 통계이다.

에너지 자원의 소비 불균형은 아주 심각하다. 전 세계 소비량의 70% 이상을 선진국이 소비하고 있으며, 북미(물론 미국이 대부분)가 전 세계 소비량의 4분의 1 이상을 소비하고 있다. 인구비로는 전 세계 인구 중 부유한 25%가 총 에너지 자원의 60% 이상을 소비하고 있다. 이런 소비의 불균형은 서두의 니콜라스 렌센의 글로 잘 표현되었다. 최근 나사(NASA)에서 촬영한 지구의 밤의 모습을 보면 다른 설명은 필요 없이 이런 소비의 불균형을 극명하게 보여준다. 과거와 크게 달라진 점은 바로 중국과 인도의 빛이 밝아지고 있다는 사실이다. 이는 산업화가 진행될수록 개발도상국에서도 에너지 수요가 증가하는 것을 보여주는 증거이다. 이와 더불어 석유 관련제품 생산을 위한 원료자원으로서 석유의 소비량 역시 증가할 것이다.

아프리카, 소련 및 남미 그리고 아시아지역의 일부 국가들은 에너지 소비 수준이 서구에 비교해서 아직도 수십 년의 격차를 보이고 있다. 이들 개발도상국가들은 산업화가 진전됨에 따라 해마다 그 격차를 줄여가고 있는 경향을 보인다. 우리나라의 예만 보아도 쉽게 짐작이 간다. 우리나라는 1987년에서 1997년 사이에 생활수준의 향상으로 자동차 대수는 거의 4배로 증가하였다. 이는 중산층이 자동차를 구입하면서 나타난 변화이다. 물론 자동차가 전적인 원인은 아니었지만 같은 기간 석유의 소비 역시 세 배나 증가했다. 향후 산업 강대국으로 부상할 가능성이 높은 인구가 많은 중국이나 인도의 변화를 생각해보면 문제는 더욱 심각해진다. 이들 국가 역시 앞으로 더 많은 에너지와 이에 관련된 제품들이 필요하리라는 것은 누구나 상상할 수 있는 일이다. 언제까지나 중국이 미국의 1인당 에너지 소비량의 9분의 1로 만족할 수는 없다. 산업화가 진행될수록 에너지의 소비는 증가하기 마련이다. 그런 추세가 가까운 장래에 둔화되거나 멈출 기미는 보이지 않는다. 특히 세계 인구의 5분의 1을 차지하고 있는 중국의 석유 생산량은 1990년 이후 320만 배럴까지 늘었다. 연 간 석유 생산량은 약 2% 정도씩 증가하고 있으나 석유 수요는 7%씩 늘어나 이미 세계 석유시장으로부터 수입을 시작하였다. 그 규모는 점차 증가할 것이다. 중국의 인구를 감안하면 세계 에너지 시장에 미치는 여파를 가늠하기도 어렵다.[20]

하여튼 석유의 수요가 커지자 늘어나는 유정의 수만큼 석유관련 기업들은 공룡기업으로 성장했다. 가격 또한 춤추듯 올라가고 있어 최근에는 마의 벽이라고 불리던 배럴 당 100불 선을 넘어간 지가 오래전이다. 석유산업은 민간기업에 의해 주도되었지만 그렇다고 국가가 모르는 척할 형편도 아니었으며 석유 의존도가 높아질수록 국가 안보와 직결되는 정치적인 상품으로 서서히 변화되어가고 있었다. 석유를 가진 자가 세계를 가지게 될 것이라는 말조차 떠올랐다.[12,18,19,20]

그렇게 많은 석유를 소비하였지만 그렇다고 당장 석유자원이 바닥을 드러낼 것 같지는 않다. 소비가 증가할수록 석유자원 탐사는 확대되고 있으며, 이제는 과거에는 상상도 하지 못하던 바다 밑은 물론이려니와, 보이는 것은 얼음뿐인 동토지대에서도 유전개발이 진행되고 있다. 당연한 결과로 생산비는 증가하고 석유 값은 올라가기 마련이다. 석유자원의 한계점은 언제 나타날 것인가 하는 질문의 해답은 가격도 가격이지만 지구가 가지고 있는 자원의 총량이 얼마인지가 더 중요하다. 미국 지질조사소(USGS)의 자료는 석유 전문가들에 의해 낙관적이라는 평을 듣기는 하지만 현재까지 증명된 매장량이 약 1조 7천억 배럴로 추산하고 있다. 그리고 아직 탐사가 되지 않았지만 지질학적 조건으로 보아 가능성이 있는 석유자원은 9천억 배럴로 추정하고 있다. 이 자료대로라면 지각에는 2조 6천억 배럴의 석유자원이 있는 셈이다. 그렇다면 계산은 간단해진다. 현재의 소비량에다 소비 증가율을 2%대로 잡으면 대략 2030년도에는 지구상의 석유자원은 한계에 도달한다는 계산이다. 그러나 비관론자들의 생각은 다르다. 미국 지질조사소의 추정 매장량은 과장된 것이며 그보다 훨씬 더 빠른 시기에 한계점에 도달할지도 모른다는 주장을 하고 있다. 한계점에 도달하게 되면 석유의 생산량이 서서히 감소되는 추세를 유지하는 게 아니라 급격하게 생산량이 감소되는 것을 의미하기 때문에 문제의 심각성은 더욱 커진다는 점을 지적하는 학자들도 있다.

20세기 이후 발견되는 유전의 규모를 보면 유전을 찾는 일이 전보다 더 어려워졌다는 것을 쉽게 이해할 수 있다. 해마다 발견되는 석유의 양이 줄어드는 추세를 보이고 있기 때문이다. 1990년대 후반 서아프리카 해안지역, 멕시코만 그리고 카스피해에서 대규모 유전이 발견되면서 그런 추세는 역전된 적도 있지만 다시 새롭게 발견되는 석유의 양은 크게 줄어들었다. 1990년대 세계에서 소비된 양은 대략 240억 배럴이었지만 새로 발견되는 유전은 기술적인 혁신이 뒤따르기는 했지만 연간 대략 70~120억 배럴 정도였다. 아모코의 전직 석유지질학자인 콜린 캠프벨(Collin Campbell)은 석유탐사가 늘어나고 기술개발이 진척된다고 해도 새롭게 발견되는 석유는 얼마 되지 않을 것이며, 그나마 수송이 어려운 외진 곳이 될 가능성이 높다는 점을 지적하고 있다.[19] 그가 석유자원의 미래를 비관적으로 보는 견해를 감안하더라도 이 숫자가 제시해주는 것만으로도 석유자원이 고갈되는 코스로 가고 있다는 것을 확실하게 보여준다. 더더군다나 석유수출기구(OPEC)의 11개 회원국들 중 6개국을 포함하여 48개 산유국가들 중 33개 국가에서 석유의 생산량은 정체되어 있거나 이미 줄어들고 있다. 이미 영국이나 인도네시아에서는 생산량이 줄어들고 있으며, 멕시코, 베네수엘라 그리고 노르웨이에서는 생산량이 증가될 기미를 보이지 않고 있는 상태이다. 미국 지질조사소의 레스 마군(Les Magoon)의 말대로 "숨어서 우리가 찾아주기만 기다리고 있는 석유가 존재한다는 것은 통계학적으로 가능성이 희박하며 과학적으로 설명하기도 매우 어렵다."라는 말에 석유의 위기가 잘 함축되어 있다.[12,20]

누구나 지각에 존재하는 석유의 매장량이 유한하다는 점을 알고 있으며 언젠가는 한계점에 도달하리라는 자체를 부정하기는 힘들 것이다. 그러나 낙관론자들은 과학의 기술적인 진보는 이런 한계를 연장시키리라는 점을 강조한다. 탐사기술도 발전되어 이제는 과거와는 많이 달라졌을 뿐만 아니라 무엇보다도 생산, 즉 석유의 회수기술이 장족의 발전을 이룬 점을 지적하고 있다. 과거에는 경제성이 없어 보이던 깊은 바다 밑에 숨어 있는 유전을 찾아내는 기술도 있을 뿐만 아니라 경제적으로 회수하는 단계로 발전하였다. 그러나 그것보다 더 중요한 것은 회수기술의 향상이다. 과거 1970년대는 유전의 전체 매장량 중 30%만이 회수가 가능하고 나머지 70%는 제자리에 그대로 남겨두어야만 했으나 최근에는 어떤 유전에서는 회수율을 80% 정도로까지 올리는 기술적인 진보를 이룩하였다. 이런 기술적인 진보는 그 자체로 석유의 매장량을 1970년대와 비교해서 두 배 이상 증가시키는 효과를 가지고 있다. 한 석유지질학자는 중동지역에서 지금보다 5% 정도만 회수율을 증가시켜도 세계 석유 매장량은 적어도 1천억 배럴이 증가되는 효과가 있다고 발표하였다. 석유 소유국들의 정치적인 문제점들을 고려한다고 해도 분명한 것은 석유 고갈의 한계 시점을 연장시키는 효과는 분명하다는 점이다. 그렇기는 하지만 지금 우리는 석유 의존체제를 벗어나야 하는 에너지체제 전환의 갈림길에 도달해 있다. 이제 나라마다 재생 가능한 에너지에 대한 관심이 커지고 있으며 미래 사회에서 재생 가능한 에너지가 차지하는 비율이 점증될 것이라 예측하고 있다.

하버트의 예측

텍사스의 산사바라는 작은 마을에서 자란 허버트(Marion King Hubbert, 1903~1989)는 시카고대학에서 지질학을 공부한 후 쉘석유회사에 재직하였던 석유지질학자이다. 그는 1956년에 텍사스 샌안토니오에서 열린 학회에서 미국의 석유생산이 1960년대 후반이나 1970년대 초에 정점에 이르리라는 예측을 발표하였다. 그가 그런 예측 결과를 발표하기 5분 전까지도 쉘석유회사는 발표를 하지 말라고 요청했다고 한다. 그러나 그는 소신대로 그의 분석 결과를 발표하였다. 그러나 당시 석유업계는 그의 발표를 믿으려 들지 않았으며 그의 예측을 놓고 의견이 분분하였다. 그가 그런 예측을 하기 전에도 많은 사람들이 석유자원의 종말을 예측하는 예언자들이 있었다. 그러나 번번이 추가로 발견되는 새로운 유전들로부터 확보되는 매장량은 석유의 종말을 불러오기는커녕 석유산업은 계속 번성하기만 했다. 많은 사람들은 1956년에 발표한 허버트의 예측 역시 그런 예언 중의 하나로 믿고 싶었을 것이다. 그가 예측한 결과의 정확성을 확인하기 위해서는 1970년까지 기다려야만 했다. 그의 분석에 의한 예측은 정확하게 맞아들어가 미국 석유 생산은 1970년에 정점에 도달하였다. 그가 분석에 이용한 허버트 커브(Hubbert curve)는 바로 유명한 분석 툴이 되었다. 그런 결과가 나오자 허버트의 예측을 지지하는 이들은 그들의 출판물에서 "이번에는 정말로 늑대가 문 앞에 와 있다"라는 제목을 붙이기도 했다.[17]

그가 미국에서 석유생산의 정점을 예측한 것이 맞자 그의 성가는 높아갔다. 그러나 허버트는 그것 말고도 석유지질학 분야에서 지하수의 유동이나, 유전 크기의 평가방법, 지하에서의 다시법칙의 새로운 해석 및 동수역학적 오일트랩의 형성 등 뛰어난 업적을 남긴 훌륭한 석유지질학자였다. 그가 쉘에서 은퇴할 나이가 될 무렵 미국 지질조사소에서 일할 기회가 주어졌다. 그때 그는 가끔 스탠포드대학에서 강의를 하기도 했다. 비록 그가 뛰어난 학자이기는 했지만 그의 강의는 학생들에게는 큰 호응을 받지는 못했던 것 같다. 그런 것과는 관계없이 그의 예측 툴은 40여 년이 지난 오늘날에도 사용되고 있다. 아직도 어떤 이들은 이러한 예측 방법이 잘못되었다고 주장하기도 하며, 어떤 이들은 허버트의 방법을 철저하게 분석한 이라면 그 방법의 정당성을 부정할 수 없다고 주장하는 이들도 있다.

석유의 생산량은 매장량과 밀접한 관계가 있다. 캠프벨은 일찍이 1조 8천억 배럴을 세계 매장량으로 산출하였다. 그러나 일부 석유 전문가들은 이 추정치가 과소평가되었다고 믿고 있다. 데페이에스는 허버트의 방법을 보강하여 세계 추정 매장량을 1조 8천억 배럴로 보았을 때 세계 생산량의 정점은 2003년이며 그 이후 생산량은 줄어들어야 한다고 주장하였다. 그러나 그것은 사실로 확인되지 않았다. 허버트는 나중에 이를 2조 배럴로 제시하였으나 데페이에스는 이를 더 후하게 2조 1천억 배럴로 보았을 때 세계 총 생산량의 정점은 2009년이 될 것이라고 추정하였다. 다른 방식으로 추정을 해도 생산량이 정점이 되는 해가 2004년에서 2009년 사이가 될 것이라고 예측하였다. 그러나 일부 전문가들은 매장량의 진위가 불확실하고, 생산능력이 지켜지고 있는지 등 문제점을 제기하면서 이런 예측을 정확하다고 할 수 없는 이유로 들고 있다. 그러나 허버트는 그의 저서에서 단호하게 "지금 시작하는 어떤 움직임도 생산량이 정점에 달하는 해를 앞당기거나 늦출 수 있을 정도의 영향력을 가지지 못할 것이다."라고 말하고 있다.[17]

이런 예측이 정확한지는 고사하고라도 석유자원의 고갈이 언젠가는 다가올 것이다. 그것이 언제일지 허버트의 틀로서 예측된 시기가 맞을지는 곧 밝혀질 것이다. 그렇다면 인류는 석유고갈시대를 대비하기 위하여 할 수 있는 일이 무엇인지를 진지하게 고민해야 될 시기인 점은 분명하다. 지금까지는 경제성 또는 기술적 제약 때문에 고려 대상이 되지 못했던, 자연이 만들어 줄 수 있는 재생 가능한 에너지 자원인 태양에너지, 풍력, 조력 및 지열 등 모든 잠재적 가능성을 가지고 있는 대체 에너지 자원에 눈을 돌려야 할 시점인 것은 분명해지고 있다. 이런 자원은 지구가 살아 움직이고 있는 한 우리를 쉽게 실망시키지 않는 자원이 될 것이다. 그렇기는 하지만 우리가 현재 누리고 있는 문명의 혜택을 지속적으로 누리려면 에너지 절약 관점에서 우리가 할 수 있는 작은 일부터 실천에 옮겨야 한다는 점을 우리 모두 인식해야 한다.

비어 있는 속

6

비어 있는 속

필자는 어린 시절 동네 개구쟁이들과 함께 학교가 끝난 후 곧장 마을 뒷산의 절벽 아래로 몰려가 미리 집에서 갖다 놓은 삽과 곡괭이를 이용하여 작은 굴을 팠던 기억이 있다. 절벽이라고는 했지만 그 높이는 수 미터를 넘지 않는 경사가 급한 언덕배기라고 불러도 좋은 그런 곳이었다. 그 절벽은 풍화가 잘된 돌들이 푸석푸석한 상태라 어린 우리들의 힘으로도 어렵지 않게 파낼 수 있었으며 또 쉽게 허물어지지도 않는 좋은 조건을 가진 곳이었다. 한 1~2주 파 들어가면 개구쟁이들 몇이서 올망졸망 모여 앉아 키득거릴 공간이 마련되었다. 그 공간은 우리들만의 비밀스러운 공간이었으며, 그 속에 들어앉아 있는 동안에는 온 세상이 우리 것이라도 된 것 같은 뿌듯함이 생기곤 했던 기억이 있다. 그 좁은 공간은 어린 우리들에게도 곧 싫증이 났지만 우리는 그 굴 말고도 다른 놀이터를 가지고 있었다. 놀이터란 다름 아닌 우리 동네 뒷산에 있는 광산이었다. 그때까지도 마을 밖을 벗어나 본 경험이 없던 우리들은 그 산이 지구상에서 가장 높은 산으로 알고 있었다. 그도 그럴 것이 우리가 볼 수 있는 시계(視界)에서 그보다 높은 산은 없었기 때문이다. 그 당시 우리는 그게 어떤 가치가 있는 것인지 알지 못했지만 한때 가행된 홍주석광산의 굴이었다. 필자도 지질학을 공부하고 난 후에야 알게 된 사실이지만 홍주석은 알루미나의 함유량이 매우 높아 고급 내화재의 원료로 사용되던 값비싼 광물이었다.

당시 이미 폐광이 되었던 그 굴은 어린 우리들이 원정을 가서 놀기에 멀지 않은 거리에 위치해 있었다. 그 광산의 굴은 우리가 파낸 굴보다는 비교도 되지 않을 정도로 규모가 훨씬 컸으며 한여름 철에도 제법 선선한 바람이 불어나와 더위를 피하기에는 안성맞춤이었다. 어린 우리에게 그 공간은 지구의 텅 빈 구멍처럼 느껴졌다. 어린 시절 동네에서 그런 굴 파기 경험이 없는 사람이라도 해수욕장이나 바닷가 모래밭에서 모래로 만든 작은 언덕을 만들어 놓고 굴을 만들어 본 경험은 누구나 다 가지고 있을 것이다. 하여튼 지구에는 사람이 파놓은 굴, 자연이 만든 굴, 다른 동물들인 뚫어 놓은 굴 등 곳곳에 비어 있는 공간을 가지고 있다. 지표면에 노출되어 있는 암석들은 일견해 보면 치밀하여 빈틈이 없어 보이지만 기실 암석을 이루는 각개 광물조차도 미세한 구조를 살펴보면 그 역시 빈 공간을 가지고 있다.

소년들이 발견한 라스코 동굴

굴은 어린 시절 기억과 관계되는 것만은 아니며, 인류와 오래전부터 밀접한 관계를 가지고 있다. 우리 인류의 조상들이 기거하던 공간이 동굴이었다는 것은 오늘날 남겨진 많은 유적을 통해 잘 알려져 있다. 그런 공간은 그들이 스스로 만들어 놓은 공간은 아니었으며 자연계에서 일어나는 지질작용의 결과로 그곳에 만들어진 것들을 이용한 경우가 거의 대부분이다. 이미 자연은 미래에 등장할 새로운 생물종을 위하여 준비해둔 것처럼 보여질 정도로 곳곳에 동굴을 만들어 두었다. 그들은 그곳에 거주하였을 뿐만 아니라 인류가 진화하면서는 그들 나름대로의 성숙한 예술의 자취를 그런 동굴 속에 남기기도 하였다. 그들이 그런 공간을 활용하였던 것은 우리가 어린 시절 장난기로 파낸 굴의 사용방법과 본질적으로 큰 차이가 있기는 하지만 내부의 온도가 일정하여 여름철 더위를 피할 수 있는 시원함과 비바람을 피할 수 있는 곳이라는 점은 같다.

이런 동굴은 아프리카에서 발견된 현생인류의 조상이 사용한 기록으로부터 호모 사피엔스가 사용한 동굴까지 세계적으로 넓은 분포를 보이고 있다. 그러나 인류 문명을 알리는 최초의 동굴회화는 우연하게 발견되었다. 1940년 9월 12일 프랑스 도

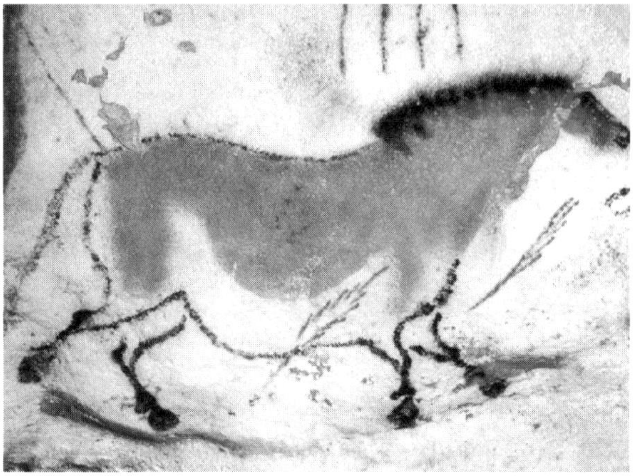
프랑스 라스코 동굴에서 발견된 벽화의 일부로 신석기시대의 유물로 알려져 있다.

르도뉴 지방에서 네 어린이들이 개와 함께 숲속에서 놀고 있었다. 아이들이 집에 돌아가려고 했으나 개가 눈에 띄지 않았다. 아이들은 개의 이름을 부르며 주위를 찾아 헤매고 다녔으나 모두 허사였다. 개가 사라진 곳으로 여겨지는 곳 근처를 조심스럽게 살펴보다가 수풀 사이에 숨겨져 있던 작은 구멍으로부터 개 짖는 소리가 흘러나왔다. 소년들이 구멍 주위에 있는 돌과 흙을 치우자 동굴이 나왔다. 그중 용감한 소년이 그 굴속으로 들어갔다. 그 소년은 굴속에서 미끄러져 허우적거렸으나 다행이도 손전등은 가지고 있었다. 그 소년은 당시의 상황을 이렇게 남겼다.[1]

> "천만 다행으로 손전등은 멀쩡했어요. 손전등을 비춰보니 동굴 속이었어요. 나는 친구들에게 소리를 질러 내가 아직 살아있다는 것을 알리고, 천천히 조심해서 들어오라고 했어요. 한 사람씩 내려왔어요. 돌들이 구르면서 다른 세 명도 미끄러졌어요. 우리는 모두 이리저리 부딪치고 긁힌 채 커다란 동굴 속에 서 있었어요. 손전등을 비춰보니 벽이 보였어요. 여기 선들이 그어져 있어! 누군가 그렇게 말했어요. 손전등을 높이 들자 커다란 동물 그림이 보였어요."

그 벽에는 이미 멸종된 매머드를 비롯하여 들소, 말, 염소 등 여러 동물들이 매우 정교하게 그려져 있었다. 그들이 살고 있을 적에 그 주위에는 그런 동물들이 살고 있었던 것이 분명하다.

도르도뉴 지방의 소년들에 의해 발견된 이 동굴은 라스코(Lascaux) 동굴로서, 많은 벽화가 그려져 있는 곳으로 유명하다. 이 지역을 흐르는 도르도뉴강은 발원지 상류에서 고원지역을 침식시키며 흐르다가 중류지역의 석회암 지대를 지나 대서양으로 흘러들어 간다. 하구는 유명한 보르도 와인의 주산지이다.

이 강이 중류지역의 석회암지역을 흐르면서 오랜 지질시간 동안 석회암을 침식시켜 만든 석회암 동굴이 바로 신석기시대의 유물을 남긴 공간이며, 그중의 하나가 라스코 동굴이다. 이 신석기시대의 벽화에 그려진 동물상들은 역동적이며 사실적인 그들의 생활상을 보여주는 그림이기도 하며, 이들 유적은 프랑스의 고고학자 브뢰유(Henri Édouard Proper Breuil, 1877~1961)에 의해 시대가 밝혀졌다.

이와 더불어 스페인 북부에 있는 알타미라(Altamira) 동굴 역시 굴속에 남겨진 벽화로 유명한 곳이다. 알타미라는 생활공간이라기보다는 성소로 사용된 것으로 고고학자들은 추정하고 있다. 동굴이 만들어지는 과정도 자연적인 과정의 일부였으며, 회화에 사용된 안료도 황토와 같은 점토로 철저하게 자연이 물려준 산물을 사용하였다. 이 시기에 사용된 것으로 확인되는 다른 동굴들은 생활공간인 경우가 더 많다. 이러한 그림을 남긴 동굴은 유럽에서만도 200여 곳이나 발견되었으며, 대부분은 1만 5천년에서 1만 년 전의 것들이다. 스페인의 알타미라 동굴벽화는 신석기시대 중 가장 오래된 것으로 1만 2천년 전에 살고 있던 누군가가 그려둔 것이다. 하여튼 신석기시대의 이런 회화의 용도는 고고학자들이 밝혀내야 할 일이나, 이런 문화를 가진다는 것은 이 시기 인류의 정신활동이 이미 고도로 발달해 있는 것으로 보여주는 증거임에 분명하다.

기록으로 남겨진 최초의 터널

이렇듯 인류의 시작과도 깊은 관계를 가진 것이 굴이다. 인류의 거주공간이 굴 밖으로 나온 후에도 인류는 생존을 위해 혹은 문명의 유지를 위해 또는 전쟁의 목적 등 헤아릴 수 없는 많은 동기로 여러 가지 다른 형태의 굴을 파놓았다. 라스코나 알타미라 동굴은 구석기시대에 지속된 마들렌 문화의 연장으로 자연적으로 파여진 굴속에 남겨진 회화이다. 그러나 역사시대로 오게 되면 인류가 여러 가지 목적으로 판 굴들이 세계 도처에 흩어져 있다. 이중의 하나가 실크로드가 실제로 시작되는 돈황에도 있다. 돈황에서 출발한 길의 방향에 따라 북도, 중도 및 남도로 구분되는데 이는 바로 실크로드의 중국 쪽 시발점으로서의 중요성을 보여주는 것이다. 돈황은 석굴의 천국이다. 돈황석굴은 우리가 잘 아는 막고굴을 중심으로 돈황관내의 모든 석굴을 말하는데 이는 약 550여 개의 석굴로 되어 있다. 단지 굴의 숫자가 많아서 돈황이 유명해진 것은 아니다. 거기에는 약 5만 m^2에 이르는 벽화가 있으며, 그 석굴에서는 많은 중요한 고문서가 발견되었을 뿐만 아니라 수많은 조각상을 가지고 있는 현존하는 실로 가장 중요한 불교예술의 박물관이기도 한 곳이다.

그런 곳은 자연히 인류문화유산으로 지정된다. 돈황석굴 역시 유네스코가 1987년 인류문화유산으로 지정한 곳이다. 이 석굴들은 자연이 만들어 놓은 것은 아니며 법당을 만들기 위해 사람들이 절벽을 파 들어가 만든 동굴이다. 서기 366년의 기록에 의하면 그들 중 대표격인 막고굴은 전진시대(366년)에 시공되었으며, 그곳의 동굴식 법당은 1,000여 개에 이르렀다고 한다. 그런 법당은 한 시대 한 사람에 의해 만들어진 것은 아니며 역사와 함께 실크로드의 번성과 퇴화와 궤를 같이한다. 사막의 바람은 막고굴의 모든 것을 사람들로부터 격리시켰다가 1900년에 세상에 알려지게 된다. 이런 굴들은 바로 당시에 불교를 숭상하던 종교적인 배경과 관계되는 땅파기였다.

그런데 우리는 언제부터 굴을 파기 시작했는지 궁금해진다. 그 시작을 말하려면 인류문명의 발상지 메소포타미아로 시대를 거슬러 올라가야 한다. 유프라테스와 티그리스강 사이에 위치한 메소포타미아는 4대 고대문명의 발상지 중 하나였기 때문에 그들이 세계에서 처음으로 시작한 일들은 여러 가지가 있다. 그래서 고고학자 크레이머는 아예 그의 저서 중의 한 제목을 《역사는 수메르에서 시작되었다》고 하였다.[3] 수메르는 메소포타미아에 세워졌던 왕조 중의 하나이다. 그도 그럴 것이 문명의 발상지이니 그들이 시작한 문명의 흔적은 인류문명의 최초가 될 수밖에 없었다.

메소포타미아의 바빌로니아 왕조의 오랜 수도 바빌론은 당시로서는 세계의 중심과 같은 곳이었다. 이 왕조는 이 도시를 흐르는 유프라테스강을 중앙에 두고 이 강의 동쪽에는 성채를 건설하고, 서쪽에는 왕궁과 거주구를 건설하였다. 이 강을 가로지르는 다리를 건설하였으며, 이와 평행하게 지하에 굴을 만들었다고 그리스의 역사가 디오도루스 시켈로스(Diodorus Sikelos)는 기록을 남겼다. 그 굴은 폭이 4.6m, 높이가 3.7m에 이르는 말발굽형으로 U자를 거꾸로 한 형태로 길이가 900m나 되었으며, 벽돌로 축조되어 있었다. 벽돌 사이는 천연 아스팔트와 역청으로 방수처리가 되어 있었으며, 벽돌의 바깥쪽도 방수처리를 하였다. 인류의 지혜가 그런 자원을 개발하여 연료로 사용할 정도로 기술이 발달하는 데는 더 오랜 시간이 필요하였으나 역청을 방수제로 활용하여 터널이나 그들이 건설한 장대한 신전에 사용되는 벽돌의 외벽에도 사용할 정도의 지혜는 그 시대에 이미 넓게 퍼져 있었음을 말해준다.[2, 3]

바빌론이 파놓은 규모는 내가 어린 시절 소꿉놀이 동무들과 파놓은 굴과는 차원이 다른 것이다. 이제 굴이란 용어를 바꿀 시간이 되었다. 오늘날 이러한 굴은 모두 터널이라고 부른다. 하여튼 일상적인 통행은 강을 가로질러 건설된 다리로 충분하였을 것이며, 아마도 이 터널은 역사적인 기록에 용도는 밝히지 않았지만 군사적인 목적으로 건설된 것은 아닌지 추정하고 있다. 이의 건설 시기는 아직도 명확하게 밝혀진 것은 아니다. 그러나 블랙은 그의 저서 《터널 이야기》에서 시켈로스의 견해를 따라 아마도 기원전 2180년부터 2160년 사이의 아시리아 왕조 때 건설된 것으로 추정을 하고 있으나 이 역시 분명한 것은 아니다. 이 정도 터널의 건설이 그 시대에 가능하였을까 하는 의구심은 지금도 이 지역에 남아 있는 흙벽돌로 만들어진 장대한 규모의 지구라트를 보면 의심의 눈초리로 볼 필요는 사라진다. 블랙은 나아가 그 규모로 보아 이 터널이 가장 오래된 것은 아닐 것이라고 단정을 하였으며, 기록으로 남아 있지 않는 수많은 터널이 그 이전에도 만들어졌을 것이라고 기술하였다. 그러나 현재로서 기록으로 남아 있는 가장 오래된 터널은 바로 군사적 목적으로 건설되었으리라고 추정되는 바빌론의 터널이다.[4]

사막의 생명줄, 카나트

바빌론의 터널과는 다른 목적이지만 카나트(qanat)라고 불리는 지하의 생명줄이 건설되기 시작한 것은 역시 기원전 7세기 메소포타미아의 아시리아 왕 사르곤 2세까지로 거슬러 올라간다. 이 터널은 바빌론의 것보다 크기는 작지만 길이가 긴 것은 20여 km를 넘기도 했다. 바로 자연을 극복하는 인간의 지혜가 드러나 보이는 터널이며, 바로 관개와 영농을 위한 평화적인 목적으로 건설된 터널이다. 카나트가 발전된 지역은 하나같이 강수량이 매우 적은 건조한 지역이다. 페르시아가 영토를 확장하면서 이 관개기술은 주변의 건조한 지역으로 확산되었다. 카나트는 그 지역에서 발견되는 수자원을 효율적으로 관리하기 위한 최적의 시스템이기도 하다. 이란이나 이라크 혹은 서역이라고 일컬어지는 투르판 지역을 포함한 그곳에 가면 가끔 재봉틀로 박음질한 바늘구멍처럼 일정한 간격으로 뚫린 구멍을 비행기가 고도를 낮출 때 내려다 볼 수 있다. 그 구멍을 지상에 내려가 보면 바로 지하로 연결된 수로 터널이라는 것을 말해주지 않아도 알아차릴 수 있다.

그런 구멍을 파 내려가고 지하에 흐르는 물길을 연결하는 도수로를 만드는 데 현대적인 기계가 이용되지는 않았으며, 삽과 곡괭이와 동원된 지역 주민들의 집요한 노동의 결정체로 만들어진 것들이다. 거의 일정한 간격으로, 지상으로 연결된 구멍은 바로 지하에 도수로 공사를 하기 위해 파 내려간 구멍이며, 그 바닥에는 적당한 구배를 만들어 물길이 빠르지도 느리지도 않게 흘러내려 갈 수 있는 터널로 연결된 수로가 만들어져 있다. 이런 시스템은 건조한 지역에서 일어나는 증발산 작용으로부터 수자원을 보호하는 이중의 효과도 가지고 있다. 이 도수

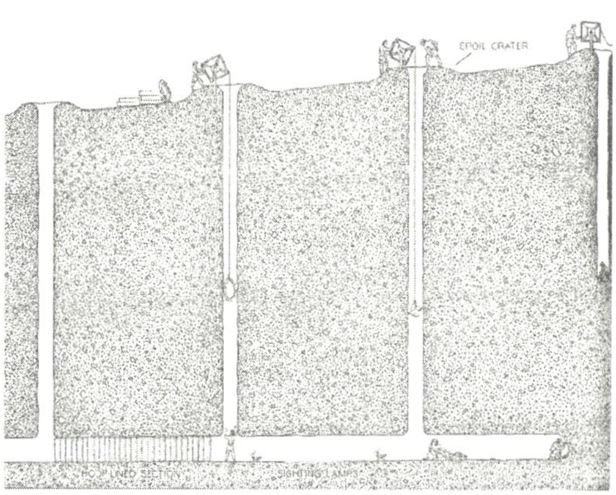

서아시아의 건조한 지역 지하에 수로를 건설하는 모습. 이러한 수로는 카나트라고 하며, 고원지대의 설원이나 수원으로부터 물을 공급하기 위해 지하에 수로를 건설하였다. 수로의 구배를 이용하여 적당한 속도로 흐르도록 만들어 사용하였다(그림 출처 : H. E. Wulff, 1968, "The Qanats of Iran", Scientific American, April).

로의 끝은 으레 필요한 경작지에 이르러 물이 나오도록 고안되어 있다. 이 도수로를 건설한 이들에게는 이 지층이 어떻게 만들어졌는지는 전혀 중요한 고려사항은 아니었으며 그들에게 전적으로 필요한 것은 단지 구멍이 무너져 내리지 않을 정도의 적당한 강도를 가지고 있는 지층이 그곳에 있는 것으로 충분하였다.[5] 지하에 파여진 카나트의 넓은 공간은 때로는 그 지역에 살고 있는 주민들이 사막지방의 무더위를 피해가는 공간으로, 그들이 교류하는 장소로 활용되기도 하였다. 지하 도수로의 냉기는 자연적인 냉방 시스템으로 활용하는 지혜도 있었다. 이 카나트는 아직도 건재하며 건조한 이 지역에서는 농업용수와 생활용수를 공급해주는 생명의 원천으로서 옛날부터 해오던 역할을 지금도 하고 있다.

파라오가 만든 굴

로마시대에도 터널은 건설되었다. 그중 가장 큰 규모의 것은 19세기 중엽 스위스에서 운하공사 중에 우연하게 발견된 900m 길이의 터널이 있다. 이들은 터널의 중간에 50~60m 간격으로 채광용 수직항을 뚫어 마차의 왕래도 가능할 정도의 터널을 만들었다. 후세의 학자들은 기원전 52년 알프스를 넘어 벨기에를 공격한 카이사르(Julius Caesar)도 이 터널을 사용하였을 것이라고 추정하고 있다. 로마인들은 터널을 이러한 전쟁 목적으로만 만든 것은 아니며 수로를 만들기 위해서도 건설하였다. 인류가 문명을 발전시키면서 필요한 광물자원을 확보하기 위하여 수많은 크고 작은 규모의 굴이 만들어졌다. 이런 유용한 광물자원을 채취하면서 파낸 굴을 갱도라고 부른다. 이런 갱도는 인류가 광물자원을 활용하기 시작하던 오래전의 시기로 거슬러 올라가서도 흔적을 남기고 있다.

고고학적 기록으로 남겨진 가장 오래된 광산 개발은 아프리카 스와질란드의 '라이언 케이브(Lion cave)' 이다. 이 자리에서 탄소 동위원소로 측정된 연대는 4만 3천년 전으로 거슬러 올라간다. 이 굴은 구석기시대의 것으로 적철석을 채광하여 이를 가루로 만들어 적색의 안료로 사용하였을 것으로 추정하고 있다. 고대 이집트의 시나이 반도에서는 녹색의 공작석을 채광하여 처음에는 장식용이나 자기의 안료로 사용하다가 BC 1200년경에는 구리를 회수하여 사용하기에 이른다.

이집트에 남겨진 기록은 계속된다. 고대 기록에 남겨진 사실로만 보아도 BC 1500년에서부터 이집트의 파라오의 명령에 의하여 홍해에 있는 작은 화산섬 자바르가드섬(현재는 세인트존스섬이라고 부름)에서 노예들에 의해 파라오가 선호하던 귀한 돌, 페리도트(녹색의 보석으로, 감람석이라는 광물임)가 채광되었다는 기록이 있다. 불모지나 다름없는 작고 황량한 이 섬은 안개에 가려져 있는 기간이 많아 배가 접안하기 어려워 접근하기도 어려운 불과 4.50km² 크기로 235m 높이로 솟아올라 온 작은 화산도였지만 페리도트와 오랜 인연을 가지고 있다. 그래서 뱃사람들에 의하여 이 섬은 그리스어로 탐색한다는 의미의 토파조스라고 불리었다고 한다. 그래서 이 섬에서 채취한 녹색의 아름다운 돌을 처음에는 흥미롭게도 토파즈라고 불리어 왔으나, 18세기에 이르면서 아랍어의 보석이라는 의미의 파리다트로부터 오늘날 우리가 사용하고 있는 페리도트(peridot)가 되었다고 한다.

홍해의 이집트 남부 해안에 자리 잡고 있는 페리도트의 산출지로 이름을 떨친 자바르가드섬. 섬의 곳곳에 페리도트를 찾으며 파낸 버럭더미가 이곳 저곳에 널려 있다.

사실 페리도트란 광물을 산출하는 섬은 그냥 아무데서나 만들어지는 것은 아니다. 그저 단순한 화산활동만이 전적으로 기여를 한 것이 아니라 아시아 지판과 아프리카 지판이 충돌하는 지점으로 지각의 하부를 구성하는 맨틀의 초염기성 용암들이 올라오면서 만들어진 섬이기에 페리도트가 함유될 수 있었다. 이집트 남부 홍해에 있는 제4기에 만들어진 이 특별한 화산섬은 페리도트의 산출지로 유명하게 되었지만, 이제는 더 이상 페리도트를 산출하지 않는다. 그러나 섬 주변에 둘러싸여 있는 산호초는 스쿠버다이빙을 즐기는 이들에게는 아직도 매력적인 장소이다.

이 페리도트란 돌은 로마시대에도 사용된 기록을 가지고 있으나, 본격적으로 유럽에 소개되기 시작한 것은 십자군에 의해서이며, 이때부터 파라오의 전유물로부터 유럽에서도 왕족이나 귀족들의 장신구로 널리 사용되기 시작하였다고 한다. 이 섬은 기원전 고대 이집트로부터 세계 1차 대전 때까지 약 3,500년간 페리도트를 생산하였던 전설적인 산출지이기도 해서 페리도트 하면 이 섬이 연상될 정도이다. 지금도 이 섬에는 과거의 파라오의 통제를 받던 노예들에 의해 파낸 굴들이 세월에 따라 훼손된 채 구덩이 모양으로 이 황량한 섬의 언덕배기에 남겨져 있다.

페리도트란 자연계에 산출되는 규산염 광물 중 감람석이라는 광물로서, 좀 더 정확하게 말하면 훼이알라이트와 포스테라이트란 감람석 두 단종의 중간 조성을 갖고 있는 감람석 고용체의 하나로서, 녹색을 띠는 광물이다. 이 광물들은 녹황색이나 녹색을 띠는 갈색으로 산출되기도 하는데 역시 최상의 페리도트는 진한 녹색에 약간의 황색을 띠는 것이다. 녹색을 띠는 페리도트는 대체로 철을 10~15% 함유하고 있으며, 미량원소로 들어 있는 Ni과 Cr에 의하여 아름다운 녹색이 풍부해지게 된다. 다른 보석 광물과는 다르게 오로지 녹색 계열로만 산출되는 광물이다. 실제로 감람석은 염기성 마그마의 주요한 구성 광물이나 보석용 질을 갖는 페리도트의 산출은 그리 흔하지만은 않다. 이런 돌이 이곳에서 산출되는 것은 바로 아프리카판과 아시아판이 모여지면서 하부에 있던 지각을 들어 올린 결과로 맨틀의 물질이 노출되어 만들어진 섬이기 때문에 가능해졌다. 맨틀의 물질에서나 이들 광물을 만드는 데 충분한 Mg과 Fe가 적정한 비로 충분하게 들어 있기 때문이다. 그 결과 자연은 거의 불모지나 다름없었던 이곳에 특별한 선물을 주었다. 오늘날 페리도트는 8월의 탄생석으로, 결혼 16주년

이집트 홍해에 있는 자바르가드섬에서 산출된 페리도트 원석과 아랫줄 오른쪽의 가공된 146캐럿의 녹색보석(영국 지질조사소 박물관 소장).

기념 보석으로 사용된다. 중세에는 이 보석을 착용하는 사람은 악령으로부터 보호해준다는 믿음이 있었다고 한다. 그런 전설은 오랫동안 전승되어 내려 왔다.

아그리콜라시대의 광산

인류가 문명을 유지하기 위해서 필요로 한 것은 보석만은 아니었으며, 구리, 철, 금, 은 그리고 여러 가지 다른 금속들을 자연계로부터 채광하였다. 그런 자취는 지표면의 상처처럼 아직도 군데군데 남아 있다. 세계의 곳곳에 인류가 머문 자리에는 어디에나 그런 흔적이 발견되었다. 중세를 지나면서 이런 기록들은 보다 구체적으로 나타난다. 독일의 아그리콜라(Georigus Agricola, 1494~1555)가 쓴 광물광상학의 최초의 고전이라고 불리는 《금속의 본질에 대하여, De Re Metallica》란 책이 그가 죽은 지 1년 후에 출간되었다.[6] 이 책은 실로 방대한 내용을 수록하고 있다. 광부들과 제련기술자들에게 실질적인 도움을 주려는 의도가 담겨진 자세한 그림과 함께 갱도의 안전과 채광법이 기술되어 있을 뿐만 아니라 아마도 과학적인 방법으로는 각개 광물들이 가지고 있는 특성에 의하여 체계적인 분류를 시도한 최초의 전문적인 저서이다.

아그리콜라는 고전문학을 전공한 후 의사 수업을 받고 의사가 되었으나 그는 직업에 별로 만족을 하지 못하고 광물과 광산에 더 큰 흥미를 느끼고 있었다. 그래서 그 분야의 연구에 몰두하여 지구과학 분야에 지워지지 않을 큰 업적을 남겼다. 그가 의사로 맨 처음 일한 곳이 당시 은 광산의 중심지였던 보헤미아 왕국의 요하임스탈(Joachimstal, 현재의 지역명은 체코의 야히모프)이었다. 그곳에서 관심을 갖고 관찰하고 연구한 결과로 남긴 그의 저서가 오늘날 과학사에서 그를 의사가 아닌 지질학자로 기록하고 있는 이유이다. 그의 저서는 출간 후 2세기에 걸쳐 광물-광상학의 표준 교재로 사용될 정도의 가치 있는 저술이었으므로 오늘날 광물광상학의 아버지로 칭송받고 있다.

요하임스탈은 1516년 은 광상이 처음 발견된 후 몇 년이 채 지나기도 전에 광산 수는 800여 개로 늘어났다. 물론 그 광산의 규모는 오늘날과는 다른 소규모 광산들이였지만 그 숫자가 대단히 빠른 속도로 증가하였다. 1530년 그 마을의 인구는 18,000명이었으며, 그중 15,000명이 은을 캐는 광부였다고 한다. 아그리콜라는 이 지역 광산들에서 벌어지고 있는 은의 채광 및 제련 현장을 보고 그의 저술에서 광업이 환경에 미치는 영향을 우려했을 정도로 광업활동이 활발한 지역이었다. 그럴 정도로 요하임스탈 지역에는 단지 은을 채광하기 위한 많은 조악한 채광 갱도들이 아무렇게나 널려져 있었다. 그곳에서 일하던 광부들은 은을 채취하고 나머지 돌들은 그저 쓸모없는 돌로 광산 주위에 아무렇게나 버렸다. 버려진 돌들 중에는 검은 돌들도 포함되어 있었는데 그 돌은 누구의 주의도 끌지 못하였다. 주의를 끌기는커녕 그곳에서 일하던 광부들은 그 검은 돌을 매우 싫어했다. 왜냐하면 그 돌만 나오기 시작하면 은이 사라졌기 때문이다.

그 지역의 광산들에서 은의 채굴이 끝나자 그 광산마을은 세월과 함께 쇠퇴하기 시작하였다. 그때 버려진 그 검은 돌을 섞어 만든 유리가 이전까지 아무도 보지 못했던 현란한 초록색과 황색의 유리가 되었다. 이런 유리는 곧 유럽의 상류사회에서 선풍적인 인기를 끌었으며, 다시 한 번 이 지역의 광산이 활기를 되찾는 계기가 되었다. 그 검은 돌은 바로 피치블렌드라는 돌로서 우라늄을 50~80% 함유하고 있던 광물이었다. 이제는 은을 사라지게 만든 검은 돌을 찾는 굴들이 그곳에 속속 만들어졌다. 그러나 이런 광석의 초기 이용은 바로 유리의 색을 내는 데만 활용되었을 뿐 그 광석의 진정한 가치는 모르던 시절이었다. 현대 사회에서 이 광석의 가치는 핵연료 자원으로서 매우 높아졌음은 우리 모두가 잘 알고 있다. 하긴 아메리칸 인디언들도 이런 광석을 도자기의 표면에 발라 색을 내는 안료로 사용하는 것이 고작인 시절이었다. 이런 사실은 바로 과학기술의 발전이 유용하고 경제성 있는 광석의 가치를 결정한다는 좋은 예이다. 오늘날 활용 가치가 없는 돌이라고 해서 미래 사회에서도 경제적 가치를 갖지 말라는 법은 없으며 기술개발에 의해 그들의 가치는 얼마든지 새롭게 창조될 수 있는 것이다.

아그리콜라의 시대보다 4세기가 지난 오늘날 대부분의 금속 자원의 수요는 폭발적으로 아니 거의 지수함수적으로 증가되었으며, 당연한 결과로 채광을 위한 갱도는 더 크고, 더 깊은 곳까지 이르러 마치 지구를 관통시키려는 듯 심부화되고 있다. 광업활동의 규모가 커지면서 환경에 미치는 영향 또한 더욱 심각한 문제로 대두되고 있다.

깊어지는 광산의 굴

현대로 시간을 바꿔보자. 남아프리카에는 많은 금광들이 지하 심부에 발달되어 있다. 과거에는 그런 깊은 곳에 유용한 금속광물 자원이 숨겨져 있었다는 사실조차도 눈치 채지 못하였다. 설령 알고 있었다고 해도 당시의 기술로는 채광할 엄두조차 내지 못하였다. 그렇게 깊은 곳에 숨겨진 자원을 회수할 수 있는 기술력이 뒤따르지 못했기 때문이다. 특히 아프리카대륙 남부의 위트워터스랜드 분지라고 불리는 지역의 금광들은 광맥이 연장되는 깊이에서 타의 추종을 불허한다. 이 지역의 타우토나 광산(Tau Tona mine)은 채광 심도가 2003년도 기준으로 지표로부터 3,581m에 이르고 있으며 곧 4km에 육박하리라고 한다. 아마도 이 책이 출간될 무렵이면 깊이는 더 깊어져 있을 것이다. 사실 4km라는 거리는 지표에서도 만만한 거리는 아니지만, 수직으로 파 들어간 깊이가 4km라는 것은 실로 대단한 것이다.

요즘 세계는 경쟁이라도 하려는 듯 빌딩의 높이를 올리고 있다. 1998년에는 말레이시아의 페트로나스 빌딩이 88층으로 452m의 키로 세계 제일을 자랑했다. 그러나 6년 후 2004년에는 대만의 타이페이에 101층으로 508m 높이의 타이페이101이라는 빌딩을 세웠다. 이제 마천루는 더 이상 미국의 전유물이 아닌 듯하다. 우리가 어렸을 적에 들었던 세계 최고의 엠파이어스테이트 빌딩(381m)은 이제 9위로 전락을 했다. 높이 경쟁은 거기서 끝나지 않고 있다. 두바이는 석유로 벌어들인 돈으로 2009년을 목표로 세계 최고의 빌딩 두바이타워를 공사 중이다. 이 빌딩은 아직 완공하기도 전에 세계 제일의 타이페이101의 키를 넘겼다. 타이페이101의 왕좌는 3년을 넘기지 못했다. 이게 다 아시아인들의 분발(?) 덕분이다. 타우토나 광산의 굴 깊이는 아직은 완공된 건물 중 세계 제일의 타이페이101을 7개나 연결해 세워놓아야 할 만큼의 깊이다. 이런 깊이는 수직으로 판 항(수항) 하나로 연결시킬 수 있는 거리는 아니다. 광부들이 작업장으로 가기 위해 지표에서 타고 내려가는 케이지는 약 120여 명이 탈 수 있을 정도로 거대하며, 전체 길이의 3분의 1쯤 내려가서는 그 깊이에서 다시 개설된 수항으로 바꿔 타야 한다. 작업장에 도달하기 위해서 굴의 3분의 2쯤의 깊이에서 한 번 더 내려서 케이지를 갈아타야만 작업장의 바닥에 도달하게 된다. 그 정도의 깊이의 작업장까지 내려가려면 대체로 1시간 이상이 소요된다고 한다. 어디까지 내려갈지 모를 정도로 광산은 아래로 아래로 깊어만 간다. 광맥이 그런 식으로 발달되었다는 사실을 안 것도 최근의 일이다. 이런 깊이는 아그리콜라의 시대에는 상상도 하지 못하던 깊이였다.

타우토나 역시 자연의 법칙을 벗어날 수 없다. 지하에서의 지온구배(地溫句配, geothermal gradient)에 의해 온도가 상승한다는 것을 실제로 체험할 수 있는 곳이 바로 이 광산이다. 그곳의 온도는 지온구배에 따라 대체로 50℃ 정도의 높은 온도이기 때문에 그런 온도에서는 아무도 일할 수 없는 조건이다. 당연하게도 냉방장치를 가동해 일정 온도를 유지시켜주는 데 많은 경비가 지출된다. 따라서 광부들이 작업을 하기 위해서는 냉방장치를 가동해야 하며 작업장의 온도는 약 28℃ 정도로 조절된다고 한다. 이런 정도의 깊이에서 일하는 광산은 이곳 말고도 몇 군데가 더 있는데 이들은 거의 모두 금광산들이다. 인간의 금을 찾으려는 집념은 모든 문제를 해결하고도 남는 것 같다. 크기나 규모만 다를 뿐 지각에는 광물 자원 채취를 위해 파놓은 이런 구멍의 수는 헤아리기도 어려울 정도로 많다.

지하에 숨겨진 열 저장고

어디든지 땅속을 파 들어가면 깊이가 깊어질수록 온도는 올라간다. 지온구배란 땅속으로 들어가면서 올라가는 온도를 말한다. 과학자들은 흔히 킬로미터당 증가하는 온도로서 지온구배를 나타낸다. 지온구배는 지역에 따라 달라지는데, 이는 지하에서의 열의 유동과 열전도가 지질학적 조건에 따라 달라지기 때문이다. 지표에서의 온도는 화산활동이 없을 경우 태양에너지에 의해 결정된다. 그래서 태양광선이 단위 면적당 조사되는 양은 위도가 높아질수록 줄어들어 기온이 점점 내려간다는 사실은 누구나 아는 상식이 되었다. 그러나 지열은 위도와는 관계없이 대체로 지하 50여 m 깊이로 내려가면 10℃ 정도로 일정한 온도를 유지한다. 그리고 100여 m 깊이까지는 순환되는 지하수 등의 조건에 따라 증온율은 지역에 따라 가변적이다. 그리고 그보다 더 깊어지면 예외 없이 내려갈수록 온도는 증가된다. 이는 지구 내부에서 발생되는 방사성원소의 붕괴열 등이 그 근원이다. 그러나 온도가 높아지는 비율은 마그마의 활동 등 지질학적 조건에 따라 달라진다.

그러나 지구조적으로 안정한 대륙에서는 지온증온율은 킬로미터당 15~30℃ 범위에 온다. 그러나 새로운 지각이 형성되는 중앙해령과 같은 지역에서는 상승하는 마그마 때문에 지온증온율은 안정한 대륙지각에서보다 열 배 이상 높아진다. 중앙해령이 아니더라도 화산활동을 수반하는 지역이나 지구조적으로 활동성인 곳에서는 으레 다른 지역에 비교해서 높은 지온증온율을 가지고 있다. 땅속으로 들어갈수록 지온 증가 속도가 높은 지역을 지열대라고 부르며, 어떤 지방에서는 땅속을 조금만 파 들어가도 발전하기에 충분한 에너지를 얻을 수 있으며 지표에 흘러나오는 뜨거운 물은 난방용으로 사용하기에 충분한 열을 제공해주기도 한다.

그런 지열대는 대부분 지판이 충돌하는 지대이거나 지판이 새롭게 생성되는 지역으로 아이슬란드, 뉴질랜드, 이탈리아 등이 여기에 해당한다. 그런 지열들은 오래전부터 인류가 사용을 해온 귀중한 자원이다. 그러나 과거 이러한 자원의 활용은 극히 수동적인 것으로 지표로 흘러나온 뜨거운 물을 이용하여 목욕이나 하던 정도였다. 그러나 근세에 들어서면서 이의 활용은 적극적이며 대규모로 전환을 하게 된다. 비록 지온증온율이 다른 지역보다 높다고 해서 모두 경제적인 활용가치를 갖는 것은 아니다. 지하 지질구조가 그런 조건을 충족시킬 때 이들 자원의 활용이 가능해지는 것이다. 지하의 암석들이 적당한 균열을 가지고 있어서 지하수의 유동이 가능하고 적당량을 암석 속에 포함할 수 있는 공간이 있어야 한다. 그래야만 지표로부터 유입된 물이 고온의 물로 또는 증기로 변화될 때 비로소 이들은 현재의 기술로 활용이 가능한 자원이 될 수 있다. 화산에서 분출되는 용암의 온도가 최하 800℃에서 높게는 1200℃의 온도이지만 활용할 수 없는 것은 단순하게 뜨거운 물질이라고 모두 경제적인 이용가치를 가지고 있지 않다는 것을 우리에게 보여주는 단적인 예이다.

지하에 마련된 열 저장고에 축적되어 있는 이와 같은 지열에너지를 발전에 최초로 이용한 나라는 이탈리아로서 1904년에 콘티(Piero Ginori Conti, 1865~1939)에 의해 처음 성공적인 실험이 수행되었다. 1942년에는 127,650kW의 전력을 생산하게 되었다. 사실 그것이 지열을 이용한 첫 번째 사례는 아니었다. 이미 오래전부터 로마인들은 이런 지열에 의해 만들어진 물로 온천욕을 즐길 줄 알았다. 그러나 지열의 본격적인 산업에의 이용은 콘티에 의한 발전용 엔진이 만들어진 것이 계기가 되었다. 그 후 일본, 미국, 뉴질랜드, 멕시코, 아이슬란드 등 그런 자원이 있는 나라에서는 전력생산에 뛰어들었으며, 2003년도 기준으로 발전 총량은 8,402.21MW에 이르고 있다. 특히 이런 관점에서 아이슬란드는 지열 천국이나 다름없다.

아이슬란드에서 가장 큰 지열발전소는 네스자벨리르(Nesjavellir) 발전소로서 아이슬란드 남서부의 화산 근처 해발 177m의 지역에 건설되었다. 이 발전소는 120MW의 전기만 생산하는 것은 아니고 인근에 위치한 레이캬비크 지역에 1초당 1,800L의 온수도 동시에 공급을 한다. 어떤 지역에서는 아주 뜨거운 증기를 계속 분출하기 때문에 이런 증기를 이용하여 곧바로 전기를 생산하기만 하면 되는 지역이 있는가 하면, 지열은 충분하지만 수량이 부족하여 물을 주입시켜 이를 순환하는 과정에서 전기를 생산하는 곳도 있다. 하지만 이들 지역의 공통점은 높은 지열을 가지고 있다는 점이며, 흔히 화산활동이 왕성한 지역에 해당된다. 아이슬란드만 해도 중앙해령이 존재하는 지역으로 지판이 갈라지는 곳에 위치하므로 화산활동이 지속되는 지구의 뜨거운 곳 중의

아이슬란드 남서부에 위치한 네스자벨리르(Nesjavellir) 발전소의 모습. 땅속에서 나오는 증기를 이용하여 발전을 하면서 동시에 더운 물은 지역에 공급해준다.

하나이기 때문에 이런 지열 발전이 가능한 것이다.

지구조적으로 다른 환경을 가지고 있는 우리나라와 일본의 지온증온율은 차이가 크다. 일반적으로 화산활동을 수반하는 지판의 경계를 갖고 있는 일본이 우리나라보다는 높은 지온구배를 가지고 있다. 일본의 화산지대를 가보면 독특한 그러나 유쾌하지만은 않은 유황냄새를 풍기면서 쉭쉭거리는 소음을 내고 뿜어져 나오는 분기공을 쉽게 볼 수 있다. 그런 분기공 근처의 뜨거운 물은 관광객을 위하여 계란이나 익히는 용도로만 사용되는 에너지는 아니며 바로 산업에 이용 가능한 에너지로 전환되는 자원이기도 하다. 일본, 뉴질랜드 또는 아이슬란드와 같은 그런 특별한 지구조적 환경을 가지고 있지 않다고 해도 100km 정도의 깊이에 이르면 온도는 모든 암석을 용융시키기에 충분한 온도로 올라간다. 그렇다고 그 깊이에서 모든 암석들이 다 녹아 있는 상태로 있는 것은 아니다.

도버해협을 가로지르는 챈널터널

굴은 채광을 목적으로 만들어지는 것만 있는 것은 아니며, 교통을 위해서도 수많은 터널이 만들어지고 있다. 영국을 유럽대륙인 프랑스로부터 갈라놓은 바다가 도버해협이다. 대서양의 큰 물줄기가 여기에 이르러 좁은 해협을 숨 가쁘게 지나는 곳이다. 그래도 남쪽으로부터 그 좁은 해협으로 올라오는 해류는 더운 기운을 가지고 있어서 영국의 남쪽 지방의 기온은 아시아 대륙의 같은 위도에 놓여 있는 나라들보다는 따뜻하다. 런던에서 겨울철에 눈을 보기란 아주 드문 경우에 해당된다. 지금은 이 해협이 가장 가깝게 만나는 영국의 도버와 프랑스의 깔레 사이의 34km로 좁아지는 도버해협의 바다 밑으로 파놓은 50.5km 길이의 터널로 연결되어 있어 기차에 탄 채 단숨에 지날 수 있는 길이 되었다.

이러한 해저터널을 계획한 것은 오래전의 일이다. 200여 년 전인 1802년 프랑스의 광산 전문가인 아르베르 마튜(Albert Mathieu)가 나폴에옹 1세에게 제출한 계획안이 첫 번째 시도였으며, 이 계획은 나폴레옹의 패배로 실현되지는 않았다. 이 때 이들은 마차용 터널을 건설하여 1시간 만에 해협을 건너는 계획을 세웠다. 중간에 수심이 얕은 베르네 여울에 인공섬을 만들어 말을 쉬게 하거나 교대하는 것까지도 고려된 계획이었다고 한다. 그 뒤에도 프랑스는 해저터널을 만들기 위하여 해저 지질조사를 하는 등 준비를 하였으나, 영국은 터널 공사에 소극적이었다. 그러나 1872년에는 회사까지 설립하여 1880년부터 양국에서 굴착을 시작하였다. 그러나 터널은 적국의 침략에 길을 열어주는 격이라는 영국 국방성의 반대로 중단되었다.[7] 그러나 현대에 이르러 항공기가 개발되어 터널이 국방상의 문제가 된다는 것은 논란의 대상이 되지 못했다.1986년 영국의 대처 수상과 프랑스의 미테랑 대통령 사이에 터널 건설에 대한 협정이 조인되었고, 드디어 200여 년이나 끈 지루한 구상은 1994년 5월 50km의 터널 개통으로 결실을 맺었다.

이런 굴은 카나트를 뚫는 것처럼 뚫어지는 그런 공사는 아니다. 바다 밑의 굴을 뚫기에 안전한 지층을 찾아야 했다. 사실 이 해협은 나폴레옹 3세에게 1856년 또 다른 해저터널 구상에 대한 보고서를 제출하였던 프랑스의 드 가몽(Aimé Thomé de Gamond)에 의해 수심과 지질조사가 1830년대에 시도되었다. 그러나 그것만으로는 그런 큰 공사를 하기에 불충분하였다. 양국에서 동원된 지질학자들에게 도버해협 바닥에 있는 지층의 분포를 손바닥 들여다보는 것보다 더 정확한 정보가 필요했으며 조사는 새롭게 이루어졌다. 그곳에 분포하는 백악기 지층들의 층서가 파악되었고, 각 지층의 특성이 파악되었다. 조사 결과를 바탕으로 터널은 단단한 쵸크 지

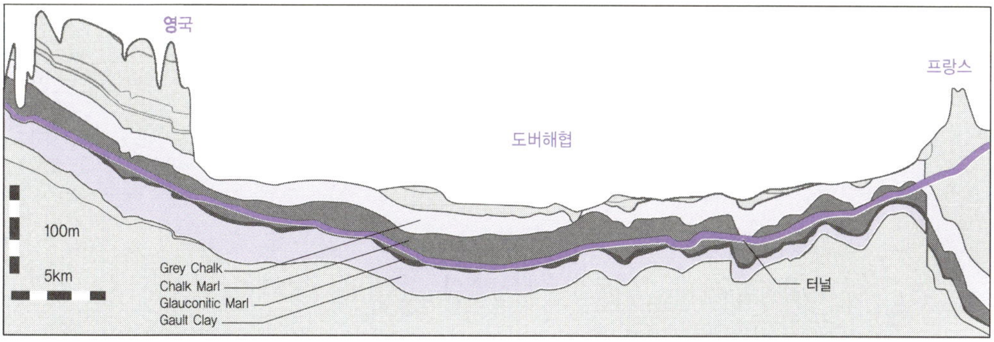

도버해협의 지질단면도. 굵은 선으로 표시된 부분이 터널이 굴착된 쵸크말로 된 지층이다. 수직방향의 척도는 수평에 비교해서 과장된 척도이다(C. J. Kirkland, 1995).

층에 뚫기로 결정했다. 그 지층 상부에는 불투수성 지층이 있어 대서양 물이 스며들어오는 것을 막아주는 역할을 하는 위치에 있는 지층이었다. 이런 사실을 확인하는 것은 말처럼 쉬운 일은 아니었으나 두 나라의 과학자들은 거의 완벽한 자료를 수집하였다.[8] 다행스럽게도 도버해협의 바닥에 깔려 있는 중생대 지층은 변위가 큰 단층이 확인되지 않았다. 이제 남은 것은 굴이 지나는 지층을 골라 뚫는 일이었다.

프랑스의 깔레에서 페리보트에 승선하여 영국에 도착한 것을 알리는 것은 수평선 위로 떠오르는 백악의 벽이었다. 이 백악의 벽이 지하로 연결되어 있으며, 이 지층을 뚫어 만든 것이 바로 챈널터널로 불리는 대륙과의 연결고리가 되었다. 해협을 가로지르는 뱃길의 낭만은 옛일이 되었으며, 기차에 탄 채로 35분이면 지나는 길이 되었다. 백악으로 되어 있는 지층은 이곳에만 있는 것은 아니며 다른 대륙의 다른 곳에서도 산출된다. 그러나 푸른 바다와 하늘 사이에 끼어 있는 순백의 절벽으로 나타나는 지층은 그리 흔하지 않은 것도 사실이다. 이 하얀 지층이 쌓인 시기는 중생대 말기인 백악기라는 지질시대이다. 그때 이 지역은 앵글로-파리분지라고 부르는 따뜻한 바다가 위치한 지역이었다. 따뜻한 바다에서는 여러 가지 생물들이 살고 있었는데 그들이 죽으면서 그 껍질을 이루고 있는 탄산염 및 규산질 물질들이 먼 곳으로부터 날아온 화산재와 함께 쌓여 만든 지층이 바로 백악(chalk)이다. 영어로 백악기를 cretaceous라고 부르는데 백악(白堊)을 라틴어로 creta라고 해서 벨기에의 지질학자 달로이에 의해 지어진 이름이다. 이 지질시대의 이름은 바로 이 지층의 특성으로부터 붙여진 이름이다.

이들 퇴적물들이 암석으로 고화되면서 규산질 물질들이 따로 뭉쳐 플린트라고 하는 아주 단단한 규질물질의 덩어리가 되어 지층 사이에 주먹크기만한 덩어리로 들어 있기도 하며, 백악의 사이에 조금은 어두운 색을 띠는 얇은 지층으로 들어 있기도 하다. 이 돌을 우리 선조들은 부싯돌로 사용하였으며, 날카롭게 깬 이 돌은 오늘날의 칼처럼 사용되던 최첨단 도구였다. 사실 알고 보면 이 지층을 이루고 있는 주요한 미생물인, 우리가 흔히 들어보지도 못했던 유공충과 석회해면류와 같은 생물종들은 백악을 만들면서 우리가 생각하는 것 이상의 큰 역할을 하였다. 이들 미생물들은 대기 중에 있던 이산화탄소로 존재하던 탄소가 물에 용해된 것을 이용하여 생물체의 껍질을 만드는데 사용하여 대기 중의 이산화탄소를 줄여주었다. 이들이 죽어 만든 백악은 많은 양의 탄소가 들어 있다. 크기가 사방 15cm인 이 암석 중에는 이산화탄소 1,000L가 압축되어 있다는 사실을 알게 되면 넓게 분포된 이 암석들에 축적된 이산화탄소는 결국 온실효과를 감소시켜 기후를 한층 더 시원하게 해주었다는 사실을 짐작하게 만들어준다.[9]

이 해안가를 가보면 석회암이 녹아 튀어나온 플린트 덩어리가 여기저기에 나뒹굴고 있다. 그 위로 절벽을 이루면서 펼쳐진 이런 지층들은 알프스의 휘어져 있거나 뒤죽박죽으로 섞여 있는 돌과는 전적으로 다른 종류의 돌처럼 보인다. 멀리서 보면 이것은 재치 있는 화가의 손길을 기다리는 순백의 빈 캔버스로 남겨져 있는 것처럼 여겨진다. 이런 지층들이 쌓인 이 지역에 북해와 대서양을 연결하는 도버해협이 태초부터 만들어져 있었던 것은 아니며, 바다에서 만들어진 지층이 융기한 후 일어난 침식에 의하여 두 해양을 연결하는 수로가 트인 것이다. 이 해협의 가장 깊은 곳은 마지막 빙하기의 침식으로 파여진 골짜기이다. 이곳에 터널 공사를 가능하게 해준 것은 전적으로 해저의 해협을 가로질러 분포되어 있는 백악(쵸크)으로 된 지층이 있기 때문이었다.

그러나 챈널터널이 가장 긴 터널은 아니며 일본이 1988년 3월 13일 개통시킨 북해도의 하코다데와 혼슈의 아오모리를 연결하는 터널, 즉 쓰가루해협의 해저를 가로지르는 철도터널인 53.9km의 세이칸터널이 지금까지는 세계에서 가장 긴 터널이다.[10] 일본이 이 터널을 심각하게 고려하기 시작한 것은 2차 세계대전이 끝난 후였으며, 1946년 터널 건설을 위한 본격적인 조사가 시작되었다. 그러나 그것은 계획에 불과하였으나 북해도와 본 섬과의 교통량과 물류의 양이 급격하게 증가하면서 1971년 터널 건설이 결정되었다. 정밀한 지하 지질조사 후 건설공사가 가능하다는 결정이 이루어지긴 했지만 화산도인 일본에서 해저터널 공사는 생각처럼 쉬운 일은 아니어서 공사 중에 34명의 희생이 뒤따랐다. 이 두 섬을 갈라놓은 쓰가루해협 바다 밑을 통과하는 구간은 23.3km이다.

그러나 스위스에서 공사 중인 57km 길이의 이탈리아 밀라노와 스위스 취리히를 연결하는 세인트 고트하르트 터널(Saint Gotthard Base Tunnel)이 완공되면 세계 최장의 터널 자리가 바뀔 예정이다. 이 터널은 바다 밑을 통과하는 게 아니라 지판의 충돌로 만들어진 알프스산맥을 뚫고 지나가는 터널이다.

그 알프스산맥이 어떤 산맥인가. 카르타고의 에스파냐 총독을 지내던 29세의 한니발(Hannibal, BC 247~183)이 기원전 218년 로마를 정복하기 위하여 넘은 험한 길이었다. 그의 군사들조차 넘어가기를 두려워한 험한 알프스산맥을 그는 아프리카로부터 몰고 온 덩치 큰 코끼리와 함께 넘는 모험을 시도하였다. 오늘날 터널로 잘 연결된 고속도로나 철도로 쉽게 넘어가는 길이었지만 그들에게는 몇 번인가 회군을 해야 되는 게 아닌가 하는 의구심을 가지면서 넘던 산길이었다. 한번 대군이 넘기를 허용한 알프스는 한니발이 넘은 160년 뒤에는 율리우스 카이사르가, 그보다 2,000년 뒤에는 나폴레옹이 그 산을 대군과 함께 넘었다. 그 산맥을 넘던 병사들에게 비친 알프스는 어떤 모습이었을까. 과연 병사들은 그 산의 빼어난 경관을 보기나 했을까 하는 생각이 들었다.[11]

알프스산맥은 아프리카판이 유라시아판과 충돌하여 두 대륙이 부딪치면서 제멋대로 뒤섞이고 휘어진 지층들이 만든 자연의 걸작품이다. 유럽의 지붕을 이루고 있는 이곳 알프스는 과거 약 6,000만 년 동안에 일어난 지판의 이동으로 자연이 창조한 위대한 걸작이 되었다. 태초부터 지구상에 있었을 것만 같은 이런 웅장한 알프스산맥은 6,000만 년 이전에는 지구상에 아예 존재하지도 않았다. 세계의 지붕이라고 일컬어지는 히말라야산맥, 남미와 북미대륙을 종단하는 안데스산맥과 로키산맥들이 바로 조산운동의 결과로 만들어진 것들이다. 그런 알프스산맥은 지질학자들이 심술궂게 꼬여 있는 지층들을 순서대로 풀어내기 위해 고뇌에 찬 시간을 보내기에는 안성맞춤의 장소이지만 그저 일반인들에게는 아름다운 경관을 만들어낸 장소 정도로 기억할 것이다.

수송로가 필요한 곳이면 어디서든지 터널이 건설된다. 중국 본토와 티베트의 라사를 연결하는 철도가 2007년도에 개통되었다. 이 철도는 세계의 지붕인 히말라야를 지나는 철도라 여러 가지 기록을 가지고 있으나 그중에서도 훼후오샨 터널은 지구상에서 가장 높은 곳 4,905m 고지에 뚫린 길이 1,338m의 철도터널이다. 그 정도 고도라면 기차 안에 타고 있는 사람들조차도 산소 부족을 호소할 정도의 고도이다.

지렁이의 힘

땅속을 파 들어가는 것은 비단 인간만이 아니다. 우리가 조금만 주의를 기울여보면 지구 표면에 서식하고 있는 많은 생명체들이 그들 나름대로 땅속을 부지런하게 파내고 있다는 것을 알 수 있다. 비가 내리고 난 후 산책을 하다보면 조금은 징그러운 모습의 지렁이가 느린 걸음을 옮기는 것을 흔히 볼 수 있다. 땅속에 물이 차면 산소가 부족하여 호흡이 곤란해진 지렁이들이 밖으로 기어나온 결과이다. 지렁이는 몸이 마디마디로 이루어져 있기 때문에 환형동물이라고 한다. 지렁이는 한 개체 안에 암컷과 수컷의 생식기관을 가지고 있는 좀 별난 자웅동체이다. 그렇다고 해서 한 개체가 스스로 수정하는 일은 드물며 다른 개체를 만나 수정해야 알을 낳을 수 있다. 그들은 습한 토양에서 끊임없이 땅을 파내는 생명체 중의 하나이다.

토양 속에는 비단 지렁이만 살고 있는 것은 아니다. 진균류를 제외하고 나면 그 대부분은 땅강아지를 비롯한 곤충이고, 두더지와 같은 포유류들도 간혹 있다. 지렁이는 크기가 매우 다양하다. 구별하기는 어렵지만 이들도 앞과 뒤가 있어 앞쪽이 뒤쪽보다는 더 뾰쪽하다. 그들은 토양 속에 굴을 파면서 살고 있다. 그들이 먹는 물질은 바로 흙인데, 흙 속에 들어 있는 유기물에서 영양분을 취하는 것이다. 그들이 먹고 배설시킨 물질은 바로 토양의 비옥도를 높여주는 원천이 될 뿐만 아니라 토양을 부드럽게 해주며 공기를 토양 속에 유통시켜 식물의 생장에 큰 도움을 준다. 바로 지렁이의 내장을 통과한 흙이 보다 기름진 땅을 만들며, 식물의 생장에 필요한 적절한 물질을 더 많이 공급해준다. 지렁이가 파놓은 터널은 토양의 공기를 잘 유통시키게 만들어 줄 뿐만 아니라 식물들의 뿌리가 쉽게 뻗어 나갈 수 있는 통로가 되기도 한다. 때로는 온대지방에서 지렁이가 깊이 6m 밑에서 서식하는 것이 알려지기도 했으나, 일반적으로 2m 이내의 깊이에서 서식한다. 지렁이들이 좋아하는 서식조건은 21℃ 정도의 온도와 칼슘이 풍부한 토양에서 잘 번식한다. 토양이 산성을 띄면 이들의 생육은 저해된다.[12]

비옥한 토양, 즉 살아있는 토양일수록 지렁이의 개체수가 많은 것은 당연하다. 다윈(Charles Darwin)은 이미 오래전에 영국의 경작지에서 1에이커(약 1,224평)당 약 5만 마리의 지렁이가 들어 있다고 했다. 매년 한 마리의 지렁이가 약 7온스(198g)의 똥을 배설한다면 1에이커(1,224평)에서 만들어지는 총량은 10톤 정도나 된다. 그것은 생각보다는 많은 양으로서 토양의 질을 개선시키는 데도 충분하다. 미물이 만든 알아보기도 힘든 작은 굴들이 한 일치고는 매우 중요한 일이지만 사람들은 이런 일에 좀처럼 감사하기를 거부한다. 이런 자연 생태계의 일은 언제나 인간이 노력하지 않아도 저절로 일어나는 것쯤으로 간주하는 경향이 있다. 이런 일은 우리의 이해가 부족한 게 원인일 것이다. 하여튼 이 정도가 되면 지렁이를 토룡(土龍)이라고도 불렀던 우리 선조들의 지혜가 생각나게 된다.

이런 작은 생태적 조화조차도 저절로 만들어진 것이 아니라 누군가에 의해 너무나 정교하게 작동되고 있는 자연의 기적처럼 느껴진다. 소로(Henry David Thoreau)는 다음과 같이 기술하였다.

> "인간은 자연을 정면에서 보는 내추럴리스트와는 달리 단지 곁눈질해보는 데 불과하다. 인간은 자연과 통하고 자연을 넘어서 보지 않으면 안 된다."

정말로 이런 사소한 사실하나만으로도 자연과 통해야 한다는 그의 말이 소중하게 다가온다. 최초의 신이 모든 생물을 기적적인 방법으로 창조하고 지구상의 적당한 장소에 적절하게 배치를 했다는 중세 교의를 따를지 여부는 과학자의 견해와는 무관한 문제로서 전적으로 개인적인 판단에 의한 것으로 여겨도 좋을지는 또 다른 사유가 요구되는 부분이다. 과학자(scientist)란 용어는 1840년 영국의 철학자이자 수학자인 윌리엄 휴엘(William Whewell)에 의해 만들어진 새로운 단어이다. 그는 과학자라는 명칭을 학문적 훈련을 받고 전문적 지식의 발전이라는 공동 사업에 전념하는 사람들로 이루어진 새로운 지적 전문가의 구성을 의미하는 것으로 사용하였기 때문이다.

땅속 깊은 곳에서 일어나는 변화

전문적 지식의 발전에 전념하는 과학자들의 지적 호기심으로 만들어진 땅속으로 파 들어가기는 빼놓을 수 없는 화제 중의 하나이다. 얼마 전 개봉한 공상과학 영화 중 하나인 "코어(core)"란 영화는 엉뚱하기도 하려니와 과학적인 내용과도 동떨어진 구석이 많기는 하였지만 그런대로 흥미로운 것이었다. 전 지구적인 기상이변과 자연재해가 갑자기 일어나는데 지구 가장 깊숙하게 위치한 코어(핵)가 회전을 중지한 것이 그 원인으로 밝혀진다. 과학자들은 지구의 내부로 들어가 회전이 멈춘 핵을 돌려놓기 위해 지구의 내부로 파 들어간다는 내용이다. 그들이 땅속으로 들어가면서 겪는 여러 가지 일들이 매우 흥미롭게 만들어진 영화이다. 지질학자인 나는 그럴 수만 있다면 지구 내부의 비밀을 속 시원하게 밝혀줄 수 있기 때문에 실제로 그런 일이 가능해졌으면 하는 바람을 가져 보았다.

지구의 내부에 대한 이해는 한 세기 전보다 그리 나아진 것이 없을 정도로 미미하기만 하며, 실제로 우주 공간에 있는 태양의 내부보다도 덜 알려져 있는 것이 사실이다. 남아프리카 금광 타우토나에서 뚫고 들어간 굴의 깊이가 4km 정도라고는 하지만 지구의 반지름이 6,370km인 점을 알고 있다면 지구의 껍질 부문을 살짝 건드린 데 불과한 깊이이다. 지구 내부에서 물질의 상태가 지구의 껍질인 지각과는 다른 조성과 상태를 유지한다는 사실이 알려진 것은 20세기에 와서야 겨우 밝혀진 사실이다. 지구의 내부가 지각, 맨틀 그리고 핵으로 구성되어 있다는 사실은 이제 모든 교과서에 수록되어 있다. 지각과 다른 맨틀의 존재보다도 지구 내부에 핵이 존재한다는 사실이 더 먼저 발견되었다. 1906년 영국의 지진학자 올덤(Richard Dixon Oldham, 1858~1936)이 지구 내부 2,900km 근처에서 핵의 존재를 확인하였으며,

1909년 크로아티아의 모호로비치치(Andrija Mohorovicic, 1857~1936)에 의해 지각과 차이가 나는 물질로 된 면이 있다는 사실을 확인하여 맨틀이 제안되었다. 들어갈 수 없는 지구의 내부를 이해하는 것은 거의 전적으로 지진파가 지구 내부에서 이동하는 특성으로부터 파악되었다. 1936년 덴마크의 레만(Inge Lehmann, 1888~1993)은 지진기록을 연구하던 중 액체 상태의 핵 이외에 또 다른 고체 핵이 5,120km 내부에서 시작된다는 사실을 밝혔다. 이렇게 되자 지구의 내부는 균질한 고상으로 된 한 가지 물질로 된 것이 아니라 물질의 종류와 상태가 다른 지각 맨틀, 외핵 및 내핵으로 구성되어 있다는 사실을 알게 된 것이다.

아마도 공상과학 영화 코어에 등장하는 특수 임무를 띤 실무팀이 지구 내부로 진입해 들어간 것처럼 지구 과학자들이 맨틀과 핵으로 들어갈 수 있다면 지진파 연구 결과로 얻은 이런 사실들을 실제로 확인할 수 있을 것이다. 과학자들이 실제로 지구 내부로 들어가 보지는 않았지만 이런 사실을 확인하기 위해 집념어린 노력을 하고 있다. 실제로 몇백 킬로미터 지하 세계에서의 온도와 압력은 우리가 상상하는 것보다 훨씬 더 높다. 그런 환경에서 물질의 변화는 지구 표면에서의 변화와는 전적으로 달라진다. 그런 환경을 재현하기 위해 갖가지 아이디어가 동원된다. 최근에는 결함이 없는 완벽한 다이아몬드 결정을 평탄하게 만들어 두 개를 포개 놓은 그 사이에 압력을 가하는 방법으로 외핵의 온도와 압력 조건에서 실험으로 재현하고 있다. 물론 그런 실험 조건이 자연의 조건과 완벽하게 일치되는 것은 아니지만 그런 환경에서의 물질의 변화를 예측하는 데는 충분한 정보를 제공해준다. 사실 지구 내부의 속사정을 이해하는 데 실제로 굴을 뚫어 확인한 것보다는 이런 실험으로 확인된 결과가 더 중요하게 되었다.

그런 사실을 확인한 과학자들의 호기심은 지구 내부의 물질로 옮아가기 시작하였다. 지진파를 이용하여 구한 물리적 성질로부터 지구 내부가 치밀한 조직을 갖는 물질로 구성되어 있을 것이라고 추정하게 되었다. 직접 맨틀의 물질을 채취하기 위하여 당시에 가장 얇은 해양지각을 선정하여 뚫어 보기로 하였다. 그것은 적절한 선택으로 보였다. 일반적으로 대륙지각이 해양지각보다 훨씬 더 두껍기 때문에 얇은 해양지각을 선택한 것은 당연한 처사였다. 직접 구한 시료를 이용하여 그들의 특성을 파악하려는 시도 역시 합당한 것이었다. 모호로비치 불연속면까지 뚫어서 맨틀의 돌을 직접 채취하자는 계획은 황당한 것 같지만 새로운 시도로 월터 먼크(Walter H. Munk)에 의해 1957년에 제안되었다. 이 제안을 미국과학재단이 받아들여 1958년부터 시작되었다. 과학자들은 멕시코만에서 가까운 해양지각이 아주 얇아서 5km 정도까지만 뚫으면 맨틀의 시료를 얻을 수 있다고 판단하였다. 그것은 비용이 아주 많이 드는 계획이었으며 세 단계로 추진할 계획이었다. 모호로비치 불연속면까지 뚫는다고 그 계획은 프로젝트 모홀(Project Mohole)이라는 근사한 이름까지 붙여졌다.

1961년 드디어 1단계로 커스 1호로 명명된 바지선에서 3,500m 깊이의 바다에서 시추를 시작하였다. 해양에서의 시추작업은 계획된 대로 진행되지 못하고 기술상의 문제로 183m의 시추코어만 회수한 채, 프로젝트 모홀은 5,000만 불의 투자로 끝나게 되었다. 그러자 비판적인 시각을 가지고 있던 일부 학자들은 기다렸다는 듯이 비아냥거렸다. 어떤 해양학자는 되지도 않는 비유로 이 계획은 "엠파이어 스테이트 빌딩 꼭대기에서 스파게티 가닥으로 뉴욕의 보도에 구멍을 뚫으려고 하는 짓과 같다."고 했다. 하여튼 그 해양 시추계획이 완전한 실패로 끝나버린 데는 당시의 시추기술이 뒷받침하지 못한 것이 주요한 이유 중의 하나이다. 시추선 커스 1호가 원래 200m 미만의 깊이에서 시추할 수 있도록 설계된 배였기 때문이다. 1966년 미 의회는 이 계획을 새로운 기술이 등장할 때까지 중단하는 것으로 결론지었다. 이 계획이 성공적으로 마무리되었다면 지구 내부에서 벌어지고 있는 일들과 당시까지도 진행되고 있던 대륙이동에

모호면까지 시추를 하여 맨틀의 시료를 채취하려던 모홀계획에 사용된 바지선 커스 1호의 모습

관한 소모적인 논쟁을 빨리 해결해주었을 것이다. 그러나 이 모홀계획은 완전한 실패는 아니었다. 당시로서는 상상도 하지 못하던 심해에서의 시추가 가능하다는 것을 알려주었고, 최초로 심해저 퇴적물에 대한 연구를 시작하는 계기가 되었으며, 새로운 심해시추계획을 만들어내는 불씨가 되었다.[13]

모홀계획을 포기한 4년 뒤인 1970 년에 구소련(러시아)은 필란드 국경 근처의 콜라반도에서 심부시추계획을 추진하고 있었다. 그 자리는 우리 국민들에게는 구소련 시절인 1978년 4월 21일 대한항공 여객기가 강제로 불시착을 강요당했던 곳으로 잘 알려진 얼음 호수 근처의 무르만스크에서 그리 멀지 않은 곳이다. 구소련이 세운 이 심부시추계획은 당시 경쟁적인 양대 진영의 분위기가 얼마나 반영되었는지는 모르겠으나 다소는 작용을 하였으리라고 생각된다. 이들은 당초 15km의 깊이로 시추를 계획하였다. 그것은 원대한 계획이었다.

이 지역은 원생대의 암석들이 분포되어 있는 가장 안정한 대륙지각의 한 곳인 발틱순상지에 해당하는 곳이다. 소련은 19년간 무려 12,262m의 깊이를 뚫었다. 그 깊이는 세계에서 가장 깊은 시추공으로 기록적인 것이었다. 그 정도 깊이로 가면서 과거에는 이해하지 못했던 여러 가지 사실들이 밝혀졌다. 엄청난 깊이임에도 불구하고 이 깊이는 대륙지각을 다 파내려가지도 못한 것이기도 하다. 지하로 들어갈수록 온도가 높아지는 것은 예상된 일이었으나, 그 깊이에 존재하는 암석들이 물에 포화되어 있다는 사실을 당시로서는 예상하지 못한 결과였다. 그곳에 있는 물은 지표의 물과는 다른 것으로 지각 심부에 있는 광물들로부터 나온 것이었다. 이러한 정보들 외에도 암석과 유체와의 상호반응, 온도와 압력의 증가에 따른 광물학적인 상전이나 물리-화학적인 성질의 변화, 심부에서의 오염물질 거동 등 여러 가지 분야에서의 연구가 시추와 동시에 수행되어 많은 지구과학적 성과를 얻었다.[14]

지구 내부를 직접 뚫고 들어가려는 이런 일련의 노력은 계속되고 있다. 그런 노력으로 심부해양시추에 대한 프로젝트(DSDP 또는 ODP)를 수행하게 되었으며 최근에는 국제적인 공동노력으로 심부시추계획의 일환으로 국제공동해양시추사업(IODP, Integrated Ocean Drilling Program)이 진행 중에 있다. 여기에 투입되는 시추선은 커스 1호와 비교할 수 없을 정도로 기능이 대폭 향상된 것이다. 일본 정부가 2002년 건조한 "지구발견"이라고 명명한 배는 57,087톤 급으로 2,500m 깊이의 바다에서 10,000m를 시추할 수 있는 능력을 가지고 있다. 이들이 앞으로 거둬들이는 성과는 지구 내부에 대한 정보를 더욱 풍부하게 해줄 것이다.

쥐어짜기 효과

지구의 더 깊은 곳에서 일어나고 있는 자연적인 현상을 이해하려는 지구과학자들의 노력은 지금도 계속되고 있다. 지구과학자들은 적어도 지하 160km 깊이까지는 감람암이라고 부르는 암석과 조성이 같다는 사실을 알고 있다. 이런 사실은 우리가 그 깊이까지 들어가 보지 않았지만 열점으로 알려진 하와이나 세계의 여기저기서 그 깊이로부터 토해낸 암석들로부터 확인할 수 있다. 특히 다이아몬드를 함유하고 있는 킴벌라이트와 같은 암석은 지하 깊은 곳으로부터 올라온 암석으로 맨틀의 암석을 구성하고 있는 광물들은 직접 지표에서도 관찰이 가능하게 해주었다. 파라오가 선호한 홍해의 자바르가드섬에서 나오는 페리도트 역시 이런 심부기원의 암석 속에 들어 있는 광물 중의 하나이다. 감람암은 주성분이 철과 마그네슘으로 구성되어 있어 북한산에서 보는 화강암보다는 훨씬 무게를 느낄 수 있는 그런 돌이다. 주로 감람석과 휘석으로 구성되어 있다.

맨틀에 있는 이런 광물들조차도 맨틀의 더 깊은 곳으로 가면서 높아지는 압력과 온도로 변화를 거친다. 감람석은 화학식으로는 $(Mg, Fe)_2SiO_4$로 나타낸다. 이런 광물들은 결정구조 내에 양이온인 규소를 중심으로 4개의 산소원자가 결합하여 사면체를 만든다. 감람석은 SiO_4로 만들어진 규소사면체를 가지고 있기 때문에 규산염 광물이라고 부른다. 마그네슘과 철은 6개의 산소와 결합하여 팔면체를 만드는데, 이들 팔면체가 규소사면체와 결합하여 만들어진 광물이 바로 감람석이다. 지각을 구성하는 원소 중에서 산소 다음으로 풍부한 원소가 규소이다. 맨틀로 가면 사정이 달라지기는 하지만 규소는 역시 맨틀에서도 풍부한 원소 중의 하나로 알려져 있다. 맨틀의 깊이가 깊어지면서 이들 광물은 몇 번의 변화를 겪게 된다.[15]

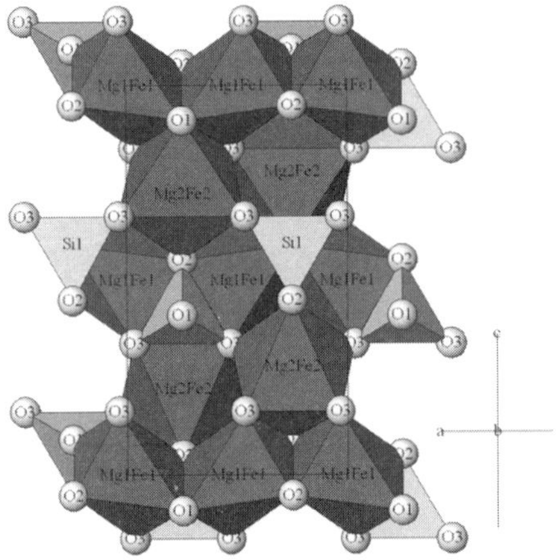

감람석의 결정 구조. 1개의 규소와 4개의 산소가 결합하여 만든 규소사면체와 마그네슘 또는 철이 6개의 산소와 결합하여 만든 팔면체가 서로 연결하여 결합되어 있는 모습

깊이가 깊어지면 압력은 따라서 증가한다. 높아진 압력은 더 이상 감람석에서 원자들의 배열을 원래 상태로 유지하지 못하게 만든다. 원자들 사이는 서로 더 가깝게 붙는 조밀한 구조로 바뀌게 된다. 압력이 증가하면서 광물 내의 원자들은 어떻게든 자리를 만들어낸다. 그 결과는 원자들의 사이가 더욱 밀착된 것으로 나타나게 된다. 지하 400km 지점에서는 감람석은 더 이상 원래의 구조를 유지하지 못하고 와드슬리아이트(wadsleyite)나 링우다이트(ringwoodite)란 광물로 변하게 된다. 이런 변화를 바로 광물의 상전이라고 부른다. 와드슬리아이트나 링우다이트란 광물은 지구과학을 전공하는 사람들에게도 익숙한 광물은 결코 아니다. 지구 표면에서 이런 광물은 구경조차 할 수 없기 때문이다. 그러나 링우다이트의 결정 구조는 첨정석이란 광물과 화학조성이 다르지만 결정구조 내에서 원자들이 배열되는 방식은 동일하다. 첨정석이란 광물은 우리에게 보석광물로 잘 알려진 광물이기도 하다. 첨정석 중 어떤 결정은 루비와 아주 유사한 선홍색의 붉은색을 띠기도 하는데, 그래서 과거에는 이 광물이 루비로 잘못 사용되기도 했다. 영국의 제국왕관의 다이아몬드 위에 박혀 있는 "흑태자의 루비"로 알려진 붉은 보석이 바로 이 첨정석이다.

광물학을 전공하는 학자가 아니더라도 이들의 결정구조를 비교해보면 압력을 견디지 못하고 원자들이 더 조밀한 구조로 변했다는 사실을 알 수 있다. 이때 일어나는 변화는 감람석에서만 일어나는 것은 아니고 구성광물 중의 하나인 휘석도 더욱 조밀한 구조로 변화하게 된다. 감람석이 링우다이트란 광물로 상전이가 일어날 때 밀도는 대략 8% 정도 증가하는 것으로 알려져 있다. 링우다이트란 광물은 와드슬리아이트 또는 감람석과는 전혀 다른 첨정석과 같은 구조를 만든다. 물론 첨정석을 구성하는 원소들과는 다른 것으로 되어 있지만 원자들의 배열방식이 같아진다는 것이다. 이런 변화는 그곳에 들어가 보지 않아도 알아낼 수 있다. 바로 지진파 속도의 불연속면이 그 정도 깊이에서 관찰되기 때문이다. 지진파 속도의 불연속면이 있다는 것은 그곳을 구성하는 물질이 다르거나, 화학조성은 동일하지만 고압의 환경에서 원자들의 배열이 달라졌거나 둘 중의 하나이다. 그러나 그곳에서 일어난 변화는 화학종의 차이보다는 결정 구조의 변화에 기인하는 것으로 해석하고 있다. 지진파가 진행하는 속도는 매질의 밀도에 따라 변화되기 때문에 지진학자들에 의해 계산된다.[15]

그렇게 높은 압력으로 쥐어짜져 만들어진 와드슬리아이트나 링우다이트의 구조 내에서도 약간의 빈틈은 존재한다. 어떤 광물학자는 맨틀에 있는 와드슬리아이트 결정 내 빈 공간에 지구상의 모든 바닷물을 넣어도 들어갈 만한 공간이 존재한다고 계산하였다. 그런 결정에서 만들어진 간극은 매우 작은 크기이기는 하지만 맨틀이 차지하는 부피가 크기 때문에 계산상으로는 가능한 일이다. 그러나 그런 높은 온도와 압력에서 존재하는 물이 있을지는 지금까지 아무도 자신 있게 주장할 수 없는 일이기도 하다.

쥐어짜기는 심도가 깊어지면서 계속된다. 와드슬리아이트나 링우다이트가 최종 산물은 아니며 약 670km 아래로 내려가게 되면 이들 조차도 견디기 어려운 상태가 되어 마그네시오우스타이트(magnesiowustite)와 페롭스카이트(perovskite) 구조를 갖는 광물로 변화된다. 이들의 화학식은 그리 복잡한 것이 아니므로 이들의 상전이를 나타내는 식을 하나만 써보기로 하자.

$$(Mg, Fe)_2SiO_4 \rightarrow (Mg, Fe)SiO_3 + (Mg, Fe)O$$

링우다이트 페롭스카이트 마그네시오우스타이트

이 식을 보면 이들의 변화관계가 분명해진다. 이들 광물들은 지구상에서 산출되는 광물들 중에서 가장 치밀한 조직을 가지고 있는 광물들이다. 그래서 페롭스카이트는 유명한 광물이기도 하다. 지표에서 관찰되는 페롭스카이트란 광물은 $CaTiO_3$란 화학조성을 가지고 있다. 이들의 구조를 보면 공간이 거의 없는 상태로 원자들이 배열된다. 감람석이 페롭스카이트 구조를 갖게 되면 화학식은 $(Mg,Fe)SiO_3$가 된다. 위에서 밝힌 바와 같이 감람석에서 Mg와 Fe는 6개의 산소와 결합을 하는데, 이 깊이에서는 8개의 산소와 결합을 하며, 규소는 4개의 산소 대신에 6개의 산소와 결합을 하는 아주 치밀한 구조를 갖게 된다. 아마도 지구 전체에서 양적으로 가장 많은 광물은 바로 이들 광물일 것이다. 이들 광물은 670km에서 외핵의 경계면인 2,900km까지 아주 두껍게 발달되기 때문이다. 지구과학자들은 이 층에서 페롭스카이트의 구성비는 70% 정도이거나 그 이상일 것으로 추정하고 있다.

이러한 광물들은 지표와는 워낙 다른 환경에서 만들어진 것들이라서 지표면에서는 안정한 상들이 결코 아니다. 감람석이 안정한 곳은 바로 지표 근처이다. 자연계에서도 내가 태어난 환경이 가장 안정한 곳이 되는 것은 자연의 이치이다. 실제로 지표 근처에서 만들어지는 광물은 지하 깊숙한 곳에서 엄청난 압력 아래에서 만들어지는 광물들보다는 상대적으로 느슨한 구조를 이루고 있다. 지표에 존재하는 광물이라고 해서 모두 느슨한 구조로 만들어지는 것은 아니다. 그러나 어떤 결정은 만들어질 때 원자들의 배열이 아예 공극을 만드는 것들도 있다. 광물의 집합체인 암석들도 여러 가지 원인으로 비어 있는 속을 가진 암석이 만들어지기도 한다.

구멍 뚫린 돌

아마도 나이가 지긋한 세대는 TV에서 정기적으로 상영해주던 "톰과 제리"라는 만화영화를 기억할 것이다. 당시로서는 보기 드문 애니메이션으로 살아서 움직이는 듯한 고양이 톰과 귀엽고 영악한 생쥐 제리가 주인공인 이 만화영화는 전적으로 새로운 것이었다. 한나(William Hanna)와 바버라(Joseph Barbera)가 만든 이 영화는 1940년대 초반 많은 아카데미상 단편상을 수상하기도 하였다. 언제나 제리가 소란을 피워 말썽을 일으키는 게 주된 내용이다. 제리가 가장 좋아하는 음식은 치즈였으며, 제리는 이 치즈를 차지하기 위해 숙적이던 고양이 톰과의 일전도 마다하지 않았다. 제리는 급하면 곧잘 그 치즈 속에 숨기도 하고 치즈의 송송 뚫린 구멍 속에서 쉬기도 하며 가끔 낮잠을 자기도 했다. 바로 그 구멍이 송송 뚫린 치즈가 북미에서는 흔히 스위스 치즈라고 부르는 에멘탈(Emmenthal)이다. 만화영화 덕분에 더욱 유명해진 치즈이기도 하다.

이 치즈는 아주 오래전부터 스위스 에메강 계곡에서 만들기 시작하였다. 스위스의 대표적인 경질 치즈인 에멘탈은 지름 1m, 무게 100kg의 큰 원반형으로 만들어지는 세계 최대의 치즈이기도 하다. 에멘탈이라는 이름을 얻게 된 것은 이 치즈를 만드는 지역의 이름으로부터 유래되었다. 스위스의 수도 베른에서 약 30km 정도 떨어져 있는 한적한 지역이 바로 에멘탈이다. 수도 베른에서 아주 가까운 거리이지만 아주 한적하고 쾌적함을 느낄 수 있는 그런 곳이다. 가는 도중 길가의 예쁜 구릉 위 풀밭에서 소와 양떼들이 한가로이 풀을 뜯고 있는 모습은 목가적이다. 그 초지에서 자라는 소의 젖으로 숙성시켜 치즈를 만들 때 발생되는 가스가 송송 뚫린 구멍을 만든 것이다.[16]

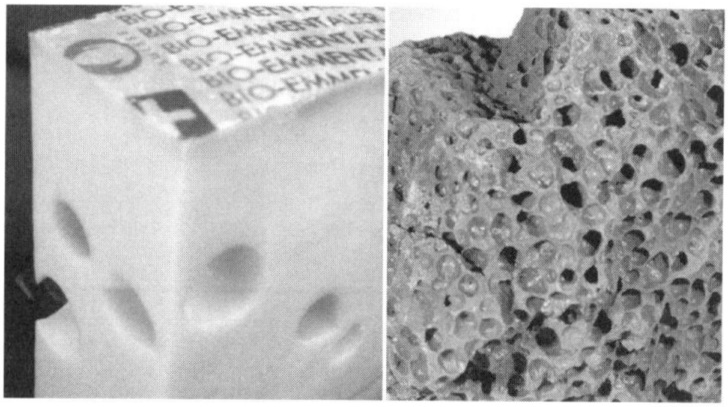

에멘탈 치즈(왼쪽)와 현무암(오른쪽)에서 나타나는 기포의 흔적들

이 치즈를 만들기 위해서는 4~8개월간의 숙성기간이 필요하다. 신선한 우유에 응고제를 첨가하여 저어주고 따라내기를 반복하며 만든 압착한 덩어리를 사흘간 소금물에 담근 다음 다시 열흘 동안 둥그런 나무판에 둔다. 그러면 프로피온산균에 의한 발효로 인해 가스가 차오르면서 치즈에 작은 구멍이 생긴다. 이 구멍이 많이 생길수록 제품이 부드러워지므로 시원한 곳에서 넉 달 이상 숙성시켜 맛을 더욱 진하게 만든다. 제리가 뛰어놀던 구멍이 송송 뚫린 치즈가 바로 이 에멘탈이다.

구멍은 에멘탈에만 있는 것은 아니다. 자연계에서 산출되는 광물과 암석에서도 만들어진다. 아마도 제주도를 가본 적이 있는 사람이라면 그곳 제주에 흔하게 널려 있는 돌들 역시 에멘탈 치즈처럼 곳곳에 구멍이 숭숭 뚫려 있는 암석을 본적이 있을 것이다. 아마도 그 형태는 에멘탈 치즈의 구멍과 하나도 다름이 없을 것이다. 기포가 만들어진 이유조차도 같다. 다만 현무암에서 만들어지는 기포는 치즈처럼 유기적인 화학작용의 결과로 만들어진 가스에 의한 것은 아니며 용암이 포함하고 있던 휘발성 물질들과 가스가 온도와 압력이 낮아지면서 가스로 유리되는 과정에서 만들어지는 것이 차이점일 것이다. 이런 가스는 때로는 인간에게는 독성을 띤다는 게 또 다른 특성이다. 이런 가스는 황화수소를 포함하고 있기 때문에 그리 유쾌한 냄새는 아니었을 것이다. 계란 썩는 냄새와 지독한 황 냄새가 섞여 있는 그런 독성이 있는 가스였을 것이다. 현무암 내에서 발생한 기포는 때로는 매우 유용한 정보를 준다. 화산으로부터 용암이 분출된 후 지층들은 오랜 시간이 경과하면서 원래의 자리를 유지하지 못하고 조산작용이나 기타 지각변형에 의해 지층이 휘어지거나 상하가 교란되기도 한다. 그런 경우 현무암 내에 들어 있는 이들 기포가 배열하는 방향은 용암이 흐른 방향을 알려주기도 하며, 지층의 상부와 하부를 판단하는 데 사용되기도 한다.

치즈와 현무암의 가시적인 명확한 차이점으로 현무암은 암회색이며 치즈는 노란색을 띠는 점일 것이다. 차이는 또 있다. 에멘탈 치즈를 만들기 위해서는 수개월의 숙성기간으로도 충분하지만 현무암의 기공을 만드는 원 자료인 용암이 만들어지는 과정은 그리 간단하지는 않다. 어떤 현무암은 우리가 상상하기도 힘든 지구의 심연으로부터 솟아 올라온다. 그곳은 우리가 맨틀이라고 부르는 지하의 깊은 곳으로 어떤 경우에는 적어도 수백 킬로미터의 여정 끝에 지구 표면에 도달한 것들이다. 그곳에서 만들어진 마그마는 지구 표면으로 올라오는 데 지질학적으로 긴 시간을 기다린 것들이다. 우리가 그런 물질들이 지구 내부의 깊은 곳으로부터 온 것이라는 사실을 알아차린 것조차도 그리 오래전의 일이 아니다. 마그마를 올려보내는 자리는 좀처럼 자리를 변화시키지 않고 움직이지 않는 한 곳에 위치하고 있기도 하다. 태평양의 중앙에 자리하고 있는 하와이 군도가 움직이지 않는 마그마 방으로부터 계속적으로 용암이 공급되는 대표적인 예이다. 그런 자리를 우리는 열점(hot spot)이라고 부른다. 구멍이 숭숭 뚫린 현무암은 비단 그곳에서만 만들어지는 것은 아니며 대양저 깊숙하게 위치한 해저 산맥의 중앙부(중앙 해령)에서 계속 만들어지고 있다. 지판의 다른 경계부에서도 현무암이 만들어진다는 사실을 현대의 지구과학은 밝혀주었다. 그렇다고 오늘날 그런 마그마가 어떻게 만들어지는지를 완전히 이해하고 있는 것은 아니며, 대체로 그런 마그마가 만들어지는 과정에 대한 큰 그림만 그려져 있는 상태로 보는 것이 좋을 것이다.

미시세계의 공극

속이 비어 있는 것은 현무암만은 아니다. 더 작은 미시세계(微視世界)로 들어가 보면 여러 가지 광물들이 만들어질 때부터 아예 속이 비어 있는 구조를 가지고 있다. 미시세계에서 살펴본 그런 공간은 육안으로는 들여다보기 어려운 크기이므로 일견해서 보면 마치 매끈한 덩어리로 만들어져 있다고 믿기가 십상이다. 사실 미시세계에서 볼 수 있는 구멍은 암석을 이루고 있는 각 결정 구조에서 만들어지는 것들이다. 그런 광물들은 여러 가지 종류가 있지만 한 가지 예만 살펴보기로 하자.

1756년 스웨덴의 광물학자인 크롱스테드(Alex Fredrik Cronstedt, 1702~1765)는 이상한 돌을 처음 발견했다. 당시 광물학자들이 할 수 있던 광물의 실험방법이라야 돌을 깨보고 태워보고 하는 방법 외에는 특별한 것이 없었던 시기이므로, 그는 한 미지의 돌을 태우는 실험을 했다. 그러자 마치 물이 끓는 것처럼 수증기가 나오며 돌이 끓어올랐다. 그 후 이 돌에는 그리스어로 비등한다는 "zeo"와 돌이라는 "lite"라는 말을 합쳐 "끓는 돌"이라는 의미로 제올라이트라는 이름이 붙여졌다.[17] 그래서 우리 말로는 이 광물을 불석(沸石)이라고 부른다. 크롱스테드는 미처 볼 수 없었겠지만 이 제올라이트 속에는 에멘탈 치즈처럼 수많은 구멍과 터널이 나 있어 그 속에 들어 있던 결정수가 끓어올랐던 것이다.

우리나라에도 경상도 포항이나 감포지역에 가면 신생대의 제3기 화산암과 화산기원의 퇴적암들이 분포되어 있다. 그들 중 화산이 분출할 때 용암과 더불어 나온

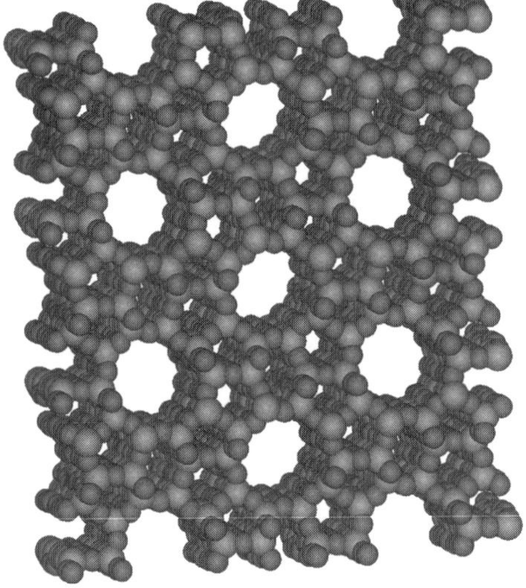

합성 제올라이트의 구조(ZSM-5). 만들어지는 공극이나 터널의 구조는 제올라이트의 종류에 따라 달라진다. 이들은 규산염광물의 층상규산염광물로 SiO_4 사면체체가 배열되는 방식의 차이에 따라 서로 다른 제올라이트광물이 된다.

화산재가 쌓여 만들어진 암석을 응회암이라고 한다. 이 응회암은 흔히 불석을 수반한다. 불석을 포함하고 있는 응회암층은 대체로 밝은 색의 지층이어서 쉽게 눈에 들어온다. 이 지역의 화산재로 만들어진 이 층 위에 다른 퇴적층들이 쌓여 두꺼워지면 하부의 온도와 압력이 증가한다. 이때 돌 틈에 들어 있던 물은 화학적인 성질이 변화한다. 이런 상태의 물은 주로 알칼리성 용액으로서 이들이 화산재와 반응하여 새롭게 만든 광물이 바로 불석이다. 화산재라고는 하였지만 이것은 나무가 타고 남은 재와는 전혀 다른 것으로 순전히 암석을 구성하고 있는 화학조성과 동일한 무기물로 구성된 것이다.

이렇게 만들어진 불석을 고분해능 전자현미경으로 들여다보면 1㎛×1㎛ 면적에 무려 100만 개의 구멍이 뚫려 있을 정도이다. 그 정도의 크기이므로 육안으로는 아무도 확인할 수 없는 아주 작은 나노 크기의 공극이다. 불석광물의 종류에 따라 이 구멍과 터널은 큰 분자들이 통과할 수 있을 만큼 큰 것도 있고 원자 한 개가 겨우 지날 수 있을 정도로 작은 것도 있다. 만들어지는 공간의 크기에 따라 이들 불석광물들은 다양한 상업적인 용도를 갖는데, 바로 그런 공극이 어떤 물질을 선택적으로 흡수할 수 있는 능력을 갖게 해주기도 한다. 아마도 자연계에서 산출되는 이 광물들은 부성분 광물로 다른 광물들과 섞여 있어 균질한 성질을 가지고 있지 않기 때문에 상업적으로 합성시킨 균질한 합성 불석을 산업용 분자체 또는 촉매제로 많이 사용하고 있다. 아마도 가정에서 사용하고 있는 세제 중에 이것이 들어 있다는 것을 아는 사람은 그리 많지 않을 것이다. 물을 정제하는 데에도 사용되고 있으며, 정유산업에서 촉매제로, 특정 가스나 분자의 분리시, 농업에서 비료의 충전제 등 다양한 용도를 가지고 있다.[17] 한때는 담배의 필터에 니코틴을 흡착시키기 위해 불석 분말을 사용하기도 했다.

농업에서 사용되는 불석은 클라이높틸로라이트(clinoptilolite)란 자연산 광물이다. 다행스럽게도 국내에서는 이 광물이 흔하게 산출되기 때문에 우리나라에서도 토양 개량제로 이 광물이 다량 사용되고 있다. 불석이 만든 공극에는 Na^{+}, K^{+}, Ca^{2+}, Mg^{2+}와 같은 양이온이 있다. 그러나 이들 양이온들은 결정구조 내에 단단히 결합되어 있는 것은 아니므로 이들 광물과 접촉하는 용액 내의 다른 양이온들과 쉽게 교환반응을 한다. 식물의 생장에 필수적인 영양소인 칼륨비료로 사용하고자 할 때는 불석을 K^{+}이온이 포화된 용액과 반응시키면 구조 내의 다른 이온들과 교환반응을 해서 K^{+}이온이 구조 내 공극으로 들어가게 된다. 이렇게 처리한 불석으로 시비(施肥)를 하는 경우 불석 내의 K^{+}이온들이 서서히 방출되면서 식물 성장시 영양분이 필요한, 비교적 장기간에 걸쳐 시비효과를 준다. 암모니아가 필요하면 암모니아로 처리하면 된다. 이들이 가지고 있는 공극은 실제로 자체 체중의 55% 정도에 해당하는 물을 흡착할 정도로 매우 크다. 이 광물에 흡착된 물 역시 서서히 방출시켜 토양 중 수분을 유지시켜주는 역할을 하여 가뭄 때 식물 생장에 결정적인 도움이 된다.

나노채널 혹은 나노세공이라 불리는 이런 미세 구멍들 속에 뭐든지 집어넣으면 곧 나노물질이 된다. 다른 미립 물질을 흡착하는 능력이 뛰어나고 분자의 여과기 구실을 할 수 있는 제올라이트는 분자체(molecular sieve)라고 부른다.[17] 1950년대 이후 자연산 불석 외에 합성 제올라이트를 만들면서부터 이에 대한 연구는 더욱 활성화되었으며, 현재까지 합성 물질의 첨가에 의해 만들 수 있는 제올라이트의 구조는 약 180여 개에 이른다. 합성 제올라이트를 만들기는 하지만 아직도 해결해야 될 문제는 많이 남아 있다. 제올라이트를 인공적으로 만들 때 1개의 규소 주위에 4개의 산소가 결합된 규소 사면체의 정렬되는 방향이 흐트러지고, 균일한 크기와 모양, 두께 등을 만들어내지 못한다는 기술상의 난점이 있다. 그런 기술상의 문제점은 아마 머지않아 과학자들의 힘으로 해결할 수 있을 것이다.

물이 파놓은 지하광장

자연이 만든 구멍은 그렇게 작은 나노크기만 존재하는 것은 아니다. 미시세계에서 거시세계로 옮겨보기로 하자. 거시세계의 공동은 미시세계의 것과는 차원이 다른 것은 말할 것도 없다. 자연이 만든 구멍은 실로 엄청난 규모로 만들어지기도 한다. 중국은 무엇인가를 표현할 때 세계 최대를 좋아한다. 중국 지질대학의 지우(Yan Zhiwu) 교수는 2007년 1월 최근 중국의 후베이성에 있는 텡롱동굴(Tenglong cave)은 분포 면적이 거의 한반도의 면적을 넘는 23만 km^2에 이르고, 동굴의 체적만 1,575만 m^3으로 세계 최대라고 보고하였다. 이 정도의 규모라면 아마 이 동굴을 상대할 크기의 동굴은 아마 세상에 없을 것이다. 중국인들의 과장법을 감안한다고 해도 하여튼 확인된 길이만도 33,522m에 이르는 초대형임은 부정할 수 없다. 지금으로서는 아무도 23만 km^2의 넓이의 동굴 내에 발달한 지하통로의 거리를 정확하게 측정하거나 예측할 수 없다. 알려진 길이만으로도 상상하기 어려운 큰 규모이다. 중국이 관광 상품으로 개발하기 위해 세워놓은 투자계획도 이 동굴의 규모만큼이나 거창하다. 그와 비교하면 우리나라의 동굴은 차라리 소박하다.

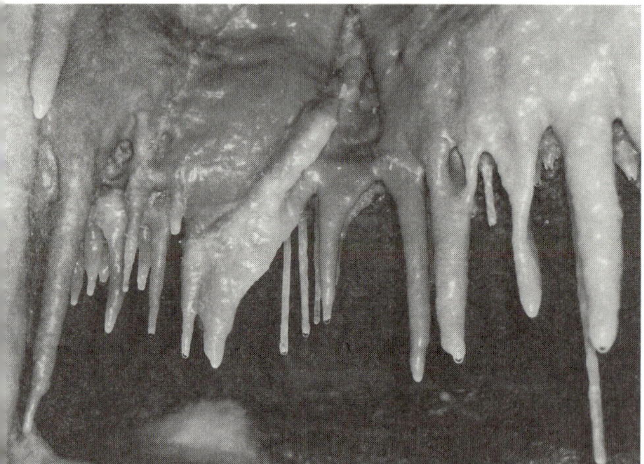

단양군 소재 고수동굴 미개방 구역에서 새롭게 만들어지고 있는 종유석의 모습. 종유석의 끝자락에 매달린 물의 성분이 무엇인지 분명하게 보여준다. 이 물방울이 떨어진 곳에서는 석순이 위로 자라서 올라 가다가 종유석과 합쳐지기도 한다(사진 제공 : 고수동굴).

우리나라에서 가장 잘 알려진 동굴 중의 하나는 아마도 천연기념물 256호로 지정된 고수동굴일 것이다. 고수동굴은 소백산 자락의 조선누층군으로 알려진 석회암 지층 내에 만들어진 것이다. 이 동굴의 주굴의 길이가 600m이고 지굴의 길이가 1,000여 m에 달하는 규모이나 텡롱동굴과 비교하면 초라한 규모임을 알 수 있다. 그러나 규모가 작다고 그 가치가 작은 것은 아니다. 동굴 안에는 여러 가지 아름답고 중요한 생성물들로 꽉 차 있다. 이러한 자연 유산의 가치는 더할 수 없이 소중한 것이다. 우리나라에도 조선누층군이란 석회암 지층으로 구성된 암석들이 제법 큰 규모로 분포되어 있어 석회암 내의 동굴이 이곳저곳에 분포해 있다.

이런 동굴은 언제 만들어진 것일까? 지구가 태어날 때 함께 만들어진 것이 아니라는 것쯤은 상식에 속한다. 한 번이라도 이런 동굴을 가본 경험이 있다면 지질학적 지식이 없는 이라도 그 질문에 대한 답이 물이라는 것을 곧바로 알 수 있다. 그렇다 세계에서 가장 큰 동굴을 만든 힘도, 고수동굴을 만든 힘도 바로 물의 보이지 않는 작은 힘들이 지질시대를 거치는 오랜 기간 누적된 결과이다.

석회암 침식으로 만들어진 카르스트 지형

물에 의한 보이지 않는 작은 힘이 합쳐져 지구 표면이나 내부에서 엄청난 결과로 나타난다. 빗물은 지표의 구배를 따라 흘러내리거나 일부는 토양으로 들어간다. 토양 속에 스며든 물의 일부는 치밀하지만 암석 속에 난 공극을 따라 더 밑으로 들어간다. 이런 과정에서 물과 암석이 접촉하여 우리가 느끼기에는 너무 미미한 화학적 반응을 하게 된다. 미미하다고는 했지만 자연계에서 일어나는 암석과의 세 가지 반응, 즉 고상-고상, 고상-액상, 고상-기상 사이의 반응 중 가장 빠른 반응이 바로 암석과 물의 반응(고상-액상)이다. 그런 반응의 결과로 자연수는 순수하지 않으며 언제나 미량이기는 하지만 용융된 가스나 고체 물질을 포함하고 있다.

흔히 수질을 측정할 때 물을 증발시키고 나서 남게 되는 고체의 양으로 정의하기도 하는데 이를 총용존물질(total dissolved solids : TDS)이라고 한다. 우리가 흔히 순수한 물로 알고 있는 담수의 경우에도 총용존물질의 양은 0에서 1,000mg/L에 이른다. 총용존물질이 0인 물은 자연계의 지표환경에서는 좀처럼 찾기 어렵다. 용존물질의 양이 1,000mg/L를 다른 말로 하면 100만 개 중 최대 1,000개 정도가 물이 아닌 다른 물질이라는 이야기이다. 사실 물에 포함된 고체의 양은 여러 가지 요인들에 의해 달라지기는 하지만 담수에서 최대라는 값도 실제로 아주 작은 양에 불과하다. 특히 물과 접촉하는 물질에 따라 반응속도는 크게 영향을 받아 용존고체의 양도 달라지는 것이다. 그러나 중요한 사실은 작지만 암석을 녹여 낸다는 것이다.

물과 암석의 반응 중 암석이 석회암인 경우 그 반응은 다른 암석으로 구성된 지층과 비교해서 상당히 빠르게 진행된다. 상당히 빠른 반응이라고는 했지만 물에 녹는 소금과 비교하면 거의 녹지 않는 것처럼 보이는 반응이며, 물이 녹인 석회암의 양 또한 미미하기 짝이 없다. 물이 석회암을 녹이는 반응이 빠르다는 것은 전적으로 다른 종류의 암석과 비교한 상대적인 의미이다. 석회암 지층 내 깨진 틈을 따라 흐르던 지하수는 오랜 기간 서서히 석회암을 녹여 지층의 틈을 벌리기 시작한다. 이런 반응이 지속되는 기간이 길어질수록 지층의 틈은 넓어져 드디어 동굴이 된다. 석회암의 틈을 따라 소리 없이 스며든 물이 한 방울씩 떨어져내린 자리에 우리가 보면서 감탄하는 기기묘묘한 종유석을 만드는 것을 본 경험이 있다면 물속에 종유석을 만드는 성분이 포화상태로 들어 있다는 것을 금방 알아차릴 수 있다. 종유석을 만든 성분은 바로 $CaCO_3$로 원래 녹여낸 암석의 조성과 하나도 다를 바 없는 것이다. 그러나 물속에 녹아들어 있던 이산화탄소(CO_2)를 잃어버리게 되면 원래 물속에 들어 있던 탄산칼슘을 더 이상 용해된 이온 상태로 유지시키지 못하고 결정으로 침전시키게 된다. 녹이고 침전시키는 반응을 일으키는 물의 성질은 거의 반대라고 생각해도 좋다. 녹이는 양이 미미한 정도이므로 이들이 동굴 크기가 되는 데는 아주 오랜 기간, 즉 지질학적 시간이 소요된다는 것을 짐작하게 해준다.

미국 켄터키에는 맘모스동굴(Mammoth cave)이 있다. 이 동굴 역시 다른 나라처럼 관광의 명소로 자리를 잡은 곳이다. 원래 미국의 켄터키는 3억 5천만 년 전에는 오늘날의 위치보다는 위도가 훨씬 아래인 적도 남쪽 10° 정도에 위치한 따뜻한 낮은 바다였다. 이런 위치에 있는 바다가 다 그런 것처럼 석회암을 침전시켰다. 약 7천만 년 동안 이런 퇴적물들의 집적이 계속되어 오늘날 동굴을 형성시킨 두꺼운 석회암 지층을 만들었다. 약 2억 8천만 년 전에 해수준면이 내려가면서 이들 지층이 육지로 노출되기 시작한 그 시점이 바로 맘모스동굴이 만들어지기 시작한 순간이

베트남의 관광명소로 등장한 하롱베이. 1,969개의 촛대 모양의 바위가 바다 위로 솟아나와 아름다운 경관을 만들었다. 이는 대표적인 카르스트지형의 하나이다.

다. 지각이 서서히 융기하면서 만든 석회암의 깨진 틈을 따라 흐르던 산성화된 용액이 석회암과 반응하면서 아주 느리기는 하지만 지속적으로 석회암을 녹여내기 시작하였다. 부분적으로 용해되어 뚫린 공동이 커지게 되면 상부 지층은 압력을 견디지 못해 가라앉기도 한다. 그 결과 석회암 지대에서 흔하게 발견되는 전형적인 싱크홀을 만들었으며, 이들 사이에 지하로 연결된 통로를 계속 넓혀나간다.[18] 다른 동굴들 역시 크기에 따라 시간의 차이는 있지만 대체로 수천만 년 정도 또는 그 이상의 지질시간을 거쳐 만들어지는 것이 보통이다. 이 동굴에서 확인된 굴의 길이만 590km 정도에 이른다. 이 동굴은 미국에서 1941년에 국립공원으로 지정되었으며, 1981년에는 세계문화유산으로 지정되었다.

이처럼 물의 힘으로 거대한 자연의 경관을 만들기도 한다. 중국 남쪽 끝에 있는 계림이나 베트남의 통킹만의 하롱베이(Halong bay)가 바로 이런 석회암의 용해로 만들어진 지형, 즉 카르스트 지형의 일부이다. 하롱베이란 한문으로 표기하면 하룡만(下龍灣)으로 용이 내려앉은 곳이라는 의미이다. 베트남인들이 만든 전설에 의하면 중국의 침입을 막기 위하여 신이 보낸 용이 임무를 완수한 후 신에게 되돌아가지 않고 지상의 자연경관을 좋게 만들기 위하여 그 자리에 남기로 결정하였다고 한다. 그 신이 만든 게 바로 하롱베이이다. 베트남 하노이 동쪽으로 100km쯤 떨어진 해안가로 가면 1,969개의 촛대 모양의 섬이 바다 위로 솟아 나온 경관을 볼 수 있다. 그러한 경관을 만든 암석은 바로 석회암이며 고생대의 지층들이 퇴적되는 5억 년 전으로 거슬러 올라간다. 고생대 초기인 약 5억 년 전에는 육지였으며 간간이 강수에 의한 침식작용이 일어나던 곳이었다. 그러나 그 후 이 지역은 지판의 이동에 의한 침강에 의해 오르드비스기와 사일루리아기(4억~5억 년 전)에는 깊은 바다 환경으로 변화하였다. 그러다 다시 육지로 올라왔다가 이들 지층이 석탄기나 페름기에 이르면서 낮은 바다 환경으로 바뀐다. 따뜻하고 낮은 바다 환경이 그 후 약 1억 년 동안 계속되면서 이 지역에 1,000m 내외의 두꺼운 석회암 지층을 퇴적시켰다. 그 뒤 계속 해침과 해퇴가 반복되다가 중생대 말기인 약 6,500만 년 전에 일어난 조산운동으로 이 지역은 다시 높은 산악지역으로 변화하였다. 그 후 일어난 침식작용으로 전체적인 지형은 오늘날의 모습으로 변화하였다. 그러나 지금으로부터 7만 년 전부터 일어난 해침과 계속되는 침식에 의해 오늘날 우리가 보는 하롱베이의 경관이 자리 잡게 된 것이다. 아무리 위대한 자연의 힘이라고는 하지만 단 한 번으로 결코 이런 경관을 만들 수는 없으며, 장구한 시간과 함께 다듬어진 경관임은 말할 필요도 없다.

중국의 남부 베트남과 접경을 이루고 있는 광서성 동북부에 위치한 장족의 자치구인 계림(桂林) 역시 하롱베이와 대등한 경관을 자랑하는 지역이다. 중국인들은 고래로 계림의 산수가 천하제일이라고 자랑하였다. 석회암의 침식으로 만들어진 독특한 카르스트 지형은 이 지역으로 흐르는 크지도 작지도 않은 강과 조화를 이루어 중국의 보석으로 내놓기에 손색 없는 자연경관을 자랑한다. 이 지역의 석회석은 데본기에서 석탄기에 만들어진 탄산염암류(주로 석회암과 돌로마이트로 구성)가 주인 매우 두꺼운 지층이다. 이 지층의 두께는 4,600m 정도에 이르며, 순수한 석회암이 분포된 지역에 전형적인 카르스트 지형이 발달한다.[19] 이곳이 중국이 자랑하는 천하

프랑스 에로미네르바 지역의 카르스트 지형. 지하수면 위로 올라온 석회암에는 과거 물줄기에 의해 벌집처럼 다닥다닥 뚫려진 동굴들이 드러나 보인다(사진제공 : Hugo Soria).

제일의 경관이 되어가는 과정은 그 시기만 약간의 차이가 있을 뿐 하롱베이가 만들어지는 과정과 하나도 다를 바 없으며, 이런 지형이 육지에 그대로 남겨져 있다는 점이 차이점일 뿐이다.

계림이나 하롱베이와 같은 경관은 석회암의 침식이 지표에 드러났을 때의 일이고, 지하에 숨겨 있을 때 이들은 바로 또 다른 자연의 경이인 석순으로 가득 찬 동굴을 만들거나, 수천 명 이상을 수용할 수 있는 거대한 규모의 광장을 만들기도 한다. 지하수면 아래에 석회암이 위치하게 되면 물의 작용에 의해 공동은 점점 커지게 되나, 이들이 지하수면 위로 올라오게 되면(육지의 융기 또는 지하수면의 강하) 용해작용에 의한 공동의 확장은 중단된다. 지하에 만들어진 거대한 공동이 무너져 내리면 구덩이를 형성하게 되는데(싱크홀 또는 용식요지라고 부름), 만약 주거지역에서 이러한 일이 벌어진다면 큰 재해로 연결되기도 한다. 그러나 이런 동굴이 지하수면 아래에 존재하면 그런 동굴은 마르지 않는 수로가 되기도 한다. 이런 예는 건조한 지역이면 생명줄과도 같은 역할을 하게 된다. 그런 예는 멕시코에 있는 세노테이가 대표적이다.

용암이 만들어 놓은 비어 있는 속

비어 있는 속은 여러 가지 다른 원인으로 만들어지기도 한다. 그런 원인 중의 하나가 화산 분출이다. 이런 예는 우리나라에서도

제주시 동쪽 30km 지점에 있는 전장 13,268m의 용암동굴인 만장굴 내부의 모습. 높이를 달리하여 흘러지나간 용암의 자국이 가지런히 남아 있다.

볼 수 있다. 서울에서 비행기로 한 시간 이내에 도착하는 제주도는 동서 길이가 74km이고, 남북은 32km인 화산도이다. 제주도를 동서로 보면 경사가 완만하며, 남북으로 보면 동서보다는 경사가 더 급한 사면으로 되어 있다. 제주도 밑으로 들어가면 해수준면으로부터 하부 70m 지점에서 모래와 진흙으로 구성된 퇴적층이 나오는데 바로 이 깊이로부터 화산 분출이 일어나 토해낸 용암들과 화산재가 겹겹이 쌓여 제주도를 만들어 놓은 것이다. 이들 지층에서 나오는 현무암의 나이는 170만 년 전 이므로 제주도가 만들어진 시기는 대략 이 때부터라고 추정하고 있으며, 오늘날의 섬의 형체를 갖춘 것은 아마도 40만 년 전 쯤으로 추정하고 있다.[20]

제주도는 용암의 분출과 응회암의 분출이 번갈아 일어나며 만들어진 섬이다. 용암은 현무암질이었으므로 산의 경사를 따라 쉽게 흘러내려왔을 것이다. 대체로 현무암질 용암의 온도는 액상을 유지하면서 흐를 때 700~1200℃ 정도의 온도를 유지한다. 우리가 관찰할 때 용암은 온도에 따라 색이 다르게 나타난다. 제주도는 현무암질 용암이 활동한 지역이다. 현무암질 마그마는 이들의 온도가 최고인 1,200℃ 정도에서는 흰색으로 나타나지만 온도가 내려가면서 진한 색으로 변화된다. 용암의 온도가 1,100℃ 정도에서는 노란색을 띠다가, 900℃에서는 오렌지색으로, 700℃ 정도에서는 선홍색이 된다. 그보다 더 식어지면 붉은색을 띠게 된다. 붉은색을 띠는 마그마라 할지라도 주위에 있는 모든 것을 태워버리기에 충분한 온도라는 것을 잊지 말아야 한다. 아마도 그것이 내뿜는 열기만 없다면 손으로 만져보고 싶은 착각이 들 정도로 흐르는 용암의 색은 아름답다. 화산폭발에 의해 용암이 흘러내리는 모습은 다큐멘터리 프로그램을 통하여 익히 보아온 모습이었을 것이다.

제주시에서 동쪽으로 30km 지점에 이르면 길옆에 만장굴로 가는 표지판을 볼 수 있다. 이 13,268m 길이의 동굴이 바로 약 20만 년 전 용암이 흘러내리면서 만든 터널이다. 점성이 낮은 용암이 흐르면서 표면은 대기와 접하여 빠른 속도로 식어 단단해지지만 그 껍질 아래에서는 화구로부터 계속 공급되는 용암이 열기를 간직한 채 흐름을 멈추지 않는다. 화구로부터 용암의 공급이 끊기면서 뜨거운 용암이 바다로 빠지고 남겨진 자리가 바로 만장굴이 된 것이다.[20] 굳어진 벽면을 따라 빠져버린 용암이 남긴 자취는 어느 곳에서는 매끄럽기가 잘 다듬어 놓은 듯하지만 어느 곳에서는 거친 자국을 그대로 남겨두기도 하였다. 군데군데 남겨진 용암의 잔해는 마치 조각상처럼 기기묘묘한 형태를 만들기도 한다. 그런 형상들은 당연히 이 굴을 찾는 관광객들의 탄성을 자아나게 만든다. 그런 곳은 으레 그럴듯한 이름이 있다.

화산에서 이렇게 만들어지는 용암굴의 규모는 전적으로 용암을 토해내는 양과 사면의 구배 등에 의해 결정된다. 그러나 제주도 만장굴 내부의 규모는 상당해서 높은 곳은 10여 m에 이르기도 한다. 굴의 벽을 관찰해보면 용암이 흘러가면서 남긴 자국이 선명하게 남겨져 있다. 천정을 올려다보면 마치 석회석동굴의 종유석처럼 무엇인가 매달려 있는 것을 볼 수 있다. 그러나 이놈은 석회석동굴의 종유석과는 다른 것이 확연하게 들어난다. 이 동굴을 채우고 지나갔던 용암이 빠져나가고 천정에 붙어 있던 끈적끈적한 용암들이 흘러내리면서 만든 것이라는 것은 전문가가 아니더라도 조금만 주의를 기울여 보면 알 수 있다. 말이 끈적끈적한 것이지 용암이 그런 상태를 유지하는 정도의 온도라면 아마도 모든 것을 쉽게 태워버리기에 충분한 온도였을 것이다. 천정에 남긴 이런 자국은 이들 용암이 매우 묽은 용암이었음을 알려준다. 이렇게 만들어진 자국을 라바써클(lava circle)이라고 부른다. 그러나 모든 화산에서 분출되는 용암이라고 이런 빈 속을 남겨두는 것은 아니다. 분출되는 용암의 성격이나 지형적인 위치에 따라 이런 자취를 남길 수 있는지 여부가 결정된다. 화산암 중에서도 점성이 낮고 고온의 용암인 현무암만이 이런 자취를 남길 수 있다. 같은 화산 분출물이라도 규산의 성분이 높은 용암은 점도가 높기 때문에 경사가 높은 화산을 만들면서 쌓이기만 할 뿐 이런 동굴을 만들기는 매우 어렵다.

열점, 하와이

지금 제주도에서는 이런 용암의 흐름을 볼 수는 없으나 과거 화산활동을 통하여 남겨둔 자취는 볼 수 있다. 요즘에도 세계 이곳저곳에 널려 있는 활화산 지역에서는 이런 용암의 흐름을 관찰할 수 있다. 특히 하와이의 빅아일랜드에 4,169m나 솟아 오른 거봉 마우나 로아(Mauna Loa)의 남동쪽 사면에 자리잡은 높이 1,247m의 킬라우에아(Kilauea) 화산에서는 수시로 이런 모습을 관찰할 수 있다. 미국의 문호인 마크 트웨인 역시 오래전 그 대열에 합류를 했다.

"불기둥. 펠레의 난로로부터(주 : 화구의 상징적 표현) 뿜어져 나오는 열기 때문에 반쯤은 구워진 상태로 열 시경 모포를 챙긴 후 관망대로부터 호텔로 돌아왔다. 우린 어둠 속에서 다른 멋진 경관을 보았다. 분화구 위로 거대한 구름 기둥이 솟구쳐 올라와 부풀어진 부분들은 시뻘겋게 빛났으며, 그들 사이에 들어간 부분은 연한 장밋빛을 띠고 있었다. 그것은 덮개를 씌운 횃불처럼 빛났고, 천정(天頂)을 향해 아찔할 정도로 높이 뻗어 있었다. 나는 아주 오래전에 유대인들이 신비한 불의 기둥이 인도하는 길로 사막을 가로지르는 긴 여행을 한 이후로 목격된 적이 없는 것이 바로 이런 불의 기둥이 아닐까 하는 강렬한 인상을 받았다."

하와이 빅아일랜드에 있는 화산국립공원의 킬라우에아 화산 용암의 모습. 표면은 식어 단단한 암석으로 고화되었으나 그 아래는 검붉은 용암(사진의 가운데 부분)이 계속 흐르고 있다.

이상의 내용은 마크 트웨인이 1866년 6월 3일에 일어난 분출광경을 보고난 후 그해 11월 16일자 새크라멘토 데일리 유니온 이라는 신문에 기고한 내용 중의 일부이다. 킬라우에아도 예외는 아니었다. 그곳에도 예외 없이 용암이 흘러 빠진 자리가 만들어놓은 용암굴이 있다. 하와이 화산국립공원의 써스턴(Thurston)용암굴은 이곳을 찾는 이들이 으레 들리는 코스 중의 하나가 되었다.

이런 종류의 화산 분출을 이야기하려면 빼놓을 수 없는 곳이 바로 인도의 데칸트랩이다. 데칸트랩은 실로 그 규모부터가 우리의 상상을 훨씬 초월하는 엄청난 규모이다. 그곳에서 화산이 분출된 시기는 지금으로부터 약 6,600만 년 전으로 거슬러 올라간다. 그 시기는 지질시대로는 중생대를 마감하는 백악기가 끝나갈 무렵이다. 현무암으로 덮여 있는 이곳의 면적은 남북한을 합친 면적의 7배도 넘는 150만 km^2에 이른다. 분출된 양은 250만 km^3에 이른다는 것이 현대 지구과학자들이 계산한 양이다.[21] 그런 엄청난 양이 150만 년이라는 짧은 기간에 분출되었다는 것 역시 불가사의한 것이다. 150만 년이란 기간은 인류의 관점에서는 대단히 긴 시간이다. 그러나 지구의 역사가 46억 년이라는 사실을 감안하면 하면 이런 기간은 사실 아주 짧은 기간에 해당한다. 이러한 엄청난 분출은 그저 만장굴과 같은 용암동굴이나 만드는 한가한 일이나 하는 것은 아니었으며 중생대의 맹주였던 공룡들을 사라지게 하는데 일조를 했을 것이라고 믿고 있다. 물론 이 화산의 분출이 공룡의 절멸에 전적인 영향을 미친 것은 아니었으며, 많은 지질학자들은 멕시코의 유카탄 반도에 떨어진 운석 충돌이 미친 결과와 함께 상승작용을 해서 지구의 기후계를 변화시킨 것이 공룡이 멸종한 원인으로 해석을 하고 있다.

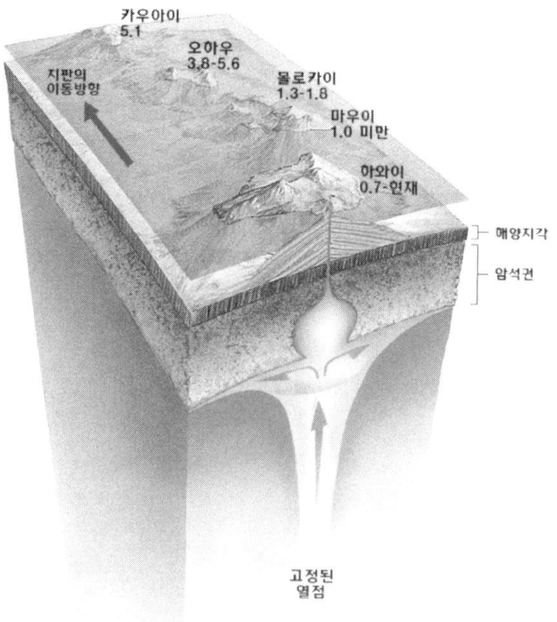

고정된 맨틀 플럼으로부터 마그마의 상승에 의여 형성된 하와이 군도의 개념도. 해양지각이 북서쪽으로 이동하여 새로운 화산은 동쪽으로 가면서 생성된다. 오래된 화산섬은 침강에 의해 잠도가 되어 알류샨 해구로 연결되는 엠페레잠도군과 연결된다. 표시한 숫자는 100만 년을 나타낸다(원도 : Gary Hincks).

그렇다면 이런 거대한 화산 분출은 그저 세계 이곳저곳에서 일어나고 있는 초라한(?) 화산 분출과는 어딘가 다른 구석이 있어야 한다. 그래서 생각해낸 것이 맨틀로부터 마그마가 직접 지속적으로 공급되는 초상승류가 있었을 것이라고 추정을 하고 있다. 그런 기작에 의해 분출을 하는 것을 슈퍼플럼이라고 부른다. 이런 지역을 우리는 열점이라고 부른다. 사실 하와이도 지구상에 존재하는 많은 열점 중의 한 곳이다. 아직도 명확하게 이유가 밝혀지지는 않았지만 이런 열점은 거의 이동을 하지 않고 긴 지질시대를 통하여 용암을 토해낸다. 그러나 그 위의 지각은 판구조 운동으로 이동한다. 하와이 군도가 있는 태평양에서는 지판이 서쪽으로 이동하기 때문에 새로운 화산섬은 동쪽으로 가면서 새롭게 만들어진다. 실제로 하와이 군도를 이루는 화산체인은 알류샨 해구로부터 엠페러잠도, 미드웨이섬을 거쳐 하와이로 연결된 하나의 고리이다. 이런 사실은 바로 지판이 움직임을 확인시켜주는 한 가지 증거가 된다.

그러나 과학적으로 이런 사실이 알려지기 전 이곳에 사는 원주민들은 그들 사회에서 전해 내려오던 전설을 믿었다. 화산의 여신 펠레가 화산을 만든다고 믿었다. 펠레는 원래 하와이 군도의 맨 서쪽 끝에 있는 섬 카우아이에 살고 있었다. 펠레의 언니인 바다의 신 나마카오카하이는 그녀를 몰아냈다. 그리하여 펠레는 오아후로 쫓겨났다. 바다의 신인 펠레의 언니의 심술은 거기서 멈추지 않았으며, 펠레를 계속 공격하여 결국 화산의 여신이 하와이(하와이 군도의 동쪽 끝 섬)에 이르게 되었다는 것이다. 그래서 지금 펠레는 킬라우에 화산의 정상 칼데라에 살고 있다는 것이다. 화산의 여신이 살고 있는 그곳에 화산이 있는 것은 그들에게는 너무 당연하였다. 신화는 자연스럽게 만들어졌다. 우리가 비록 열점에 의한 하와이의 생성을 설명할 수 있을 정도로 최근 지구의 내부사정에 대한 이해가 비약적인 진보를 하였다고는 하지만 아직도 속 시원하게 설명하지 못하는 부분이 여기저기 남아 있다.

마그마는 어디서 만들어지는가?

화산의 신 펠레가 만든 하와이는 현무암질 마그마이다. 데칸트랩이나 콜롬비아 용암대지를 만든 암체도 현무암질 마그마가 만든 작품이다. 화산은 그곳에만 있는 것은 아니고 마그마는 모두 현무암질 마그마만 있는 것은 아니다. 마그마는 일반적으로 규산(Sio_2)의 함량이 50% 내외이면 현무암질 마그마, 60% 내외이면 안산암질 마그마, 그리고 70% 내외이면 유문암질 마그마라고 부른다. 마그마 내의 규산의 함유량이 적어질수록 마그마의 점성은 낮아져 마그마의 유동은 보다 자유로워진다. 그래서 현무암질 마그마가 만든 화산의 경사는 유문암질 마그마가 만든 화산의 경사보다 훨씬 완만한 것이 일반적이다. 배를 타고 제주도에 갈 때 멀리서 수평선 위로 올라오는 한라산 사면이 보여주는 경사가 바로 그런 예이다. 이런 완만한 경사를 갖는 화산을 우리는 순상화산이라고 부른다. 그러나 안산암질 마그마나 유문암질 마그마는 상대적으로 점성이 높아 급경사의 산체를 형성하는데 이를 성층화산이라고 부르며, 이의 대표적인 예는 일본 최고봉인 후지산이 있다.

이렇게 성질이 다른 마그마를 만든 원인은 비교적 최근에 와서야 이해되었다. 유문암질 마그마를 분출하는 화산은 주로 대륙지각 또는 대륙지각의 연변부에 분포되어 있다. 그러나 대양저 해저산맥의 경우에는 모두가 예외 없이 현무암질 마그마를 분출하는 화산들이 위치해 있다. 이런 화산의 분포는 이들 마그마가 만들어지는 조건을 간접적으로 알려주기에 충분한 정보를 제공해준다. 아직도 풀리지 않은 의문점은 있지만 그런 자세한 의문점을 고찰하는 것은 이 책의 범주를 벗어나므로 여기서는 알려진 사실만 간략하게 요약하기로 하자.

마그마가 형성되기 위해서는 높은 온도가 필수적이며, 암체의 용융시 용융되는 암체의 수분 함량과 용융되는 암체는 생성되는 마그마의 종류와 깊은 연관성을 가지고 있다. 대체로 현무암질 마그마는 물이 없는 환경에서 상부맨틀의 부분용융의 결과로 만들어진다. 안산암질 마그마는 대륙지각의 완전한 용융으로 만들어지거나 물을 포함하고 있는 해양지각이나 맨틀의 부분용융에 의해서 만들어진다. 유문암질 마그마는 물을 포함하는 대륙지각을 구성하는 암석의 부분용융 결과로 만들어진다. 그러나 유문암질 마그마는 규산의 함량이 높아 점성이 매우 커 상승하는 속도가 매우 느리다. 그래서 이들은 분출하기 전 냉각되면서 고화(결정화)되어 지하에서 화감암체가 되는 경향이 있다. 대륙의 내부에서 분출되는 현무암질 마그마는 맨틀

대류에 의해 지하 깊숙이 위치한 고정된 열점으로부터 기원되는 것들이다. 마그마의 점성도와 포함된 가스의 양이 마그마가 지표로 분출하는 양식을 결정한다. 비교적 점도가 낮고 가스의 함량이 작은 현무암질 마그마는 비폭발성 분출을 하며, 상대적으로 가스의 함량이 많고 점도가 높은 유문암질 마그마는 폭발성 분출을 한다. 현무암질 용암은 식으면서 점도가 증가하면 기포가 밖으로 빠져나가기 힘들어 기공을 형성한다. 유문암질 마그마에서는 폭발할 때 빠르게 형성된 기포는 사방으로 퍼져 비어 있는 속을 갖는 부석(pumice)을 만들기도 한다. 비어 있는 속은 여러 가지 기작을 통해 만들어진다.

수없이 많은 구멍으로 인해 자신의 가치를 인정받는 에멘탈 치즈와 제올라이트와 같은 광물이 있는가 하면, 지구가 만들어진 오랜 지질시대를 거쳐 만들어진 비어 있는 속은 기실 인류 진화의 초기 단계에서는 자연이 마련해준 주거지로서의 역할을 해왔다. 초기 인류의 화석들이 대부분 동굴에서 발견되는 것은 이런 자리를 그들이 선택해서 생존의 보금자리로 사용했음을 보여주는 증거이다. 인류는 그들이 지질학적 현상을 인식하기도 전부터 이렇게 자연과 더불어 지낸 경험이 있다. 그러나 무미건조하게 보이는 고체 지구가 그것으로서 자신의 역할을 다한 것은 결코 아니다. 우리가 보기에 치밀하게 보이던 자연계의 여러 암석조차도 빈틈이 없이 만들어진 것은 아니며 어디엔가 비어 있는 구석을 준비해두고 있다. 그런 비어 있는 속은 저마다의 기능이 있어 우리 문명세계에 이런저런 용도로 사용되어 우리에게 물질문명의 혜택을 베풀어 주는 근본이 되기도 한다. 자연의 세심한 배려는 어디에서 끝이 날지 모르겠다.

미친 신의 정원

7

미친 신의 정원

로라이마산은 인간의 접근을 한 번도 허용하지 않은 채 오랜 기간 버틴 지역이다. 남미대륙의 베네수엘라, 브라질 그리고 가이아나에 걸쳐 발달된 기암절벽으로 둘러싸여 돌출되어 있는 높은 지역 중의 하나가 바로 로라이마산이다. 이런 지형을 테푸이(tepui) 또는 메사(mesas)라고 부른다. 이 지역 근처에 오래전부터 살던 원주민들은 그 산을 매우 두려워했다. 그들은 얼마 전까지만 해도 로라이마에 사는 익룡이 때로는 마을로 내려와서 가축이나 어린이를 채 간다는 전설을 사실로 믿고 있었다. 그런 전설은 그 지역을 탐험하고 1884년 12월 로라이마를 처음으로 등정한 썬(Everard F. im Thurn, 1852~1932)과 그의 일행이 쓴 여행기에 의해 서방세계에 알려졌다. 썬과 그 일행은 그 산을 등정하면서 57종의 신종 식물을 기재하였다. 이는 대단한 성과이다. 식물학자들로서는 한 종의 신종 식물을 기재하는 것도 상당한 영예일 뿐만 아니라 노력과 행운이 따라야 하는 것은 말할 필요도 없다. 그러나 이들이 신종 식물을 다수 발견했다고는 하지만 대중들에게 대단한 관심을 불러일으키지는 못했다. 그러나 그들의 여행기 중 원주민들한테 전해들은 익룡의 이야기는 모든 사람들의 흥미를 불러일으켰다. 익룡이라면 중생대 공룡과 함께 살던, 이미 사라진 동물이었기 때문이다.

남미대륙에 분포되는 여러 개의 테푸이 중 하나인 아유안 테푸이(Auyantepui)의

남미 베네수엘라 아유안 테푸이에 있는 높이 979m의 엔젤 폭포. 이 폭포는 세계에서 낙차가 가장 큰 폭포로 물이 자유낙하하는 구간만도 807m이다.

면적은 650km²이다. 무엇보다도 아유안 테푸이는 979m의 높이를 물길이 자유롭게 낙하하는 지상 최장의 엔젤 폭포가 있는 곳으로 유명하다. 아유안이란 현지어로 악마들의 산이라는 의미를 가지고 이다.

이 폭포의 존재가 서방세계에 알려진 것은 우연한 사고에 따른 결과였다. 지방 노선의 작은 비행기를 몰던 조종사 지미 엔젤이 사고로 1937년 10월 9일 테푸이의 꼭대기에 불시착을 하게 되었다. 그들은 그 지역에서 금광을 탐사하기 위해 비행 중이었다. 말이 불시착이지 그건 충돌이나 다름없는 것이었으며, 동승한 일행 셋은 가까스로 생명을 건졌다. 그는 테푸이의 꼭대기로부터 내려오는 데 꼬박 11일이 걸렸다. 그걸 계기로 알려진 폭포는 바로 그의 이름을 따 명명되어 엔젤 폭포가 되었다. 엔젤 폭포의 물길이 아무런 방해를 받지 않은 채 낙하하는 구간만도 807m에 이른다. 이 높이는 사람들이 경탄해 마지않는 나이아가라 폭포를 19개나 수직으로 이어 놓은 높이이다. 물론 떨어지는 수량은 나이아가라에 미치지는 못하지만 그 폭포는 높이 하나만으로도 모든 것을 압도하고도 남는다.

남미의 테푸이 : 로라이마

이런 테푸이들 중 가장 잘 알려진 로라이마는 가장 높은 것도 아니다. 로라이마는 평균 높이가 2,500m로 히말라야나 안데스산맥의 고봉들에 비하면 발끝 아래에 엎드려 있는 것이나 마찬가지이다. 준평원과 같은 사바나 위에 솟아 있는 2,500m는 위용이 드러나기에 충분할 정도의 높이이다. 게다가 수백 미터의 수직 절벽으로 둘러싸인 채 솟아 있는 모습은 원주민들에게 경외감을 불러일으키기에 충분하였을 뿐만 아니라 쉽게 접근하기 어려운 험한 모습이었다. 그곳을 1884년 썬이 조직한 탐험대가 올라가보기로 결심을 하고 아무도 시도하지 않았던 로라이마의 꼭대기로 올라가는 길을 개척하였다. 그들은 탐험을 마친 후 이 고원대지의 등정기를 발표하였다.

이들은 납작한 상자를 반듯하게 올려놓은 듯한 수직 절벽으로 둘러싸인 테푸이가 어떤 시대의 암석인지, 더군다나 어떤 방법으로 만들어졌는지 몰랐다. 이들이 만들어지는 자연과정이 밝혀진 것은 한참 뒤의 일이었다. 이러한 고원대지는 산맥이 만들어지는 것과는 전혀 다른 방법으로 만들어진다. 일반적으로 산맥들은 지판의 이동에 따라 대륙과 대륙이 충돌되는 지점에서 생기는 횡압력에 의해 밀려 올라가는 운동, 즉 조산운동의 결과로 생성되는 것이지만 이 테푸이는 조산운동과는 어찌 보면 반대의 지질작용 침식에 의해 만들어진 것이다.

테푸이를 이루고 있는 이 지역의 암석은 우리가 원생대라고 부르는 적어도 16억 년 전에 만들어진 지층들로 구성되어 있으며 어떤 암석들은 36억 년 전에 만들어진 아주 오래된 것들도 있다. 또한 이 지역은 지각변동이 없는 비교적 안정된 대륙지각을 이루고 있는 곳이다. 이 지역을 지질학자들은 가이아나 순상지(Guiana shield)라고 부른다. 원래 이 대륙은 초대륙 판게아의 서쪽을 이루고 있던 대륙지각으로 쥐라기 말기 약 1억 5천만 년 전부터 분리되기 시작하여 아프리카와 남미로 쪼개져 나간 한 부분에 해당하는 지역이다. 이 테푸이는 원시 초대륙인 곤드와나의 주변에서 16억 년 전 이전에 만들어진 암석들이다. 우리가 눈으로 확인할 수 있는 생명체들이 지구상에 출현하는

브라질과 가이아나 국경 근처에 있는 로라이마 테푸이(Roraimatepui). 약 20억 년 전의 원생대 지층이 그 후 계속된 침식작용에 의해 잔류되어 만든 지형이다. 남미의 이 근처에는 이런 테푸이가 많이 잔류되어 있다. 고원대지의 평균 높이는 2,500m이다.

시점보다도 세 배나 더 오래된 기반암을 이루고 있는 지층 위에 모래들이 퇴적하여 아주 두꺼운 사암층이 만들어졌다. 이런 지층들이 만들어지고 난 후 이 지역이 융기되자 풍화작용에 의한 침식이 일어나기 시작했다. 맨 위 지층이 풍화에 강한 사암으로 구성되어 있어 침식이 시작되면서 하부 지층의 침식을 막아주어 돌출된 지형을 이곳저곳에 남겨두었다. 이런 돌출된 지형이 바로 테푸이이다.[1,2] 테푸이는 지표에서 강수에 의해 일어나는 우리가 식별하기도 어려울 정도의 느린 침식작용이 지질학적 시간 함수를 곱하면 나타나는 엄청난 변화의 극적인 예에 해당되는 곳이다. 썬과 퍼킨스의 성공적인 탐험이 끝난 후 이에 대한 관심을 증폭시킨 것은 의외로 명탐정 셜록 홈즈를 탄생시킨 코난 도일(Arthur Conan Doyle, 1859~1930)에 의해서 일어났다.

미친 신의 정원

런던 가젯트지의 기자 말론은 사랑을 얻기 위해 모험을 해야 하는 상황에 이르게 된다. 그런 상황에서 괴짜이지만 천재적인 교수 챌린저를 만난다. 챌린저 교수는 강연회에서 남미의 아마존 정글에 선사시대의 생물이 살고 있는 지역이 있으며, 자신은 그것을 직접 보았다고 주장하였다. 그런 주장에 대해 서멀리 교수는 강력한 이의를 제기한다. 챌린저 교수의 부추김으로 서멀리는 록스턴 경과 함께 남미 탐험대에 합류하여 원정길을 떠난다. 그들은 고원대지를 매우 두려워하는 현지 인디언 안내자의 도움으로 꼭대기에 이르게 된다. 그 인디언 안내자들 중 한 명인 고메즈는 지난번 남미 탐험시 록스턴 경이 죽였던 한 인디언과 형제였다. 탐험대가 고원대지에 모두 도착하자 고메즈는 형의 원수를 갚기 위해 고원대지로 들어가는 유일한 연결통로였던 다리를 파괴하여 그들은 고원대지에 고립된다. 고립된 그들은 그 일대를 탐험하기로 결정한 후 공룡에게 거의 죽임을 당하는 위기를 겪는 등 여러 번의 위기를 겪다가 챌린저 교수, 록스턴 경과 서멀리 교수는 유인원에 의해 피랍된다. 그들이 유인원에 의하여 납치되어 있는 동안 고원의 다른 쪽에 이들과 항상 전쟁관계에 있는 종족이 살고 있다는 것을 알게 된다. 탈출에 성공한 록스턴 경은 말론과 함께 나머지 일행을 죽음 직전에 가까스로 구출하고 유인원을 패배시켜 고원대지를 평정한다. 그들이 가져간 총의 위력을 경험한 인간 종족들은 탐험대들이 떠나가는 것을 원치 않는다. 그러나 탐험대는 외부와 연결되는 터널을 발견하여 그곳을 벗어나게 된다. 그들은 영국으로 되돌아와 그들이 보고 경험한 것을 보고하였지만 첼린저 교수가 그랬었던 것처럼 아무도 믿어주려고 하지 않았다.

이상의 내용은 코난 도일이 1912년 출간한 《잃어버린 세계, The Lost World》라는 소설의 줄거리이다. 코난 도일은 그 소설 속에서 자연의 법칙이 그대로 멈춰버린 과거의 생명체들을 만나는 신비한 이 이야기를 소개한다. 이 소설은 빅토리아시대 영국인들에게 탐험심을 부추겼으며 이후 남미의 다른 테푸이에서 선사시대의 생명체들을 찾기 위한 탐험이 계속 이어지는 계기가 되었다. 그러나 그곳은 소설 속에서 나오는 선사시대의 생명체들이 살아남은 곳은 아니었으나 분명 세상의 다른 곳과는 확연하게 차이가 나는 기괴한 경관을 보여주고 있었다. 고립된 환경에서 그곳에서만 생존이 가능했던 여러 가지 생물종들이 서식하고 있는 것도 확인되었다. 썬과 퍼킨스에 의해 길이 뚫린 테푸이는 코난 도일의 《잃어버린 세계》가 출간된 이후 여러 탐험대들에 의해 차례로 정복되어 갔다. 오늘날에는 베네수엘라, 가이아나 및 브라질에서는 이 테푸이를 오르는 것을 관광 상품화하여 며칠간의 트래킹 코스로 관광객을 모으고 있으며, 또 게으르고 시간이 부족한 관광객들에게는 헬리콥터로 불과 몇 시간 만에 한 번 둘러볼 수 있는 여행상품도 등장하기에 이르렀다.

비단 선사시대의 생물종들은 없었지만 고원대지는 그저 풀이나 자라는 평탄한 대지는 아니었으며 억겁의 세월 동안 침식 결과로 만들어진 표면 형태가 아주 삭막하고 어쩌면 기괴한 경관을 연출하는 그런 곳이었다. 마치 상상할 수 있는 여러 가지 괴이한 조각상들이 즐비하게 늘어서 있는 형상이었다. 그런 곳을 적절하게 기술할 수 있는 말은 아주 드물다. 이곳을 처음 등정한 썬 경은 그러한 모습을 보고 "세상에 존재하는 모든 사물이 저절로 조각된 것 같다."고 하였다. 그런 표현으로도 충분하지 않다. 아마도 그런 경관은 어떤 탐험대원이 무심결에 내뱉은 "미친 신의 정

남미의 테푸이에서 발견되는 식충식물. 왼쪽은 피처형 식충식물의 일종이며, 오른쪽은 끈끈이 주걱을 가지고 있는 식충식물의 일종이다.

원"이라는 표현이 더 적절한 경관이었다.

미친 신의 정원이란 이름에 걸맞게 돌출된 지형은 그 높이 때문에 마치 구름제조기와 같은 역할을 해서 그곳의 평균 강수량은 3,500mm를 훨씬 상회한다. 그런 많은 강수량은 테푸이 표면에 어렵사리 만들어진 토양을 남겨두지 않고 쓸어가버렸다. 그저 돌뿐인 바닥이며, 지층의 갈라진 틈 사이에 소량 남아 있는 토양이 전부이다. 그런 곳에 남아 있는 흙은 이미 영양분이 풍부한 토양은 아니다. 그래서 이곳에서 자라는 많지 않은 식물들은 생존하기 위한 자구책을 스스로 만들었다. 식물은 일반적으로 토양으로부터 영양분을 섭취하면서 성장하지만 테푸이 고원에서는 식물조차도 그런 일상적인 생명 유지수단은 포기해야만 하는 환경이었다. 어딘가 다른 곳에서 영양분을 섭취해야만 했다. 그래서 이곳에서 서식하는 식물종들에는 식충식물들이 발달되어 있다. 피처형으로 되어 있는 식물이 있는가 하면 끈끈이 주걱을 가지고 있어 점착액으로 붙여 잡아먹는 식물 등 여러 가지 종류들이 있다.[3] 테푸이 정상이 비옥한 토양을 가지고 있었다면 아마도 식충식물은 현재처럼 발달하지는 못했을 것이다. 자연 생태계에서 생물들의 진화는 적응하는 자만이 생존할 수 있다는 법칙을 그대로 보여주는 곳이 바로 이곳이다. 썬 경에 의해 새롭게 신종으로 기재된 57종의 식물 종들은 바로 이런 독특한 환경에서 스스로를 변화시킨 그런 것들임에 분명하다.

홍수가 만든 거대한 수로

테푸이는 지질학적 긴 시간 동안 수없이 반복되는 작은 변화의 총체적 합으로 나타난 풍화작용의 결과이다. 그러나 지구는 일순간에 그 모습을 확 바꿔버리는 대재앙에 근접하는 변화도 일어난다. 지금 이야기 하려는 것이 바로 그런 내용이다. 지구에서 내리는 강수의 양은 일정하지가 않다. 특히 열대성 기압의 영향으로 생성되는 태풍이나 허리케인이 발생되는 지역에서의 강수량은 태풍이 발생되는 시점에 집중되어 큰 홍수를 일으키기도 한다. 우리나라도 예외는 아니다. 여름철 태풍이 몰려올 때 발생하는 홍수는 연중행사처럼 해마다 피해를 일으키곤 한다. 그러나 그런 홍수는 비도 내리지 않았는데 발생한 세계 최대의 홍수에 비교하면 아주 작은 규모이다. 그것은 바로 우리가 상상하기도 힘든 빙하가 만든 홍수로서 마지막 빙하기가 끝이 날 무렵에 일어난 일이다. 이 홍수는 인간이 경험하였던 어떤 홍수와도 비교가 되지 않는 거대한 것이었다.

이야기는 미국의 북서부 워싱턴, 오레곤 그리고 아이다호주에 걸쳐 분포되어 있는 현무암 용암대지로부터 시작된다. 제3기 마이오세 말기로부터 플라이오세 초기에 걸쳐 엄청난 양의 현무암이 지하세계로부터 쏟아져 나왔다. 그들 현무암이 덮은 지역만도 16만 km²로 거의 한반도 넓이에 육박하는 이 지역을 바로 콜롬비아 용암대지라고 한다. 그러나 콜롬비아 용암대지는 인도의 150만 km² 크기의 데칸트랩에 비교하면 아주 초라한 규모이다. 이곳 콜롬비아 용암대지가 있는 미국 북서부 지역도 약 100만 년 전 플라이스토세에 지구의 기온이 내려가면서 빙하로 뒤덮여 있던 지역이었다. 한때 빙하로 덮여 있던 콜롬비아 용암대지가 가지고 있는 비밀을 풀어낸 것은 바로 브레츠(J. Harlen Bretz, 1882~1981)였다.

브레츠는 시애틀에서 교사 생활을 할 때 주말이나 여름방학을 이용하여 그 지역을 돌아다니면서 그가 관찰한 지형에 대해 자세한 기록을 만들었다. 그 기록은 1913년 시카고 대학에서 그가 박사학위 논문을 쓰는 기본 자료가 되었다. 그는 시카고대학의 교수가 되었지만 그가 살았던 위싱턴주의 빙하에 관한 관심이 줄어든 것은 아니었으며, 여름방학이 되면 학생들과 함께 콜롬비아강 근처의 계곡으로 조사 여행을 가곤 했다. 그 곳에는 계곡의 높이보다 수백 미터 위에서 넓은 지역에 자갈더미가 발견되었는데 그것은 빙하가 운반해 만들어놓은 빙퇴석과는 다른 것이었다. 그래서 어떤 학자들은 그런 돌무더기를 설명하기 위해 큰 빙하로부터 떨어져 나온 얼음 덩어리가 바다로 이동하여 떠돌아다니다가 녹으면서 그 속에 들어 있는 돌들이 가라앉은 것으로 생각하였다. 그러기 위해서는 이 지역이 해수면 아래로 가라앉았던 시기가 있어야 했다. 그러나 이 지역의 지층들은 빙하기 중 바다 밑으로 가라앉았던 지질학적 증거들은 어디에서도 발견되지 않았다. 그런 사실을 확인한 브레츠는 이 돌들이 바닷물이 아닌 담수에 의해 운반되어 왔을 것이라는 생각을 가지게 되었다. 이런 브레츠의 상상력이 사실을 밝혀내는 출발점이 되었다.[4,5]

빙하에 의해 형성된 미술라호수의 정체를 밝힌 브레츠(J.H. Bretz) 교수

콜롬비아 용암대지의 제멋대로인 것 같은 기괴한 자연 경관은 10여 년간 계속해서 이 지역을 답사한 브레츠에게 새로운 사실을 하나둘씩 알려주기 시작하였다. 그가 모았던 단편적인 지질학적 정보들로부터 그는 새로운 사실을 확인하게 되었다. 그는 막대한 양의 물이 한꺼번에 흐르면서 부서질 것 같지 않은 현무암을 깨부숴 거대한 수로를 만들고 넓은 지역에 자갈밭을 만들어 놓았다고 생각했다. 브레츠가 이런 사실을 1923년 “콜롬비아 대지의 수로가 만들어진 스캐브랜드”란 제목의 논문으로 저널어브지올로지(Journal of Geology)란 학술지에 발표하자 학계는 바로 뜨거운 논쟁이 시작되었다. 그 논문이 그런 수로를 만든 물의 근원에 대해서 언급하고 있지 않았던 게 주된 이유가 되었다. 많은 학자들이 그의 의견에 의문을 제기하였지만, 브레츠는 수로가 만들어진 스캐브랜드(channeled Scabland)는 홍수에 의해 만

들어졌다는 강한 믿음을 가지고 있었다. 스캐브랜드란 기복이 있는 용암대지를 나타내는 말이다.

그런 주장은 그가 오랜 기간 그곳을 관찰한 결과에 기초하고 있었다. 그러나 지금까지 믿고 있었던 지질학적 변화는 서서히 진행된다는 일반적인 관념과는 동떨어진 것이었다. 특히 하천에서의 침식작용에 의해 깊은 계곡이 만들어지는 데는 장구한 시간이 소요된다는 사실을 알고 있었던 당시 지질학계에서 이를 논쟁의 대상으로 삼은 것은 피할 수 없는 일이었다. 더군다나 콜롬비아의 용암대지에 가본 경험도 없는 지질학자들이 그런 반대를 하는 것은 그것을 지지하는 것보다는 손쉬운 선택이었는지도 모른다. 그는 뒤이어 그의 자료를 새롭게 보완하여 자신의 주장을 더욱 단단하게 만들었다. 그렇다고 논쟁이 종식된 것은 아니었으며 새로운 논쟁을 촉진하는 계기가 되었다. 그는 반대의견을 가지고 있던 이들에게 충고하는 것도 잊지 않았다.[4]

> "사람들은 전례가 없는 사상에 대해서는 보편적으로 거부반응을 보이고, 정돈된 개념에 도전을 하면 불쾌하게 여긴다. 제시한 가설을 적극적으로 방어해야 할 상황이 되면 주창자의 눈은 흐려지고 감정적인 반응을 하게 된다. 그러기에 가설이 온당하여 하나의 사상으로 받아들여지면 적의 시야는 한층 더 어두워진다."

미국 지질조사소에서 일하던 파디(Joseph Pardee)는 1925년 브레츠에게 물의 근원이 될 빙하호의 생성을 고려해볼 것을 제안하였다. 그들의 노력으로 드디어 물의 근원인 미술라호수(Lake Missoula)의 정체가 드러나게 되었다. 적의 시야를 한층 더 어두워지게 하는 발견들이 속속 진행되었다. 플라이스토세의 마지막 빙하기가 끝이 날 무렵에 북미대륙을 뒤덮고 위스컨신주까지 내려왔던 빙하는 서서히 북쪽으로 물러나기 시작하였다. 미국의 서북부 콜롬비아 고원지대까지 빙하가 물러났을 때 빙하의 일부는 완전히 녹지 않고 600m의 빙하가 남아서 댐과 같은 역할을 하게 되었다. 그 댐 뒤로는 빙하로부터 녹은 물들이 채워지기 시작하였다. 그 댐은 거대한 호수를 만들었다. 1928년 시카고대학의 브레츠 교수가 알아낸 결과이다. 그는 그때 만들어진 거대한 호수를 미술라호수라고 하였으며, 호수에 잠겨 있던 물의 총량은 세계 모든 하천수의 열 배가 되는 1,700km³ 정도로 추정하였다. 그러나 원래 그 댐은 공학적으로 설계된 안전한 것이 아닌 단지 빙하가 녹다가 잔류된 얼음덩이가 만든 것으로 사실상 그 댐의 붕괴는 예정된 것이나 마찬가지였다.

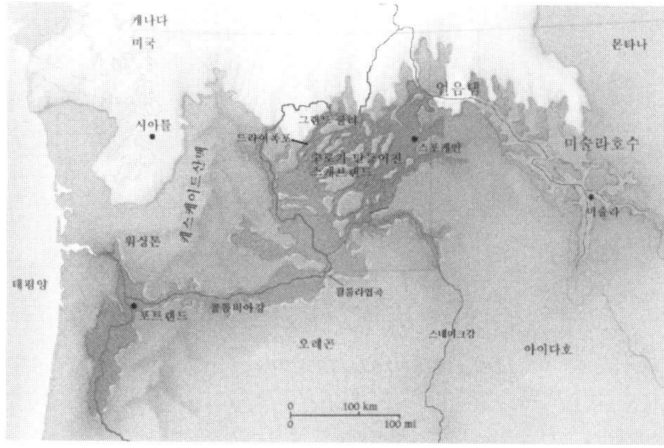

마지막 빙하기의 쇠퇴에 따라 잔류된 빙하가 댐을 만들면서 북미의 콜롬비아 대지에 형성된 미술라호수(윗쪽)와 댐이 붕괴되면서 일시에 호수물이 유출되면서 만든 협곡의 지형을 잘 보여준다.

빙하기가 쇠퇴하면서 기온이 올라가자 그 얼음댐은 녹아 무너져 내렸다. 그 댐은 순식간에 파괴되었으며 미술라호수에 저장된 물은 일시에 호수를 빠져나갔다. 그 물이 미술라호수를 빠져나가는 데 단지 45분이면 족하였다. 하류지역은 이전에 한 번도 경험해보지 못한 참담한 홍수를 경험하였다. 물이 지나가는 통로의 모든 것들은 모두 한꺼번에 사라져버렸다. 흐르는 물의 양은 초당 1,000만 m³ 정도로 현무암 용암지대를 흘렀는데 그 양은 전 세계 모든 강들의 바다로 유출되는 총량의 약 열 배에 해당한다. 이때 하류로 흘러가면서 파낸 퇴적물이나 현무암의 양은 210km³로 여겨진다.[5] 그 정도의 양이면 수로처럼 파여진 스캐브랜드를 일시에 만들기에 충분한 양이었다. 그 수로는 규모가 하도 커서 그냥 보기에는 그저 큰 계곡처럼 보일 수 있으나 큰 지형도나 항공사진으로 관찰하면 큰 계곡처럼 보였던 그곳이 물길이 남긴 자국이라는 것을 알아볼 정도로 거대한 규모이다.

적당한 단어가 없어서 그렇기는 하지만 그것은 홍수 이상의 것이었다. 이 홍수를 스포케인 홍수 또는 이를 처음으로 알아낸 브레츠 교수를 기념하기 위해 브레츠 홍수라고도 부른다. 이 지역의 바닥은 콜롬비아 용암대지로서 현무암층의 규모는 세

스포케인 홍수에 의해 콜롬비아 용암대지에 만들어진 드라이 폭포 아래의 그랜드 쿨리. 이 계곡은 엄청난 홍수에 의해 일시에 파헤쳐진 자국으로 계곡의 양쪽 벽에서는 주기적인 분출에 의하여 차곡차곡 가지런히 싸인 현무암층을 볼 수 있다.

계적으로 몇 번째 규모에 해당되는 장대한 것이다. 마이오세와 플라이오세라는 지질시대에 거의 1,500만 년 전으로부터 1,000만 년 전까지 계속된 캐스케이드산맥을 이루고 있는 화산활동에 의해 토해 놓은 현무암의 두께는 1,800m 이상이 된다. 어떤 곳은 현무암의 두께가 2,000m를 넘는 곳도 있다. 지하의 마그마방으로부터 이런 엄청난 양의 마그마가 분출되자 그 자리는 약간 주저앉게 되어 오늘날 우리가 콜롬비아 분지라고도 부른다. 이들 화산은 분출되면서 원래 낮은 지형을 메웠고 그때 만들어진 지형은 오늘날의 것과는 사뭇 다른 것이었다.

스포케인 홍수의 결과로 만들어진 지형적인 특징은 원래의 용암대지에서 발견되는 것과는 전적으로 다른 독특한 것이었다. 일반적인 침식작용의 결과로 만들어진 것과 다른 큰 규모의 계곡들이 이곳저곳에 만들어진 것이다. 그러한 대표적인 예가 바로 그랜드 쿨리(Grand Coule)이다. 한순간에 파헤쳐진 계곡의 양쪽 벽에서는 주기적으로 분출된 현무암층이 가지런하게 속살을 드러내 보이고 있다. 이외에도 통상적인 지질학적 과정에서는 만들어지지 않는 거대한 연흔들이 그런 증거이다. 연흔의 크기는 너무 커서 식별하기가 어려울 정도의 규모를 가지고 있다. 이런 큰 규모의 연흔은 미술라호수 물만이 만들 수 있는 그런 거대한 자국으로 다른 어느 곳에서도 찾아 볼 수 없는 것이다. 그리고 물길이 지나면서 만든 침식지형조차도 다른 곳에서는 발견하기 어려운 그런 것들이었다.[5, 6]

사실 이런 대규모 홍수가 있었던 또 다른 명확한 증거는 태평양에서 자원 탐사를 하기 위해 해양시추를 하던 중 발견되기도 했다. 보통 대양저에서는 바다에 의해 원거리 운반이 가능한 세립질 퇴적물들만이 발견된다. 조립질 퇴적물들은 대양으로 원거리 운반이 불가능하므로 특별한 환경을 제외하고는 대양의 깊은 바닥에서 쌓이는 퇴적물은 아니다. 무엇인가 다른 특별한 지질작용이 있어야만 그런 입자가 큰 조립질 퇴적물들의 원거리 운반이 가능한 것이다. 여기는 그런 지질작용이 간여했다. 바로 미술라호수의 댐이 붕괴되면서 일시에 방출된 물들의 힘이 너무 강하여 일시에 운반시킨 엄청난 양의 퇴적물들은 연안에서 퇴적되는 것으로 임무를 마치지 않고, 저탁류를 형성해 바다 밑으로 이동되어 육지로부터 멀리 떨어진 깊은 바다의 바닥 위에 조립질 퇴적물을 쌓아 놓았던 것이다. 이제는 미술라호수의 존재와 콜롬비아 용암대지 위에 만들어진 이런 과정을 아무도 부인하지 않는다. 이런 자연현상들에 의해 만들어진 호수의 크기나 물이 흘러간 방향 등은 지층 속에 암호처럼 기록으로 남겨져 있어서 후일 지질학자들은 이런 자연현상들을 해석할 수 있다.

지하에서 분출되는 진흙화산

지구에서 일어나는 일 중 우리가 쉽게 예상하지 못한 일들은 빙하가 만든 홍수에 그치는 것은 아니다. 그런 예상하지 못하는 자연현상들은 미친 신이 어디에선가 심술을 부리는 것처럼 여겨지는 대목이다. 화산지대를 여행하다 보면 분기공을 따라 쉭쉭거리면서 가스, 수증기 또는 뜨거운 물을 뿜어내는 모습을 볼 수 있다. 어떤 곳에서는 몇 시간 혹은 며칠을 주기로 물줄기를 분수처럼 쏘아 올리는 간헐천도 있다. 그런 곳은 으레 관광명소가 되는데 아마도 가장 잘 알려진 간헐천 중 하나는 미국의 옐로우스톤국립공원에 있는 올드훼이스풀 간헐천(Old Faithful Geyser)이다. 사실은 이 옐로우스톤국립공원이 있는 자리가 바로 열점의 상부에 있기 때문에 그 지역에서 화산활동이 바로 오늘 내일 일어날 가능성은 없다고는 하지만 언젠가는 일어날 가능성이 있다는 점은 지질학자들도 부정하지 않는다. 그런 지역이기 때문에 위험을 안고 있는 곳이기도 하다. 그런 이유로 지열이 풍부한 이 지역에 들어서면 여러 개의 분기공과 간헐천을 이곳저곳에서 쉽게 관찰할 수 있다.

그중 가장 장관을 연출하는 간헐천이 바로 올드훼이스풀이다. 이 간헐천은 약 90분의 간격으로 평균 약 14,000에서 32,000L의 물을 평균 40여 m의 높이로 쏘아 올린다. 이는 그저 찬 지하수가 아니라 가열된 수증기와 더운물이다. 쏘아 올리는 물의 양은 전적으로 하부에서 충전되는 물의 양과 관계된다. 분출 간격이 길어질수록 분수가 유지되는 시간은 길어진다. 아마도 인간이 이 지역을 점유하기 이전 이 따뜻한 간헐천은 겨울철 추위를 피해 온기를 찾아 모여든 동물들의 피난처였을 것이다. 이런 간헐천은 이곳에만 있는 것은 아니다. 화산대에 위치한 아이슬란드나 뉴질랜드 등 여러 나라에서 흔히 볼 수 있는 것이 간헐천이다. 지온에 의해 가열된 수증기와 물의 팽창이 만든 압력으로 저절로 솟구쳐 올라오는 것이다. 일본이나 중국에 가면 그런 소규모의 간헐천이나 분기공 주위에서 상인들이 계란을 삶아 팔기도 하는 것은 애교로 보인다. 이런 모습은 화산지대에 흔히 있는 일이라서 활동적인 화산이 없는 우리에게 신비롭기는 하지만 그리 놀랄만한 일이 아닐 정도로 사람들에게 익숙해져 있다. 또 어떤 분기공은 점토들로 채워져 마치 걸쭉한 죽이 끓는 것처럼 부글부글 끓어오르기도 한다. 끓어오른다는 것은 실상 지하에 있는 가스나 수증기가 올라오는 것이다. 이런 결과는 모두 지하에 있는 마그마가 분출을 했거나 할 예정인 화산지대에서나 관찰이 가능한 일이다.

미국 옐로우스톤국립공원에 있는 올드훼이스풀 간할천의 모습. 솟아오른 물줄기는 40여 m에 이른다.

화산지대이기는 하지만 화산과는 관계없이 인도네시아 자바의 포롱(porong)이란 마을에서 지하로부터 엄청난 양의 물과 범벅

인도네시아 동자바의 포롱의 진흙 화산(Mud volcano)의 분출로 폐허화된 마을 모습. 왼쪽에 하얀 증기를 뿜어내고 있는 것이 진흙 화산의 분출구이다. 마을로 들어오는 진흙을 막기 위하여 건설되는 제방이 보인다.

이 된 진흙탕이 쏟아져 나왔다. 자바의 동부는 막대한 양의 천연가스가 매장되어 있는 지역이다. 이 지역에서 천연가스를 탐사하던 한 석유회사가 시추를 하고 있었다. 시추를 한 이 지역의 상부 지층은 사암과 니암이 교대로 나오다가 하부에서는 사암이 분포되고, 그 아래에는 석회암이 깔려 있는 지역이다. 2006년 5월 시추공은 지하로 내려가면서 500m에서 시작되어 1,300m까지 연장되는 사암이 얇게 들어가 있는 두터운 점토층을 지났다. 그들은 점토층을 지나면서 시추공이 무너져 막히는 것을 방지하기 위해 철제 파이프를 약 1,091m 깊이까지 넣어 보강한 후 가스를 찾아 2,834m 깊이까지 파 내려갔다. 그러나 1,091m 아래에서는 시추공을 보강하기 위해 철제 파이프를 넣지 않았다.[7, 8] 그 시추가 끝나자 시추공에 인접한 남서쪽 약 200m 지점에서 작은 진흙의 분출이 있었다. 6월에 이르자 이 시추공의 북서쪽 약 1km 지점에서 두 번째 그리고 연이어 세 번째의 분출이 뒤따랐다. 당시 그 분출물은 황화수소 가스가 섞여 있는 진흙으로 온도는 60℃ 정도였다.[9]

그때까지만 해도 분출되는 진흙의 양이 그리 대단하지 않았기 때문에 놀랄만한 일은 아니었으며 분출은 곧 중지되었으나 그것은 다른 분출을 위한 준비 과정이라는 게 곧 밝혀졌다. 2006년 9월이 되자 하루에 쏟아 나오는 양이 일정한 것은 아니었지만 7,000m^3에서 15만 m^3에 이를 정도로 늘어났다. 이런 양의 진흙은 곳 주위의 논, 마을 그리고 주변에 있던 새우 양식장 등을 덮쳐 240ha의 면적을 불모의 땅으로 만들었다. 당연한 결과로 주위에 살고 있던 11개 마을의 2,983 가족은 더 안전한 곳을 찾아 이주를 해야 했다. 2007년 12월이 되었을 때 쏟아져 나온 진흙의 양은 10억 입방피트로 추정되었으며 약 4km^2의 면적이 두꺼운 흙탕으로 범벅이 되었다. 이렇게 엄청난 양을 토해낸 빈속을 채우기 위해서는 이 지역의 지반이 가라앉는 결과를 초래하였다.

이런 현상이 자연재해인지 여부는 논란이 되었다. 이 지역에서 일어난 지진이 머드분출을 촉발시킨 원인이 되었다는 것이 가스를 탐사하던 회사의 주장이었지만 이 지역을 조사한 다른 지질학자들은 그들의 의견에 전적으로 동조하지 않고 있다. 그러나 전문가들은 페쇄된 시추공으로 올라오지 못한 압력이 높은 뜨거운 물들이 시추공 주위에 열극을 만들면서 지표로 올라온 것으로 해석하고 있다. 이미 그 하부는 높은 압력이 작용하던 그런 곳이었으며 상부의 지층은 지진과 단층에 의해 어차피 깨지기 쉬운 준비된 지층이었을지도 모른다. 이런 사정을 모르는 현지인들은 지하의 신이 노한 것으로 생각했으며 실제로 지하의 신에게 분출을 멈춰줄 것을 기원하는 제사를 올렸다. 아마도 신의 의지로 일어난 일이라면 이는 분명 미친 신의 짓일 것이다. 그러나 정작 그 원인은 자연계의 평형을 건드린 인간이었으며, 그 결과로 역사상 유례가 없는 규모의 진흙 화산이 자바의 동쪽에서 만들어진 것이다. 이것은 한 가지 예에 불과하다. 세계의 곳곳에는 화산만큼 많은 것은 아니지만 진흙 화산이 여기저기에 널려 있다. 하여튼 자연의 잠재된 위험을 건드린 건 바로 인간이었다.

다른 형태의 분출물

지구상에서 일어나는 이상한 일이 어디 그것뿐이겠는가. 카스피해 동쪽에 있는 투르크메니스탄이라는 나라는 거의 불모지나 다름없는 카라

쿰사막으로 뒤덮여 있다. 이 사막은 350,000km²로 이 나라 전체 국토의 70%를 점유하고 있다. 그러나 이 사막은 불모지만은 아니며 석유와 엄청난 가스가 부존되어 있다. 이 사막 한가운데에는 직경 60m 그리고 깊이가 20m가 되는 불구덩이가 있는데 이는 바로 구 소련이 석유탐사를 하면서 당시에는 거추장스러운 물질에 불과하던 지하에 매장된 가스를 소진시키기 위해 붙여 놓은 불이다. 이는 마치 지구의 촛대처럼 지난 50년간 불길이 꺼지지 않아 다르바자가스 분화구(Darvaza Gas Crater)로 알려져 이 지역의 관광명소가 된 곳이다. 화산의 불길이 아니라 지층 속에 들어 있던 유기물이나 미생물들이 지질학적 시간동안 요리되어 만들어진 천연가스에 붙은 불길이다.

용암을 분출하는 화산은 세계 여러 나라에서 볼 수 있는 광경이다. 때때로 화산이 분출하는 모습을 보고 있노라면 그것은 마치 지구가 살아있다는 신호를 보내는 것으로 여겨지기도 한다. 비록 그들이 용암을 토해내는 일을 일시적으로 멈춘다고 해도 그들의 임무가 다 끝난 것은 아니다. 어떤 경우는 새로운 분출을 위하여 에너지를 비축하는 과정인 경우도 있다. 그러나 그런 과정이라고 해서 그냥 아무 일도 하지 않는 것은 결코 아니다. 지구조적으로 두 지판이 만나는 경계부는 무엇인가 움직이고 있는 그런 지역이다. 인도네시아가 바로 그런 위치에 있는 곳이라서 이런 진흙화산은 물론이고 지진과 화산활동이 자주 일어나는 곳이다.

인도네시아 자바의 동쪽 끝에는 2,386m의 이젠 화산이 있다. 그 화산은 지금 용암을 분출하고 있지는 않지만 분화구 주위에서는 시끄러운 소리와 함께 가스와 증기를 끊임없이 분출하고 있다. 이 화산이 다른 곳과 다른 점은 바로 분출되는 가스이다. 이 가스는 황을 가지고 있어서 지표로 나오자마자 노란색의 황을 분기공 주위에 침전시킨다. 이들이 분

50년간 불길이 꺼지지 않은 투르크메니스탄의 다르바자가스 분화구

인도네시아 2,386m의 이젠 화산 정상의 칼데라 주위에 있는 분기공에서 형성되는 자연황, 분기공을 빠져나오기 전까지는 온도가 높아 붉은색의 액체로 배출되지만 대기와 접하면서 황의 용융온도 이하로 식어지면서 노란 황 결정이 만들어진다.

기공을 나올 때는 온도가 200℃보다 높아 핏빛 붉은색의 액체 상태로 흘러나온다. 그 모습은 마치 지구 안의 핏줄이 터져 흘러나오는 것처럼 보인다. 그러나 황은 분기공을 떠나면서 대기와 접하게 되면 황의 용융온도인 115℃ 이하로 식으면서 곧바로 노란 자연황 결정으로 변한다. 현지인들은 붉은색의 황 용융체가 채 식기도 전에 이를 떼어내 대바구니에 담아 몇 시간이 걸리는 산길을 내려온다. 분화구 주위에 있는 뜨거운 열기와 가스를 피하기 위한 수단은 단지 그들 입 주위를 막고 있는 땀에 젖은 수건이 전부이다.

인도네시아의 수많은 화산 중 이 화산은 바로 자연황 때문에 잘 알려지게 되었다. 산 정상에 있는 푸른 물로 가득 찬 칼데라호수 역시 만만치가 않다. 물의 pH는 0.2로 이는 물이라기보다는 강한 산이나 다름없어 칼데라 주변의 엉성한 화산암 사이를 스미듯 빠져 나온 물줄기가 해안에 도달할 때까지도 우리가 생각하는 그런 물이 아닌 상태를 유지한다. 사실 황의 제조법이 개발되기 이전에는 화산에서 이런 형태로 나오는 자연황이 황의 유일한 자원 공급원이었다.

살아있는 지구

우리가 이런 정도의 지구 이야기만 들어도 미동도 하지 않을 것만 같았던 지구가 결코 정태적인 행성은 아니며 살아 움직이고 있는 실체라는 생각이 들기에 충분할 것이다. 그렇다. 지금까지 이야기한 것은 무엇인가 다른 자극에 의해 지구가 변해가는 모습의 몇 가지 예에 불과하다. 지구 자체는 본질적으로 현재 상태에 그대로 만족하고 안주해 있는 행성은 아니며 실제로 지구에서 작동되는 거대한 기작에 의해 계속 움직이고 있는 살아있는 행성이다. 여기서 살아 움직이는 지구는 무엇을 의미하는지 생각해보기로 하자.

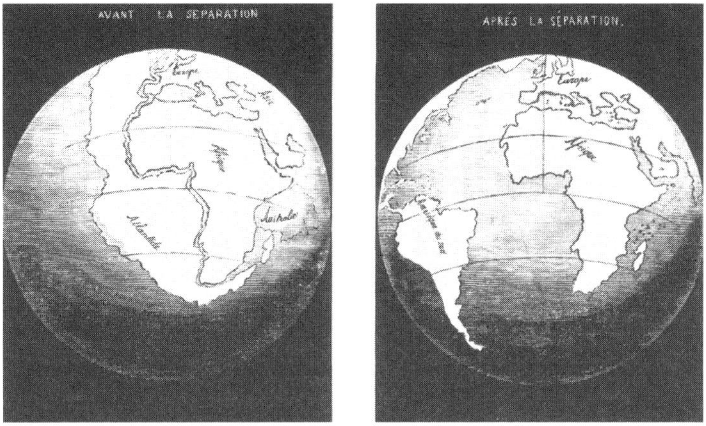

1858년 스니데르-펠레그리니의 저서《창조 신비함의해석》에 수록되어 있는 북-남미 대륙과 아프리카대륙이 합쳐져 있던 당시를 나타낸 그림

이 이야기는 오래전으로 거슬러 올라간다. 기록으로 보면 고전 경험론의 창시자인 영국의 철학자 베이컨(Francis Bacon, 1561~1626)이 아프리카 서부 해안선과 남미대륙의 동부 해안선의 지형의 유사성을 언급한 것으로 거슬러 올라간다. 그러나 그것은 단순한 언급에 불과였으며 그 이후 사람들은 그런 사실에 별로 관심을 갖지 않았다. 그러나 230여 년이 지난 1858년 프랑스의 지리학자인 스니데르-펠레그리니(Antonio Snider-Pellegrini, 1802~1885)는 그의 저서《창조 신비함의 해석》에서 각 대륙에서 나오는 석탄기 지층에 포함되어 있는 화석들의 유사성을 근거로 하나의 큰 대륙으로부터 분리되어 이동되었다는 주장을 하였다. 그가 만든 지도는 오늘날 가장 널리 알려진 대륙이동을 설명하는 지도 중의 하나로 사용되기도 한다. 그러나 그는 이런 대륙의 이동을 성서에 나오는 대홍수가 원인이었다고 해석하였다.

이런 사실은 지구가 움직인다는 사실을 과학의 세계로 도입시킨 계기가 된 것은 분명하였으나 그의 주장은 독일의 베게너(Alfred Wegener, 1880~1930)가 등장할 때까지 기다려야만 했다. 과학의 새로운 발견이란 것은 우연에 의해서만은 아니며 과거에 축적되었던 지식의 발현으로 보는 것이 온당하다는 것을 보여준 예의 하나 일지도 모른다. 베게너는 독일 마부르크대학의 기상학과 교수였다. 그는 극권에서의 기후 변화에 대한 연구를 하는 도중 대륙의 이동에 대한 관심을 갖기 시작하였다. 그는 지형적인 일치성 이외에도 각 대륙에서 산출되는 화석의 유사성을 증거로 제시하였다. 지금은 분리되어 서로 떨어져 있는 대륙들에서 같은 생물종들의 화석이

1912년에 출간한 《대륙과 대양의 기원》의 표지에 수록되어 있던 저자 알프레드 베게너의 모습. 그는 처음으로 대륙이동을 체계적으로 정리하여 주창하였다.

산출되는 것은 그들 대륙이 하나로 뭉쳐져 있지 않았다면 설명이 불가능하다는 사실을 알아낸 것이다. 그래서 그는 분리되기 이전의 거대한 초대륙을 판게아(Pangaea)라고 불렀으며, 그런 주장은 1912년 그의 저서 《대륙과 대양의 기원》이라는 저서를 통하여 제기하였다.

모든 혁명적인 사고가 새롭게 발표될 때처럼 이 역시 초기에는 지질학자들의 관심을 끌지 못했으나 베게너의 주장은 곧바로 논쟁의 중심으로 부상하게 되었다. 그러나 베게너가 이런 사실을 체계적으로 정리하여 발표하기 이전에도 1885년 스위스의 지질학자 쉬즈(Eduard Suess, 1831~1914) 역시 화석 산출의 유사성을 근거로 하나의 대륙 곤드와나랜드(현재는 곤드와나, Gondwana라고 부름)를 제의하였다. 미국의 아마추어 지질학자인 테일러(Frank Taylor)는 1908년에 산맥의 형성이 대륙의 충돌 결과로 형성되었다는 이론을 주장하였으나, 그의 주장은 사실상 아무 근거도 없는 공허한 것이어서 크게 주목을 끌지 못하였다. 그러나 베게너의 주장은 과학적인 근거를 가지고 있었다. 특히 식물을 먹이로 하던 리스트로사우루스(*Lystrosaurus*)와 같은 비교적 크기가 작은 파충류의 화석들이 인도와 아프리카는 물론이려니와 남극대륙에서도 발견되었다. 또한 따뜻한 지방에서나 자라던 큰 나무인 글로솝테리스(*Glossopteris*)란 식물 화석이 남아메리카를 비롯한 각 대륙에서 화석으로 발견되었다. 혹독한 추위로 식물이 자랄 수 없는 남극에서는 이런 식물들이 성장할 수 없기 때문에 따뜻한 위도에 있던 대륙이 이동한 것으로 해석하는 것 이외에는 그런 현상을 설명하기가 어려웠다. 이런 사실은 대륙이 이동된 사실을 확인하는 증거이기는 했지만 베게너는 대륙이 이동되는 근본적인 기작인 힘을 완전하게 설명하지 못해 이를 반대하던 이들에게는 좋은 공격의 근거를 만들어 준 것이나 마찬가지였다.

더군다나 당시 지질학의 패러다임을 지배하던 이론은 바로 "구운 사과 이론"으로 알려진 "지구수축설"이다. 원래 지구는 만들어질 때 매우 뜨거운 상태였으나 서서히 냉각되면서 지구가 수축되어 마치 구운 사과처럼 주름이 생겨서 산맥들이 형성되었다는 것이다. 조금 더 과학적으로 표현하면 지구에서는 수직적인 운동 또는 이동은 가능하지만 수평적인 이동은 불가능하다는 것이다. 그런 시절에 수평적인 대륙의 이동을 주장한 이론이 바로 대륙이동설이므로 그 저항은 예견되었다. 그러나 구운 사과 이론이 사실이라면 세계의 모든 산맥의 생성 시기는 같거나 비슷해야만 했다. 그러나 당시의 지질학적 지식으로도 우랄산맥이나 애팔라치아산맥은 알프스나 히말라야 산맥보다 훨씬 전에 만들어졌다는 것이 확인되었던 시점이었다. 그리고 지구 내부는 당초 뜨거운 상태가 아니었으며 지구가 만들어진 후 온도가 증가하였으므로 그런 가정은 사실 틀린 것이었다.

약 2억 5천만 년 전 대륙이 분리되기 이전 남극대륙, 인도 및 남아메리카 등지의 넓은 지역에 분포 서식하던 채식주의자인 리스트로사우루스. 각 대륙에서의 이들 화석의 발견은 대륙이동을 주장하는 증거의 하나로 간주된다.

사실 과학에서 새로운 이론의 도입은 말처럼 쉬운 일은 아니다. 새로운 이론이란 이미 확립된 과학이론에 배치되는 것이기 때문에 그 저항은 생각보다 크게 마련이다. 사회과학자 스넬슨(Jay Snelson)은 "학식이 있고, 지적이며, 성공한 성인은 그들이 가진 근본적인 전제를 좀처럼 바꾸지 않는다."라는 점을 지적하였다. 외부의 바이러스를 체내에 받아들이지 않으려는 생물학적 면역체계와 같이 기존의 지식체계 속에 혁명적인 사상을 받아들이려 하지 않는다는 것이다. 이를 "이데올로기적 면역체계"라고 하였다.[10] 과학사가들은 이런 현상을 맨 처음 언급한 막스 플랑크의 이름을 따 "플랑크 현상"이라고 부른다. 플랑크 현상은 비단 이번에만 나타난 것은 아니었지만 베게너의 대륙이동설에도 예외 없이 작동을 하였다. 그러나 지구과학의 발전은 차례로 베게너의 손을 들어주는 사실을 차례로 확인하는 과정이었다. 거기에 결정적인 이론적인 뒷받침을 해준 이는 바로 영국의 홈스(Arthur Holmes, 1890~1965)였다. 그는 대륙의 이동을 지구 내부에서 일어나는 맨틀 대류의 결과로

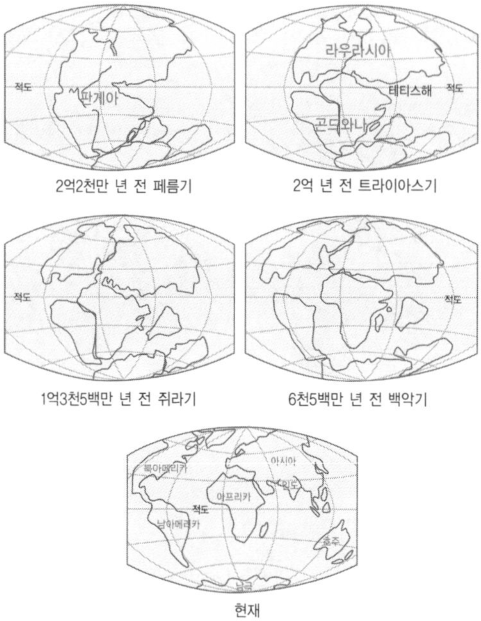

고생대 페름기말 초대륙 판게아로부터 각 지질시대별로 대륙이 이동한 위치를 복원시킨 지도(자료 : 미국지질조사소)

해석하였다. 대류 속도는 매우 느리나 밑에서 올라오는 대류세포는 대륙을 갈라놓으면서 새로운 바다를 형성하고, 다시 밑으로 가라앉는 대류세포는 해양지각을 끌고 가서 심해를 만들었다는 것이다. 홈스는 자신이 발표한 내용을 당시 학계의 분위기를 고려하여 대륙이동을 도모하기 위한 순수한 가설적인 기작이라고 덧붙였으나, 그의 학문적인 의지는 확고하였다. 그의 논문은 학회발표 후 4년이 지난 1931년이 되어서야 겨우 출간되었는데 이는 당시 학계의 반론이 만만치 않았음을 여실히 보여주는 여러 가지 자료 중의 하나이다. 그 후 확인되는 열점의 존재나 해양저 확장과 같은 사실이 확인되어 오늘날 아무도 거부할 수 없는 판구조론으로 정착을 하게 되었다.

이제 대륙이 분산되고 집합되는 과정을 거친 과거 지구의 역사를 모두 믿고 있으며, 지금도 대륙은 이동하고 있다는 사실을 누구나 인정하고 있다. 비록 그 이동되는 속도가 빠른 경우라고 해도 손톱이 자라는 속도를 크게 웃돌지는 못한다. 그렇다고 여러 조각으로 나누어진 지판이 이동하는 속도가 모두 같은 것도 아니다. 사실 대륙이 합쳐졌다가 분리되는 게 한 번만 일어난 사실이 아니라는 것도 최근에 밝혀졌다. 지금 우리가 이야기하는 것은 지구의 진화과정에서 합쳐져 있던 대륙이 오늘날의 대륙의 분포로 이동되는 마지막 과정의 분리이다. 이 과정이 바로 판게아로부터의 분리이다. 그러나 판게아 이전의 대륙 이합집산 과정에 대한 지질학적 정보는 확인해야 할 일이 아직도 많이 남아 있다. 하나로 뭉쳐 있던 초대륙 판게아는 지질시대로 고생대 페름기인 2억 5천만 년 이후 서서히 갈라지기 시작하여 약 2억 년 전에는 북쪽의 라우라시아와 남쪽의 곤드와나로 쪼개진다. 그 후 대륙은 이동을 계속하여 대서양을 만들면서 오늘날의 대륙의 분포 형태로 진화했다. 이런 과정을 설명하는 지질학적 자료는 이제는 충분하며 아무도 이를 의심하는 지질학자는 없다. 지금도 대륙은 이동을 멈추지 않고 있으므로 수억 년 후의 대륙의 모습은 오늘날과는 많이 달라져 있을 것이다.

잃어버린 대륙

이렇게 자연이 갈라놓은 대륙을 인류의 지도에 편입시키는 것은 오랜 세월을 기다려야만 했다. 오스트레일리아가 이름이 붙여진 것은 19세기에 이르러서이며, 남극대륙을 발견한 것은 1821년 러시아의 미카일 라자레브(Mikhail Lazarev, 1788~1851)와 폰 벨링스하우젠(Fabian Gottleb von Bellingshausen, 1778~1852)에 의해서 이루어졌다. 그들이 그곳에서 확인한 것은 단지 끝없이 펼쳐진 얼음뿐이었으므로 남극은 그 이후 한동안 잃어버린 대륙이 되었다.[11]

2억 5천만 년 전 지구의 모든 대륙이 하나의 연결된 대륙으로 뭉쳐져 있을 당시 남극대륙은 남아메리카, 아프리카, 인디아 및 오스트레일리아로 둘러싸여 판게아의 중심부에 위치하고 있었다. 오늘날 남극대륙이 위치한 지점이 바로 판게아의 중심부에 해당되었으며, 2억 9천만 년 전에는 오늘날 남극대륙이 위치한 곳에 바로 남극대륙이 자리 잡고 있었다. 그러나 그후 남극대륙은 조금씩 북쪽으로 이동하였다. 뒤이어 1억 7천만 년을 전후해서 이 대륙이 분리되면서 아프리카대륙이 처음으로 떨어져나가기 시작하였다. 이어 남아메리카와 아프리카가 분리되면서 대서양이 만들어지기 시작하였다. 곤드와나라고 불리는 초대륙이 북쪽으로 이동하였기 때문에 남극대륙은 아열대지방에 위치하게 되었다. 그러나 대륙의 분리가 계속되면서 남극대륙은 다시 남쪽으로 이동하였다. 그때까지도 남극대륙과 오스트레일리아는 함께 붙어 있었으나 약 1억 년 전부터 두 대륙이 분리되기 시작하여 약 6,000만 년 전에는 이 두 대륙도 완전히 분리되었다. 그때까지도 남극대륙은 아열

대 내지는 온대지방에 속해 있었기 때문에 당시 주종을 이루던 양치식물들이 번성한 대륙이었다.[12]

그러나 대륙의 분리에 따라 남극해류가 발생하여 남극대륙은 더 추운 곳으로 변화하였다. 드디어 2,500만 년 전에는 무성하던 양치식물의 숲이 사라졌고 얼음으로 덮인 불모의 땅으로 변했다. 남극해에 의한 고립과, 지리적인 위치로 남극에서 태양열의 혜택은 점점 더 줄어들었으며, 남극대륙의 지형적인 고도는 북극보다 더 추운 곳으로 만들기에 충분했다. 실제로 남극대륙의 평균 고도는 북아메리카의 720m보다 훨씬 더 높은 2,500m나 된다. 고도가 100m 올라갈 때마다 약 1℃씩 기온이 내려가는 것을 알고 있다면 남극이 북극보다 추운 이유가 설명된다. 더군다나 대륙에 넓게 발달한 빙하는 태양열을 85%나 반사해버리고 만다. 남극대륙의 한가운데는 영하 70℃까지 내려가는 곳도 있다고 하니 이런 곳에 생존이 가능한 생물체는 아무것도 없을 것처럼 여겨진다.

정녕 생존 가능한 생물체가 아무것도 없는 곳이 남극일까? 6개월 동안 해가 지지 않고, 또 6개월 동안 해가 뜨지 않는 바람과 얼음만 있을 것 같은 그곳에서도 대륙의 위치에 따라서는 온갖 생물종들이 서식하고 있다. 높은 곳에서 내려다보면 마치 백색의 고급 양탄자처럼 깔려 있는 빙하는 남극의 실체를 가장 잘 드러낸다. 실제로 남극의 빙하는 거의 3,000만 km^{3}로서 지구상 담수의 70%가 되는 물을 저장하고 있다. 어떤 곳의 빙하 두께는 5km에 이르기도 한다.

사실 이런 두터운 빙하는 과거 지구 기후의 변화를 그대로 기록하고 있는 정보의 산실이기도 하다. 이렇게 두꺼운 빙하가 쌓이려면 적어도 수십만 년의 시간이 필요하다. 물론 빙하가 만들어지는 두께는 전적으로 그 지역의 적설량에 따라 차이가 있으므로 일반적으로 말하기는 어렵다. 그러나 바로 그런 빙하나 빙상들은 물로 되어 있기 때문에 물을 구성하고 있는 산소와 수소의 안정동위원소 조성비를 이용하여 당시 대기의 온도를 추정할 수 있다. 그런 기록들을 우리는 기후의 대리기록이라고 한다. 실제로 이런 기후의 대리기록은 과거 인류가 기후변화를 기록으로 남기기 이전 시대의 상황을 말해주는 매우 중요한 자료가 된다. 말이 없는 얼음이지만 그들이 전해주는 정보는 실로 매우 유익한 것들로 그런 얼음으로 뒤덮여 있는 남극대륙은 정녕 잃어버린 대륙만은 아니다.

남극은 너무 추워 공기 중에 수분이 매우 적기 때문에 연간 강수량도 매우 적다. 빙하가 커지는 속도는 변두리에서 소모되는 양과 적절히 평형을 이루고 있다. 남극대륙의 주변부에 빙하가 떨어져 나가는 양은 1,450km^3로서, 이 양은 전 세계 인구의 절반이 사용하는 물의 총량과 맞먹는 규모이다. 한때 중동의 어느 나라는 부족한 담수자원을 보충하기 위해 이 빙하를 옮겨와 활용하는 만화 같은 구상을 한 적도 있었다. 하여튼 남극대륙에 쌓여 있는 얼음의 양만으로도 남극은 지구의 제빙공장이라고 부른다고 해도 이상할 게 하나도 없다. 상상하기도 싫은 일이지만 남극에 있는 얼음이 다 녹는다면 지금보다 해수준면이 60m나 상승하리라는 것이 과학자들의 계산이다.[13,14]

남극대륙에 분포되어 있는 빙상은 현재 축소되고 있는 것으로 알려지고 있어 우려의 목소리가 높아지고 있다. 얼음이 녹는 곳은 해안지대뿐만 아니라 공해로부터 900km나 떨어진 대륙의 내부에서도 얼음이 녹은 상태가 수일간 지속되는 것이 위성사진으로도 확인되었다. 이미 북극의 빙상이 축소되고 있다는 것은 잘 알려진 사실이다. 남극에서도 지구의 기온이 상승하는 것을 보여주는 신호로 여겨지는 현상이 이것 말고도 여러 가지 정황으로 포착되고 있다. 이는 지구가 더워진다는 것을 보여주는 증거로 이런 현상이 계속된다면 해수준면의 상승은 인류가 직면하게 될 위험이 될 것이다.

극지방에서 생물종의 다양성이 줄어드는 것은 사실이지만 그곳에도 그런 추위에 적응해 생존이 가능한 생물체들이 더러 있다. 북극에는 북극곰이 있다. 그런데 남극에는 그런 포유류가 없을 뿐만 아니라 담수어종도 그리고 육상식물도 거의 없다. 너무 춥기 때문에 남극대륙의 일부 지역에서만 생물종을 부양할 수 있다. 그곳에 서식하는 생물종도 미생물, 거미나 곤충과 같은 작은 것들이며, 식물이라야 지의류에 해당되는 것들이 전부이다. 물범이나 바다코끼리 등이 얼음 위에서 또는 펭귄이 극지의 일부 지역에서 생활하는데 이들은 나름대로의 적응기작을 발달시켰다. 이들 포

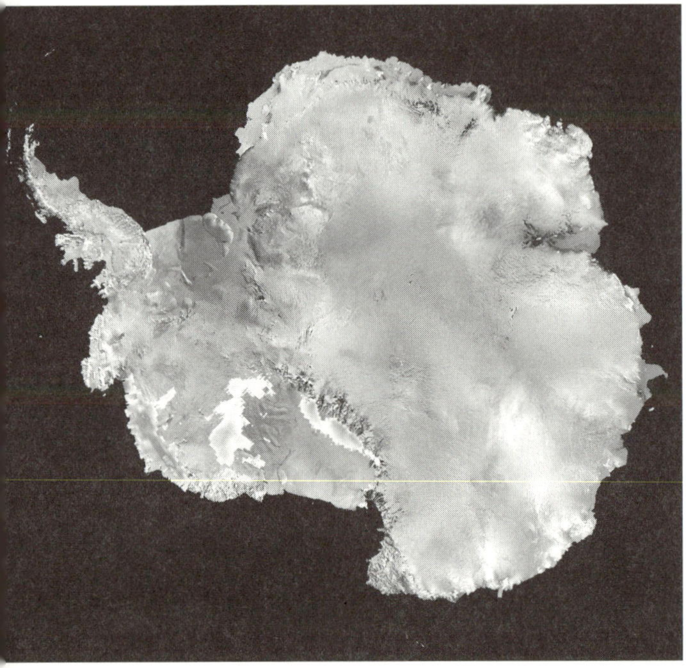

남극대륙의 빙하가 녹은 모습을 촬영한 위성사진. 밝게 보이는 부분이(이 사진의 남서쪽 지역) 일시적으로 얼음이 녹아 있는 곳으로 공해상으로부터 900km나 떨어진 대륙의 내부에서도 관찰된다(사진제공 : 2005년 1월 촬영, NASA, JPL).

유류들은 두꺼운 지방층이 발달하여 추위를 견디는 신체조직을 갖게 되었다. 그러나 원시적인 생물체인 조류가 이런 극지에 적응하기 위하여 자체 개발한 기작은 놀랍기만 하다. 그런 혹독한 추위를 이겨내기 위해 그들은 자신이 준비한 부동액을 사용할 뿐만 아니라 거의 측정할 수 없을 정도로 신진대사를 늦춰 동면에 들어갈 수도 있는 마술 같은 힘을 가지고 있기 때문이다. 그곳에서 그렇게 적응하였던 생물종들은 지질학적 시간이 경과한 후 남극대륙이 지구의 다른 위치로 이동하는 경우 전혀 다른 방식으로의 진화경로에 따라 번성하게 될 것이다.

눈의 거처 : 에베레스트

이렇게 엄청난 힘으로 지구 껍질을 움직이는 일이 지구가 하는 유일한 일은 아니다. 지구 위 어디에선가는 지각 전체를 들어올리는 일도 끊임없이 계속하고 있다. 들어올리는 속도는 인간의 시간으로는 가늠조차 되지 않는 느린 속도이기 때문에 사람들은 그곳에 태초부터 그런 높은 산이 있는 것으로 생각하기가 쉽다. 유럽에서 가장 높게 올라와 있는 알프스는 과거 약 6,000만 년 동안 일어난 지각의 이동 때문에 만들어진 것으로, 이런 산맥의 형성을 지질학자들은 조산운동이란 네 글자로 간단하게 표현한다. 이런 조산운동의 결과로 세계의 지붕이

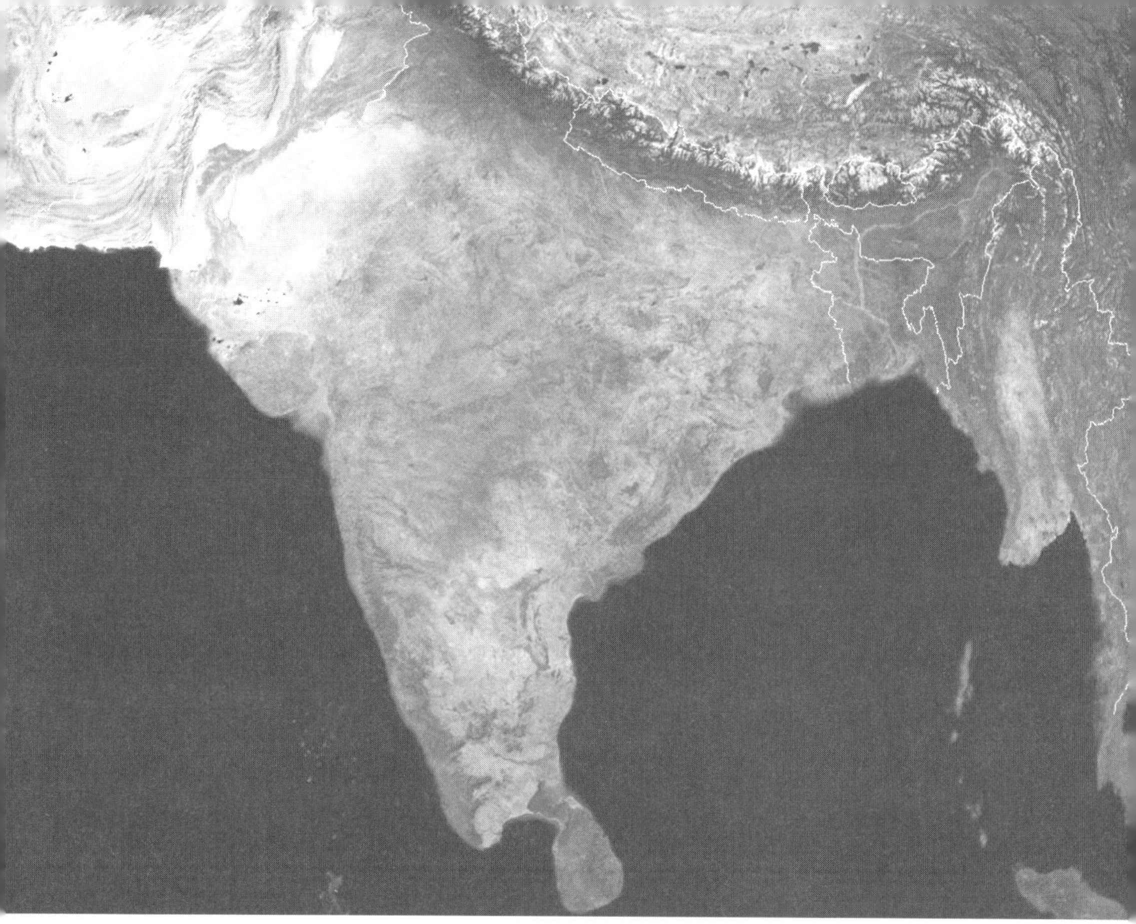

인도대륙이 북동쪽으로 이동하면서 아시아대륙과 충돌하여 융기된 지역이 히말라야산맥이다. 이런 충돌은 판구조론으로 설명되며, 본격적으로 융기를 시작한 것은 약 3,800만 년 전이다.

라고 일컬어지는 히말라야산맥을 비롯하여 남미와 북미대륙을 종단하는 안데스산맥과 로키산맥들이 만들어졌다.

이들 산맥 중에서는 히말라야산맥이 그 규모나 높이에서도 타의 추종을 불허한다. 이름부터가 재미있다. 이 산맥의 이름은 산스크리트어로 눈을 의미하는 hima와 집을 의미하는 alaya의 합성어로 '눈의 거처'란 뜻을 가지고 있다. 산맥을 따라 줄줄이 늘어선 연봉에 자리한 만년설을 생각하면 그럴듯한 이름으로 여겨진다. 이런 눈의 거처가 만들어지기 시작한 것은 약 1억 년 전으로 거슬러 올라간다. 이때 인도판이 유라시아판과 붙기 시작하여 이 두 지판의 충돌로 서서히 올라가기 시작하였다. 그러나 두 대륙이 충돌하기 이전 그 사이의 바다(테티스해의 일부)에서 퇴적되었던 암석들이 본격적으로 융기하기 시작한 것은 약 3,800만 년 전인 신생대의

세계의 지붕 히말라야산맥의 최고봉인 에베레스트산의 위용. 티베트인들은 이 산을 종말룽마(눈의 성스러운 어머니)란 시적인 이름으로 불렀다.

에오세에 해당되는 시기였다. 히말라야 산들이 대양들을 희생시키면서 성장한 결과이다. 히말라야산맥의 산 중턱에 있는 암석들 속에서 중생대 바다에서 살던 동그랗게 말아놓은 모양을 한 암모나이트란 패류화석 등이 산출되는 것으로 보아 그 시기에는 이 지역이 바다였다는 것을 알 수 있다. 바로 이런 현상은 지구가 끊임없이 움직이고 있다는 증거이기도 하다.

이러한 대륙의 이동 과정에서 대륙들의 충돌이 일어나는 지역에서는 대륙지각들이 그냥 솟아 올라오기만 하는 것은 아니며, 이때 작용하는 엄청난 압력과 온도는 암석들을 제멋대로 변형시키기도 한다. 돌을 엿가락처럼 늘여놓은 곳이 있는가 하면, 휘어놓기도 하며, 또 어떤 곳에서는 단단한 암석들을 밀가루처럼 가루로 만들어 놓은 곳도 있다. 단단한 암석들을 이렇게 만들어놓기 위해 필요한 온도와 압력은 대단한 것이지만 두 대륙이 충돌하는 지점에서는 이런 정도의 일을 일으킬만한 힘이 모이는 곳이다. 이렇게 만들어진 히말라야산맥은 덜 휘어진 활 모양으로 동서로 연장된 길이가 2,500여 km에 이르며, 그 폭은 200~400km 정도이다. 7,300m가 넘는 하늘에 붙어 있는 봉우리는 30여 개가 되며 이들의 머리에는 모두 만년설과 빙하를 이고 있으니 눈의 거처란 이름이 하나도 어색하지가 않으며 가장 잘 어울리는

이름으로 여겨진다.[15]

이렇게 솟아 오른 히말라야산맥은 남쪽으로부터 올라오는 습기를 차단하기에 충분한 키를 가지게 되었으며, 그 결과 히말라야 북부에는 건조한 기후대가 만들어져 거대한 타클라마칸 사막이 만들어지게 되었다. 이 산맥은 지난 150만 년 동안 적어도 1,500m 이상을 융기하였으며, 지금도 매년 수 밀리미터 정도씩 올라가고 있다. 에베레스트산의 높이가 얼마나 더 올라가야 끝이 날지 모르겠다. 세계의 지붕 에베레스트산 봉우리 밑에 살고 있던 티베트인들은 이 산을 종말룽마(Chomolungma, 눈의 성스러운 어머니)란 시적인 이름으로 불렀다.[16]

사실 에베레스트라는 이름은 이 산을 정작 보지 못했을지도 모르는 이브리스트(George Everest, 1790~1866)를 기려 영국의 지도제작자들이 붙인 이름이다. 이브리스트는 당시 영국의 식민지의 일부이었던 이 지역을 1830년에서 1843년까지 측량하고 조사하여 지도화 작업을 하던 조사대의 대장이었다. 사실 에베레스트산은 그의 탐사대장직을 뒤 이은 워프(Andrew Waugh)에 의해 측량되었다. 이 지역을 탐사하는 인도의 탐사대원들은 초인적인 인내와 희생을 감수하면서 이 지역을 차례로 지도의 일부로 편입시켰다.

그 이후 19세기에 계속 이어진 탐사의 결과 이 지역의 지도가 완성되었다. 그러나 중국 황제의 반대로 탐사대원들은 티베트 국경을 넘어갈 수 없게 되었다. 영국인들은 현지인을 고용하여 그들을 교육시켜 은밀하게 탐사작업을 수행하였다.[16,17] 고용된 현지인들은 팬디트라고 불리며, 이곳 사회에서는 지체가 높은 학자층이었다. 영국인들은 이를 펀디트(pundit)라고 발음을 해서 펀디트는 인도의 현인을 뜻하는 새로운 단어로 옥스퍼드 사전에 수록되었다. 그러나 오늘날 펀디트는 학식 있는 사람을 칭하기보다는 괜히 아는 체하며 거드름을 피우는 사람이나 쓸모없는 장광설이나 늘어놓는 사람을 지칭하는 의미로 사용되고 있다. 탐사대는 히말라야 고봉들의 이름을 유럽식으로 붙이는 것을 될 수 있는 한 피해 현지 주민들이 부르던 명칭으로 부르거나 번호를 부여하였다. 그것은 탐사대의 현명한 판단으로 여겨진다. 그러나 최고봉을 확인한 그들은 이 지역 탐사대를 이끌었던 조지 이브리스트 경을 기

인도 북동부 히말라야 남사면 고원지대의 다르질링(Darjeeling) 지역에 산재한 차밭의 모습. 히말라야 높은 지형 때문에 공급되는 수분의 이동이 차단되어 생긴 충분한 강수량과 고원지대의 기후가 다르질링을 차의 명산지로 만들었다. 능선을 따라 영국 식민지 시절부터 여름 휴가지로 건설된 시가지의 일부가 보인다(사진제공 : Michael Janich).

려 붙여진 이름이지만 정작 산의 이름은 에베레스트라고 발음한다. 티베트인들이 부르던 이름으로 명명되어 알려졌으면 하는 아쉬움이 든다.

히말라야산맥의 고산지대와 같은 높이라고 해서 당초에 빗방울 대신 우박이 내리는 것은 아니며 보송보송한 눈송이로 내린다. 높은 산은 기온 차이에 따른 강설량의 변화도 변화이지만 산맥을 중심으로 대기의 흐름조차도 장애를 일으켜 기후의 변화를 일으키는 원인이 되기도 한다. 이런 일은 히말라야산맥에 비교하면 그저 그 산맥의 작은 가지가 되기에도 부족한 태백산맥이 구름을 가로막아 그 동쪽과 서쪽에서 현저한 기후의 변화 특히 강수량의 차이를 보이는 대관령을 끼고 있는 강릉지방만 생각해 보아도 쉽게 연상되는 일이다. 특히 인도 북동부 서벵골주 다르질링지역에서 높아지는 히말라야산맥은 여름철 남서계절풍에 의해 인도양 쪽으로부터 공급되는 많은 습기가 산맥을 넘어가는 것을 막고, 겨울철이면 북쪽으로부터 남하하는 찬 기단을 차단한다. 당연한 결과로 산맥의 남사면은 강수량이 많아 1년 평균 강수량은 2,800mm을 상회한다. 이에 반하여 산맥의 북사면과 북쪽은 건조한 기후대를 갖는 강수음영대가 된다. 그곳에 만들어진 타클라마칸 사막이 그 증거이다.[15]

히말라야산맥 남사면의 비교적 동쪽에 위치한 인도북부의 다르질링 지역의 높은 강수량과 높은 평균 고도는 이 지역을 세계 3대 명품 중의 하나인 차(茶)의 명산지가 되는 천혜의 조건을 갖춘 지역으로 만들었다. 그곳의 경관만으로도 다르질링의 향이 그곳에서 만들어지는 이유를 설명해준다. 다르질링차는 봄철에 수확되는 백포도주향의 연한 색을 띠는 것으로 차의 전문가들이 가장 선호하는 '만물차' 이다. 5월과 6월에 수확되는 차는 찻물의 빛깔이 만물차에 비해서 약간 진하다. 여름에 수확하는 차를 '두물차' 라고 하며, 가을에 수확되는 차를 '세물차' 라고 한다. 만물차와 5, 6월에 수확하는 차는 아무것도 타지 않고 차의 향을 즐기는 오후에 마시는 차이고, 세물차는 아침에 마시며 우유를 타서 마신다. 그런 훌륭한 차밭은 거기에만 만들어진 것은 아니며 히말라야의 동쪽 끝 부분에 해당되는 중국의 운남성과 사천성에도 중국에서는 내로라하는 차밭이 만들어진 곳이기도 하다.

물보다 가벼운 얼음

구름의 밀도가 높아져 수증기가 응축되면 비가 되어 지표로 떨어진다. 지표에 도달한 빗방울은 지표의 구배를 따라 흐르면서 하천이 되고, 그들의 일부는 땅속으로 들어가 땅 밑을 기어들어가 지하수의 근원이 된다. 높은 지역으로 떨어지는 경우에는 눈으로 떨어져 설원이 되고 이들은 빙하로 진화를 한다. 눈은 전체 체적의 90%가 공기로 구성되어 있어 물의 밀도의 10분의 1에 불과할 정도로 가볍다.

원래 눈의 결정들은 거의 완벽한 기하학적 대칭성을 갖는 아름다운 형태를 가지고 있으며 눈송이마다 제각기 고유한 형태를 가지고 있다. 어느 것 하나 똑같은 모양이 없으며, 그 형태 또한 아주 다양하다. 이런 각 눈송이의 형용할 수 없는 완벽한 대칭성은 자연이 만든 경이로움의 한 예이다. 눈은 원래 공기를 많이 함유하고 있기 때문에 눈을 밟으면 뽀드득 뽀드득 소리를

눈의 여러 가지 결정 형태의 몇 가지 예. 각개의 눈송이들은 이처럼 독특한 기하학적 대칭성을 가지고 있다.

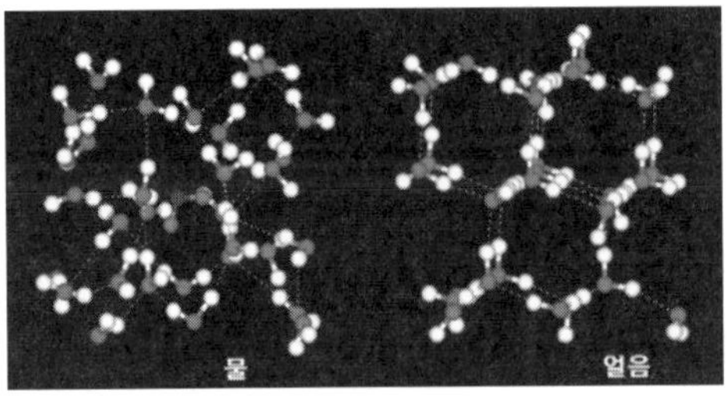

물과 얼음에서 물 분자가 배열되는 방식. 물에서의 물 분자의 배열은 얼음보다는 덜 규칙적이다. 얼음에서 비록 물 분자가 규칙적으로 배열되기는 하지만 공극이 더 크게 만들어져 얼음이 물보다 밀도가 작다.

내면서 납작하게 가라앉는다. 그것은 바로 눈 속에 들어 있던 공기가 빠져나가는 소리이다.

추운 지방에 내린 눈이라고 공기가 없는 것은 아니다. 그런 눈은 며칠이 지나면 증발이 되면서 얼음으로 변하게 된다. 얼음의 두께가 두꺼워지면서 공기의 양이 전체 체적의 20% 정도로 줄어들면 빙하가 된다. 빙하를 만든 얼음의 밀도는 물의 밀도의 거의 90% 수준인 0.9g/cm^{3}로 커진다. 우리가 극지방이나 고산지대에서 보는 빙하를 만든 얼음의 밀도가 그 정도이다. 얼음으로 변했다고 해서 변화가 멈춘 것은 아니며 얼음의 두께가 두꺼워지면서 얼음은 계속 스스로를 변모시킨다. 작은 얼음 결정으로부터 큰 얼음 결정으로 스스로의 몸집을 불려나간다. 얼음 결정의 크기가 커진다고 해서 얼음이 물의 밀도를 넘어설 수는 없다. 왜냐하면 물과 얼음을 구성하는 원소는 동일하지만 이들이 배열되는 방식은 서로 다르기 때문이다. 그러나 얼음 결정은 결정입자가 커진다고 해서 원자들이 배열되는 방식이 달라지지는 않는다. 물 분자는 산소 하나에 수소 두개가 붙어 있는 모습을 하고 있다는 것은 이미 앞서 설명하였다(포세이돈과 보레아스의 심술 참조). 물은 보기에는 아무 움직임도 없는 상태, 즉 정적으로 보이지만 사실 어떤 한 순간에 짝을 이루고 있는 물 분자는 전체 물 분자의 일부인 15%에 불과하다. 그들은 계속 짝짓기와 헤어짐을 하고 있는 상태로 매우 분주하게 움직이고 있는 것이다. 그러나 우리의 눈에는 그저 가만히 있는 것처럼 보일 뿐이다. 그러나 온도가 내려가 얼음 결정이 되면 이들 물 분자는 제멋대로 짝을 바꾸는 그런 무모한 짓을 더 이상 하지 못하게 된다. 차츰 물 분자들이 질서 있는 배열을 해서 일정한 형태를 유지하기 때문이다. 얼음에서 비록 물 분자의 배열이 규칙적이기는 하지만 물 분자가 그런 규칙적인 배열을 하면서 분자들 사이에 만들어진 공극의 크기는 증가해서 물보다 밀도가 낮아지게 되는 것이다. 그러니 얼음은 물에 뜰 수밖에 없다. 기실 얼음 결정 자체도 속이 비어 있는 것이다. 물이 다른 물질과 차이 나는 점은 바로 액체보다 고체 상태에서 밀도가 낮다는 점이다. 모든 물질은 액상일 때보다는 고상일 때 밀도가 큰 것을 감안하면 이는 물이 갖는 특별한 성질임에 분명하다. 물보다 얼음이 단단하기는 하지만 밀도가 작은 것은 물의 독특한 성질 중의 하나이다. 속이 비어 있는 얼음이 아니라면 아마도 웬만큼 춥지 않은 지역에서는 얼음 구경하기가 쉽지는 않을 것이다. 어는 대로 얼음은 물 밑으로 가라앉게 될 터이니 말이다. 이 또한 자연의 신비이다. 다행스럽게도 얼음이 가볍기 때문에 얇게 얼어붙은 호수의 표면에서도 우리는 얼음을 볼 수 있으며, 썰매타기와 같은 놀이를 즐길 수 있다.

비록 얼음이 물보다 가볍다고는 하지만 이들이 남극과 또는 다른 극지방이나 고산지대에 두껍게 쌓이면 지각에 미치는 영향은 놀라울 정도가 된다. 빙하의 두께가 약 3km 정도가 되면 그 밑에 있는 대륙을 약 1km 정도 침하시킬 수 있다. 그런 흔적은 여기저기에 남아 있다. 약 2만 년 전은 마지막 빙하기의 시대이다. 당시 북반구는 넓은 빙하가 남하했던 시절이다. 캐나다 북부의 허드슨만 일대를 덮고 있던 빙하는 로렌타이드대륙빙으로 불리던 거대한 얼음 덩어리였다. 빙하기가 끝난 지금 거대한 빙상의 하중이 제거되자 침하되었던 대륙이 지금도 상승하고 있다. 원래의 상태로 되돌아가고 있는 중이다. 잃어버린 대륙 남극은 그 위에 쌓여 있는 평균 1.6km 두께의 얼음 하중 때문에 대륙이 가라앉아 해수준면 2,500m 아래까지 얼음이 내려가 있는 곳도 있다. 이런 지반침하 현상은 그린랜드에서도 마찬가지이다.[11,13] 그린랜드 역시 얼음이 두꺼운 곳은 2km를 넘어 3km에 육박하는 곳도 있다. 아마 이곳에서 빙상이 제거되면 허드슨만에서 일어나고 있는 대륙의 융기현상이 나타나게 될 것이다. 이런 현상을 지각평형(isostasy)이라고 한다. 이는 얼음이 만든 하중(荷重)이 단단한 지각 밑에 있는 연약권을 밀어냈다가 하중이 제거되자 제자리로 돌아오는 과정이다. 이는 마치 끈끈한 점도가 높은 기름 덩어리 속에 나뭇조각을 손으로 밀어 넣었다가 손을 떼면 나뭇조각이 솟아 올라와 평형상태로 되돌아가는 것과 같은 이치이다. 이런 것을 보아도 지구가 우리가 생각하는 것만큼 단단하지 않고 움직일 수 있다는 것을 보여주는 증거이다.

킬리만자로의 눈

워낙 덩치가 큰 산맥이 발달한 곳에서는 지역에 따라 기후가 완연하게 다르다. 산의 높이에 따라 비가 눈이 되는 것은 누구나 다 알고 있는 사실이다. 히말라야산맥과 같은 높은 산을 오르다 보면 눈과 빙하가 있는 고도에 도달하게 된다. 그런 높이에서 내린 눈은 낮은 온도 때문에 잘 녹지 않고 그대로 남아 있게 된다. 눈이 남아 있는 그런 고도를 설선(雪線)이라고 한다.

각 지역에서 설선의 높이는 겨울철의 적설량과 여름철의 기온에 따라 매년 변화될 뿐만 아니라 위도에 따라 달라진다. 극지방으로 가면 아주 낮은 고도에서도 만년설이 존재한다. 북극권에서는 낮은 고도가 아니라 바다 위에서도 빙상이 만들어져 마치 끝없이 펼쳐진 대륙을 방불케 만든다. 그러나 위도가 적도로부터 남쪽 혹은 북쪽 40° 근처면 설선의 고도는 3,000m에 이르며, 그 높이는 적도 쪽으로 가면서 점점 높아진다. 그래서 적도 근처에 있는 고봉 킬리만자로에 이르게 되면 설선의 높이는 5,500m에 이른다. 북위 30° 근처의 히말라야에서는 약 4,500m 정도에서 설선이 형성된다.

설선 이상의 고도에서 내리는 눈들은 시간이 경과되면서 얼음으로 변화되어 결국 두꺼운 얼음층을 만든다. 적도에서 남쪽으로 겨우 300km 밖에 떨어지지 않은 킬리만자로는 그 높이가 5,895m에 이르기 때문에 산꼭대기에 사시사철 녹지 않는 빙하를 가지고 있다. 킬리만자로 정상으로부터 불과 20km의 거리에 있는 케냐의 사반나지역에 약 400km² 넓이의 암보셀리(Amboseli)국립공원이 남쪽의 탄자니아 국경지대로 펼쳐져 있다. 암보셀리국립공원은 헤밍웨이가 사냥을 즐기면서 《킬리만자로의 눈》을 집필했던 곳이다. 이제 그곳 암보셀리국립공원은 동물보호구역으로 지정되어 더 이상 사냥을 즐길 수 있는 곳은 아니다.

아프리카대륙의 최고봉으로 솟아 올라온 킬리만자로 때문에 이 지역은 강수음영대에 속해 강수량이 매우 적은 건조한 지역이다. 그렇기는 하지만 이 지역은 오래전부터 마사이족이 거주했던 곳으로 우리에게 더 잘 알려진 지역이기도 하다. 탄자니아의 초대 대통령을 지낸 니에레레(Julius Nyerere)는 탄자니아의 독립을 갈망하면서 "우리 탄자니아 국민들은 국경을 넘어 빛나는 킬리만자로의 정상에, 절망의 땅에 희망을, 증오가 있는 곳에 사랑을, 비천함이 있는 곳에 존엄을 주는 횃불을 밝히자."라는 연설문을 남겼다. 킬리만자로는 그곳에 그저 높게 자리하여 머리에 만년설을 이고 있는 단순한 설산이 아니라 주변 국가 국민들의 희망의 상징이었다. 그 산이 가지고 있는 상징성은 우리 한민족이 백두산에서 느끼는 감정과도 같은 것이었다. 그 영산 산자락에 펼쳐진 사반나는 초원 그 이상의 의미를 가진 곳이었다. 그 초원지대에서 한가롭게 무리지어 있는 코끼리떼 뒤로 펼쳐지는 눈 덮인 킬리만자로의 봉우리와 묘한 대조를 이룬다. 이런 경관 역시 대륙이 이동한 결과로 일어난 지질작용에 의해 만들어진 자연이 창조한 소품 중의 하나일 뿐이다.

희박한 공기

달라지는 것은 그것만이 아니다. 산을 올라가면서 사람들에게 가장 먼저 찾아오는 고통은 산소가 부족한 현상이다. 보통 7,000m 정도의 고도에 이르게 되면 해수준면의 고도에서 마실 수 있는 산소의 44%만 들여 마실 수 있으며 5,000m 정도면 대체로 50% 정도만 이용 가능한 양이 된다. 고도가 상승할수록 대기압이 내려가고 공기 속의 산소분압은 같은 비율로 내려가기 때문에 신체 조직으로의 산소공급은 저절로 줄어들게 된다. 더군다나 그런 고도에서 활동을 하면 필요한 산소는 더욱 증가하게 된다. 높은 산을 등반할 때 오는 산악병은 바로 거기에서 기인하는 것이다. 그러나 산소가 많다고 좋은 것만은 아니다. 인체실험 결과에 의하면 해수준면에서의 산소량의 55% 정도를 사람들의 임계량으로 보고 있다. 그보다 더 적게 되면 사람이 살기에는 적합하지 않다는 것이다. 임계량이 그 정도라고 해도 그 높이에서 빨리 뛰거나 노동을 하는 것은 낮은 지역에서 적응한 우리들에게는 허락되지 않는 사치이다. 낮은 곳에 사는 사람들이 고산 지대에 적응하는 것은 체질에 따라 다르기도 하지만 그곳에 사는 사람들은 어느 정도 그 문제에 관한한 적응되어 있다.

그러나 최근 흥미롭게도 안데스산맥 고산지대의 인디오와 히말라야산맥의 고산

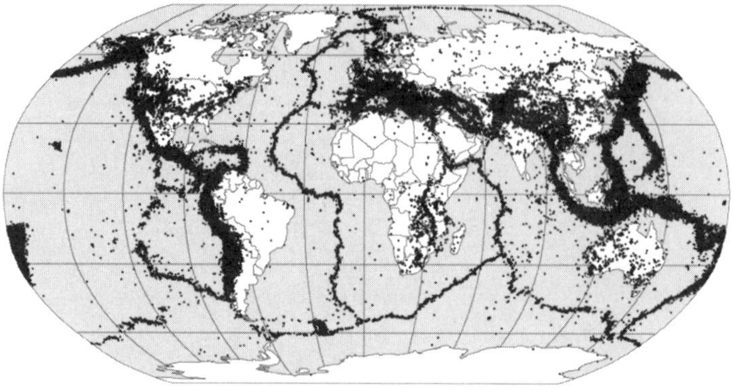

미국 지질조사소가 1963~1998년 사이에 발생한 358,214번의 지진을 도시한 결과. 지진 발생은 주요한 지판의 경계부를 따라 집중되는 것을 보여준다(미국 지질조사소).

지대에 사는 티베트 사람들과는 적응하는 방식이 서로 다르다는 사실이 밝혀졌다. 주어진 환경에 적응하기 위한 절묘한 진화의 결과이다. 안데스 고원지대에 적응한 아메리카 인디언들이 저지대에 사는 사람들과 동일한 횟수의 호흡을 하면서 저산소증을 이겨내는 방법은 혈액 속의 붉은 핏돌(적혈구)이 더 많은 산소를 운반할 수 있게 자신들을 변화시킨 결과이다. 그들은 비록 저지대에 사는 사람들과 호흡하는 횟수는 갖지만 혈액속의 헤모글로빈이 많아 더 많은 양의 산소를 공급한다는 것이다. 그러나 티베트 사람들은 안데스 사람들과는 달리 평지에 적응한 사람들보다 더 자주 호흡함으로써 필요한 산소를 공급한다는 것이다.[18] 거기에다 핏줄의 크기를 확대해서 운반할 수 있는 산소의 양을 늘린 것도 티베트 사람들이 그런 고산에 적응할 수 있는 다른 2차적인 생체적응 수단이었다.

평지에 적응된 우리 같은 보통 사람들은 이 두 가지가 다 불가능한 일이다. 평범한 사람들에게는 추가로 산소를 공급받거나 산소가 풍부한 낮은 고도로 재빨리 몸을 이동하는 방법 이외에는 이런 저산소증을 이겨낼 수 있는 방법이 없다. 칠레와 페루의 안데스산맥 4,000에서 5,000m 고산지대에 위치한 구리광산에서 일하는 광부들은 일상적으로 강도가 높은 노동활동을 하지만 저지대에서 올라온 이들은 그 높이에 있는 것만으로 고통을 호소하기도 한다. 고산지대에 사는 사람들은 이미 그런 산소가 결핍된 환경에서 자신을 적응해 왔기 때문에 일상의 생활을 불편 없이 이어갈 수 있다.

자원의 보고 : 안데스산맥

안데스산맥과 같은 고산지대에 인류에게 유용한 금속광물 자원의 보고를 마련해준 것은 태평양 바다 밑에 있는 나즈카판이라는 해양지각이 남미판이라는 남아메리카를 이루고 있는 대륙지각 아래로 기어들어가는 지판의 경계라서 가능한 일이었다. 두 지판이 만나는 곳인 태평양 아래에는 좁고 긴 해구가 형성되는데 이를 페루-칠레 해구라고 한다. 해구를 지나 상대적으로 밀도가 낮은 대륙지각에 이르게 되면 심한 습곡과 단층을 수반하는 조산운동이 일어나는 지역이 되는데 그곳에 만들어진 것이 바로 안데스산맥이다. 나즈카판과 남미판이 만나 가라앉는 곳을 섭입대라고 하는데 두 지판이 만나 지하로 연장되는 곳이 응력이 모이는 곳으로 그곳이 바로 지진을 만드는 산실이다. 사실 이 지역은 인류 역사가 기록한 가장 강력한 대칠레 지진(Great Chilean Earthquake)을 발생시킨 곳이기도 하다. 그 지진의 강도는 리히터 규모 척도로 9.5로 기록된 것으로 1960년 5월 22일 오후 7시 11분에 칠레 산티아고 남쪽 700km 지점, 지하 30km 깊이에서 발생한 것이었다. 지진파가 흔들어 놓은 피해도 피해였지만 근처 칠레 해안가에 만들어진 25m 높이의 쓰나미가 미친 영향은 엄청난 규모였다. 이들이 만든 쓰나미는 태평양을 가로질러 하와이 해안의 힐로를 쑥대밭으로 만든 위력을 가지고 있었다. 그러나 다행스럽게도 인명피해는 2008년 중국의 쓰촨성 지진이나 2004년 인도네시아의 수마트라-안다만지진에 비교해서는 경미하였다. 전 세계에서 지진이 자주 일어나는 곳을 연결하면 그곳은 바로 지판의 경계부에 해당한다.

이곳 남미에 있는 두 지판이 충돌을 시작한 것은 중생대 쥐라기로 거슬러 올라가는데 오늘날의 안데스산맥의 형태를 갖춘 것은 백악기에 이르러서이다. 나즈카판과 일부 남미대륙의 남쪽에서는 남극판이 남미대륙의 밑으로 기어들어가면서 섭입대의 하부에서는 새로운 마그마가 만들어져 왕성한 화성활동을 일으켰다. 그래서 태평양과 접한 안데스산맥은 화산대가 되었으며 수많은 화산이 안데스산맥을 따라 줄줄이 이어져 있다. 화산 분출과 함께 그 하부에서 일어나는 관입암체의 형성과 같은 화성활동은 다양한 금속광물 자원을 생성시켜 이곳을 자원의 보고로 만

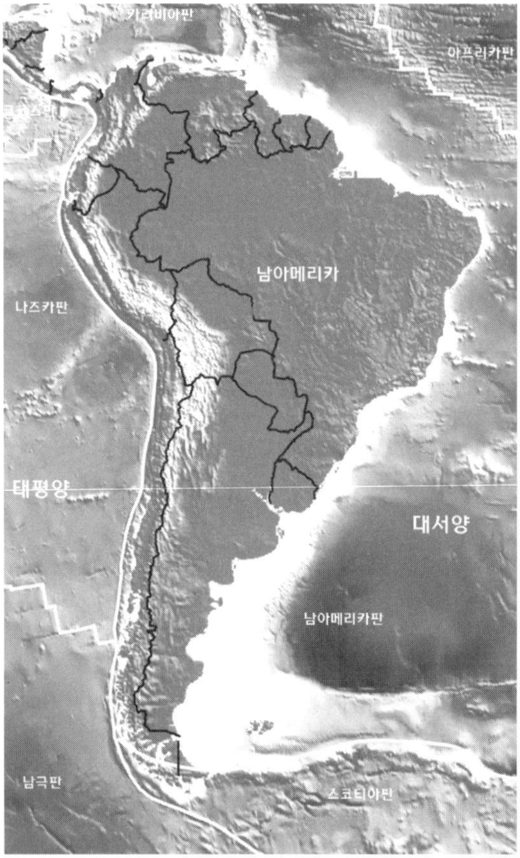

남아메리카의 안데스산맥은 태평양 바다 밑에 있는 나즈카판과 남극판이 남아메리카판과 충돌하여 융기되어 만들어진 것이다. 두 지판이 만나는 이곳은 많은 화성활동을 수반하고 있다.

들었다.

세계적인 규모를 갖고 있는 동광상(반암동광상)들이 마치 이곳에만 모여 있는 것처럼 느껴질 정도로 많은 광상들이 분포되어 있다. 안데스산맥 4,000m 고도에 있는 라오로야(La Oroya)광산도 그런 광산들 중의 하나이다. 이 광산이 세계적으로 알려지게 된 것은 광산의 규모도 한 몫을 했지만 사실 이 광산에서 광석의 제련과정에서 발생시킨 악명 높은 환경오염 덕분이었다. 광산 활동으로 발생되는 환경오염을 감시하는 블랙스미스인스티튜트(Blacksmith Institute)는 2007년도 보고서에서 이 광산 주변을 세계에서 가장 오염된 지역으로 지목할 정도로 공기가 희박한 안데스의 한적한 고산 마을을 오염의 땅으로 만든 장본인이기도 하다.[19] 환경오염을 일으킨 광산이 그곳만은 아니다. 광업활동의 결과로 만든 재앙은 세계의 이곳저곳에 여러 곳이 있다. 특히 광석이 황화광물인 경우 배소과정에서 다량의 아황산가스와 황산을 만든다. 또한 광석을 분쇄하는 과정에서 미분으로 만들어진 광미 역시 환경재해의 원인 물질이 되기도 한다.

심한 경우에는 제련소 근처의 식생, 즉 생태계를 거의 완전하게 파괴하기도 한다. 이런 예를 들면 광업은 마치 세상을 통째로 말아먹는 괴물과도 같다는 생각이 든다. 그렇다면 광물자원의 개발을 중단해야 하는가 하는 의문이 든다. 그런 의문에 대한 답은 그래도 인류 문명의 근간인 자원개발을 중단할 수는 없다는 것이다. 이제 자원개발은 더 이상 환경보전과 별도의 문제로 고려되는 대상이 아니라는 점이 분명해졌다. 실제로 환경에 미치는 영향을 고려하지 않는 자원개발은 더 이상 허용되지 않도록 사회환경이 변화하고 있다.

사실 일반인들에게는 광산들이 제멋대로 분포되어 있는 것처럼 보이지만 그들 역시 자연이 결정한 규칙에 따라 정해진 자리에 분포된다. 한 가지 자연이 정한 규칙을 살펴보기로 하자. 반암형광상(암석 중에 유용 금속광물들이 산점상으로 들어 있는 광체)으로 산출되는 광상은 모든 금속광물들이 만들 수 있는 유형의 광상은 아니다. 구리, 몰리브데늄이나 텅스텐광상이 반암형광상으로 산출되는데, 이런 광상들은 모든 화강암과 연관되는 것은 아니며 특정한 조건의 화강암질 마그마와 관계된다. 즉, 마그마에 포함되어 있는 물의 양이 많은지 적은지, 어떤 화학적인 성질을 갖고 있는지, 유용한 금속 원소를 분배하는 인자의 조건에 따라 이들 광상이 들어설 자리가 결정되는 것이다. 안데스산맥을 따라 자리 잡고 있는 거대한 규모의 반암광상(Cu-Mo)들인 1.15wt%의 광석으로 20억 톤의 매장량(광석 기준)을 가지고 있는 라에스콘디다(La Escondida) 광산, 이와 비슷한 규모를 갖고 있는 츄쿠이카마타(Chuquicamata) 광산 등은 모두 하부에 정치된 화강암질 마그마에서 기원된 마그마수와 관계된 일종의 마그마성 열수광상들이다. 열수광상에서는 마그마에 포함된 물의 양과 성격이 광화작용에 큰 영향을 미친다.

이들 마그마로부터 기원된 마그마수는 초생수(初生水) 또는 쳐녀수(處女水)라고도 부른다. 사실 이 지역은 해양지각인 나즈카판이 대륙지각 남아메리카판 밑으로 기어들어 가는 곳으로 이들 두 지판의 섭입대에서 부분용융되어 만들어진 마그마는 화강암질이다(비어 있는 속, 마지막 절 참조). 해양지각과 함께 밀려들어 간 변성퇴적암류에 포함되어 있는 함수광물들(백운모, 흑운모 그리고 각섬석)이 마그마의 용융과정에서 용해되면서 마그마수가 만들어진다. 그래서 물의 양은 전적으로 어떤 암체가 용융되는지에 의해 결정된다. 마그방에 갇혀 있는 물은 금속의 부화작용과는 별로 관계가 없다. 그러나 이들 유체가 마그마로부터 분리되면서 이들의 역할은 시작된다. 마그마로부터 분리된 유체는 체적이 커지면서 기계적인 에너지를 방출해서 주변 암석에 변형을 일으켜 열극을 만들뿐만 아니라 그 자신이 강력한 용매로서 역할을 해 주변 암석으로부터 유용한 금속을 용해 농집시킨다. 열수에 용해된 유용 금속원소들이 만들어진 통로를 따라 이동하다가 침전에 필요한 물리-화학적 조건이 마련된 적당한 곳에 광물로 침전된 곳이 바로 이들 광산이다. 그런 적당한 조건은 아무 곳에서나 만들어지지는 않는다. 그런 조건을 해석해내는 일은 지질학자들의 몫이다. 비단 이런 원칙은 이곳 안데스산맥에서만 적용되는 규칙은 아니다. 다른 곳에서도 보이지 않는 그런 규칙은 지구 내부에서 스스로 작동하는 것처럼 동일하게 나타나므로 지질학자들은 새로운 광상을 탐사할 때 그런 지식을 이용한다.

이들 거대한 산맥들은 지상에서 바라보면 거부할 수 없는 위엄을 가진 장관을 연출한다. 그러나 누구도 이런 장관을 한눈에 담아 볼 수 없으며 우리 모두를 한 눈에 내려다 볼 수 있는 신만이 즐기는 경관이 될 것이다.

깨지기 쉬운 지구

8

깨지기 쉬운 지구

전설에 의하면, 불이 세상을 덮었던 때가 있었다. 불의 승리는 파에톤(Phaeton)을 싣고 태양 마차를 끌던 말들이 창공의 정해진 길에서 이탈하여 온 땅을 휩쓸고 지나가면서 일어났고, 이때 대지는 만물이 오그라들 정도의 광풍을 느꼈다.

– 루크레티우스(Lucretius), 로마의 시인

지구는 거대한 태양계 행성 중의 하나이다. 지구가 깨진다고 하면 말도 안 되는 소리라고 생각하기 쉽다. 그렇다. 고체 지구가 물리적으로 깨져버린다는 것은 상상하기 어려운 일이며, 그런 일이 현재 일어날 확률은 거의 무시해도 좋을 것이다. 그러나 과거 지구의 역사를 되돌아보면 여러 번의 크고 작은 운석들이 지구와 충돌하여 지구에 극적인 변화를 초래한 경험이 있다. 충돌의 흔적은 지구 표면 여기저기에 남겨져 있으나 그들 대부분은 세월과 함께 흔적도 없이 사라진 경우가 많다. 아마도 운석 충돌의 흔적 중 가장 잘 알려진 것들 중의 하나는 비록 지표에 그 형체가 드러나 있지 않아 찾는 데 애를 먹긴 했지만 중생대 말 공룡의 절멸을 몰고 온 충돌이라는 데에는 대부분의 사람들이 대체로 수긍할 것이다. 멕시코의 유카탄 반도에 떨어져 남겨진 충돌의 흔적이 바로 칙술룹 운석구이다. 그러나 그 운석 충돌은 공룡의 절멸을 불러오긴 했지만 지구가 통째로 깨져버린 것은 아니었으나 깨진 것 이상의 충격을 주었다. 정작 충돌이 깨트린 것은 바로 고체 지구가 어렵사리 유지하고 있던 자연계의 평형이었다. 자연계의 평형이 깨진 것은 물리적으로 조각난 것 이상으로 지구에 미치는 영향이 매우 심각하게 나타나기 때문에 더욱 의미심장하다. 이런 것들을 여기서 살펴보는 것으로 이야기를 시작하기로 하자.

눈먼 충돌

6,500만 년 전 멕시코 유카탄 반도의 끝에서는 아무도 예상하지 못한 엄청난 일이 벌어졌다. 우주 어디에선가 지구로 날아온 적어도 5km 이상의 직경을 갖는 운석이 그곳에 떨어진 사건은 전 지구 역사를 통해 보아도 불과 몇 번 경험하였던 큰 재앙으로 연결되었다. 떨어졌다고 했지만 지구로 진입한 운석의 속도는 시간당 7만 km 이상의 속도로, 지구로 진입하는 덩치 큰 물체는 충돌이라고 보기보다는 상상하기도 어려운 거대한 폭탄의 폭발과도 같은 것으로 엄청난 파괴력을 가지고 있었다. 그 결과 지구상에 서식하고 있던 생물종의 거의 60%가 멸종되는 대참사가 일어났다. 중생대의 주인이었던 공룡이 전멸한 것은 바로 이 운석의 눈먼 충돌 결과이었다. 눈먼 충돌이라고 부른 것은 우주 공간을 배회하던 운석이 요행이도 지구의 운행 궤도와 근접하면서 지구의 중력에 끌려 들어온 것이지 누군가 계획해서 지구를 향해 쏜 운석은 아니기 때문이다.

그러나 충돌지점은 바다에 위치해 있었기 때문에 그런 거대한 충돌의 흔적은 좀처럼 그 실체를 드러내지 않았다. 이 운석구의 실체를 파악하는 데는 뛰어난 과학자들이 알아낸 단편적인 정보를 종합하는 과정을 거쳐야 했으므로 오랜 시간과 집요한 노력이 요구되었다. 이 운석구가 과학자들의 관심을 끌게 된 데는 공룡의 전멸과 관계된다. 중생대를 지배하던 생물종 중 우점종이었던 공룡은 당시 지구의 주인이나 마찬가지였다. 그런 그들이 중생대의 백악기 말 일시에 사라진 것은 지질학계가 풀어야 할 오랜 숙제였다. 상상력이 풍부한 지질학자들은 그것이 운석의 충돌결과로 멸종되었다는 가설과 중생대 말기에 왕성한 화산활동의 결과로 지구의 기후가 급변하면서 초래된 결과라는 주장 등 여러 가지 가설들이 제기되었다. 그러나 초기의 그런 주장들은 사실 명확한 과학적인 증거들에 기초한 것은 아니었다.

공룡의 전멸이 운석 충돌에 의한 결과라는 사실은 여러 학자들에 의해 완성된 이론이지만 이를 시작한 것은 알바레즈 부자(夫子)였다. 물리학자인 루이스 알바레스(Luis Alvarez, 1911~1988)는 지질학자인 그의 아들 월터 알바레스(Walter Alvarez)와 1980년 알프스산맥의 남쪽 산록 연장부인 이태리의 구비오란 작은 마을을 찾아갔다. 그들이 1980년 그곳까지 찾아간 것은 아들 월터가 1970년대에 시작한 중생대와 제삼기 지층의 경계를 조사하려는 목적에서였다. 이 지층의 경계부, 즉 K-T 경계에는 아주 얇은 점토층(이 지역에서는 1cm 내외)이 들어 있었다. 이 점토층은 아무에게도 관심을 끌지 못하던 수많은 지층 속에 들어 있는 얇은 점토층에 불과하였다. 그들은 점토층의 시료를 채취하여 그 시료를 분석하기 위해 그들이 재직하고 있던 버클리대학으로 가져갔다. 그곳에서 새로운 분석방법을 개발한 아사로(Frank Asaro)란 학자에게 분석을 의뢰하였다. 그때만 해도 알바레즈 부자는 그들의 연구 결과가 어떤 결과로 이어질지 예상하지 못했다.

그들이 채취한 시료를 분석한 결과 그 점토는 새로운 사실을 알려주었다. 놀랍게도 지각의 평균보다 30배 혹은 그 이상의 이리듐(Ir)을 함유하고 있었다. 이리듐은 운석이나 우주 먼지 중에 함유량이 높은 원소라는 것을 알고 있는 이 연구팀은 곧장 이 점토층이 운석 충돌의 결과로 만들어졌다는 것을 알아차렸다.

알바레스 가설의 등장

알바레스 부자는 6,500만 년 전 중생대 백악기가 끝날 무렵 공룡의 전멸을 초래한 원인은 운석 충돌에 의한 결과라고 1980년에 발표하였다. 이 이론은 "알바레스 가설"이라고 부른다.[1] 알바레스 가설이 발표되자 이탈리아의 한 작은 산골마을 구비오는 단번에 세계에 알려지게 되었다. 이제 지질학을 전공하는 학자라면 이 마을 이름 정도는 누구나 기억하는 정도가 되었다. 이런 정도면 알바레즈 부자가 이 작은 마을의 명예시민이 되는 데 부족함이 없는 자격을 갖춘 것이었으며, 구비오 시장은 자랑스럽게 이들에게 명예시민증을 주었다.

이 이론의 발표는 지질학계에서 새로운 논쟁의 시발점이 되었으며, 곧바로 여기저기서 반대의 의견이 제시되었다. 운석 충돌이 중생대 공룡을 멸종시킨 원인이 되었다는 학설은 사실 알바레즈가 처음 제기한 것은 아니었다. 1957년 오레곤주립대의 드 로벤펠스(M.W. de Laubenfels)는 「공룡의 멸종 : 또 하나의 가설」이라는 짧은 논문을 발표했는데 그는 그 논문에서 초대형 운석과의 충돌결과로 공룡이 멸종했을지도 모른다는 가설을 발표하였다.[2] 지구에 근접해서 지나간 헤르메스 운석이 1937년 보고되었으며, 1907년에는 시베리아의 퉁그스카 지표 근처에서 폭발한 운석으로 피해가 보고되었던 시점이라 그는 아마도 그런 생각을 하였던 것 같다. 그러나 그의 가설은 직접적인 증거를 제시하지 못하였으며 학계의 관심을 끌지도 못한 채 잊혀져버렸다. 그러나 알바레스 가설은 사정이 달랐다. 제시된 직접적인 지화학적인 증거는 그 가능성이 매우 높았기 때문에 반대의 의견에도 불구하고 다른 지질학자들에 의해 또 다른 증거와 충돌의 흔적인 운석구를 찾기 위한 노력이 경주된 것이다.

전 지구상에 서식하던 중생대의 주인이었던 공룡을 일시에 전멸시킬 정도의 운석 충돌이라면 그 충돌 흔적은 상당한 크기여야 하며, 지구상에 그 흔적이 남겨져 있어야 했다. 그럼에도 불구하고 그 지질시대에 만들어진 운석구를 찾을 수 없는 것이 문제를 더 복잡하게 만들었다. 더군다나 이런 것은 찰스 라이엘이 주장한 지질학의 근본 원리인 "동일과정의 원리"를 근본적으로 부정하는 것이었다. 이런 급격한 생물종의 절멸은 동일과정의 원리가 확립되면서 그 이후 사라졌던 격변설을 다시 받아들이는 것이나 마찬가지였다. 격변설에서는 어떤 생물종의 출현과 절멸도 노아의 대홍수와 같은 다른 어떤 초자연적인 급격한 변화에 의해 일어나는 것으로 보았다. 이는 어찌 보면 중세를 지배했던 종교적인 관점에 기초한 것이기도 했다. 당시에는 누구도 중세 기독교가 갖고 있던 권위에 도전하는 것조차 허용되지 않던 시기였으며 더군다나 그 권위는 부정되거나 쉽게 무너뜨릴 수 있는 대상은 결코 아니었다. 우리가 잘 아는 갈릴레이의 경우만 보아도 짐작이 가는 일이다.

오늘날에도 일어나고 있는 지질작용의 결과로 만들어진 변화는 과거에도 일어난 것으로 작은 변화가 누적적으로 반복된 결과라고 해석하는 것이 동일과정의 법칙에 근거한 이론이다. 사실 이런 이론에 근거하여 지구의 나이를 계산하면 성서에 기록된 지구의 나이로는 설명이 되지 않는 긴 시간이 필요하다. 지질학의 아버지라고 불리는 찰스 라이엘(Charles Lyell, 1797~1875)이 당시의 그런 사회적인 분위기가 채 변화되기도 전에 이런 이론을 정립하였다. 처음에는 격변설을 주장하는 많은 학자들의 반대에 직면하였지만 자연이 보여주는 현상들은 그의 이론이 옳다는 것을 보여주었다. 그 이후 동일과정의 법칙으로 지질현상을 해석하는 것이 일반화되었던 시점이었다.

그러므로 학계의 격렬한 반대는 예상되는 수순이었다. 그렇지만 알바레스 가설이 발표되자 지질학자들은 세계 각지에서 50여 곳이 넘는 K-T 경계에서 알바레즈가 발견하였던 이리듐의 높은 이상치를 갖는 점토층을 발견하였다. 나아가 그 점토층에 포함되어 있는 대규모 충돌 결과로 만들어지는 증거들 중의 하나인 특징적인 광물 조직을 찾아내기도 하였다. 그런 부가적인 발견은 운석 충돌 가능성을 더욱 확실하게 만들었다. 그러나 그 과정은 순탄하지만은 않았다.

드러나는 원형 지하 구조

어떤 학자들은 중생대와 신생대 지층 사이에 있는 점토층에 함유되어 있을 정도의 이리듐을 방출하려면 지구와 충돌한 운석은 적어도 10km보다 큰 직경을 가져야 한다는 계산을 하였다. 이제는 그 운석구를 찾는 일만 남아 있었다. 그 정도 크기의 운석이 충돌했다면 충돌의 흔적은 직경이 최소 100km가 넘는 다는 사실도 계산해냈다. 그 시기에 만들어진 그런 크기의 운석구는 지구상 어디에서도 좀처럼 모습을 드러내지 않았다. 그 운석구는 대단히 클 것이므로 항공사진이나 인공위성 사진으로나 확인이 가능할 것이라고 생각하였다. 여러 사람들의 노력에도 불구하고 항공사진이나 위성사진에서도 그 실체가 확인되지 않았다.

그러나 그 시기에 만들어진 운석구는 우연히 예상하지도 않았던 곳으로부터 알려지기 시작하였다. 멕시코의 유카탄 반도의 멕시코만에 접해 있는 지역에서 지질학자들의 눈을 피해 숨어 있던 운석구가 정체를 드러내기 시작했다. 그 출발은 알바레즈 가설이 발표되기 수십 년 전으로 거슬러 올라간다. 멕시코에서 석유를 개발하고 있던 회사, 페멕스(PEMEX, Petróleos Mexicanos)는 이 지역에 부존되어 있는 석유를 찾기 위해 1947년부터 중력탐사를 했다. 그들은 그곳에서 석유를 찾는 데는 실패하였으나 바다 밑과 지하에 숨겨져 있던 원형의 지질구조를 1952년에 처음으로 확인하였다. 원형의 구조 외에도 몇 가지 새로운 사실을 확인하였다. 페멕스는 유카탄 반도의 메리다와 프레그레소 사이에 있는 칙술룹이라는 마을에서 시추까지 했다. 칙술룹이라는 마을은 이들이 확인한 원형 지질구조의 중앙에 해당하는 지점이었다. 나중에 확인된 사실이지만 바로 이 지역이 백악기 말에 유카탄 반도에 떨어진 운석 충돌의 중앙지점이었다.

칙술룹에서 시추할 때 그들은 시추 코어로부터 이상한 것을 발견하였으나 그들은 돈이 안 되는 그런 순수한 과학적인 현상을 규명하기 위해 오래 시간을 낭비할 형편은 아니었다. 사실 그 당시 그들이 발견한 사실을 기초로 과학적인 의미를 생각해보았더라도 그런 사실이 운석의 충돌결과로 해석할 수 있었을지는 아무도 장담할 수 없었다. 당시에 축적된 운석 충돌에 대한 과학적인 지식은 걸음마 수준이었기 때문이다. 그들이 시추 코어에서 발견한 화산암 조각과 같은 물질 때문에 그들은 단순하게 원형의 지질구조가 화산에 의해 만들어진 것으로 치부하고 덮어버렸다.

그러나 페멕스의 일부 실무진들인 지질학자들은 특이한 원형구조에 대한 미련을 버리지 못했다. 페멕스는 1966년 미국의 오클라호마주 소재의 한 전문 용역회사에 근무하는 로버트 밸토서(Robert Baltosser)에게 그들이 중력 자료로부터 확인한 원형구조가 무엇인지 확인해달라는 요청을 했다. 그것은 우연의 일치이지만 자료를 해석하는 올바른 길로 접어들고 있다는 것을 의미했다. 자료를 검토한 그가 페멕스의 담당자에게 전화로 알려준 사실은 바로 그 원형구조는 거대한 운석 충돌로 만들어졌다는 것이었다.[3] 당시에 밸토서는 미국 테네시주의 웰스크리크(Wells Creek)의 중력구조에 대한 연구를 막 끝낸 시점이었으며, 웰스크리크에서의 원형의 중력구조가 운석 충돌 결과로 만들어진 것이라는 결론에 도달해 있었다. 그가 확인한 것은 칙술룹과 웰스크리크가 하나도 다를 것이 없었다. 다만 웰스크리크는 직경이 13km인 반면에 유카탄 반도의 칙술룹은 웰스크리크 직경의 열 배에 가까운 100km도 넘는 엄청난 규모만이 차이점이었다. 그러나 석유탐사를 위한 중력 자료는 페멕스의 소유였으며 그런 자료는 옛날이나 지금이나 회사의 기밀사항이었으므로 밸토서는 이를 공개적으로 발표할 수 있는 처지가 아니었다. 그래서 그런 사실은 정상적으로 학계에 알려지기보다는 관계자 몇 만이 참고하는 자료로 덮어졌다.

유카탄 반도에 비행기를 타고 내려다보아도 밸토서가 확인한 원형구조는 흔적조차 찾아 볼 수 없다. 인공위성으로 더 높은 곳에서 내려다 본 사진에서도 원형구조는 실체를 드러내지 않는다. 그런 노력으로 운석구의 실체를 찾기에는 이미 너무 오랜 시간이 경과되었기 때문이었다. 6,500만 년이란 오랜 지질학적 시간이 모든 운석구의 흔적을 지표로부터 지워버린 후였기 때문이다. 그러나 운석구의 흔적은 지표에만 남아 있는 것은 아니었기 때문에 지하에 숨겨진 흔적을 밸토서가 처음으로 확인한 것이었다.

그런 사실은 숨겨지기에는 너무나 중요한 세기의 지질현상으로 과학의 발전은 더 이상 이런 사실을 자연의 비밀로만 간직하고 석유회사의 비밀자료로서 머물기에는 어려운 처지로 변해가고 있었다. 페멕스는 석유탐사를 위해 유카탄 반도 북쪽의 멕시코만에서의 자기장 연구를 위해 항공자력탐사를 계획하였다. 물론 이러한 탐사의 목적은 석유 부존에 적합한 지하 지질구조를 확인하는 데 있었음은 분명하며 당초 운석 충돌의 흔적을 확인하기 위한 조사는 아니었다. 페멕스의 용역사업으로 항공자력탐사를 맡은 글렌 펜필드(Glen Penfield)는 1970년대 후반 바다 위 5,000m 상공으로 동서로 약 400km를 비행하면서 이 일대를 조사하였다. 비행은 약 4km의 간격으로 이루어졌으며, 비행기에서 자기장의 변화는 약 30m마다 기록하였다. 이는 동서와 남북을 바둑판처럼 비행하면서 자기장의 변화를 기록한 지도를 만드는 일이었다.[3]

버슈는 그의 《대충돌》이라는 저서에서 이에 관련된 뒷이야기를 자세하게 기술하고 있다. 잠시 그의 이야기를 따라가 보기로 하자.[3] 지구의 자기장의 세기는 과학자

멕시코 유카탄 반도 전역을 보여주는 인공위성 사진. 이러한 지표의 모습으로는 운석 충돌 결과로 만들어진 원형 구조의 실체는 흔적조차 찾아볼 수 없다. 그러나 지하에 숨겨져 있던 원형구조는 중력 및 자력탐사 자료로부터 확인되기 시작했다(사진제공 : NASA).

들은 나노테슬라(nT)라는 단위로 나타낸다. 이 단위는 니콜라 테슬라(Nikola Tesla, 1856~1943)의 이름을 따서 붙인 단위이다. 지구의 평균 자기장의 크기는 평균 3만 5,000나노테슬라이다. 비행기에 장착된 측정기기는 매우 작은 자기장의 변화까지도 측정할 수 있다. 펜필드는 400km를 횡단하면서 2나노테슬라의 작은 변화가 일어나는 것을 알아차렸다. 비행 코스를 반대로 해서 그 지역을 지나면서도 유사한 자기장의 변화가 감지되었다. 그는 비행을 하면서 그런 이상치를 보이는 지점들을 지도에 연결하였다. 그것은 반원형으로 연결되었다. 인간의 눈으로는 감지되지 않는 자기장의 변화가 지하로부터 올라온 신호들로, 기계로부터 확인되는 순간이었다. 펜필드는 이후 추가로 확보된 자기장 지도를 보고 이런 변화는 숨겨진 운석구의 일부에서 온 시그널이라는 사실을 알아채기 시작하였다.

조사 비행이 잠시 중단되었을 때 그는 다른 동료들과 그가 확인한 결과를 논의할 기회가 생겼다. 그는 동료들로부터 그 지역에서 10여 년 전에 조사된 중력 자료가 있다는 이야기를 들었으며, 누군가가 그 중력 지도의 복사본을 구해왔다. 그는 자신이 만든 자료와 비교해보면서 크게 놀랐다. 그 두 자료는 정확하게 일치하였으며, 중심부가 융기된 원형 구조를 이루고 있다는 것을 다시 확인한 것이다.

펜필드는 당시를 자기 생애에서 가장 멋진 순간이라고 회상하고 있다. 그가 만든 자기장 지도는 원형의 구조가 몇 겹으로 나타났는데 화산의 분출구인 경우에는 원의 바깥에는 고리가 생기지 않는다는 사실을 알고 있던 그는 그런 구조는 바로 충돌 운석구의 전형적인 예라고 믿었던 것이다. 그가 조사한 결과를 디지털화시킨 테이프 자료는 몇 년 후 페멕스에 보내졌으나 원래의 자료는 현재 분실된 상태이며, 그의 주장을 뒷받침해줄 만한 자료로서는 아날로그 기록과 그가 그린 지도만이 남아 있다.[3]

유카탄 반도에서 운석구의 존재를 확인한 펜필드는 그 프로젝트의 책임자였던 카마르고를 설득하여 1981년 10월 초 로스앤젤레스에서 개최된 지구물리학회에서 운석구의 존재를 발표하였다. 이미 1980년 알바레즈 가설이 발표되기는 했지만 석유회사의 기술자들인 그들의 발표가 큰 주목을 끌지는 못했다. 그러나 이들의 주장은 휴스턴에서 발행되는 크로니클이라는 신문사에서 일하던 바이어스란 기자가 알아차렸다. 그는 12월 13일자 크로니클지에 "멕시코에서 공룡 멸종과 관련된 증거 발견"이라는 제목으로 그런 사실을 소개하였다. 펜필드는 유카탄 반도의 운석 충돌구가 과학자들에게 큰 반향을 일으키지 않는다고 주저앉지는 않았으며, 그가 믿고 있던 사실을 확인하고 실체를 파악하기 위해 집요한 노력을 경주하였다. 그래서 그는 이전에 시추를 했던 시추 코어를 찾아 과학적인 분석을 시도했다. 그러나 보존되었던 시추코어는 이미 폐기된 상태였다. 그가 어렵사리 시추 현장을 뒤져 당시 남겨진 코어 시료의 일부를 회수하여 존슨우주센터의 지질학자들에게 분석을 의뢰하였으나 그들은 이미 그 물질들이 화산에서 기원된 것이라는 선입견을 갖고 있었다. 펜필드는 후에 당시 과학자들은 그 원형구조를 화산기원설로 설명하려는 믿음이 너무 확고해서 어떤 것으로도 그것을 깰 수 없었다고 회고하였다. 따라서 당시 펜필드의 그런 노력은 과학계의 인정을 받는 데 실패하였다.

세노테이의 반원상의 배열

실제로 지표에서 운석구의 형태는 침식에 의하여 사라져버리고 다만 지하세계에서만 운석 충돌의 흔적으로 발견되었을 뿐인데 과학계는 이를 쉽게 인정하려 들지 않았다. 그러나 초기에는 그것이 운석 충돌의 결과로 만들어졌다는 사실을 인정받지 못했지만, 그것을 확인한 이들은 그들이 믿고 있었던 사실을 의심하지 않았다.

맨 처음 이곳에서 운석구의 존재를 확인하고, 위치를 추정한 것은 지질학자들의 뛰어난 상상력이 동원된 결과였다. 역시 지구의 숨겨진 비밀을 찾아내는 것은 지질학자들의 몫이었다. 운석구의 존재 가능성을 처음으로 확인한 계기를 준 것은 잘 알려진 원형의 지질구조와 그 지역에 분포하는 석회암으로 만들어진 수직으로 발달된 크고 작은 동굴이었다. 그 동굴의 크기는 대략 직경이 50m에서 큰 것은 500여 m에 이르기도 하며, 깊이는 수십 미터에서 100여 m에 이르는 것들도 있었다. 그것은 석회암지역에 흔히 발달되는 싱크홀과 같은 것이었으나 이곳의 구멍들이 만들어진 원인은 다른 석회암 지역에서의 싱크홀과는 전적으로 다른 것이었다. 운석 충돌시 충격에 의하여 발생된 거대한 압력은 운석구의 외각에 해당되는 지역에 분포하는 석회암에도 물리적인 영향을 주어 깨진 면이나 열극대를 만들었다. 그런 열극대는 충돌의 중심부에서 보면 원형으로 분포되어 있었다.

운석 충돌시 발생되는 엄청난 압력의 결과로 운석구의 주위에서 석회암이 충격을 받으면서 특정한 방향으로 깨진 틈을 만들거나, 깨진 면이 모여 열극대를 만든다. 그런 곳에서는 크게 부서진 돌덩이들이 뭉쳐져 있는 각력암을 만들기도 한다. 이렇게 만들어진 각력암들 사이에 있는 틈은 지하에 흐르는 물의 통로가 되었다. 통로를 따라 이동하는 물은 그저 흘러가기만 한 것은 아니었으며, 아주 느린 속도로 석회암을 조금씩 녹여내기 시작하였다. 비록 석회암들이 용해되는 속도는 매우 느리기는 했지만 오랜 지질학적 시간을 통하여 적어도 수천만 년 이상 작용한 결과 석회암 사이의 틈이 점점 벌어진 것이다. 그리고 벌어진 틈은 시간이 경과되면서 점점 커져 수직의 동굴들을 만든 것이다. 그런 동굴은 마야인들이 그 지역에 정주하기 훨씬 이전부터 줄곧 그곳에 있었던 동굴이었다. 이런 동굴을 마야인들이 부르던 대로 지금도 세노테이(cenote)라고 부른다.

이렇게 만들어진 세노테이는 깊게 발달되었으며, 그 동굴 아래의 물길은 서로 연결되어 있었다. 지형이 낮은 곳에서 만들어진 세노테이는 솟아오르는 샘물이 되었다. 이 지역 마야인들은 과거 도시를 만들 때 세노테이를 끼고 만들기도 했다. 건조한 시기에 세노테이는 마야인들이 건설한 인접한 도시에 물을 공급해주는 수원이기도 했다. 그들에게 세노테이는 그들이 신봉하던 태양신의 배려 정도로 알았을지도 모른다. 지금은 휴가를 이용하여 동굴 다이빙을 즐기러 오는 멕시코와 미국인들이 훌륭한 레포츠의 장소로 인식하는 것과 다를 바 없는 일이었다. 세노테이들의 분포를 지도에 표시한 결과 반원형의 모습으로 나타났다. 상상력이 뛰어난 지질학자들은 이러한 세노테이의 배열이 운석 충돌시 발생된 힘에 의하여 그런 모습으로 만들어졌다는 사실을 인식했다.

그곳 세노테이가 반원형의 배열을 한 중심에 해당되는 지역은 유카탄 반도의 북단의 프레그레소항구와는 멀지 않은 곳이다. 그곳은 우리 한민족의 슬픈 역사가 묻어 있는 곳으로 1905년 4월 4일 쓰러져가는 조국의 대한제국을 등지고 영국 기선 일포드호를 타고 가난에 쫓겨 멕시코로 이민 길을 떠난 우리 동포 1,033명이 간 곳이었다. 그리고 최종 도착한 곳이 바로 운석 충돌지점의 중앙지점에서 가까운 프로그레스항구였다. 그들이 처음 당도해서 본 것은 세노테이는 아니었으며 그저 지평선이 없는 망망대해와 같은 광활한 대지를 보았을 뿐이다.[4] 설령 그들이 세노테이를 보았다고 해도 그곳 원주민들이 그랬던 것처럼 숨어 있는 지질학적 사실은 상상조차도 못할 대상이었다. 그곳에 도착한 한민족을 기다리는 것은 노예와 같은 고된 노동이었다. 용설란과의 헤너킨(henequen, 우리에게는 애니깽이라고 알려짐)은 사람의 키보다 조금 더 크게 자라는 단단한 줄기에 육질이 두툼한 잎이 연속으로 자란다. 잎은 가장자리를 따라서 가시가 무수히 박혀 있기 때문에 다루기 힘든 작물이다. 반은 속아서 이민길을 떠난 우리의 동족들이 자고 일어나면 그놈과 씨름을 하던 노예와 같은 고달픈 삶을 살았던 그 지역이 바로 운석이 충돌한 자리였으며 그 결과로 많은 세노테이가 만들어진 바로 그곳이었다.

치첸-이트사의 성소

세노테이는 마야인들의 삶을 풍요롭게 해주도록 기원하는 성소로도 사용되었다. 이런 사실은 우연히 밝혀진 지질학적 성취가 아니라 고고학적 개가이다. 유카탄 반도는 마야인들의 신제국이 들어섰던 장소이기도 하다. 유카탄의 치첸-이트사(Chichén-Itzá)는 신제국 최대의 도시였는지도 모른다. 스페인이 이 지역을 점령하고 난 후 이 지역의 주교였던 디에고 데 란다(Diego de Landa, 1524~1579)가 1566년에 쓴 《유카탄 유적들의 상호관계》란 책이 마드리드왕립도서관 서가 한쪽에 버리다시피 누워 있었다. 그 책은 누렇게 변색된 거의 사용한 흔적도 보이지 않는 한권의 사본이었다. 1863년 이 책은 과테말라 인디언 마을의 사제로 일하고 있던 드 부르부르(C.E.B. de Bourbourg, 1814~1874) 신부가 발견했는데 그는 오랫동안 멕시코의 프랑스 공사관에서 자선담당관으로 일한 경험이 있었으며, 그 책에서 단순한 형상으로 보이던 그림 조각들이 문자라는 사실을 확인하면서 마야의 숨겨진 비밀의 실체를 밝히는 데 결정적인 기여를 한 장본인이었다. 이 지역을 지배하던 스페인의 대주교가 모든 고문서를 보는 대로 불태워 말살시키지만 않았어도 마야문명의 이해는 훨씬 수월하게 이루어졌을 것이라고 많은 고고학자들은 믿고 있다.[5]

치첸-이트사는 한 사람의 인디언 안내인과 함께 유카탄 탐험길에 나선 고고학자 에드워드 허버트 톰슨(E. H. Thompson, 1857~1935)이 발견하였다. 그는 어떤 점에서는 유카탄의 슐리만이라고 불릴 만하다. 세람(C. W. Ceram)은 《낭만적인 고고학 산책》에서 '톰슨이 누구도 관심을 가지고 있지 않았던 한 권의 책 내용만을 믿고 치첸-이트사로 출발한 것은, 마치 그의 부모로부터 들었던 오디세이와 일리아드의 이야기를 듣고 에게해 지역으로 떠났던 슐리만에 버금가는 신념을 가졌기 때문' 이라고 했다. 그는 디에고 데 란다의 성스러운 세노테이에 관한 보고도 읽어 알고 있었다. 데 란다의 기술은 다음과 같다.

> "옛 이야기에 의하면 가뭄이 극심할 때나 천재가 있을 때, 물속 깊숙이 사는 신들을 달래기 위해 사제와 평민들의 행렬이 그 성스러운 희생의 연못으로 이어졌다. 그들은 사람을 제물로 바치기 위해 아름다운 처녀들과 포로로 잡은 젊은 용사들을 포함해서 많은 재물들을 가지고 갔다. 장엄한 의식이 끝나면 이들은 아무도 살아나올 수 없는 깊은 연못 속으로 던져졌다. 마야 소녀들의 성스러운 세노테이의 길은 언제나 무시무시한 죽음의 길이었다."

데 란다의 이야기는 여기서 그치지 않고 풍부한 제물들, 즉 장신구나 금붙이 등을 던지는 습관이 있다고 했고, 이 나라에 황금이 있다면 대부분 이 연못 속에 있음이 틀림없다고도 기록했다. 톰슨이 이 내용을 못 보았을 리 없다. 그는 그 기록은 모조리 믿고 있었으며, 이를 증명할 준비가 되어 있었다.

톰슨이 발견한 치첸-이트사에도 역시 신전에서 세노테이로 가는 길이 있었으며,

에드워드 톰슨이 발견한 치첸-이트사에 있는 마야의 유적(왼쪽사진)과 세노테이 사그라도의 모습(오른쪽 사진). 톰슨은 이 세노테이바닥으로부터 유물을 회수하여 인신공양의 의식을 확인하였다.

그는 그곳 세노테이의 바닥에 있는 것이 무엇인지 확인하리라 생각했다. 그가 몇 년 후 다시 이곳을 찾아 왔을 때는 연못 속에 들어 있는 모든 것을 인양할 준비가 되어 있었고 잠수기술까지 훈련받았다. 전문 잠수부들을 동원하여 그가 연못에서 회수한 것은 장신구, 항아리들, 돌칼, 깨진 비취 조각품들, 접시, 정교하게 세공된 부싯돌과 해골 등이었다. 그리고 거의 순금으로 주조되었거나 망치로 두들겨 무늬를 새긴 것들이 올라왔지만 양도 적을 뿐만 아니라 경제적인 가치로도 대단하지 않았다. 세노테이 사그라도에서 확인한 것은 톰슨의 기대를 저버린 것이었지만 그러나 세노테이가 성소로서의 역할을 한 것은 확인된 것이다.

지금 세노테이는 인신공양을 하는 성소가 아니며 레포츠의 좋은 장소로 인식되는 것은 세월이 만든 변화이다. 세월에 따라 마야문명은 스페인인들에 의해 말살되었으며 아직도 사람의 손길을 피한 채 밀림 속에 숨겨져 있기도 할 것이다. 세상에 드러난 세노테이의 역할은 과거와는 다르게 변화되었다.

더 확실한 증거들

세노테이의 배열을 확인하는 일만이 운석구를 찾아내는 유일한 방법은 아니었다. 당시 알바레즈 가설이 발표된 이후 많은 지질학자들은 K-T(백악기-제3기) 경계에 대한 지질조사를 이곳저곳에서 수행하고 있었다. K-T 경계면에 들어 있는 점토는 그것이 세계 어디에서 산출되든지 간에 예외 없이 이리듐의 이상치를 보여주고 있었다.

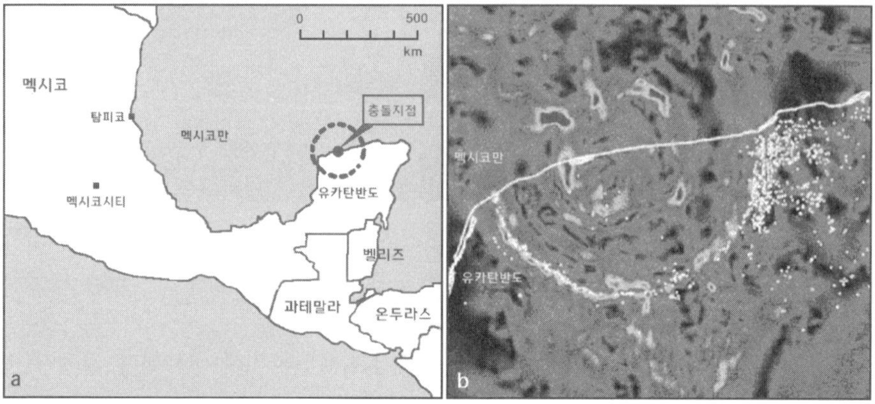

백악기 말 공룡의 전멸을 몰고 온 운석의 충돌지점으로 추정되는 멕시코 유카탄반도(a). 이 운석구는 칙술룹 운석구라고 부른다. 이 충돌에 의하여 만들어진 잔해와 생성물들은 멕시코는 물론 멕시코만과 접한 텍사스 등지에서도 발견되는 거대한 규모였다. 오른쪽의 그림(b)은 오랜 기간의 침식에 의하여 운석 충돌의 흔적은 지표에서는 사라졌으나 중력 탐사의 결과로 지하에서 확인된 원형의 구조. 그 원형 구조의 직경은 무려 180km임이 밝혀졌다(오른쪽 사진제공 : 캐나다 지질조사소). 흰 점으로 나타낸 것은 세노테이의 위치를 나타낸 것이다.

아리조나대학의 대학원생이었던 힐데브랜드(A.R. Hildebrand)가 아이티에서 이 경계층을 조사하고 있을 때, 유카탄반도의 운석 충돌구에 대한 기사가 보도되었다. 1990년 초에 그는 당시 운석 충돌구의 존재 가능성을 굳게 믿고 기사로 보도했던 기자 바이어스를 만나 그가 알고 있던 이야기를 전해 들었다. 힐데브랜드는 운석 충돌 결과로 만들어진 아이티의 지층은 1m 내외로 두꺼운 데 반하여 텍사스에 이르게 되면 상대적으로 얇아진다는 사실을 확인하였다. 그들은 이런 조사결과를 바탕으로 운석 충돌구는 카리브해 어딘가에 존재하는 것으로 추정된다는 내용의 논문을 〈사이언스(Science)〉란 저널에 발표하였다.[6] 이때 힐데브랜드는 펜필드로부터도 많은 이야기를 전해 듣고 있었다.

마치 의사가 X-선을 이용하여 인체 내부의 질병을 알아낼 수 있는 것처럼 지질학자들은 지구물리학적 방법으로 지구의 내부를 들여다볼 수 있다. 거기에는 여러 가지 방법이 있는데, 이 지역에서 초기에 사용된 방법은 중력탐사라는 방법이었다. 이는 암석을 구성하는 물질의 종류에 의하여 중력값이 달라지는 것을 이용하여 지하의 물질들이 어떻게 분포되는지 알아내는 방법이다. 멕시코의 석유회사 페멕스는 이미 그런 자료를 가지고 있었지만 그것은 회사의 기밀이라 밖으로 노출시키지는 않았다. 그해 힐데브랜드는 박사과정을 마치고 캐나다 지질조사소에 취업인터뷰하러 오타와에 갔다가 그곳에서 유카탄반도의 중력자료를 보게 되었다. 그는 그 자료가 페멕스의 것보다 정밀도가 떨어지는 것이었는데도 바로 〈사이언스〉지에 발표한 논문에서 운석충돌구로 제시한 카리브해의 콜롬비아분지가 잘못되었다는 사실을 확인했다. 운석 충돌구의 중심부는 유카탄반도의 끝 쪽에 있다는 것을 확인한 것이다.

힐데브랜드는 그의 동료와 함께 1990년 4월에 새로운 자료해석 결과를 더해서 유카탄반도 퇴적층 아래에 운석충돌구가 숨겨져 있다는 내용의 논문을 〈네이처(Nature)〉지에 투고하였다. 당연하게 채택되리라고 생각하던 그의 논문은 거절되었다. 사실 네이처가 이 논문의 게재를 거부한 것은 과학계의 큰 발견을 무시한 중대한 실수였지만 당시에는 아무도 그런 사실을 눈치 채지 못했다. 힐데브랜드는 거기서 단념하지는 않았으며, 과거에 펜필드가 그랬던 것처럼 직접적인 지질학적 증거를 찾으려 했고, 이번에는 이 둘이 함께 증거를 찾기 위해 노력했다. 이들은 다시 1970년대에 유카탄에서 시추한 코어 시료의 일부가 보관된 미국 뉴올리언스대학에서 그 시료 중 일부를 구하여 아리조나대학의 데이비드 크링이란 힐데브랜드의 동료에게 보냈다. 그들이 원하는 것은 그들 코어 시료에서 충격에 관한 직접적인 증거를 확보하는 것이었다. 크링은 그 암석의 박편을 세밀하게 관찰한 결과, 고압의 충격을 받은 석영에서 나타나는 충격구조를 확인하였다. 그것은 화산폭발이 아니라 이 원형의 구조가 운석 충돌에 의해서 만들어졌다는 직접적인 증거가 되었으며, 그들이 그렇게 찾고자 노력하였던 결정적인 증거였다.

이들은 다시 이런 보강된 자료를 정리하여 게재를 확신하며 〈네이처〉지에 투고하였으나 논문은 또다시 게재가 거부되었다. 이 학술지의 논문 심사자가 두 번이나 같은 실수를 한 것이다. 그러나 이것은 이번에만 일어난 일은 아니며, 학계에서는 획기적인 연구성과를 발표한 논문들이 종종 게재 거부를 당한 여러 번의 사례가 있었다. 후에 밝혀진 일이지만 두 번째의 논문을 거부한 학자는 첫 번째의 논문을 거

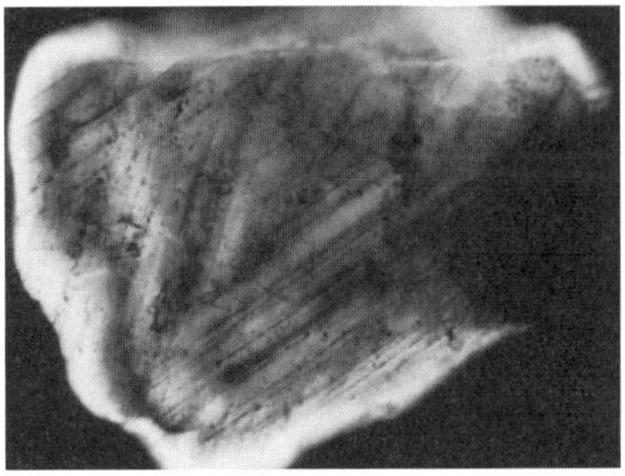

유카탄반도 운석구로 추정되는 지역의 지하에서 시추로 얻은 시료 중에서 발견되는 충격에 의하여 형성된 0.32mm 크기의 석영 입자에서 관찰된 충격구조, 이러한 구조는 운석구를 제외하고는 핵실험장에서나 발견되는 구조이다. 베링거 운석구가 운석 충돌 결과로 형성된 것이라는 사실을 밝히는 데도 이 석영의 조직이 중요한 증거 중의 하나였다 (사진 : 캐나다 지질조사소의 앨런 힐데브랜드에 의해 촬영된 것).

부한 동일한 심사자였다고 한다. 아마도 막 박사학위 과정을 마친 연구경력이 화려하지 않은 힐데브랜드의 일천한 연구 경력이 결격사유가 되었는지도 모른다. 그렇다고 그들은 확신에 찬 연구결과의 발표를 포기한 것은 결코 아니었다. 그들은 거기서 멈추지 않고 1991년 9월 그들의 연구논문을 〈지올로지(Geology)〉란 학술지에 발표하였다.[7]

1991년 버클리의 칼 스위셔는 그의 동료들과 함께 운석구 내의 퇴적물의 나이와 힐데브랜드가 초기에 연구하던 아이티의 텍타이트(tektite)가 모두 6,500만 년의 나이를 가지고 있음을 방사성 동위원소 연대측정법으로 밝혔다. 이러한 사실이 알려지자 다른 연구팀을 이끌던 모간은 그의 동료들과 함께 1997년 탄성파탐사 자료를 이용하여 더욱더 운석구의 형태를 정확하게 밝혔다. 10~14km의 직경을 갖는 운석이 충돌 순간에 만든 운석구는 85km에 이르는 엄청난 크기였으며, 최외각의 운석구는 직경이 무려 195km나 되는 것을 확인하였다.[3, 7, 8] 이 정도의 크기라면 그저 운석구라고 부르기에는 너무 큰 규모이며, 중생대의 맹주였던 공룡을 죽이는 데 충분한 크기였다.

이런 사실이 알려지면서 멕시코 중부, 멕시코만 혹은 미국의 중서부에서도 운석의 잔해물들이 속속 발견되었다. 그런 잔해물 중에는 작은 유리구슬도 있었는데 이런 것들은 미국의 와이오밍에서도 발견되었다. 유리구슬은 충격이 일어날 때 증기화된 암석 물질들이 하늘로 치솟아 올라갔다가 갑자기 냉각되면서 뭉쳐져 만들어진 것으로, 결정이 성장되지 못하고 유리질물질이 되는데 이를 지질학에서는 텍타이트라고 한다. 이런 텍타이트는 작은 구슬처럼 나타나기도 하는데, 이런 유리구슬이 백악기와 제3기 사이의 지층에서 발견되었다. 어떤 것들은 그 유리질 물질 내에 작은 해양성 퇴적암 조각을 함유하고 있기도 하였다. 이런 사실은 바다에도 충격의

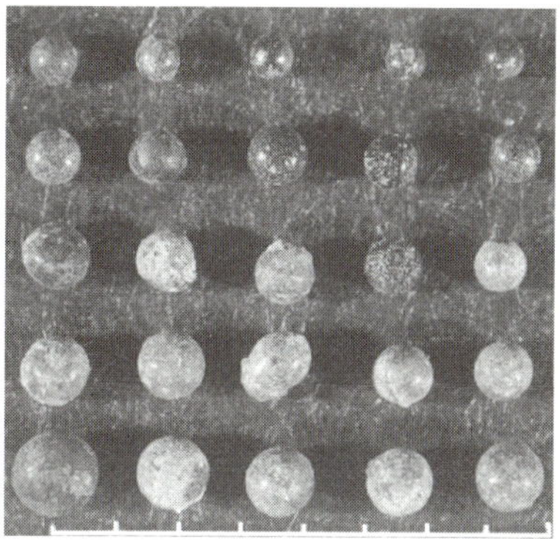

미국 와이오밍의 백악기-제3기 경계면의 지층에서 산출되는 작은 구슬 모양의 텍타이트. 밑의 눈금은 1mm이다. 이 지역의 텍타이트는 후에 형태는 그대로이나 내부는 다른 광물로 교대되었다(사진제공 : 캐나다 지질조사소).

영향이 미친 것을 보여주는 증거가 되었다. 베링거 운석구에서부터 줄곧 운석 충돌의 증거로 사용되던 충격에 의하여 만들어진 석영의 전형적인 구조가 유카탄반도에서 뚫은 시추공에서도 추가로 확인되었을 뿐만 아니라 세계 각지의 K-T 경계면의 점토에서 속속 발견되었다.[9, 10] 이런 석영은 현미경으로 관찰하면 여러 가지 색으로 띠를 이루며 나타나는데, 이러한 조직이 바로 강한 충격에 의하여 결정 구조 내에서 원자들의 위치가 약간씩 변위(變位)되어 나타난 결과이다. 이러한 석영은 오로지 운석충돌지역이나 핵실험장에서나 관찰이 가능한 특징적인 구조이다. 이러한 자료들로 운석구의 존재는 더 이상 의심의 여지가 없게 되었다. 이 운석구는 충돌지점의 중앙에 있는 마을 이름을 따서 힐데브랜드와 그의 동료들이 붙인 이름으로 칙술룹 운석구(Chicxulub crater)라고 한다. 이런 운석의 충돌이 지구에서 처음도 마지막도 아니라는 데 문제의 심각성이 있다. 그러나 이런 규모의 운석 충돌이 발생되는 빈도는 인간의 시계로 측정 가능한 간격을 넘기 때문에 아무도 이런 거대한 규모의 전지구적 재앙을 그리 심각하게 받아들이지 않는 것이 더 큰 문제이다.

운석 충돌이 공룡을 죽인 이유

운석이란 지구 외 기원물질을 총칭하는 용어이다. 운석은 영어로는 미티어라이트(meteorite)라고 하는데, 이는 그리스어 '하늘에서의 현상'을 뜻하는 meteron에서 기원된 말이다. 지구 외 기원의 물질은 실로 다양하다. 부서진 소행성의 파편이나 소행성까지 성장하지 못해 우주 공간에 흩어져 있는 유성체가 지구의 중력권에 붙잡혀 지구로 떨어진 물질이 바로 운석이다. 작은 운석들은 지구의 대기권으로 진입하면서 모두 불타버리는데, 밤하늘에 관찰하는

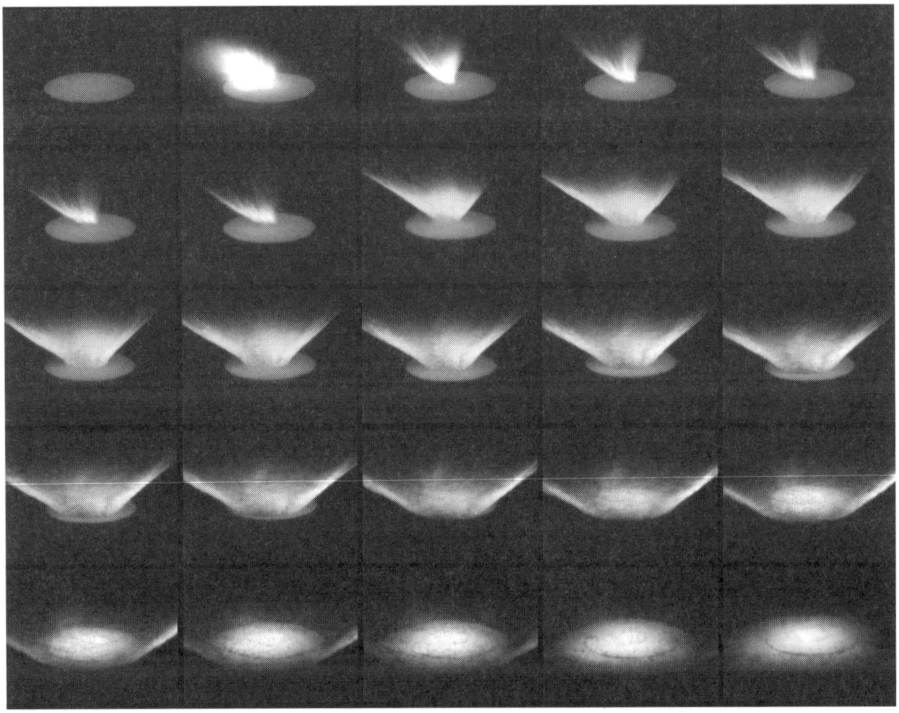

매우 빠른 속도로 충격을 가한 후 일어나는 현상을 고속 촬영한 결과로 충돌지점으로부터 일어나는 진화과정을 보여준다. 처음에는 뜨거운 증기에 이어 분진이 발생되며, 원형의 충돌구를 만든다(사진제공 : P. Schultz와 NASA).

별똥별이라는 게 바로 이놈이다. 이런 운석은 지구의 생성 기원을 생각해보면 새로운 것은 아니다. 태양계가 형성되는 과정이 바로 우주를 배회하던 이들 물질들의 첨합에 의하여 45억 년 전에 만들어진 것이기 때문이다. 태양과 행성이 만들어지고 난 후에도 태양계 전체에 이들 잔류물질들이 남아 있었다. 이런 운석들 중 비교적 큰 녀석이 지구와 충돌을 하게 되면 바로 중생대 말 공룡이 전멸한 것과 같은 지구의 큰 재앙으로 연결되는 것이다.

그러나 과학자들은 그런 큰 운석이 지구와 충돌할 확률은 매우 낮은 것으로 추정하고 있다. 크기 1m의 운석이 갖는 지구와 충돌할 확률은 1년에 한 개 정도이고, 100m의 직경을 갖는 운석은 1만 년에 한 개 정도로 추정하고 있다. 10km의 직경을 갖는 초대형 운석이 지구와 충돌할 가능성은 약 1억 년에 한 개 정도로 비록 충돌 확률이 매우 낮기는 하지만, 지구가 이런 운석과 피할 수 없는 충돌 위험 속에 놓여 있는 것은 사실이며, 실제로 6,500만 년 전 멕시코의 유카탄 반도에 직경 10km의 초대형 운석이 떨어졌다.

브라운대학의 슐츠(Schultz, P.H.)는 직경 10km의 운석이 지구와 충돌하는 경우를 모사하였다.[11, 12] 운석의 질량은 매우 커서 지구에 진입하는 속도는 무려 시간당 4만 5천마일(72418.5km)에 이르게 된다. 이런 엄청난 속도로 지구와 충돌하게 되면 거대한 폭발에 의해 순간적으로 엄청난 열방사가 발생하게 된다. 아마도 최초의 열방사는 눈부신 빛이었으며 태양처럼 타오르는 불기둥을 아주 멀리서도 보았을 것이다. 이런 열방사는 지표에 노출된 생명체에 치명적인 영향을 주게 된다. 그는 실험을 통하여 이런 현상을 실제로 관찰하였다. 폭발에 수반되어 발생된 증기와 분진 등은 부유물질로 기권에 방출되는데, 이는 태양광선을 차단시켜 암흑과 추위를 불러온다. 이런 현상은 수개월 또는 1년 정도 지속되어 생물종의 절멸을 가져오기에 충분하다는 것이다. 이런 환경이 되면 아마도 살아있다는 자체가 형벌이 되는 가혹한 환경이었을 것이다. 우리는 화산 한 개가 폭발할 때 부유된 물질과 가스가 지구의 평균기온을 수년 간 내린 경험을 가지고 있기 때문에 이런 결과가 미칠 영향은 우리가 상상하는 규모 이상이 될 것임은 계산해보지 않아도 알만한 일이다.

어떤 사람들은 그런 운석이 깊은 바다에 충돌하는 경우 바닷물이 완충작용을 해서 그 피해를 완화시켜 줄 수 있다고 주장했다. 그러나 그것은 사실이 아니라는 것이 과학적으로 밝혀졌다. 매사추세츠공대의 프린(Prin, R) 교수는 바다에 떨어지는 경우도 결코 위험이 감소되지는 않는다는 점을 주장하였다. 그는 충격시 발생되는 강력한 에너지가 공기 중의 산소와 질소를 결합시키고 이들이 물과 반응하여 강력한 산을 만든다고 하였다. 이런 물질이 강수로 내리는 경우 이는 강한 산성비가 되어 생물종에 영향을 주고 해수의 화학적인 상태를 변화시켜 해양생물종에게 치명적이 된다는 것이다. 공교롭게도 운석이 지구와 충돌하는 지점에 석회암이 광범위

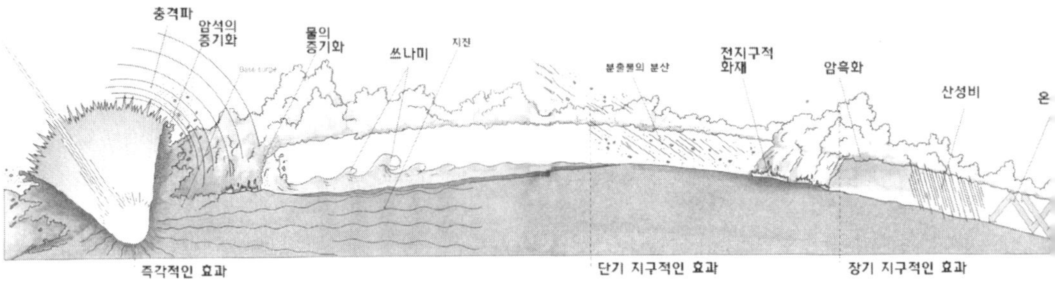

운석 충돌시 일어나는 재해를 개념적으로 나타낸 그림. 폭발에 의한 암석의 증기화, 부유물질의 기권으로의 유입, 쓰나미의 발생, 열방사에 의한 화재, 산성비와 이차적으로 나타나는 온실효과 등을 보여준다(그림 출처 : Barbara W. Murck, Brian J. Skinner and Stephen C. Porter, Environmental Geology, John Wiley & Sons, Inc., 1996, pp.264~265).

하게 분포하고 있는 지역이라면 석회암의 분해에 의해 대량의 CO_2가스를 일시에 방출시켜 대기 중 CO_2의 함량을 일시에 2~5배 증가시킬 수 있다는 것이다. 그런 일이 유카탄반도에서도 일어났다. 공교롭게도 칙술룹 운석구가 위치한 유카탄반도는 석회암이 많이 분포되어 있고 일부는 바다였으므로 나쁜 영향이 커질 수 있는 조건을 잘 구비하고 있는 지역이었다.

운석이 지구와 충돌할 때 즉각적으로 발생되는 열방사의 영향권에 드는 지역에서는 뜨거운 열기로 화재를 발생시키며, 지구상에 생존하고 있는 많은 생명체들을 즉사시키기에 충분하다. 그러나 충돌되는 운석의 크기에 따라 영향을 미치는 범위가 달라진다. 이러한 충격에너지는 대규모의 지진과 쓰나미를 발생시킨다. 대규모 운석 충돌에 의해 발생되는 지진은 인류가 기록할 수 없는 강력한 강도로 그 파괴력은 이 역시 인류가 경험해보지 못한 규모가 될 것이다. 자연지진은 강도 9를 넘기가 어려운데 직경 10km의 운석과의 충돌로 만들어진 지진의 강도는 리히터 규모척도로 12~13에 이를 것으로 계산된다. 이 정도의 지진이면 모든 구조물을 가루로 만들 정도의 위력을 가지는 것이다. 사실 유카탄반도 충돌의 중심지에서 800km 떨어진 지역에서 파도의 높이가 1km나 되는 엄청난 규모의 쓰나미에 의한 피해를 준 사실들이 지층 속에 기록되어 있다. 2004년 12월 26일 인도판이 유라시아판 밑으로 기어들어가는 지판의 경계부에서 발생된, 인류가 경험한 네 번째로 강력한 리히터 규모척도 9.15의 수마트라-안다만지진이 발생했을 때 대규모의 쓰나미를 발생시켜 동남아시아에 막대한 피해를 초래했다. 이 지진 한 번으로 공식적으로 확인된 희생자의 수는 무려 28만 3,000명으로 집계되었다. 이때 방출된 에너지는 제2차 세계대전 말 히로시마에 투하한 원자폭탄 2만 3,000개를 동시에 터트린 것과 같은 위력을 가지고 있다고 발표되었으나 후일 다른 학자들은 그것보다 거의 3배 이상 강력하다고 정정하였다. 수마트라-안다만지진과 같은 규모는 10km 크기의 운석충돌과는 비교가 되지 않을 정도의 작은 규모라는 것이 과학자들이 계산해낸 결과이다. 사실 이런 현상에서 즉각적으로 발생되는 재해에 의한 피해도 피해이지만 생명체들에게는 2차적으로 장기적인 영향을 미치는 효과가 더욱 큰 재앙일지도 모른다.

충돌지점에서 일어난 폭발은 수조 톤의 암석을 일시에 증기화시켰으며, 많은 양의 돌들이 용융된 채로 기권으로 쓸려 올라갔다. 용융된 암석들은 작은 알갱이로 식으면서 비처럼 떨어져 내린다. 이런 것들을 텍타이트라고 하는데 이들은 충돌지점으로부터 수천 킬로미터나 떨어진 곳에서도 우박처럼 떨어져 내렸다. 기권으로 유입된 증기와 미세 분진은 좀처럼 가라앉을 기미를 보이지 않는다. 이들이 태양광선을 완전히 차단하여 지구의 기온은 내려가고, 광합성에 의존하던 식물들은 죽어가기 시작한다. 요행히 살아남은 먹이사슬의 정점에 있는 동물들도 이런 환경에서는 생존이 불가능해진다. 이런 재앙의 치유책은 오직 한 가지뿐이다. 원래의 상태로 지구환경이 회복되는 일이다. 6,370km의 직경을 갖는 거대한 행성 지구가 그 직경의 637분의 1의 크기인 운석과 충돌할 때 생기는 변화이니 지구가 유지하고 있는 자연계의 평형이 얼마나 쉽게 깨질 수 있는지 두려움마저 생긴다. 깨지기 쉬운 지구이다.

갈릴레오가 발견한 흔적

지금까지 달의 생성에 관한 가설은 여러 가지가 있었다. 지구와 달이 태양계 성운으로부터 동시에 가깝게 만들어졌다는 가설이 있었는가 하면 달이 태양계 외부 어디에선가 만들어진 후 지구 중력에 끌려 포획되었다는 가설도 있었다. 또 어떤 학자는 지구에는 원래 달이 없었으나 지구의 빠른 회전 때문에 지구로부터 떨어져나간 일부가 달이 되었다는 가설도 있었다. 그러나 최근에는 거대 충돌설을 거의 정설로 받아들이는 학자가 많다. 달의 생성 자체가 지구와 소행성(운석)의 충돌로 만들어졌다는 것이다.[13]

달은 태양계의 위성 중 다섯 번째로 큰 행성으로 직경이 3,474km이다. 지구 체적의 약 2%에 해당되는 몸체를 가지고 있다. 지구로부터는 평균 38만 4,403km 떨어져 있으며, 이는 지구 직경의 약 30배에 해당되는 거리이다. 달은 그저 그런 성능을 가진 망원경으로 보아도 달의 표면에 나타나는 원형의 형체를 관찰할 수 있다. 오늘날에는 지구에서 쏘아 올린 비행체가 달 착륙을 하고 그 달 위에서 우주비행사가 직접 관찰한 결과도 볼 수 있는 세상이 되었지만 달 표면의 곰보와 같은 충돌 흔적을 알아보기 시작한 것은 전적으로 1608년 불과 3배의 배율을 갖는 망원경을 제작하고 이를 30배로 확대시킨 갈릴레이(Galileo Galilei, 1564~1642)의 공로이다.

갈릴레이가 망원경을 처음으로 만든 것은 아니다. 그전에 당시 유럽 제일의 안경을 제조하던 네덜란드의 렌즈 연마공이던 얀센(Z. Jansen, 1588~1628)이 1590년 경 볼록렌즈 두 개를 넣어서 망원경을 만들었다. 그는 그 기계가 사물을 확대시키는 사실을 알았지만 상이 거꾸로 보여 자신의 발명이 가치가 없다고 생각하였다. 다른 안경제조업자였던 리퍼레이(H. Lipperhey, ?~1619)는 그 통 속에 눈 가까운 쪽에 오목렌즈를 넣어 상을 바로 보이게 만들었다. 1608년 그는 당국에 자신이 발명한 기계에 대해 30년간 생산 독점권을 신청하였으나 당시의 많은 안경업자들이 서로 자신의 발명이라고 주장해서 당국은 이를 허가하지 않았다고 한다. 당시 파도바대학에서 수학 교수로 재직하고 있던 갈릴레이는 그런 소식을 듣고 자신이 직접 망원경을 제작하였다. 그는 1610년에 출간한 자신의 저서 《별세계의 보고(Siderius Nuncius)》에서 다음과 같은 기록을 남겼다.

"10개월 전에 어떤 네덜란드 사람이 멀리 있는 것을 가까이에 있는 것처럼 뚜렷하게 볼 수 있는 기계를 발명했다는 소문을 들었다. 이 이야기를 듣자마자 나는 어떻게 하면 그 기계를 제작할 수 있을까에 대해 연구하기 시작했다. 나는 광학의 법칙을 이용하여

관의 양쪽 끝에 2개의 렌즈를 달면 될 것 같은 생각이 들었다. 하나는 볼록 렌즈이고 다른 하나는 오목 렌즈였다. 오목 렌즈 쪽에 눈을 가까이 대자 대략 3배 가깝게, 그리고 9배가량 크게 보였다. 나는 노력이나 비용을 아끼지 않았다. 마침내 육안보다 물체가 30배가 가깝고, 1,000배나 크게 보이는 우수한 기계를 만들 수 있었다."

갈릴레이가 다른 사람들과 다른 점은 자신이 발전시킨 약 30배의 배율을 갖는 망원경을 장난감이나 전쟁용 도구가 아닌 천체를 관측하는 데 사용한 점이다. 그가 뛰어난 과학자였기 때문에 가능한 일이었다. 육안으로는 도저히 확인되지 않던 태양의 흑점이나 새로운 별들을 찾아내기 시작하였을 뿐만 아니라 달의 표면이 그저 평면이 아니라는 사실도 확인하였다. 달 표면에 있는 그런 동그란 형태가 당시에는 충돌의 흔적인지는 몰랐지만, 그는 자기가 본 것을 그려 넣어 크고 작은 원형의 모습들이 달 표면에 등장하게 되었다. 그러나 당시 달 표면에 있던 원형의 흔적에 대한 정체는 오리무중이었으나 적어도 갈릴레이한테 그런 사실은 달이 지구와 비슷한 천체라는 사실을 확신하게 만들어준 계기가 되었다. 당시에 그토록 명확하게 구분되던 천상계와 지상계를 구분하던 의미가 퇴색되는 순간이었다. 그리고 그는 1610년 1월 목성에서 4개의 위성을 발견하고 이들 위성이 목성의 주위를 돌고 있다는 사실을 확인하였다. 그런 과학적인 관찰로부터 그는 코페르니쿠스가 주장하는 태양 중심 우주체계를 지지하게 되었다. 그런 믿음은 결국 그가 종교재판을 받는 과정으로 연결된다.

일반 망원경으로도 확인이 가능한 그 원형의 형체는 바로 운석과의 충돌로 만들어진 운석구이지만 그런 사실이 명확하게 밝혀지는 데는 또 다른 400여 년이 소요되었다. 달 표면의 둥근 형체를 확인하고 난 다음 과학자들은 그것들이 화산폭발로 생긴 분화구라고 생각해왔다. 그것은 달도 역시 지구와 마찬가지로 초기에는 용암으로 된 불의 덩어리였다는 틀린 생각에서 기인한 것이었다. 그렇다고는 하지만 이들 달의 분화구는 지구의 분화구에 비해 크기가 엄청나게 크다는 문제점이 있다. 1800년대 초에 달의 그런 둥그런 흔적들이 운석 충돌의 흔적이었다는 학설이 제기

달 표면의 모습. 수많은 운석 충돌구들이 그 형태를 잘 보존하고 있다. 초기에는 원형의 형체가 화산폭발에 의한 분화구로 생각한 적도 있었으나 최근에 와서야 이들이 운석 충돌구로 밝혀졌다(사진제공 : NASA).

되기도 했지만 그 당시 운석이라는 것 자체에 대한 이해 정도는 오늘날 사람들이 생각하는 UFO 개념 정도였을 때이므로 그리 심각하게 받아들여지지는 않았다.

1807년 예일대학의 두 교수가 코네티컷주에서, 하늘에서 떨어진 150kg의 돌을 주웠다는 말을 들은 당시 미국 대통령인 토머스 제퍼슨은 "돌이 하늘에서 떨어졌다는 말을 믿느니, 양키 교수 두 사람이 거짓말을 하고 있다고 생각하는 것이 더 쉽다."라고 말할 정도였다. 그러나 그 시기에 또는 그 이전에 유럽에 떨어진 운석을 접하여 알고 있던 일부 과학자들은 운석이 실제로 존재한다고 믿는 이들도 상당하였다. 설령 운석이 있다고 해도 지구에서는 당시에 그 충돌 흔적이 알려져 있지 않았기 때문에 이들이 운석 충돌 결과로 만들어졌다고 생각하기보다는 화산폭발로 만들어진 분화구라고 생각하는 것이 훨씬 더 편한 시기였다.

그런 시기에 미국의 지질학자 길버트(Grove Karl Gilbert, 1843~1928)는 1893년 달의 원형 구조물은 분화구가 아니라 운석의 충돌에 의해 생성되었다는 논문을 발표하였으나 그가 미국 지질학회장을 역임할 정도의 존경받는 지질학자였음에도 불구하고 그리 큰 주목을 받지 못했다. 이런 막연한 생각들을 볼드윈(Ralph Baldwin)이 정리해 주었다. 그가 1941년 달에 있는 원형의 구조는 화산에 의해 만들어진 분화구가 아니라 운석 충돌의 결과로 만들어진 것이라고 발표하였다. 달의 둘레에 9분의 1에 해당하는 큰 것들조차도 운석 충돌에 의해 만들어졌다고 주장하였다. 그러나 당시 그의 이런 생각은 완고한 과학자들에게 받아들여지기가 어려워 학술지에 그 결과를 수록하지 못하고 대중적인 천문학지에 게재하였다. 그는 나중에 이런 모든 사실을 1949년 《달의 얼굴(The Face of the Moon)》이란 책자에 수록하였다. 하지만 과학계가 그의 생각을 받아들인 것은 1960년대에 이르면서이다.

나중에 확인된 사실이지만 달 표면에는 아주 거대한 운석구와 더불어 그저 고만고만한 크기의 운석 충돌구들이 달 표면 전체에 골고루 펼쳐져 있다. 달 표면에서는 물과 대기가 존재하지 않기 때문에 지구 표면과 비교하면 풍화작용이 거의 일어나지 않아서 달 표면에 있는 운석들은 비교적 제자리에 잘 보전된다. 거기에 만들어진 모습 그대로 선명한 충돌 흔적을 오랜 기간 보존할 수 있는 조건이었기 때문에 충돌의 생생한 증거들을 가장 잘 관측할 수 있는 곳이 되었다. 여기서 오랜 기간이란 지질학적 시간을 말하는 것으로 수천 년 혹은 수백만 년을 이야기 하는 게 아니라 수억 년 이상을 의미하는 것이다.

그런 충돌의 흔적은 40억 년 이전에 혜성이나 소행성 등의 충돌로 만들어진 것으로부터 그 이후에 만들어진 것까지 다양하다. 그래서 달의 표면은 온통 충돌구투성이이다. 셀 수 있는 운석구의 수가 거의 50만 개에 이른다. 이런 자료는 비록 지구에 남겨진 뚜렷한 흔적이 그리 많지는 않지만 지구도 수를 헤아리기 어려울 정도로 운석과 충돌한 경험을 가졌으리라는 사실을 확실하게 뒷받침해주는 자료이다. 지구의 표면이라고 해서 달의 표면과 다를 바 없었으나 지구에 만들어진 운석과의 충돌 흔적은 오랜 지질학적 시간이 지나면서 비와 바람 등에 의해 일어나는 풍화작용과 침식작용으로 지워졌을 뿐이다. 어떤 경우에는 삼림에 의해 또는 빙하에 의해 가려져 있어 관찰이 어려운 경우도 있다. 그러나 지구에서도 충돌의 흔적 중 큰 것들은 비록 지표에서 일어나는 지질작용에 의한 지속적인 침식작용이 있다고는 하지만 완전하게 그 흔적을 지울 수 없는 경우도 있었다. 어떤 경우는 지표에서는 겨우 충돌의 흔적을 지워버렸지만 유카탄반도의 칙술룹의 경우처럼 지하에는 그 증거들이 암호처럼 그대로 남겨 둔 경우도 있다. 지질학자들은 그런 숨겨져 있는 암호들을 찾아내 운석구의 존재를 확인할 정도로 현대 지구과학은 발전되었다.

지표면에 남겨진 생생한 충돌의 흔적들

지구 표면 위에도 지질시대의 젊은 시기에 일어난 비교적 규모가 큰 운석 충돌 흔적은 비교적 뚜렷한 자취를 남기기도 한다. 비록 수억 년 전의 지질시대에 충돌된 흔적이라 할지라도 대규모의 충돌 흔적은 드물게 원형의 운석구의 형태를 그나마 희미하게 유지하고 있다. 그러나 운석 충돌에 의해 만들어지는 운석구의 존재가 알려진 비교적 최근까지도 그것은 그저 의미 없는 원형의 지형적인 형상에 불과했다. 그런 예로 자주 인용되는 것이 바로 캐나다 퀘벡에 있는 원형의 매니코우간호수(Lake Manicouagan Lake)와 클리어워터호수(Clearwater Lake)이다.

매니코우간호수는 1,942km²로 호수의 중앙에는 호수의 형태만큼 큰 '퀘벡의 눈'으로 불리는 섬이 있다. 이 호수와 섬은 너무 크기 때문에 비행기를 타고 높이 올라간 위치에서나 확인된다. 사실 이 호수라는 게 과거 운석 충돌구가 침식된 뒤 남겨진 잔해이다. 원래는 약 2억 1천만 년 전 트라이아스기 말 5km의 직경을 갖는 소행성과 충돌하여 만들어진 직경 100km 크기의 운석구가 세월을 따라 침식되고 남겨져 72km의 직경을 갖는 호수가 되었다. 지질학자들은 이 정도의 충돌이라면 아마도 백악기 말 칙술룹 운석구가 만든 공룡의 절멸과 같은 생물종의 절멸을 가져온 또 다른 원인이 되었을 것이라고 믿고 있다. 실제로 어떤 경우에는 지구로 진입한 운석 덩어리가 두 개로 쪼개지면서 동시에 쌍둥이 운석구를 만드는 경우도 있는데 그게 바로 캐나다 퀘벡의 클리어워터호수이다. 이 역시 2억 9천만 년 전에 일어난 쌍둥이 운석 충돌결과로 만들어진 각기 직경 32km와 22km의 호수이다.

캐나다 퀘벡지방에 약 2억 9천만 년 전 쌍둥이 운석 충돌 결과로 만들어진 충돌구가 침식되어 남겨진 직경 32km와 22km의 클리어워터호수를 스페이스셔틀에서 촬영한 모습(사진제공 : NASA)

칙술룹 운석구는 백악기 말 공룡을 절멸시켜 유명한 운석구가 되었지만 그렇다고 그 운석구가 지구상에 남겨진 최대의 운석구는 아니며, 남겨진 흔적 중에서 다섯 번째 크기에 해당되는 곳이다. 현재 지구에서 확인되는 가장 큰 충돌의 흔적은 아프리카대륙의 남단 남아프리카에 희미하게 드러나 있다. 그 규모가 너무 커서 과거 지질학자들은 이게 운석의 충돌 흔적이었다는 사실조차 상상해내지도 못했다. 이 운석구는 운석 충돌구의 가운데에 자리한 동네 이름을 따서 브레데포트 운석구(Vredefort crater)라고 부른다. 아프리카대륙의 한쪽을 때린 소행성의 크기는 아마도 직경이 10km를 상회하는 것으로 추정하고 있으며, 원래 충돌 결과로 만들어진 운석구는 직경이 250km를 넘어 거의 300km 정도는 되었을 것으로 추정하고 있다. 하여튼 이 운석구는 약 20억 년 전에 만들어졌으나, 충돌구 상부는 침식으로 사라졌다. 이 충돌구의 가운데 지역은 충격의 반동에 의해 솟아 올라와 원형으로 돌출된 돔의 반경이 70여 km정도로 스페이스셔틀에서 내려다보아야만 확인되는 규모이다. 이 운석구를 흔히 브레데포트돔(Vredefort dome)이라고 부른다. 초기 지질학자들은 이런 구조가 화산활동에 의해 만들어진 것으로 해석하기도 했다. 사실 이 지역에는 많은 화산활동이 있었지만 대부분의 화산활동 자체가 충돌의 충격으로 만들어진 것이었으므로 그런 의심을 했던 지질학자들의 잘못을 그리 타박할 필요는 없을 성싶다. 규모가 이 정도이니 한눈에 이를 충돌 운석구로 식별하는 것은 애초에 어려운 일이었다.

아직 모든 증거가 완벽하게 수집된 것은 아니지만 이런 1위의 자리는 곧 바뀔지도 모르겠다. 2006년 남극의 윌키스랜드라고 불리는 지역에서 1.6km도 넘는 두꺼운 빙하 밑에 숨겨져 있던 500km 직경의 거대한 운석 충돌구의 흔적을 찾아냈다는 주장이 제기되었기 때문이다. 이 운석구는 윌키스랜드 운석구(Wilkes Land Crater)라고 부른다. 충돌된 소행성의 크기는 거의 50km의 직경을 가지고 있었을 것으로 추정하고 있다. 이 운석구의 구조는 오하이오대학의 프레스(Ralph von Frese) 교수가 이끌고 있는 연구팀에 의해 밝혀졌다. NASA와 러시아 그리고 한국의 연구팀과 함께 중력 탐사자료로 이 구조를 확인하였다.[14] 충돌 시기는 지질시대로 페름기와 트라이아스기 사이에 해당되는 2억 5천만 년 전으로 지구상의 가장 극적인 생물종의 대절멸을 가져온 시기와 일치된다. 이 시기 생물종의 극적인 변화를 단순히 대절멸이라고 부르기도 할 정도로 극적인 변화를 가져왔다. 이를 정식으로는 페름기-트라이아스기 절멸이라고 부르기도 하는데 이는 지구 역사상 가장 많은 생물종이 사라진 시기로서 당시 서식하던 해양 생물종의 80%가 죽은 시기이다.[15]어떤 해양 생물종은 100%가 멸종되기도 했다. 이런 생물종의 멸종은 비단 해양생물종에 국한되었던 것만은 아니며 육상 생물에서도 정도는 약간 덜하지만 미친 영향은 매우 심각하였다. 이런 생물종의 대절멸은 지구 역사에서 기록된 최대의 생물종 참사이다. 아직 확실하게 증명된 것은 아니지만 이 시기의 지구 역사상 전무후무한 생물종의 대절멸은 바로 가장 큰 소행성의 충돌과 관계되었을 가능성이 큰 것으로 드러나고 있다. 결국 이 시기 생물종의 절멸을 불러온 이유로 많은 학자들이 과거에 제시하였던 지구 기후시스템이나 생태환경의 급격한 변화 역시 결국은 이런 충돌의 결과로 만들어진 것이라는 사실들이 하나둘씩 밝혀지고 있다.

운석 충돌구의 존재를 처음 밝히는 데 등장한 미국 아리조나주에 있는 베링거 운석구는 비교적 충돌의 흔적이 온전하게 보존되어있다. 사실 베링거 운석구(Barringer crater)는 19세기 초까지도 인류의 지식체계에 편입되어 있지도 않았던 운석구의 개념, 즉 운석 충돌에 의한 충돌구의 개념을 만들어준 곳이기도 하다. 그 이전까지만 해도 베링거 운석구는 미국의 애리조나주의 황량한 대지 위에 있는 큰 구덩이에 불과했다.

운석구를 학문의 세계에 편입시킨 베링거(Daniel Moreau Barringer, 1888~1929)는 조금은 다른 경력을 가진 지질학자였다. 그가 법과대학을 나와 최초로 택한 직업인 변호사는 그의 적성과는 거리가 멀었다. 그래서 그는 다시 지질학을 공부하여 성공한 광산업자가 되었다. 그럴 즈음 그는 애리조나에 철과 니켈이 주변에 흩어져 있는 구덩이가 있다는 소식을 듣고 그곳으로 달려갔다. 구덩이라고 했지만 직경이 1.2km에 파인 깊이는 70여 m가 되는 큰 규모였다. 그는 그것이 철질운석이 지구와 충돌하여 만든 구덩이라고 믿고 일확천금의 기회라고 생각하였다. 그 구덩이 아래에는 파내기만 하면 돈이 되는 운석으로 떨어진 철이 들어 있을 것이라고 생각했다. 철질운석이 지구와 충돌할 때 묻혀버린 노다지를 그저 꺼내기만 하면 될 것이라 생각을 했던 것이다. 그런 생각은 그가 처음 한 것은 아니었으며 당시 미국의 지질조사소에서 일하던 길버트 역시 그런 생각을 했다. 그는 그 원형의 구조물은 화산의 분화구이거나 운석의 충돌구 중의 하나라고 추정했다. 만약 운석 충돌구라면 그 밑에 묻혀 있는 철 때문에 아마도 나침반이 움직이지 않을 것이라 생각하며 그곳에 탐사하러 갔다. 그러나 나

미국 아리조나주에 있는 약 1,200m의 직경으로 만들어진 베링거 운석구(Barringer Crater). 이 구덩이는 다니엘 베링거에 의해 처음으로 운석 충돌에 의해 만들어진 것으로 밝혀져, 운석 충돌에 대한 새로운 역사를 연 곳이다.

침반은 그곳에서 정상적으로 가동했으며 그렇다고 화산폭발의 증거가 확실한 것도 아니어서 결론을 내리지 못한 어정쩡한 상태였다.

그러나 베링거의 노다지에 대한 신념은 확고했다. 그는 즉시 회사를 차리고 광체를 찾기 위해 시추와 굴진을 했다. 아직도 베링거 운석구의 중앙에는 그가 탐사한 흔적이 일부 남겨져 있다. 그러나 그의 탐사는 번번이 실패를 했다. 그가 바라던 철은 그곳에서 몇 개의 덩어리로만 발견되었을 뿐 정작 그가 계산하였던 1천만 톤의 노다지는 그 구덩이 아래에는 묻혀 있지 않았던 것이다. 사실 그는 운석이 지구로 진입하는 속도를 정확하게 계산하지 못했으며 그때 발생되는 에너지에 의해 그게 온전하게 보전되기가 어렵다는 사실을 미처 깨닫지 못했던 것이다. 베링거가 총알을 발사시킨 흙더미 속에 실탄은 형태만 일그러진 채 그대로 남겨져 있었지만 총알보다도 50배 더 빠르게 지구에 진입한 운석은 그저 충돌하여 박혀버리는 게 아니라 폭발하여 증발해버리기 때문이다. 나중에 밝혀진 사실이지만 그때 발생된 에너지는 히로시마에 사용한 원자폭탄의 약 150배에 이르는 엄청난 것으로 약 1억 7천 5백만 톤의 암석을 통째로 날려버려 만들어진 곳이 바로 이 구덩이였다. 그가 운석이 지구로 진입하는 속도를 바르게 인식하지 못했던 것이 일확천금의 꿈을 갖게 만든 원인이었다. 그러나 그 사건이 계기가 되어 이런 저런 문제들이 밝혀지게 되었다. 비록 그는 재산을 날리기는 했지만 그곳이 바로 운석 충돌의 흔적으로 만들어진 운석구라는 사실을 집념어린 노력으로 확인하여 지질학계에 지워지지 않을 업적을 남겼다. 나중에 밝혀진 것이지만 불과 50여 m의 크기를 갖는 철질 운석이 약 5만 년 전에 지구와 충돌하여 만들어진 운석구임이 밝혀졌으나 운석의 크기는 베링거의 생각과는 달랐다. 이 운석구는 베링거가 죽고 17년이 지난 1946년에 이런 그의 업적을 기려 학계에서 공식적으로 "베링거 운석구"로 부르기로 결정하였다.

운석 충돌의 증거로 코에사이트를 발견한 미국 지질조사소에서 일하던 유진 슈메이커. 그는 목성에 충돌한 혜성 '슈메이커-레비 9'를 그의 처 캐롤린과 데이비드 레비와 공동으로 발견하였다(사진제공 : 미국지질조사소).

그러나 아리조나 사막 가운데 파여진 이 큰 구덩이가 운석 충돌구임을 확인해준 이는 바로 유진 슈메이커(Eugene Merle

Shoemaker, 1928~1997)이다. 그는 젊은 시절 볼드윈의 《달의 얼굴》을 읽고 달의 과학적인 연구에 흥미를 느껴 일생을 달과 운석에 관한 연구를 하였으며, 천체지질학 분야를 개척하였다. 1960년 그는 그의 동료 에드워드 차오(Edward C. T. Chao, 1919~2008)와 함께 베링거 운석구에서 채취한 시료에서 운석 충돌시 발생하는 엄청난 압력에서나 만들어지는 광물인 코에사이트(coesite)를 발견하였다. 그는 그곳이 운석 충돌의 결과로 만들어졌다는 것을 자신 있게 발표한 학자이다. 그런 발견은 지질학자들이 운석구를 확인하는 방법을 찾아낸 것을 의미하는 중요한 것이다.[16]

코에사이트는 대기압의 2만 배 이상인 2~3기가파스칼 그리고 700℃ 이상에서 만들어지는 석영(SiO_2)의 동질이상이다. 즉, 석영과 화학조성은 동일하지만 결정구조가 본질적으로 다른 것이다. 그러므로 엄청나게 높은 변성작용을 받지 않은 지층 속에서 코에사이트란 광물이 나올 수 있는 경우란 운석의 충돌 말고는 없기 때문에, 이 구덩이는 운석 충돌 결과로 만들어진 것을 확신하였다. 그리고 그는 후일 그런 엄청난 폭발에 의해 만들어지는 충격받은 석영의 독특한 구조를 핵폭탄 시험장에서 찾아내기도 했다. 그는 1997년 운석 충돌구를 찾아 떠난 연구여행 중 오스트레일리아 앨리스 스피링 근처의 도로에서 교통사고로 일생을 마쳤다. 그의 공적을 기려 화장된 유해의 일부는 달 탐사선으로 달에 보내졌다. 지금까지 그는 달에 묻힌 최초의 인물이자 유일한 인물이다.

아프리카 북서부 모리타니아의 사하라사막에 있는 50km 크기의 직경을 가지 리샤구조(Richat structure). 이는 운석 충돌구가 아니라 융기에 의해 만들어진 돔상의 배사구조로 알려져 있다(사진제공 : Chrisotph Hormann).

운석 충돌구가 원형으로 나타나는 것은 사실이지만 원형의 구조라고 해서 반드시 운석 충돌구는 아니다. 아프리카대륙 북서부 사하라사막의 한가운데에 마치 중생대에 서식하던 암모나이트처럼 생긴 거대한 원형의 지질구조가 발견되었다. 모리타니아에 있는 그 지질구조는 리샤구조(Richat structure)라고 부른다. 사막 한가운데라서 숲이 없어 그 모양이 잘 드러나 있는데 이 원형구조는 50km 정도의 직경을 가지고 있다. 처음에는 이 원형 구조물을 운석 충돌의 흔적으로 여겼다. 그러나 충돌의 흔적은 찾을 길이 없었다. 그래서 아마도 화산이 폭발하면서 만든 원형 구조일 것이라고 생각하고 조사했으나 그런 거대한 구조를 만들 만한 화산 역시 발견되지 않았다. 그래서 최근에는 이 원형구조물은 대칭적으로 일어난 융기로 만들어진 돔상의 배사구조라고 해석을 하고 있으나 아직도 그 원형구조물을 만든 원인은 논란의 대상이 되고 있다. 그러나 운석 충돌 결과로 만들어진 것이 아니라는 데는 많은 학자들이 동의하고 있다. 그 모양이 선명하게 잘 드러나 있어 스페이스셔틀로 지구궤도를 돌던 우주비행사들이 지구 위에 있는 길잡이로 사용했다고 해서 유명해진 것이기도 하다. 지구상의 원형구조물이라고 해서 반드시 운석 충돌 결과로 만들어진 것만은 아니다.

목성에서 관찰된 충돌현장

충돌의 흔적은 지구의 표면이나 달 표면에만 남아 있는 것은 아니며 태양계의 다른 행성에서도 발견된다. 외계로 날아간 위성체는 다른 행성에서의 충돌 흔적을 생생한 화면으로 전송해주었다. 그러나 그런 충돌구는

1994년 5월 17일 목성에 충돌하기 이전에 허블망원경으로 촬영된 슈메이커-레비 9 혜성의 모습. 이 혜성들은 우주 공간에 달과 지구 사이 거리의 3배인 110만 km의 길이로 21개의 조각으로 나뉘어 목성의 충돌 궤도로 향하고 있는 모습이다(사진제공 : NASA).

과거의 흔적이었으며 현실세계의 것은 아니었다. 그게 운석 충돌로 만들어지는지 의심을 갖고 있던 많은 사람들은 위성 충돌의 파괴력을 직접 관찰할 수 있게 되었다. 슈메이커와 그의 아내 캐롤린과 데이비드 레비(David H. Levy)는 1993년 3월 24일 캘리포니아 팔로마 천문대에서 0.4m 직경의 슈밋트망원경으로 한 혜성을 촬영하였는데, 그들이 발견한 혜성은 '슈메이커-레비 9'로 명명되었으며, 이 혜성들은 목성과 충돌하는 장관을 연출하였다.

목성의 남반구에 남겨진 갈색의 점들은 충돌 흔적이다. 연속된 충돌에 의해 여러 개의 자국을 남겼으며 크기가 큰 것은 12,000km에 이른다(사진제공 : NASA).

충돌하기 몇 개월 전 이미 과학자들은 혜성의 궤도를 계산하여 목성의 어느 지점에 언제 충돌할지를 예상하고 그날을 초조하게 기다렸다. 그 혜성은 21개의 조각으로 나눠져 1994년 7월 16일부터 22일까지 목성의 남반구에 충돌하는 장관을 연출하였다. 이는 태양계에서 두 대상이 충돌하는 최초의 현장을 우리에게 보여준 사건이다. 첫 번째 충돌은 7월 16일 20시 15분에 일어났다. 혜성이 목성에 충돌되는 속도는 초당 약 60km의 속도였다. 목성을 탐사하기 위해 NASA가 1989년 띄워 보낸 무인 탐사선 갈릴레오(Galileo)는 그 무렵 목성 주위에 도달하고 있었다. 우주 탐사선 갈릴레오는 그 충돌할 때 발생된 불기둥을 관찰하였으며 그때의 온도가 24,000K에 이르렀다. 목성의 구름 위의 온도가 130K인 점을 고려하면 그것은 엄청난 열에너지의 방출임을 말해준다. 그리고 솟구쳐 오른 불기둥의 높이는 3,000km에 이르렀다. 지구의 관찰자들은 얼마 후 목성에 나타난 거대한 검은 점을 볼 수 있었다.[17,18]

그 충돌 결과는 성능이 웬만한 망원경에서도 관찰될 정도의 엄청난 흔적으로 크기도 6,000km 정도로 지구의 직경과 맞먹는 것이었다. 성능이 뛰어나지 않은 보현산 천문대의 망원경으로도 그 생생한 장면이 기록되었다. 뒤이어 7월 18일의 충돌로 만들어진 검은 점의 크기는 12,000km였다. 이 충돌로 방출된 에너지는 600만

메가톤의 TNT의 폭발력과 같은 것으로 지구 전체 핵무기를 동시에 폭발시킨 힘의 750배도 넘는 엄청난 에너지이다. 이런 사실들은 허블망원경과 우주선 갈릴레오에 의해 상세하게 알려졌다. 그런 폭발을 남기는 장대한 우주쇼를 펼쳐 더 이상 충돌의 회의론자들이 설 자리를 잃게 만들었다. 이제 과학자들은 우주 공간을 떠돌아다니는 운석이나 혜성을 미리 발견만 한다면 그들의 이동 궤도를 정확하게 계산해서 지구궤도와 만날 가능성이 있는지를 계산할 수 있는 수준에 이르렀지만 운석 충돌에 대한 모든 위험이 사라진 것은 결코 아니다.

지구에 남겨진 운석의 잔재

1969년 2월 8일 자정을 막 넘긴 1시경 멕시코의 아옌데 지역에 우주로부터 거대한 불의 공이 초당 16km 이상의 빠른 속도로 지구로 접근하였다. 이 불의 공은 지구와 충돌하기 직전 폭발이 일어나면서 대략 10×50km에 해당되는 지역에 작은 운석 덩이를 소나기처럼 쏟아 부었다. 그래서 이 지역을 '아옌데운석의 파편 밭' 이라고도 부른다. 이 운석은 대기권으로 진입하면서 공기의 저항을 이기지 못하고 산산조각이 난 석질운석이었다.

외계로부터 날아오는 운석은 구성되는 물질에 의해 세 가지로 구분된다. 지구의 지각이나 맨틀을 구성하는 암석과 같은 물질로 된 운석을 석질운석이라 한다. 주로 철질물질에 니켈 등 금속을 함유하고 있는 운석을 철질운석이라고 한다. 이 둘이 적당한 비율로 섞여 있는 것을 석-철질운석으로 구분한다. 이들 아옌데운석은 석질운석으로 다량의 탄소질 물질을 함유하고 있는 콘드라이트라고 불리는 운석이었다. 이 지역에서 회수된 양만도 2톤이 넘는 것으로 이를 연구하던 지구과학자들에게는 큰 선물이나 다름없었다. 수집된 운석의 크기는 작게는 수 그램짜리로부터 110kg에 이르기까지 아주 다양하였다.[19] 요즘에도 이 지역에서는 눈에 띄기 어려운 자리에 숨겨져 있듯이 떨어진 운석들이 가끔 새롭게 발견되기도 한다.

회수된 아옌데운석 덩어리들은 대기권을 지나오면서 공기와의 저항에 의해 발생된 높은 열에 의해 겉껍질은 용융되어 매끈한 껍질로 싸여 있었다. 이들을 쪼개보면 원래 이 운석의 내부 구조가 드러난다. 작은 검은 입자로 된 바탕에 밝은색의 밀리미터 크기의 구형 입자들이 박혀 있으며 이보다 더 큰 불규칙한 형태의 물질들이 섞여 있다. 이 운석에 들어 있는 작은 구형의 물질은 콘드률(chondrules)이라고 부르는데, 이는 태양계 형성 초기에 만들어진 가장 오래된 성운물질로 태양계의 기원을 밝혀주는데 매우 중요한 정보를 가지고 있다. 더군다나 놀라운 사실은 이 운석들이 아미노산을 가지고 있었다는 사실이다. 나중에 알려진 사실이지만 이들 운석은 45억 6천7백만 년의 나이를 가지고 있었으며 지구상의 어떤 암석보다도 오래된 암석임이 밝혀졌다. 이 시기는 바로 태양계가 만들어진 나이와 같은 것으로 이들 운석들이 바로 태양계 초기 물질임이 밝혀졌다.[20]

1969년 멕시코의 아옌데지역에 떨어진 석질운석을 깬 내부의 모습. 이들 운석은 알렌데운석으로 명명되었다.

전에도 이런 종류의 운석이 발견되었지만 아옌데운석이 발견되었을 즈음 운석에 대하여 더 많은 관심을 끌게 된 것은 시대적인 상황과도 관계된다. 1969년 7월은 케네디가 야심차게 시작한 아폴로 계획의 일환으로 쏘아 올린 아폴로 11호 우주선으로 닐 암스트롱(Neil Armstrong)과 버즈 앨드린(Buzz Aldrin)이 달 표면에 인간의 발자취를 남기고 직접 달의 암석 22kg을 가지고 지구로 귀환한 해였다. 이런 아폴로 프로그램은 외계 물질에 대한 관심을 최고조로 올려놓은 계기가 되었으며, 이를 계기로 운석에 대한 연구방법도 많이 개발되었던 시점이기도 하다. 미국은 최초로 두 우주인을 달에 내려놓고 성조기를 꽂았다. 그러잖아도 과학의 발전에 스스로 도취되어 있던 과학계는 이제는 무엇이든지 해결할 수 있다는 분위기가 조성된 시기였다. 그러한 당시의 분위기에서 알려진 아옌데지방의 운석은 과학자들의 지적 호기심을 최고로 자극하였으며, 그 결과로 자세하게 연구되었다. 이들 운석은 발견 지역의 지명을 따서 아옌데 운석이라고 부르기도 하나 학계에선 알렌데운석(Allende

미국 뉴욕 자연사박물관에 전시 중인 15,5톤의 철질운석인 윌라메트운석

meteorite)이라고 부른다. 사실 지구에 도달하는 운석의 수는 매우 많지만 그중 약 3% 정도만이 콘드률을 함유하고 있는 콘드라이트이다.

지구상에 떨어지는 운석의 대부분은 철질운석이다. 그 운석의 껍질 모양은 매우 여러 가지 형태이다. 으레 자연사박물관에 가면 기괴한 형태의 운석들이 전시되고 있는데 그들은 대부분 철질운석인 경우가 많다. 미국 뉴욕의 자연사박물관의 중앙에 전시되어 있는 윌라메트운석(Willamette meteorite)은 철질운석이다. 이 운석은 미국에서 발견된 운석 중에서는 가장 큰 것으로 키는 3.05m에 폭은 1.98m로 무게가 15.5톤이나 된다. 이 운석의 91%는 철이며 나머지 대부분은 니켈로 구성되어 있다. 표면에 깊숙하게 파인 자국은 대기권을 지나올 때 발생되는 높은 열에 의한 용융과 지구 표면에서의 풍화작용의 결과로 만들어진 것으로 믿고 있다. 이 운석은 1902년 오레곤주의 윌라메트계곡에 정주한 한 주민에 의해 발견되었는데, 그는 이 돌이 가치가 있다는 것을 알아차리고 소유권을 주장하기 위해 1200m 정도 떨어진 자신의 소유지로 90일간의 사투를 벌인 끝에 가까스로 옮겨놓았다. 그러나 소유권에 대한 법정 공방이 일어났을 때 그가 운석을 이동시킨 사실이 알려지면서 원래 그 땅을 갖고 있던 회사의 법적인 소유권이 인정되었던 역사를 가진 돌이기도 하다. 이 돌은 한 부인이 당시에 2만 6,000불에 구입하여 전시회를 가진 후 뉴욕의 자연사박물관에 기증하였다. 철질운석의 껍질 부분은 윌라메트운석처럼 생긴 것이 전형적이지는 않으나 대부분은 지구의 기권으로 진입할 때 발생되는 열에 의해 껍질이 용융되어 반들반들한 표면을 가진 경우가 많다.

월라메트운석은 발견된 운석 중 세계에서 여덟 번째의 크기이다. 현존하는 운석 중 가장 큰 것은 나미비아 그루스폰테인이라는 지역에 있는 무게 60톤의 호바운석(Hoba meteorite)이다. 이 운석은 두 번째로 큰 아르헨티나에서 발견된 캄포데시엘로(Campo de Cielo)운석보다도 거의 두 배에 이르는 덩치이다. 땅속에 묻혀 있던 이 운석은 쟁기질하던 농부에 의해 우연하게 발견되었다. 농부가 확인한 물체는 그의 힘으로 움직이기에는 너무 덩치가 컸다. 이 운석은 약 8만 년 전에 지구로 떨어졌으며, 역시 철질운석으로 84%가 철이며 16%가 니켈 그리고 소량의 코발트를 함유하고 있다. 이 운석은 2.7×2.7m의 크기의 사각형, 두께는 0.8m 정도로 다른 운석과는 다르게 높은 열에 의한 운석에서 관찰되는 특징적인 변형의 흔적이 미미하였다. 거기다 으레 운석 충돌시 만들어지는 어떤 운석구의 형태도 발견되지 않았다. 그래서 과학자들은 아주 저각도로 지구로 진입한 운석은 우리가 물가에서 납작한 돌을 던져 튕겨져 나오는 것처럼 몇 번인가 튕겨나가다가 도착한 곳이 이곳이라고 추정하고 있다. 그렇지 않고는 그 돌이 그곳에 틀어박혀 있는 것을 설명할 도리가 없었다. 운석이 발견된 후 과학자들이 연구를 위해 떼어간 양은 0.5톤에 이른다. 이 운석을 자세하게 살펴보면, 과학자들이 남긴 상처가 떼어내기 쉬운 네 모서리 이곳저곳에 남겨져 있다. 그러나 1955년 나미비아 정부에서 국가 유적으로 지정하고 관광객들의 호기심 어린 훼손으로부터 이를 보호하고 있다.

우리가 생각하는 것보다 자주 외계로부터 운석이 지구의 대기권을 통과해서 지구 표면에 도달된다. 그러나 최근 기록을 살펴보면 사람이 운석에 맞아 죽었다는 문헌은 좀처럼 눈에 띄지 않는다. 운석이 지구에 떨어지는 속도를 고려하면 그것은 살상무기 중에서도 강력한 살상무기가 될 수 있기 때문에 조금 의아스럽기도 하다. 그러나 1954년 11월 30일 미국의 앨라바마주 사일라코가에 살고 있던 호지스(Ann Elizabeth Hodges) 부인은 큰 포도송이만한 운석이 지붕을 뚫고 들어와 나무상자로 만든 라디오를 맞고 튀어나와 소파에서 자고 있던 그녀의 팔과 엉덩이에 상처를 냈다. 이 운석은 호지스운석(Hodges meteorite)으로 이름 지어졌으며 지금은 앨라바마대학의 자연사박물관에 소장되어 있다. 이 운석은 사람을 친 운석으로 유명해졌다. 이 운석은 약 4kg의 무게였다. 남편은 집수리를 위해 이 운석을 팔기를 바랐지만 호지스 부인은 이를 앨라바마대학에 기증했다. 이 돌덩이가 우주 공간을 얼마나 오랜 기간 어떤 경로로 헤맸는지는 아무도 모른다. 그런 돌이 호지스 부인의 집으로 떨어진 것은 참으로 기이한 인연임에 틀림없다.

최근에는 자동차에 떨어진 운석 때문에 피해를 본 사례들이 심심치 않게 보도되곤 한다. 어떤 이는 자신이 타고 있던 고물 자동차 값보다도 운석을 더 비싸게 받아 화제가 되기도 한다. 그러나 미국 제트추진연구소에서 일하는 케빈 야우(Kevin Yau)와 그의 동료들은 중국의 고대 문헌으로부터 많은 운석 낙하의 기록을 찾아냈으며, 운석으로 사망자가 발생했던 사실이 기록되어 있는 것을 확인하였다. 한 기록에 의하면 1490년 2~3월에는 하늘에서 돌이 비 오듯 떨어져 1만여 명이 죽었다는 기록을 찾아내기도 하였다.[3] 과거에도 운석이 지구로 떨어진 것은 이곳저곳에서 확인되었으며 한때 이런 물질을 신성시하기도 하였으며, 어떤 곳에서는 이를 권위의 상징물로 사용한 기록이 종종 발견되기도 한다.

1868년 1월 30일 폴란드 바르샤바의 북동쪽 풀투스크(Pultusk) 지역에서도 운석이 비 오듯 떨어지는 사건이 일어났다. 운석은 127km²에 이르는 면적에 퍼져 떨어졌으며 크기는 수 그램 정도의 작은 파편이었기 때문에 "풀투스크의 완두콩"이란 별칭을 가지고 있다. 이때 떨어진 운석 파편은 약 18만 개에 이르는 것으로 추정하고 있으며, 발견된 것 중 가장 큰 것의 무게는 9,095g이었다. 풀투스크의 완두콩은 석질운석이었다.

1947년 2월 12일 오전 10시 38분경 시베리아의 시크호테알린산맥의 서쪽, 블라디보스토크 북동쪽으로 440km 지점에 사는 사람들은 태양보다도 더 밝은 빛을 발하면서 하늘에서 떨어지는 불의 공을 보았다. 이 불의 공은 지구를 향해 약 40도의 경사로 아주 무서울 정도로 큰 소리를 내면서 30km 길이의 검은 연기로 된 꼬리를 단 채 접근하다가 지표 근처에서 폭발하였다. 이들이 떨어진 지역은 타원형으로 약 1km²에 해당되었다. 큰 덩어리가 지표와 충돌한 곳에서는 제법 큰 웅덩이가 만들어졌다. 가장 큰 운석구는 약 26m의 직경에다 깊이가 6m 정도 되었다. 이들은 철질운석이었으며 회수된 가장 큰 덩어리는 1,745kg이나 되었다. 이들은 시크호테알린운석(Sikhote-Alin meteorite)로 명명되었으며, 거의 대부분이 철로 구성되어 있었고 약간의 니켈과 코발트를 함유하고 있었다. 이 정도 크기의 운석이라도 인구 밀집 지역에 떨어졌다면 큰 재앙으로 연결되었을 것이다.

하늘이 준 선물 : 몰다바이트

어떤 운석 충돌은 우리 인류에게 예기치 않은 선물을 만들어주기도 한다. 그런 예가 바로 몰다바이트(Moldavite)이다. 그것은 바로 하늘이 내려준 보석이다. 체코 동남부에는 모라비아란 지역이 있다. 그곳에서는 오래전부터 녹색의 유리질 같은 물질이 산출되었다. 암녹색을 띄는 이 광물은 보석으로 세공하여 사용되었다. 한때 이물질은 이 지역 유리공장에서 잘못 만들어진 인공적인 산물로 여겼던 시절도 있었지만, 모라비아의 제3기 플라이스토세의 지층 중에서 이들이 광범위하게 산출되는 것이 확인되면서 유리공장에서 나왔다는 의견을 지지하는 학자들은 설 자리를 잃어버리게 되었다. 사실 그런 소문의 진원지는 지질학자들이 아니었다. 그러나 이들의 산출이 어떤 지층과 관계된다는 사실이 알려지면서 녹색의 유리질처럼 보이는 물질은 화산에서 형성된 흑요석의 변종 정도로 생각하였으나 이들 녹색의 돌들이 용융온도가 높고 또한 화학조성이 화산기원의 물질과는 다르다는 사실이 확인되면서 이 돌들이 어떻게 만들어졌는지는 더욱 오리무중이 되었다.

체코 모라비아 지역에서 산출되는 운석 충돌 결과로 만들어진 텍타이트의 일종인 몰다바이트. 녹색의 투명한 광물은 이처럼 보석으로 사용된다.

그러나 한 지질학자는 이를 잘 관찰하고 이들 표면에 만들어진 주름진 조직이나 융식된 구멍들은 물에 의해 만들어질 수 없다는 사실을 확인하고 우주기원으로 보기 시작했다. 그러면서 이 돌들이 갖는 에메랄드그린의 아름다운 색 때문에 하늘에서 떨어진 에메랄드라고 믿는 이들도 있었다고 한다. 이 돌이 유명해지고 난 후 세계 몇 곳에서 이런 물질들이 산출된다는 사실이 확인되었다. 최근에 이런 돌들은 주 산출지인 체코의 몰다우(Moldau)란 지역 이름을 따 몰다바이트(moldavite)라고 이름이 지어졌다. 투명하고 색이 선명한 몰다바이트는 보석용으로 사용된다. 이 돌은 1,500만 년 전 독일 서부 바바리아 지역에 일어난 운석 충돌결과로 만들어진 리에스 운석구(Ries crater)와 연관된 텍타이트로 해석하고 있다. 텍타이트란 칙술룹 운석구가 만들어질 당시 만들어진 구형의 입자처럼 만들어질 수도 있지만 불규칙한 형태로도 만들어지기도 한다. 이들 중 일부는 운석과 지구 구성 물질이 함께 녹은 후 섞여져 이런 녹색의 돌도 만들어지는 것이다. 독일 바바리아의 함몰된 지형은 1960년 이전만 해도 많은 지질학자들은 화산분출과 관계된 것으로 해석하였다. 그러나 1960년 운석 충돌 전문가인 슈메이커가 이 지역을 방문하여 코에사이트란 고압에서나 만들어지는 광물을 발견하고 운석 충돌결과에 의해 만들어진 것으로 해석하였다. 그 결과 이런 몰다바이트가 보헤미아와 모라비아 지역에 분포하게 되었다는 사실이 알려지게 되었으며 몰다바이트에 얽힌 전승은 사라지게 되었다.

운석 충돌은 재앙인가 선물인가?

지구도 태초에는 이런 소행성들의 충돌결과에 의한 첨합으로 만들어졌으며, 지구의 회전축이 기울어져 있는 것 역시 충돌결과이다. 지구가 대체로 오늘날의 크기로 합쳐지는 데는 대략 1억 년이 소요되었으며 지구가 막 자리를 잡으려던 대략 45억 년 전 화성과 비슷한 크기의 인접한 행성과 충돌하면서 그 충격으로 지구의 회전축이 기울어져버린 역사를 가지고 있다. 당시의 충돌결과로 떨어져 나간 파편들의 일부는 우주 공간으로 날아가 사라졌지만 그중 큰 덩어리는 지구 중력권을 벗어나지 못하고 잡혀 지구 주위를 돌게 된 녀석이 바로 달이다. 이런 달의 생성이론을 거대충돌가설(Giant impact hypothesis)이라고 한다. 이 가설은 하트맨(William K. Hartman)과 데이비스(Donald R. Davis)에 의해

1975년 발표되어 현재는 많은 사람들이 이를 믿고 있다.[13,21] 그런 증거로 제시되는 것을 보면 달과 지구의 암석들이 같은 동위원소 조성을 갖는다는 점이다. 그게 바로 지구로부터 떨어져나갔다는 사실을 뒷받침한다는 것이다. 또한 지구는 철질 물질로 구성된 핵을 가져 평균 밀도가 5.5g/cm^{3}인데 반하여 달은 3.3g/cm^{3}로 철로 된 핵이 없어 더 작은 값을 갖는다. 이는 충돌시 지구의 암석질로 된 맨틀부분에 해당되는 겉껍질 부분이 깨져 나온 결과라는 것이다.

사실 그런 충돌에 의해 지구의 회전축이 기울어져 있는 것은 지구에서 생명체의 진화에 유리한 기후를 만드는 데 일조를 하였으며, 달의 생성은 지구의 축이 더 이상 흔들리지 않게 만든 중요한 역할을 하였다. 사실 지구의 축이 계속 흔들렸다면 지구의 기후는 아무도 예측할 수 없는 변덕을 부리면서 극단적으로 변하는 상태가 계속 되었을 것이며 생명체 진화에 필요한 안정적인 기후시스템의 유지는 어려웠을 것으로 과학자들은 믿고 있다.[3] 그런 점은 충돌이 지구 진화에 긍정적인 면으로 작용한 결과이다. 사실 태양계 형성 초기에 발생한 많은 충돌의 결과는 다른 행성에서도 남아 있다. 금성이 대표적인 예이다. 금성은 그런 충돌의 결과로 태양계의 다른 행성과는 다르게 혼자서 반대로 자전을 하는 운명이 되었다. 최근에 근접 촬영한 화성 표면 사진을 보면 달의 표면과 그리 다를 것 없는 충돌의 선명한 흔적을 여기저기에 남겨놓은 모습을 보여준다.

지구상에 기록된 대규모 운석의 충돌은 번번이 지구의 생물종들에 타격을 가하는 대절멸의 원인이 되었지만 이를 역설적으로 말하면 다른 생물종의 진화를 유도한 결과를 만들기도 했다. 사실 그런 대규모 운석 충돌은 바둑 한 판을 두고 난 다음 반상의 바둑돌을 다 치우고 새로운 판을 두는 형국과 같은 것으로 새로운 시대의 시작을 의미하는 것과 같았다. 한 시대를 풍미하던 지구상의 우점종들이 사라지고 새로운 생물종의 출현했던 과거 지구의 역사는 바로 그러한 사정을 뒷받침해준다. 그러한 생물종에 미치는 영향 말고도 대규모 운석 충돌은 지구의 금속자원의 생성과도 밀접한 관계를 갖는다. 브레데포트돔 주위에는 세계적인 규모의 초염기성 화성암 관입체가 발달해 있다. 이를 부쉬벨드화성암 복합체(Bushveld Igneous

지구에 화성만한 크기의 행성이 충돌하여 달이 만들어지는 거대 충돌설을 묘사한 상상도(그림제공 : Gary Hincks).

Complex, BIC)라고 부른다. 이들이 관입한 시기가 바로 약 20억 년 전으로 좌우 대칭적으로 6만 6,000km^{2}의 면적에 초승달과 그믐달 모양으로 분포되어 있다. 이러한 관입암은 당시에 발생된 충돌과 연관성을 갖는 것으로 추측하고 있다. 이 복합체에 세계 최대의 백금족 금속광상이 부존되어 있으며, 그 외에도 철, 주석 크롬, 티타늄 그리고 바나디움을 산출하고 있다. 이들 광체는 세계적인 규모를 갖고 있기도 하지만 여러 가지 흥미 있는 지질학적 사실들을 알려주는 곳이기도 하다.

백금족 금속은 백금을 제외하면 우리에게는 생소한 금속들로서 팔라디움, 오스미움, 이리디움, 로디움 그리고 루테니움이 있다. 이들은 희유금속으로 그 산출이 매우 제한적인 것들이다. 이 BIC에서 백금족 금속을 배태하고 있는 지층이 수백 킬로미터나 연장되어 있는 게 1924년 남아프리카의 지질학자인 메렌스키(Hans Merensky, 1871~1952)에 의해 발견되었다. 사실 메렌스키는 남아프리카에서 다이아몬드사광을 발견한 사람이다. 이미 알려진 세계 백금 매장량의 75%를 점유하고 있는 부쉬벨드화성암복합체 내의 그 지층은 지금은 메렌스키리프라고 부른다. 지구의 깊은 곳인 맨틀에서나 있을 법한 화성암들이 지표 근처로 올라오게 한 원인을 제공한 것이 당시 일어난 충돌결과라고 일부 지질학자들은 믿고 있다.[22]

지표에 남아 있는 충돌의 흔적 중 두 번째로 큰 것은 캐나다의 서드베리운석 충돌에 의해 만들어진 구조대이다. 이 충돌의 흔적은 고기 원생대에 속하는 약 18.5

억 년 전에 만들어진 것으로 알려져 있다. 이 지역은 지질학적으로는 서드베리분지(Sudbury Basin)라고 흔히 부른다. 이 분지는 장경 62km와 단경 30km로 된 타원체를 이루고 있다. 그러나 이 크기는 원래 250km의 직경을 갖는 충돌구의 일부분이 남아 있는 것이다. 타원체를 이루고 있는 분지의 외곽지대는 캐나다에서 유명한 니켈, 구리, 백금광산이 밀집되어 있다. 최근까지도 이 분지가 운석충돌에 의해 만들어졌다는 사실을 눈치도 채지 못하고 있었다. 그러나 광산탐사에 따라 보다 정밀한 지질학적 자료들이 축적되면서 이 지역 역시 운석 충돌 결과로 만들어졌다는 사실이 밝혀지게 되었으며 이 지역에서 산출되는 니켈은 바로 충돌한 운석으로부터 기원된다고 지질학자들은 믿고 있다. 이 분지는 약 18억 년 전 직경 약 10km의 운석 충돌 결과로 만들어졌다는 사실이 최근에 규명되었다. 아마도 주위의 니켈광산이 만들어진 것으로 보아 지구와 충돌한 운석은 니켈을 많이 함유하고 있던 철질운석이었다고 해석하고 있다.[22]

이 두 가지 정도의 예만 들어도 운석 충돌은 지구에 전적으로 재앙만 가져다주는 것은 아닌 것 같다. 이미 자연은 인류의 미래를 예측해 이미 20억 년 전 지구 곳곳에 인류에게는 필수적인 유용 금속광물자원을 비축해두었고, 또 어떤 충돌은(특히 달이 형성되는 충돌) 생명체의 진화를 위해 더 유리한 안정한 기후시스템을 유지하도록 만들어준 점도 있기 때문이다. 그러나 그런 점만으로 운석이 우호적이라고 믿기에

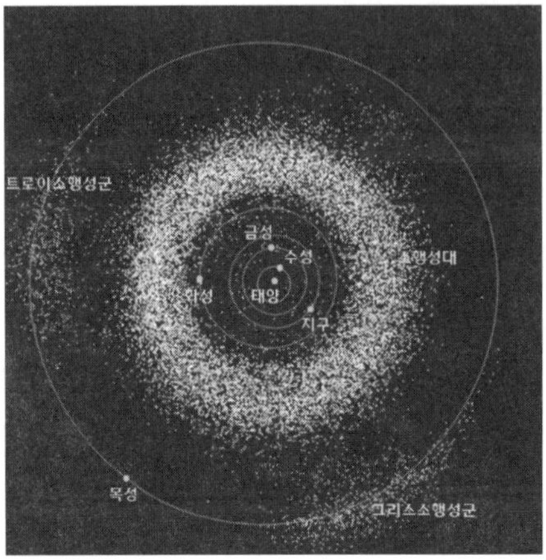

내부 태양계 화성과 목성의 궤도 사이에 위치하는 소행성대를 보여주는 그림. 목성과 화성 사이의 흰 점으로 나타낸 것들이 소행성대의 분포를 보여준다.

는 이르다. 지난 6억 년 동안 지구상에는 직경이 5km 이상 되는 운석과의 충돌은 약 60번 기록되었다. 가장 작은 5km의 직경을 갖는 운석과의 충돌이라 해도 TNT 천만 메가톤에 해당되는 폭발력을 방출한다. 좀 더 정확하게 방출되는 에너지의 양을 소개하면 1메가톤이 4.184×10^{15} J을 방출하므로 여기에 1천만 배를 곱한 것이 방출되는 에너지의 총량이 된다. 숫자로 나타내기에는 너무 큰 양이다. 그 정도면 우리가 상상하는 모든 일을 꾸밀 수 있는 헤아리기도 어려운 엄청난 에너지이다.

물론 지구 생성초기인 수십억 년 전보다 충돌 빈도가 줄어든 것은 사실이지만 충돌이 완전히 종식된 것은 더 더구나 아니다. 아직도 우주의 다른 한편 오르트 구름(Oort cloud)에는 약 1조 개의 운석과 혜성들이 있다. 그리고 태양으로부터 태양계의 해왕성 공전 궤도를 벗어난 30AU에서 55AU에 해당되는 카이퍼 벨트(Kuiper belt)에는 수십억 개가 포진하고 있다. 1AU란 정확하게는 149,597,870,691±30m이다. 대체로 지구에서 태양까지의 거리를 나타내는 단위로서 1억 5천만 km로 간주하므로 대체로 태양계의 외각부터가 카이퍼 벨트이며, 그 밖의 오르트 구름의 외각은 100,000AU이므로 우리가 여기서 고려하는 우주의 광대함을 문자로 표현하기도 외경스러운 일이다.

1977년 9월 5일 미국항공우주국(NASA)은 보이저 I호(Voyager I)란 이름의 722kg의 우주 비행체를 발사하였다. 이 비행체는 목성과 토성 들을 지나가면서 환상적인 영상을 보내왔다. 이 비행체의 행진은 거기서 끝나지 않고 2007년 12월 7일 104.7AU를 지났다. 그 거리는 실로 15.67×10^{12}km로서 인류가 쏘아 올린 비행체가 처음으로 도달한 가장 먼 거리이다. 인간이 만든 비행체인 보이저 I가 도달한 곳이 태양으로부터 104.7AU의 거리이지만 이것조차도 광대한 우주의 한쪽 구석을 겨우 살펴본 것에 불과하다. 실제로 태양계 외각에 있는 해왕성의 달인 트리톤은 카이퍼 벨트의 물질이 포획된 것으로 알려져 있다.[23] 카이퍼 벨트의 물질은 메탄과 같은 탄화수소, 암모니아와 같은 가벼운 물질로 된 얼음으로 구성되어 있다. 그리고 태양계의 목성과 화성 사이의 소행성대에서 과거 100여 년이 넘는 기간에 발견되고 확인된 소행성의 수는 직경이 1km가 넘는 것만 최대 190만 개에 이른다고 추정하고 있다. 그들 중 가장 큰 것은 세레스(Ceres)로서 약 950km의 직경을 가진 것이다. 이 소행성은 1801년 1월 1일 이탈리아의 수도승이자 천문학자인 피아찌(Giuseppe Piazzi, 1746~1826)에 의해 최초로 발견된 소행성이다. 세레스란 이름은 로마의 무수한 신들 중 하나인 식물의 생장과 수확의 여신의 이름을 따 붙여진 이름이다. 세레스의 소행성대의 전체 질량의 3분의 1을 차지할 정도로 큰 녀석이다. 천문학자들은 2006년 새로운 정의를 내렸는데, 그 정의에 의하면 왜행성(倭行星, dwarf planet)에 해당된다.

소행성대에는 수많은 암석질 고상인 소행성이 도사리고 있으며 역시 태양 주위를 무리지어 공전한다. 이들이 분포되는 영역은 천문단위로 폭이 2AU, 그리고 두께가 6AU에 이르는 광대한 공간이다. 이들은 너무 많아 제대로 이름 붙이기에도 벅찰 정도이다. 위의 소행성대를 보여주는 그림만 보면 마치 목성과 화성 사이에는 소행성으로 가득 찬 것으로 오해하기 쉬운데, 실제로 그런 것은 아니며 이런 사실은 외계로 쏘아 올린 우주 비행체가 이 소행성대를 수차례 무사하게 통과한 사실만으로도 알 수 있다. 또한 목성의 궤도상에는 트로이와 그리스소행성군이라고 불리는 두 무리의 소행성들이 목성의 앞과 뒤에서 목성의 궤도를 따라 움직이고 있다. 목성 궤도를 따라 공전하는 그리스와 트로이 소행성군과 소행성대에 존재하는 무수히 많은 크고 작은 소행성들이 비록 지구궤도를 통과할 가능성이 아주 낮다고는 하지만 그럴 가능성을 완전히 배제할 수 없는 것도 사실이다. 그들 중 단 한 개라도 지구와 충돌한다면 지구는 과거에 경험하였던 대 격변을 경험하게 될 것이다. 물론 소행성들 모두가 지구와 충돌할 가능성을 가지고 있는 것은 아니다. 소행성의 궤도가 지구궤도와 교차하는 소행성들이 지구에게는 위협이 되는 존재들이다.[3]

아직도 상존하는 위험

지구궤도와 교차 가능한 소행성들에게는 지구근접 소행성(NEA, Near Earth Asteroid)이란 이름을 붙였다. 지금 당장 지구궤도와 교차되는 궤도로 진입하는 것은 아니지만 어떤 예기치 않은 힘에 의해 이들이 궤도를 조금만 바꾸게 되면 지구궤도와 교차할 가능성은 있는 녀석들이다. 이런 소행성들 중에는 아모르 소행성(Amor asteroid)이 있으며 1,200개가 넘는 그들 중 가장 경계의 대상이 되고 있는 것 중의 하나가 어울리지도 않는 이름을 가진 433 에로스(433 Eros)이다. 에로스는 두 천문학자에 의해 1898년 8월 13일 밤 동시에 발견되었다. 미국항공우주국은 이런 지구근접 소행성을 연구하기 위해 지구근접 소행성 랑데부(NEAR) 프로젝트를 운영하고 있으며, 1996년 2월 17일 소행성 탐사를 위해 NEAR-슈메이커로 명명된 비행체를 13×13×30km의 도톰한 바나나 형태의 에로스를 향하여 발사하였다. 비행체는 오랜 항해 끝에 2000년 2월 14일에 에로스의 궤도에 진입하였다. 에로스는 5시간 16분마다 한 바퀴씩 회전을 한다. 에로스 궤도에 진입한 비행체는 처음에는 200km의 직경을 갖는 궤도로 에로스를 선회하다가 회전궤도를 점차 줄여 드디어 2001년 2월 12일 에로스의 표면에 착륙했다. 이것은 지구로 접근하는 소행성에 인류가 도달할 수 있는 길을 연 쾌거이다. 에로스의 크기라면 중생대 백악기 말에 공룡을 전멸시킨 칙술룹 운석구를 만든 운석의 크기보다도 몇 배나 더 크다. 그러나 에로스의 궤도 연구결과는 2012년 1월 31일 0.1787 천문단위(약 1,660만 마일)의 거리로 지구를 지나간다고 한다. 이것은 충돌궤도는 아니므로 그리 염려할 필요는 없을 것이다.

그러나 실제로 19991년부터 1994년 사이에 3개의 지구접근 천체로 불리는 물질이 지구와 달 사이를 지나갔는데, 달보다는 지구와 더 접근하여 지나쳤다. 그런 소행성 말고도 우주 공간을 수십억 년 헤매고 있던 다른 혜성들이 불쑥 지구에 접근할 가능성도 전혀 배제하기 힘든 것이 과학적인 사실이다. 2004년 12월에는 아포피스(99942 Apophis)란 소행성이 2029년 지구와 충돌궤도로 이동되고 있다는 소식으로 한때 전 세계의 이목을 집중시킨 바 있다. 그러나 그 이후 자세하게 궤도를 계산한 결과 지구와 충돌가능성은 전혀 없으리라고 예측되어 세상 사람들을 안심시켰다. 그러나 이들의 궤도가 달라질 경우 그럴 가능성은 전적으로 배제할 수 없다는 것 또한 사실이다. 지구근접 소행성 중 1950년 2월 23일 발견되어 1950 DA로 명명된 직경이 1.1~1.4km인 이 지구근접 소행성은 2880년 3월 16일 지구에 접근하리라고 한다. 비록 이 녀석은 지구와 매우 접근해서 지나갈 예정으로 충돌 확율이 비록 300분의 1로 매우 낮기는 하지만 최악의 경우로 충돌이 일어난다면 이는 지구 표면에 19km의 충돌구를 만들기에 충분해서 지구에 미칠 영향 또한 엄청나게 클 것이다.[24]

이제 과학자들은 지구접근 소행성을 관찰하고 그들의 궤도를 계산해내어 지구와 충돌가능성을 미리 예고하고자 노력하고 있다. 나아가 충돌을 피하기 위해 그들의 궤도를 변화시키려는 여러 가지 아이디어들이 속출하고 있다. 그러나 우리의 감시망을 피한 작은 운석 덩어리들이 지구와 충돌할 가능성은 상존하고 있다. 그런 위험을 피하려는 새로운 아이디어들은 이제는 공상과학 영화에서나 등장하는 수준을 넘어서고 있다. 그런 충돌을 우주의 자연스러운 순환과정으로 받아들이기에는 인간의 과학기술 발전이 허용하려들지 않는 것처럼 보인다. 설령 지구궤도로 운행되고 있는 소행성이 있다고 해도 미리 발견한다면 여러 가지 방법으로 궤도수정을 해서 충돌을 방지하자는 생각들이 제기되고 있다. 그런 아이디어는 단순하게 충돌의 위험을 피하자는 생각으로부터 정확하게 계산된 경로로 궤도를 수정하여 영원히 우리의 후손에게도 잠재적인 위험을 제거시켜 깨지기 쉬운 지구를 보호하려는 쪽으로 움직이고 있다. 그렇기는 하지만 인간이 자연 순환과정을 거스르

NEAR-슈메이커에서 촬영한 지구근접 소행성인 433 에로스의 모습 (사진제공 : NASA)

는 최초의 생물종이었던 것처럼 과연 우주의 큰 순환과정을 거스를 수 있을지는 아무도 정확하게 예측할 수 없다.

부록

* 참고 문헌
* 인명 찾기
* 용어 찾기

| 참고 문헌 |

1 | 21세기의 연금술사

1) 안드레아 아로마티코(성기완 역) (1998) 『연금술: 현자의 돌』 시공사.

2) Davies, G. (1984) Diamond. Bristol, U.K., Adam Hilger.

3) 문희수 (2005) 『보석 이야기』 문학과 사상.

4) Balfour, I. (1997) Famous Diamonds. Christie, Manson and Woods, Ltd., London.

5) Kurin, R. (2006) Hope Diamond: The Legendary History of a Cursed Gem, Harper Collins, NY

6) Fowler, Marian. (2002) Hope: Adventures of a Diamond. NY: Ballantine Books.

7) Levinson, Alfred A. (1998) Diamond Sources and Their Discovery: in: The Nature of Diamonds, G.E. Harlow(ed.), pp.72~104, Cambridge University Press.

8) Hazen, R.M. (1993) The New Alchemists: Breaking Through the Barriers of High Pressure. New York, Times Books.

9) Harvies, David (1999) James Ballantyne Hannay, Synthetic Diamond Pioneer. The Highlander, May/June.

10) Walter, Maila L. (1990) Science and Cultural Crisis: An Intellectual Biography of Percy William Bridgman(1882~1961). Stanford: Stanford University Press.

11) Bridgman, P. W. (1955) Sci. American, 193, 42~46.

12) Hazen, Robert (1999) The Diamond Makers. Cambridge: Cambridge University Press.

13) Chao, E.C.T., E.M. Shoemaker, and B. M. Madsen (1960) First natural occurrence of coesite. Science, 132(3421); 220~222.

14) Bovenkerk, H.P., F.P. Bundy, Chrenko, R.M., P.J. Codella, Strong, H.M. and R.M. Wentorf Jr. (1993) Errors in diamond synthesis. Nature, Vol.365-2 September.

15) Kirkley, M.B., Gruney, J.J., Otter, M.L., Hills, S.J., and Daniels, L.R. (1991) The application of C isotope measurements to the identification of the sources of C in diamonds: a review. Applied Geochemistry, 6; 477~494.

16) Kirkley, M.B. (1998) The Origin of Diamonds: Earth Processes. in: The Nature of Diamonds, G.E. Harlow(ed.), pp. 48~71, Cambridge University Press.

17) Harlow, George E. (ed.) (1998) The Nature of Diamonds. American Museum of Natural History/Cambridge University Press.

2 | 포세이돈과 보레아스의 심술

1) 사이먼 윈체스터(임지원 역) (2003) 『세계를 바꾼 지도』 사이언스북스.

2) Donald L. Baars (2002) Traveler's Guide to the Geology of Colorado Pateau. University of Utah Press.

3) Zambia/Zimbabwe (1988). Nomination of Victoria Falls/Mosi-Oa-Tunya as a WorldHeritage Site. Ministry of Tourism, Zambia, and Ministry of Natural Resources and Tourism, Zimbabwe.

4) Donovan, Arthur (1993), Antoine Lavoisier: Science, Administration, and Revolution. Cambridge University Press.

5) Bodanis, David (2000) $E=mc^2$: A Biography of the World's Most Famous Equation. New York; Walker & Company.

6) 이길상 (2002) 『화학사상사』 연세대학교 출판부.

7) Kunzig, R. (1999) The Restless Sea: Exploring the World Beneath the Waves. New York. W.W, Norton.

8) Garrison, Tom (1999) Oceanography: An Invitation to Marine Science.

Thomson.

9) Theodore Shabad (1980) Caspian Sea "Leak" is Stopped: Soviet Geography, V. H. Winston and Son, Inc., Silver Spring, Maryland, vol. 21, no. 5, May, pp. 322~323.

10) Pearce, Fred (1995) How the Soviet Seas were Lost: New Scientist, 148 : 38~42.

11) 앤드루 바이어트, 알래스테어 포더길, 마서 홈스(김웅서, 정인희 역) (2002) 『아름다운 바다: 생명이 역동하는 광활한 바다의 세계』 사이언스북스.

12) Hyams, Edward Solomon (1952) Soil and Civilization. Thames and Hudson, London, New york.

13) Johnson, Vance (1974) Heaven's Tableland: The Dust Bowl Story. Da Capo Press.

14) 도널드 워스터 (강헌, 문순홍 역) (2002) 『생태학 그 열림과 닫힘의 역사』 아카넷.

15) Skinner, Brian J. and Porter, Stephen C. (1995) The Blue Planet: An Introduction to Earth System Science. John Wiley & Sons, Inc.

16) 핸콕, 그레이엄(김정환 역) (2000) 『신의 거울』 김영사.

17) Cooke, R.U. and A. Warren (1973) Geomorphology in Deserts. London: B.T. Batsford Ltd..

3 | 인류의 고향, 아프리카 열곡대

1) 잭 랩체크(강윤재 역) (2004) 『시간을 발견한 사람, 허턴』 사람과 책.

2) Oldroyd. D.R. (1996) Thinking About the Earth: A History of Ideas in Geology. Mass., Havard University Press.

3) Lucas, J.R. (1979), "Wilberforce and Huxley: A Legendary Encounter", The Historical Journal, 22(2): 313~330.

4) Desmond, Adrian (1998), Huxley: vol 1 and 2, London: Penguin.

5) 브라이언 페이건(최몽룡 역) (1987) 『인류의 선사시대』 을유문화사.

6) 김용환 (2003) 『인류 진화의 오디세이』 가람기획

7) Fagan, Brian (1989) People of the Earth, 6th Ed., Scott, Foresman and Co., Boston.

8) 만프레드 바우어, 구드룬 치글러(이영희 역) (2003) 『인류의 오디세이』 삼진기획.

9) J.M. 로버츠(조윤정 역) (2007) 『선사시대와 최초의 문명』 이끌리오

10) Nigel Pavitt (2001) Africa's Great Rift Valley. Harry N Abrams.

11) 문희수 (2006) 『이야기로 떠나는 지구기행』 연세대학교출판부.

12) Campbell, Bernard (1985) Humankind Emerging. Little, Brown and Co, Boston.

13) Wolpoff, Milford (1980) Paleoanthropology. Alfred A. Knopf, New York.

14) Gamble, Clive (1993) Timewalkers. Harvard University Press, Mass..

15) Dart, Raymond (1925) Autralopithecus africanus: The man-ape of south Africa. Nature, 115; 195~199.

16) Bryson, Bill (2003) A Short History of Nearly Everything. Broadway Books.

17) Jäger, E. and J. C. Hunziker (1979) Lectures in Isotope Geology, Springer-Verlag.

18) Leaky, Richard and Roger Lewin (1979) People of the Lake. Man; his Origins, Nature and Future. Collins St. James's Place, London.

19) Olson, Steve (2002) Mapping Human History: Discovering the Past Through Our Genes. Houghton Mifflin Company, Boston-New York.

20) White, Tim D., Gen Suwa, and Berthane Asfaw (1994) Australopithecus ramidus, a New Species of Early Homind from Aramis, Ethiopia. Nature, 371; 306~312.

21) White, Tim D., Gen Suwa, and Berthane Asfaw (1995) Australopithecus ramidus, a New Species of Early Homind from Aramis, Ethiopia. Nature, 375; 88.

22) Renne, Paul R., Giday Wolde Gabriel, William K. Hart, Grant Heiken, and Tim D. White (1999) Chronostratigraphy of the Miocene-Pliocene Sagantole formation, Middle Awash Valley, Afar Rift, Ethiopia. Geological Society of America Bulletin, 111 : 869~885.

23) Haile–Selassie, Yohannes, Gen Suwa, and Tim D. White (2004) Late Miocene Teeth from Middle Awash, Ethiophia, and Early Hominid Dental Evolution. Science, 303; 1503~1505.

24) Prothero, Donald R. and Robert H. Dott, Jr. (2004) Evolution of the Earth. Mc Graw–Hill Publishing Company.

25) Asfaw, B., and Tim D. White, O. Lovejoy, B. Latimer, S. Simpson, and G. Suwa (1999) Australopithecus garhi: A New species of early hominid from Ethiopia. Science, 284: 629~635.

26) Mayr, Ernst (1963) Animal Species and Evolution. Harvard University Press.

27) Roberts, Neil (1998) The Holocene: an Environmental History. Blackwell Publishers.

28) 더그 매두걸 (조혜진 역) (2005) 『우리는 지금 빙하기에 살고 있다』 도서출판 말글빛냄.

29) Hallam, A. (1989) Great Geological Controversies. 2nd Ed. Oxford University Press, Oxford.

30) Kirschvink, J.L. (1992). "Late Proterozoic low–latitude global glaciation: The snowball Earth", in Schopf, JW, and Klein, C.: The Proterozoic Biosphere: A Multidisciplinary Study. Cambridge University Press, Cambridge, 51~52.

31) Throme, A.G. and Wolpoff, M.H. (1992) The multiregional evolution of humans. Scientific American, 266(4); 76~79.

32) Wilson, A.C. and Cann, R.L. (1992) The recent African genesis of humans. Scientific American. 266(4); 68~73.

33) Richardson, Michael K. (1998) Haeckel's embryos continued. Science, 281:1289.

34) Hay, Richard L. and Mary D. Leakey (1982) "Fossil footprints of Laetoli." Scientific American, February 1982, 50~57.

35) 브로노프스키, J. (김은국 역) (1985) 『인간 등정의 발자취』 범양사출판부.

4 | 엘도라도는 어디에

1) 안드레아 아로마티코(성기완 역) (1998) 『연금술 : 현자의 돌』 시공사.

2) Plazak, Dan (2006) A Hole in the Ground with Liar at the Top. Salt Lake: University of Utah Press.

3) Charles, Daniel (2005) Master Mind: The Rise and Fall of Fritz Haber, the Nobel Laureate Who Launched the Age of Chemical Warfare. New York: Ecco.

4) Brands, H.W. (2003). The age of gold: the California Gold Rush and the new American dream. New York: Anchor.

5) Albert L. Hurtado (2006) John Sutter: A Life on the North American Frontier. University of Oklahoma Press.

6) Drager, K., C. Fracchia (1997). The golden dream: California from Gold Rush to statehood. Portland, Oregon: Graphic Arts Center Publishing Company.

7) Hill, Mary (1999). Gold: the California story. Berkeley and Los Angeles: Univ. of California Press.

8) Burke, Keast (1972) 'Holtermann, Bernhardt Otto (1838~1885)', Australian Dictionary of Biography, Volume 4, Melbourne University Press, pp. 415~416.

9) Dalby, Andrew (2001) Christopher Columbus, Gonzalo Pizarro, and the search for cinnamon. Gastronomica, 1(2): 40~49.

10) Hagen, Victor Wolfgang von. The Gold of El Dorado: The Quest for the Golden Man

11) Smith, Donald (2000) Explorers pin point source of the Amazon. National Geographic News, December 21, 2000.

12) Ramos, V.A., and Aleman, A., 2000, Tectonic Evolution of the Andes, in Cordani, U., Milani, E.J., Thomaz Filho, A., and Campos Neto, M.C., eds., Tectonic Evolution of South America: Rio de Janeiro, pp. 635~685.

13) Rother, Larry (2004) Brazilian miner wait for payday after diet of bitterness. New York Times, 2004, August 23.

14) Shackleton, Jill M. and Paul G. Spry (2003) Telluride mineralogy of the Golden Mile deposit, Kalgoorlie, Western Australia. The Canadian Mineralogist, 41; 1503~1524.

15) Robb, L.J. (2005) Introduction to Ore-forming Processes. Blackwell Publishing Company.

16) Zegers, T.E., de Wit, M.J., Dann, J. and White, S.H. (1998) "Vaalbara, Earth's oldest assembled continent? A combined. structural, geochronological, and palaeomagnetic test", Terra Nova, 10; 250-259

17) Judd, Denis and Keith Surridge. (2003) The Boer War. London: John Murray

5 | 화석연료자원의 종말이 다가오고 있다

1) Raven, Peter H. and Linda R. Berg (2004) Environment. John Wiley & Sons, Inc.

2) 니콜라스 렌센(김범철과 이승환 역) (1993) 6. 개발도상국의 에너지 공급. 『지구환경 보고서 1993』 중에서(레스터 브라운 외 편저), 도서출판 따님.

3) Roberts, Paul (2004) The End of Oil: On the Edge of a perilous New World. Houghton Mifflin Company.

4) Rolt, L. T. C. and J. S. Allen (1997) The Steam Engine of Thomas Newcomen, Landmark Publishing, Ashbourne.

5) Davis, Devra L., Michelle L. Bell, and Tony Fletcher (2002) A Look Back at the London Smog of 1952 and the Half Century Since. Environmental Health Perspectives, 110(12): A374~A375.

6) 산업자원부 (2003) 『석탄통계연보』.

7) Ajram, K. (1992). Miracle of Islamic Science. Knowledge House Publishers.

8) Black, Brian, Petrolia (2000) The Landscape of America's First Oil Boom. Johns Hopkins University Press.

9) Miller, E. C. (1974) Pennsylvania's oil industry: Pennsylvania Historical

Association, Pennsylvania History Study 4, 69 p.

10) Halbouty, Michel (1952) Spindletop: The True Story of the Oil Discovery that Changed the World. Dallas, Texas.

11) McKinley, Fred B. and Greg Riley (2005) Black Gold to Bluegrass: From the Oil Fields of Texas to Spindletop Farm of Kentucky. Eakin Press.

12) 토마스 프루프, 크리스토퍼 플래빈, 자넷 L. 사윈 (2006) 석유경제의 전환. 『지구환경보고서 2005』 중에서, 도사출판 도요새, 145~169.

13) Philippi, G,T. (1965) On the depth, time and mechanism of petroleum generation. Geochimica et Cosmochimica Acta, 29(9); 1021~1049.

14) Stegner, Walace and Thomas W. Lippman (2007) Discovery! : The Search for Arabian Oil. Selwa Press.

15) Agayev, Vagif Fuad Akhundov, Fikart T. Aliyev and Mikhail Agarunov (1995) World war II and Azerbaizan. Azerbaizan International, Summer 1995(3.2).

16) Archie, Gus (1942) The Electrical Resistivity Log as an Aid in Determining Some Reservoir Characteristics. Transactions of AIME, 1942.

17) Deffeyes, Kenneth S. (2001) Hubbert's Peak: The Impending World Oil Shortage. Princeton University Press.

18) DOE, EIA (2004) International Petroleum Monthly, September, 2004.

19) Campbell, Colin J. and Jean H. Laherrere (1988) The end of cheap oil. Scientific American, March.

20) 폴 로버츠 (송신화 역) (2004) 『석유의 종말』 서해문집.

6 | 비어 있는 속

1) 만프레드 바우어, 구드룬 치글러(이영희 역) (2003) 『인류의 오디세이』 삼진기획.

2) 橫山 章, 下河內 稔, 須賀 武 (김종온, 이민성 역) (2003) 『터널이야기; 터널의 역사와 기술의 발자취』 시그마프레스.

3) Noah Kramer, Samuel (1981) History Begin at Sumer; Thirty-nine "First" in Recorded History. University of Pennsylvania Press.

4) Beaver, P. (1973) History of Tunnels. Lyle Stuart.

5) Wulf, H.E. (1968) The qanats of Iran. Scientific American, April. pp.94~105.

6) Agricola, Georgius(translated by Hoover, C.C. and Hoover, S.H.) (1956) De Re Metallica. New York, Dover Publications, Inc.,

7) Anderson, G. and Roskrow, B. (1994) The Channel Tunnel Story. London: E &F N Spon.

8) Kikland, C.J. (1995) Engineering the Channel Tunnel. London: Chapman and Hall.

9) Stevens, W. K. (1999) The Change in the Weather: People, Weather, and the Science of Climate. New York, Delacorte Press.

10) Matsuo, S. (1986). An overview of the Seikan Tunnel Project Under the Ocean. Tunnelling and Underground Space Technology, 1(3/4): 323~3

11) 문희수 (2006) 『이야기로 떠나는 지구기행』 연세대학교 출판부.

12) 신영오 (2000) 『흙과 삶』 연세대학교 출판부.

13) William, Schopf, J. (1999) Cradle of Life: The Discovery of Earth's Earliest Fossils. Princeton University Press, Princeton, NJ..

14) Kozlovsky, Ye.A. (1986) The Super-Deep Well of the Kola Peninsula. Springer-Verlag, Berlin.

15) 문희수, 최선규 (2001) 『지구물질과학』 시그마프레스.

16) 이성규 (2006) 에멘탈과 제올라이트, 아름다운 비움. 사이언스 타임스, 2006. 12. 21.

17) Sand, L.B. and F.A. Mumpton (eds.) (1978) Natural Zeolites; Occurrence, Properties, Uses. Pergarmon Press.

18) Palmer, Arthur N. (1981) A Geological Guide to Mammoth Cave National Park. Teaneck, New Jersey: Zephyrus Press.

19) Zaihua, Liu (ed.), 1991. IGCP 299 "Geology, Climate, Hydrology and Karst Formation" Guidebook for Field Excursions of International Symposium and Field Seminar on Karst of Inner Plate Region with Monsoon Climate. P1~18.

The Institute of Karst Geology

20) 박기화, 안주성, 기원서, 박원배 (2006) 『제주도 지질여행』 한국지질자원연구원, 제주발전연구원.

21) Sheth, H.C. (2000) The timing of crustal extention, diking, and the eruption of the Deccan basalts. International Geological Review, 42, 1007~1026.

7 | 미친 신의 정원

1) George, U. (1989). Tepuis - Venezuela's Islands in Time. National Geographic magazine, May 1989, 175(5) ; 526~561.

2) Gibbs, A.K. and C.N. Barron (1983) The Guyana Shield Reviewed. Episodes, 1983(2): 7~14.

3) Steyemark, J.A. (1986) Speciation and endemism in the flora of Venezulean tepuis. In Vuilleumier, F. and Monasterio, M (eds), High altitude tropical biogeography. Oxford University Press, New York. pp.317~373.

4) 더그 맥두걸(조혜진 역) (2005) 『우리는 지금 빙하기에 살고 있다: 얼어붙은 지구와 인류의 미래』 말글빛냄.

5) Allen, John Eliot; Marjorie Burns; and Sam C. Sargent. (1986) Cataclysms on the Columbia. Portland, Oregon: Timber Press.

6) Alt, David (2001) Glacial Lake Missoula and Its Humongous Floods. Mountain Press Publishing Company.

7) Richard van Noorden. "Mud volcano floods Java", news@nature.com, 2006-08-30. Retrieved on 2006-10-18

8) Davies, Richard J. Richard E. Swarbrick, Robert J. Evans and Mads Huuse (February 2007). "Birth of a mud volcano: East Java, 29 May 2006". GSA Today 17 Retrieved on 2007-03-04.

9) Normile, Dennis (29 September 2006). "Geology: Mud Eruption Threatens

Villagers in Java". Science, 313 (5795): 1865.

10) Snelson, J.S. (1993) The ideological immune systern : Resistance to new ideas in science. skeptic, 1(4) : 44~45

11) 장순근 (2004) 『남극탐험의 꿈』 사이언스북스.

12) Prothero, D.R. and Dott, Jr., R.H. (2004) Evolution of the Earth. Mc Graw-Hill.

13) How Stuff Works: polar ice caps. howstuffworks.com. Retrieved on 2006-02-12.

14) Houghton, J.T.,Y. Ding, D.J. Griggs, M. Noguer, P.J. van der Linden, X. Dai, K. Maskell, and C.A. Johnson (eds.) (2001) Climate Change 2001: The Scientific Basis. Contribution of Working Group I to the Third Assessment Report of the Intergovernmental Panel on Climate Change (IPCC). Cambridge University Press, Cambridge, United Kingdom and New York, NY, USA

15) Palin, Michael (2004) Himalaya. Weidenfeld Nicolson Illustrated.

16) Smith, R. 1999. Everest - The Man and the Mountain. Caithness: Whittles Publishing.

17) 케네스 C. 데이비스(이희재 역) (2001) 『지오그래피』 푸른숲.

18) Mayell, Hillary (2004) Three high-altitude peoples, three adaptations to thin air. National Geegraphic News, February 25, 2004.

19) Worlld's Worst Polluted Places (2007) The Blacksmith Institute (September, 2007), Retrieved on 2007-09-13.

8 | 깨지기 쉬운 지구

1) Alvarez, LW, Alvarez, W, Asaro, F, and Michel, HV (1980) Extraterrestrial cause for the Cretaceous-Tertiary extinction. Science 208 (4448): 1095~1108.

2) De Laubenfels, M. W. (1956) Dinosaur Extinction: One More Hypothesis. Journal of Paleontology, 30(1); 207~218.

3) 게릿 L. 버슈(백상현 역) (2004) 『대충돌: 혜성과 소행성의 위협』 영림카디널.

4) 문희수 (2006) 『이야기로 떠나는 지구기행』 연세대학교출판부.

5) 세람, C.W. (안경숙 역) (1972) 『낭만적인 고고학 산책』 대원사

6) Hildebrand, A. R. and William V. Boynton (1990) Proximal Cretaceous-Tertiary Boundary Impact Deposits in the Caribbean. Science, 248: 843~847.

7) Hildebrand, A.R., Penfield, G.T., Kring, D.A., Pilkington, M., Zanoguera, A.C., Jacobsen, S.B., and Boynton, W.V. (1991) Chicxulub Crater; a possible Cretaceous/Tertiary boundary impact crater on the Yucatan Peninsula, Mexico. Geology, 19 (9): 867~871.

8) Connors, M., Hildebrand, A.R., Pilkington, M., Ortiz Aleman, C., Chavea, R.E., Urrutia Fuugauchi, J., Graniel Castro, E., CamaraZi, A., Vasquez, J., and Halpenny, J.F. (1996) Yucatan karst features and size of Chicxulb crater. Geophysical J. Int., 127(3), F11~14.

9) Connors, M., Hildebrand, A.R., and Pilkington, M. (1997) New light on Chicxulub crater. Astronomy & Geophysics. 38(1), 4~14.

10) Bohor, B.F., Modreski, P.J., and Foord, E.E. (1987) Shocked Quartz in the Cretaceous-Tertiary Boundary Clays: Evidence for a Global Distribution. Science, 236, 705~709.

11) Schultz, P.H. and D'Hondt, S.(1996) The Cretaceous/Tertiary (Chicxulub) impact angle and its consequences, Geology, 24, 963~967.

12) Schultz, P.H. (1996) Effect of Impact Angle on Vaporization, J. Geophys. Res., 101(21) : 117~121.

13) Hartmann, W. K. 1997. A Brief History of the Moon. The Planetary Report. 17, 4~11.

14) von Frese R.R., Potts L, Wells, S, Gaya-Piqué, L, Golynsky, A V, Hernandez, O, Hernandez, O, Kim, J, Kim, H, Hwang, J (2006). "Permian-Triassic mascon in Antarctica". Eos Trans. AGU, Jt. Assem. Suppl. 87(36): Abstract T41A-08.

15) McKinney, M.L. (1987) Taxonomic selectivity and continuous variation in mass and background extinctions of marine taxa. Nature 325: 143~145.

16) Chao, E. C. T., E. M. Shoemaker, and B. M. Madsen (1960) First natural occurrence of coesite. Science,132; 220~222.

17) Martin T. Z. (1994) Shoemaker-Levy 9: Temperature, Diameter and Energy of Fireballs, DPS meeting #28, Bulletin of the American Astronomical Society, 28; 1085.

18) Weissman P. R., Carlson R. W., Hui J., Segura M. E., Smythe W. D., Baines K. H. (1995) Galileo NIMS Direct Observation of the Shoemaker-Levy 9 Fireballs and Fall Back, Abstracts of the Lunar and Planetary Science Conference, 26; 1483.

19) Clarke, Roy S., Jr. Eugene Jarosewich, Brian Mason, Joseph Nelen, Manuel Gomez, Jack R. Hyde. (1971) Allende, Mexico, Meteorite Shower. Smithsonian Contributions to the Earth Sciences; 5(1971-02-17). Smithsonian Institute.

20) Amelin, Yuri and Alexander Krot (2007). Pb isotopic age of the Allende chondrules. Meteoritics & Planetary Science, 42 (7/8): 1321-1335.

21) Hartmann, William K. and Donald R. Davis (1975) Satellite-sized planetesimals and lunar origin, Icarus, 24; 504~515.

22) Guilbert, John M., and Park, Charles F., Jr. (1986) The Geology of Ore Deposits, Freeman.

23) Agnor, Craig B. and Douglas P. Hamilton (2006) Neptune's capture of its moon Triton in a binary-planet gravitational encounter. Nature, 411; 192~194.

24) NASA Near Earth Object Program: Asteroid 1950 DA (http:/neo.jpl.nasa.gov/1950da/).

| 인명 찾기 |

| 용어 찾기 |